钻井液固相控制技术手册

中海油田服务股份有限公司

西南交通大学出版社
·成　都·

图书在版编目（CIP）数据

钻井液固相控制技术手册 / 中海油田服务股份有限公司组织编写. —成都：西南交通大学出版社，2011.10
ISBN 978-7-5643-1468-2

Ⅰ. ①钻… Ⅱ. ①中… Ⅲ. ①钻井液固相控制系统－技术手册 Ⅳ. ①TE926-62

中国版本图书馆 CIP 数据核字（2011）第 209126 号

钻井液固相控制技术手册

中海油田服务股份有限公司

责任编辑	王 旻
特邀编辑	罗在伟
封面设计	原谋书装
出版发行	西南交通大学出版社 （成都二环路北一段 111 号）
发行部电话	028-87600564 028-87600533
邮政编码	610031
网址	http: //press.swjtu.edu.cn
印刷	成都蜀通印务有限责任公司
成品尺寸	185 mm×260 mm
印张	18.375
字数	456 千字
版次	2011 年 10 月第 1 版
印次	2011 年 10 月第 1 次
书号	ISBN 978-7-5643-1468-2
定价	83.00 元

图书如有印装质量问题 本社负责退换

《钻井液固相控制技术手册》

编 委 会

主　编： 刘洪斌

副主编： 顾卫忠　许永康

编　委： 莫成孝　张　辉　王权玮　王　伟　刘志东　孙　波

前　言

钻井液固相控制的目的是要清除钻井液中的有害固相，使钻井液中有用固相及化学添加剂的含量保持在钻井工艺所要求的合理范围之内。通常将钻井液固相控制简称为固控，用来实现钻井液固控的设备组称为固控系统。钻井液固控系统是现代钻井设备中不可缺少的重要组成部分，它是钻机在执行钻井过程中，确保钻井液正常循环及性能稳定的重要环节。在油田固相控制环节的具体操作中，由于工作人员对固控原理的错误理解，或对固控设备使用不当，容易造成相关固控设备的工作效能发挥不理想。而且在某些环节还会留下安全隐患，甚至酿成钻井事故。

《钻井液固相控制技术手册》是天津兰顿公司和中海油田服务股份有限公司的合作科研项目成果，是为了帮助和指导从事钻井液固相控制工作及相关设备的管理人员、设计研发人员、操作技术人员而编写的，也可供大中专院校相关钻井专业、油田设备工程及管理专业的师生参考。

本手册在介绍钻井液固控方法及流程的基础上，着重介绍各种机械固控设备的基本工作原理、参数特征、正确使用方法及固控设备之间的合理匹配等内容。手册本着理论联系实际、内容精练、覆盖面广、高效实用的原则进行编写，在使读者对钻井液固相控制的基础内容有所了解的基础上，突出应用和实践环节，特别对正确操作和应用固控设备等若干环节，结合现场应用经验给出了许多建设性的意见。本手册共 10 章，各章节按固控工艺流程展开，章节相对独立，每章内容编排遵循循序渐进、由理论至实践的原则，详细阐明了各种固控设备的工作特点、型号范围、操作指导、维护保养、设备现状及发展方向等若干方面的问题，手册还附有大量的图表及应用实例，具有较强的实用性。

本手册由西南石油大学机电工程学院刘洪斌博士担任主编，各位专家及老师共同参与编写并完成校订。在手册成稿的过程中，参与编写的各位专家提出了许多宝贵的修改意见，西南石油大学张明洪教授也给予了大力的支持，在此表示衷心的感谢！

由于编者的水平有限，加之时间仓促，其中不免有疏漏和不足之处，恳请使用本手册的读者批评指正。另外，本手册编写过程中，还参考了大量的国内外相关文献和数据资料，由于时间关系或工作疏忽没有明确提及引文出处，在此特别致歉、致谢！

编　者

2011 年 3 月

目 录

第 1 章

钻井液固相控制概论

1.1 概　述

1.1.1 钻井液的功用及钻井液固相控制

现代钻井中不可缺少地要使用循环流体，除少量循环流体使用的是气体和泡沫外，绝大多数钻井用的循环流体都是液体，因此称钻井过程中使用的循环液体为钻井液。由于早期的钻井液只是黏土和水的混合液体，几乎没有其他化学成分，油田现场习惯称其为“泥浆”。

钻井液在钻井过程中起着重要的作用。其主要功能有：

1. 清洗井底

钻头在钻进过程中破碎岩石从而产生了大量岩屑，这些岩屑就是靠不断循环的钻井液来清除的。若岩屑不能被及时清除，则它将被重复破碎，就会影响钻头继续钻进岩石。

2. 冷却、润滑钻头及钻柱

钻进过程中，钻头上因承受很重的钻压负荷，导致钻头轴承及钻头工作面发热。同时，由于钻柱在旋转过程中不断地与井壁摩擦，不仅产生热量，而且加速钻柱磨损、增加功率消耗，而钻井液则可通过循环及时把热量带走，对钻具进行冷却，同时还能起到润滑作用，从而减小摩擦所产生的副作用。

3. 形成泥饼，保护井壁

地层深处的岩石由于受顶部和周围岩石的压力而处于三维受压状态。当井眼钻开后，井眼周围的岩石必然要承受来自各个方向上的挤压而产生一个应力增量值，即应力集中。在这种情况下，如果井眼处岩石的强度不够大，就可能导致井壁垮塌。但若用含有加重剂、滤失量低的钻井液作用在周围井壁上，将使岩石上的应力减小，从而使“压缩性垮塌”的机会减少。但钻井液的密度不能过大，否则将导致岩石的“裂缝性破碎”，进而引起钻井液的漏失。并且加有各种添加剂的钻井液在循环过程中会在井壁上形成一层泥饼，优质的泥饼不但可以保护井壁不被钻井液冲刷，而且能减少钻井液漏向地层。

4. 控制与平衡地层压力

当钻进到高压油（气）层时，若地层的油（气）层压力高于钻井液柱的压力，将发生“井喷”导致钻井事故。为此应配制密度适宜的钻井液，使钻井液柱的压力等于（通常是略大于）地层压力，以保证安全、快速地钻进。但密度不能过大，否则有可能把油（气）层堵死。

5. 悬浮岩屑和加重剂

钻井过程中，钻井液在井眼环形空间的流速不可能太高，而清水由于密度低使其悬浮能力差，为把岩屑和加重剂循环排出地面，钻井液中还要加入其他各种添加剂以增加其悬浮能力。

6. 提供所钻地层的有关地质资料

通过对流出地面的钻井液取样分析，可获得所钻地层的岩性及油气含量等资料。

7. 将水功率传给钻头

钻井液从钻头水眼流到井底时，不仅清洗井底岩屑，而且还能将能量传到井底辅助机械破岩，喷射钻井就是利用钻头水功率的一种钻井工艺。国内外的钻井实践已证明，喷射钻井工艺提高了钻井速度，并降低了钻井成本。国外有关机构对高压射流辅助机械破碎进行了一系列试验研究，结果表明：在 69～103 MPa 的高压射流下，钻井速度比普通牙轮钻头喷射钻井速度快 2～3 倍。

8. 在地面分离清除钻屑

分散于钻井液中的固相颗粒称为钻井液中的固相。钻井液中的固相，一是来源于钻屑，二是为满足钻井工艺要求而人为加入的。按固相在钻井液中所起的作用可分为两类：一类是有用固相，如膨润土、化学处理剂、重晶石等；另一类是有害固相，如钻屑（用清水开钻时，自然造浆所需黏土除外）、劣质膨润土、砂粒等。所谓钻井液的固相控制，就是清除有害固相，保留有用固相，或者将钻井液中的固相总含量及粒度级别控制在钻井工艺所要求的范围之内，以满足钻井过程对钻井液性能的要求。通常，将钻井液的固相控制过程简称为固控，油田现场也习惯称其为泥浆净化。

1.1.2　钻井液的污染

在钻井过程中，钻头钻进时产生的岩屑和地层剥落的岩块统称为钻屑。钻屑是有害固相的主要来源，它会给钻井带来很多危害，且存在于钻井过程的始终。钻屑污染是指钻屑在机械和化学作用下水化分散成大小不等的颗粒，混入钻井液后使钻井液性能变坏，给钻井过程及油（气）层带来危害的行为。

钻井液的主要成分有：① 水（淡水、盐水、饱和盐水等）；② 膨润土（钠膨润土、钙膨润土、有机土或抗盐土等）；③ 化学处理剂（有机类、无机类、表面活性剂类或生物聚合物类等）；④ 油（轻质油或原油等）；⑤ 气体（空气或天然气等）。不同的钻井流体形成的分散体系不同，其作用也不同。从物理化学观点看，钻井液是一种多相不稳定体系。为满足钻井工艺要求、改善钻井液流体性能，常在钻井液中加入各种添加剂。同时，钻井液在循环过程中，不能始终保持其优良的性能，而要被钻屑、油、气、水、盐等矿物污染，其中，钻屑是最主要的污染源。

钻井液使用固相颗粒的目的一般是为了提供合适的密度、黏度和滤失量控制。在钻井过程中，钻屑也是钻井液的一部分，这些钻屑与胶体级的重晶石颗粒一样，均会导致钻井液浓度偏大，这将损害钻井液性能，故把它们看做污染源。虽然粗颗粒会造成麻烦，但它们对钻井液的伤害较小，也容易清除。

重晶石和膨润土则是钻井液中广泛使用的有用固相。美国石油协会标准（API SPEC 13A SPEC for Drilling Fluid Materials）中允许有 30%的重晶石颗粒粒径小于 6 μm，这 30%中的大部分都是胶体级的颗粒。在钻井液体系中，纯净重晶石由于自身物理特征较软，故在使用过程中重晶石颗粒尺寸因磨损而减小得非常快，一段时间后，很多的细颗粒将成为胶体，膨润土的粒径比重晶石更小，也属于胶体级。

同时，由于在钻井过程中，产生的岩屑将不可避免地进入钻井液中，特别是用水基钻井液在松软地层钻进时，大量钻屑极易分散，并形成很难从钻井液中分离出去的胶体颗粒。并且，钻下来的和剥落的硬颗粒未到达地面之前，在循环过程中可能被研碎，这些研碎后的固相颗粒对钻井液危害最大，会使钻井液黏度升高，从而引起固控问题，导致井下复杂事故。特别是细颗粒、胶体颗粒和超细颗粒，在一定固相含量下，由于其尺寸小和数量多，它们的单位体积具有不成比例的巨大比表面积。正是颗粒比表面积和颗粒浓度导致了固控问题，而不是固相颗粒本身的体积。并且即使钻井液中的固相浓度不变，随着颗粒粒径的变小，颗粒表面积和数量的增加将使黏度上升，会导致井壁失稳。

在体积一定情况下，平均粒径减小将导致比表面积增加，增加量的对应关系如图 1.1 所示。

在体积一定的情况下，平均粒径的减小将导致颗粒数量的增加，增加量的对应关系如图 1.2 所示。

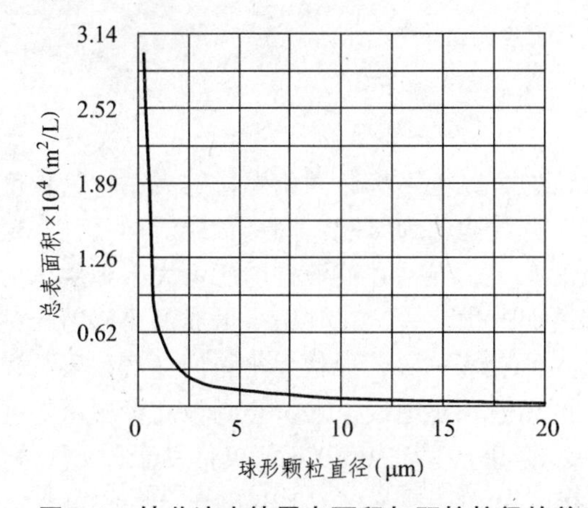

图 1.1　钻井液中钻屑表面积与颗粒粒径的关系

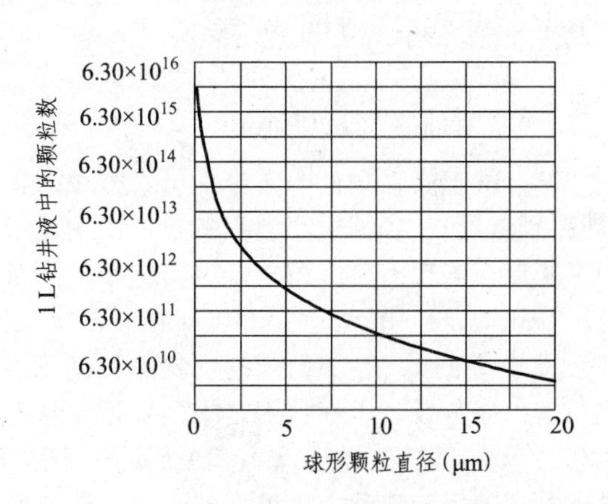

图 1.2　钻井液中颗粒数量与颗粒粒径的关系

1.1.3　钻屑和胶体重晶石对钻井液的影响

钻井液体系一般分为：水基钻井液和非水基钻井液体系、加重和非加重钻井液体系。

在非加重钻井液中，无论是何种钻井液体系，固相含量除非过量，否则，一般不会对钻井液性能产生影响，具体而言：

对水基钻井液来说，许多作业要求钻屑含量应该控制在 5%以下，假设含 2%的膨润土，低密度固相的总含量则为 7%。大部分专家认为在水基钻井液中，低密度的固相超过 10%将可能导致井眼相关问题。因此，在非加重水基钻井液中，当钻屑体积含量超过 8%时，即被认为过量。当钻井液完全依赖钻屑密度而使自身密度大于 1.13～1.15 g/cm^3 时，就有可能导致上述问题，因为此时钻井液相当于清水中含有 9%～10%的低密度固相。在固相浓度较小的低密度钻井液中，颗粒的粒径对钻井液性能影响不大。

非水基钻井液可以容纳更多固相。当这些钻井液是非加重的钻井液时，钻屑的体积浓度可以高达 12%，相应的非加重钻井液密度大约为 1.10 g/cm^3。由于固相含量高、细颗粒容限低，特别是大颗粒变成小颗粒后，使细颗粒含量急剧增加，因此，固相含量问题在非加重钻井液中更为严重。而细颗粒和胶体颗粒浓度过大，会降低泥饼质量、降低机械钻速、增加扭矩及摩阻和卡钻几率，导致井下状况变得复杂起来。为此，当水基钻井液密度高于 1.15 g/cm^3 或非水基钻井液密度高于 1.10 g/cm^3 时，就应该使用重晶石或其他加重材料予以预防。

钻井液中最常用的加重剂是重晶石，其他密度更高的加重剂（如铁矿粉），虽然能减少加重剂用量，但是会引起钻柱磁化和磨损等问题；方铅矿虽然密度更高，但矿源稀少。而重晶石粉粒度级配对加重钻井液的流变性和稳定性有很大影响，特别是胶体级别的重晶石颗粒。

当钻井液中胶体级的重晶石颗粒含量增高时，由于其比表面积及颗粒间的摩擦力都很大，会导致钻井液的黏度和剪切力增大，而此时钻井液的稳定性却得到改善，当该级配颗粒含量大于钻井液中重晶石总含量的 50% 后，体系沉降稳定性得到明显改善，已能满足现场需要。但随着细颗粒比例的增加，参与形成泥饼的加重剂固相颗粒逐渐增多，这些颗粒将参与泥饼形成而破坏膨润土浆泥饼的结构，从而导致钻井液整体滤失量增加，有关文献推荐重晶石粉最优粒度配比为:（粒度级配为 0.154～0.038 mm）：（级配＜0.038 mm）＝34：66。

1.1.4 有害固相的危害

1. 堵塞油（气）层通道

钻井液中固相颗粒的大小不等，大小固相颗粒的含量也不等。固相颗粒的大小称为粒度(即粗细程度)。各种大小固相颗粒占固相总量的百分数比称为级配。固相颗粒对油（气）层的损害既与固相的含量有关，也与固相粒度及级配有关。当钻井液液柱的压力大于地层压力时，在压力差作用下，钻井液将向油（气）层渗透而产生滤失。在井壁上形成泥饼以前，钻井液中小于油（气）层孔隙的固相颗粒随滤液进入油（气）层，形状大小与油（气）层孔道相当的那些颗粒，卡在孔隙之中而成桥塞状态。更小的颗粒继续深入，直到被孔径更小的孔隙堵住为止。这样必然使油（气）层的渗透率下降。当进行采油（气）时，仅借助于原油（气）进入井口的反向流动力是很难解除这种堵塞状态的，从而造成油（气）层的永久性损害。

有研究表明：有害固相对中低渗透率油（气）层的损害尤为明显，而我国的中低渗透率油（气）层占较大比例，这是油气勘探开发过程中必须预防和解决的问题。具体而言，当钻井液中的固相接触油（气）层时，若颗粒直径 $d_{粒}$ 大于油（气）层孔隙直径 $d_{孔}$，颗粒将被挡住，对油（气）层损害小；若 $d_{粒} < d_{孔}$，颗粒将进入油（气）层，将堵塞油气通道，极大地损害油（气）层。通常，$\frac{d_{孔}}{3} < d_{粒} < d_{孔}$ 的颗粒容易在油（气）层中形成桥塞，称为桥塞颗粒，桥塞颗粒进入油（气）层孔的深度在几厘米至 20 厘米时，对油（气）层的损害较小，渗透率也较易恢复。$d_{粒} < \frac{d_{孔}}{3}$ 的细颗粒则可深入油层几十厘米，甚至 100 厘米以上，这使油（气）

层的渗透率很难恢复，对油（气）层的损害严重。

因此，钻井液固相控制既要保证钻井液固相总量在一定范围内，又要使粒度和级配控制在合理范围之内。

2．破坏钻井液性能，诱发井下事故

(1) 钻井液黏度增大，所需的剪切力增加。

在钻井液循环过程中，钻屑将继续被研磨，虽然总体积没有改变，但表面积增加了。表面积越大，固相颗粒的吸附能力越强，从而导致吸附的水增多，使钻井液性能变坏。例如，一颗直径为 10 μm 的钻屑从井底被携带到地面后，未被清除而留在钻井液中，经过钻井泵的多次循环、钻头的重复破碎，就会变为约 12.5 万个直径为 2 μm 的小颗粒。这不但增加了将其清除的难度，还使表面积骤增了 50 倍，这意味着需要 50 倍的水来覆盖其表面，从而使钻井液的塑性黏度、屈服点、剪切力大大提高，流动性能变坏，由此引起诸多不良后果。

在起下钻过程中，当起钻速度过快时，会因为黏度过大导致钻井液充满井底的速度慢，形成“抽汲”现象，井底压力降低，容易导致井喷；当下钻速度过快，或上下活动钻具时，又容易引起压力激烈脉动，压溃地层。另外，如果黏度过大，当开泵时，可能憋漏地层；正常钻进循环时，会使钻井泵的泵压增高，消耗的功率增大，钻柱在井眼中旋转的摩擦力也增加；黏度过大，还容易在钻头处形成泥包，严重时将引起卡钻等井下事故。

(2) 泥饼质量变差，将导致井下复杂情况。

钻井液的功能之一是在井壁周围形成泥饼，降低失水率、防止垮塌、保护油（气）层。若钻井液中的岩屑增多将导致泥饼变厚，而这种泥饼质地松软（特别是分散的岩屑在泥饼中容易形成厚而松的假泥饼）、失水量大，使水敏性的岩层形成吸水缩径现象（即这种岩层吸水后膨胀，使井径变小），严重时还会引起井壁垮塌。同时，在厚泥饼使井径变小后，必然增加钻柱运动阻力，摩擦系数增大，致使钻柱扭矩增大；起下钻时挂卡情况加剧，特别有假泥饼时情况更坏，其结果导致动力消耗增大、钻柱寿命缩短、钻具事故增多。

(3) 钻井液密度增大，使井底压力增加。

被破碎的钻屑如不及时排除，由于钻井液中的固相增加、密度变大，钻井液液柱对井底的压力增大，这不仅影响钻速，而且还可能压漏地层，进而损害油（气）层。

(4) 容易引起压差卡钻。

若在渗透性地层打斜井或定向井时，钻柱会因重力作用而躺靠在井壁上，迫使钻柱与井壁在很长的井段上都保持有很大的接触面积，此时钻柱就会受井内钻井液液柱压力与地层压力之间的压差作用而被紧紧地压在井壁上。

若驱动钻柱运动的外力小于摩擦阻力或外力矩小于摩擦阻力矩，钻柱则不能运动而发生卡钻，这种卡钻是在钻井液压力与地层压力差的情况下发生的，因此称为压差卡钻。压差卡钻是否发生，决定于钻柱与井壁间（或与泥饼间）黏附力的大小。当钻井液中的固相含量过多，其密度增大，形成厚而松的泥饼，使钻柱与井壁接触面积增大，也使摩擦系数增大，因而易于发生压差卡钻，如图 1.3 所示。

通常情况下，影响黏附力大小的因素主要有以下三个方面：

① 钻井液密度越大、钻井液液柱压力越高、压力差越大，黏附力就越大；

② 钻具与井壁接触面积越大，黏附力就越大；

③ 泥饼摩擦系数越大，黏附力就越大。

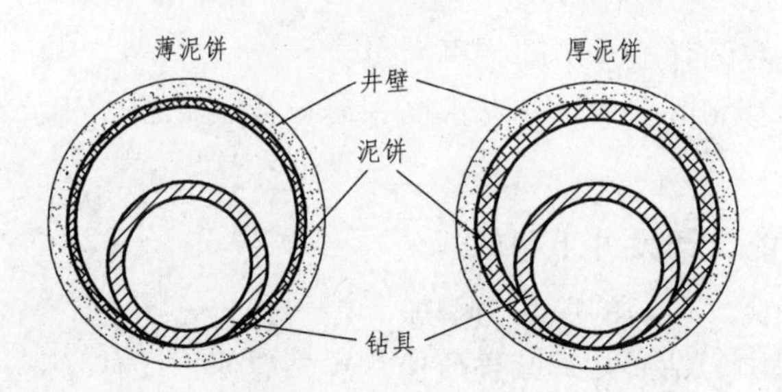

图 1.3 泥饼厚度对钻柱黏附面积的影响

3. 影响录井、固井作业

（1）钻井液密度、黏度大，使测井工具难于到达井底，从而引起测量误差，不能及时正确地反映井下的相关数据资料。

（2）在下套管过程中，因为钻井液黏度过大而容易受阻；在固井时，水泥与井壁黏结不牢，将直接影响固井质量。

4. 降低机械钻速，缩短机械设备及井下钻具的寿命

多年的现场实践经验和研究结果表明：固相含量不仅影响机械钻速，还影响钻头的工作性能指标。如图 1.4 所示，固相含量每降低 1%，每只钻头的进尺数即可提高 7%～10%；固相含量在 10%范围内时，钻头的消耗数几乎随固相含量的增加呈线性增加，钻一口井所需的时间（即钻进时间）也随固相含量的增加而增加。图 1.4 的曲线 3 表明钻头消耗量随钻井液固相含量增加而剧增，即钻头寿命缩短。并且，根据钻井泵易损件的摩擦磨损试验表明，当钻井液中的含砂量由 0.3%增加到 0.6%时，活塞使用寿命即由 400 h 降到 70 h。

图 1.5 是根据美国某研究机构在同一矿区、同一地层中钻进情况的分析资料绘制的。可以看出，对钻进速度（机械钻速）影响最大的是钻井液中呈分散状态的黏土颗粒（曲线 2），而黏土的粒径通常小于 2 μm；其次是岩屑颗粒（曲线 1）、重晶石颗粒（曲线 3）对钻进速度的变化影响很小。由此可以得出：不同粒度的固相颗粒对钻进技术指标影响不同。

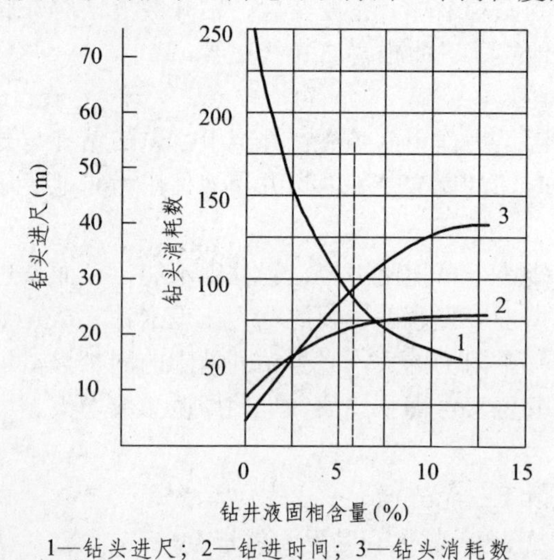

1—钻头进尺；2—钻进时间；3—钻头消耗数

图 1.4 固相含量与钻头进尺、钻进时间及钻头消耗量的关系

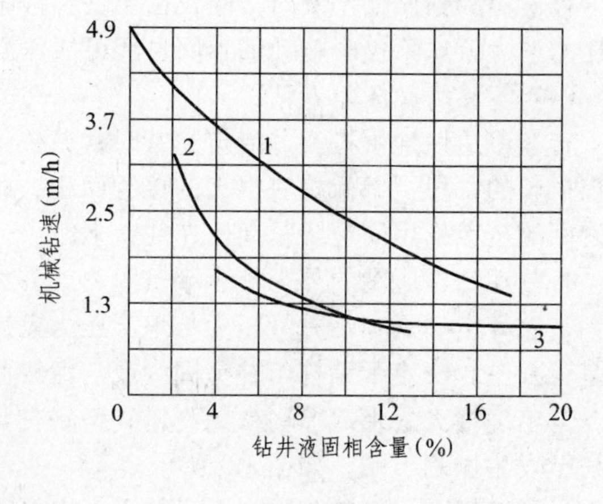

1—岩屑颗粒；2—黏土颗粒；3—重晶石颗粒

图 1.5 机械钻速与钻井液固相含量的关系

钻井液固相含量和成分（粒度、级配）对钻进速度的影响，主要同井眼内液柱压力与地层压力之间的压差变化有关。苏联钻井工程师经过研究曾指出，当压差范围为－3.5～3.5 MPa 时，对机械钻速的影响最大，如图 1.6 所示。当井内压差为正值（＋3.5 MPa）时，在大部分页岩地层钻进几乎都会导致钻速成倍的下降；压差为负值（－3.5 MPa）时，钻进同样的岩层，机械钻速将提高 1 倍，但压差为负值时可能引起井喷事故。

钻井液黏度对机械钻速有重要的影响，而黏度又是固相含量及成分的函数，如图 1.7 所示。当钻井液的黏度增大至超过 0.04 Pa · s 时，对机械钻速的影响不明显，但此时机械钻速很低；当黏度小于 0.022 Pa · s 时影响最大，使机械钻速变化很大。

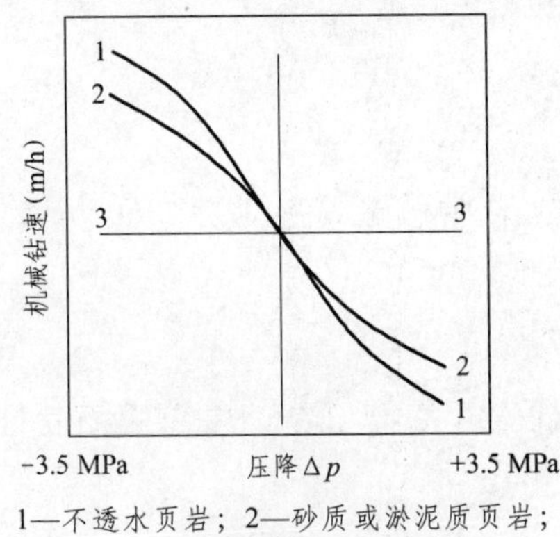

1—不透水页岩；2—砂质或淤泥质页岩；
3—白云岩或石灰石页岩

图 1.6　机械钻速与压差的关系

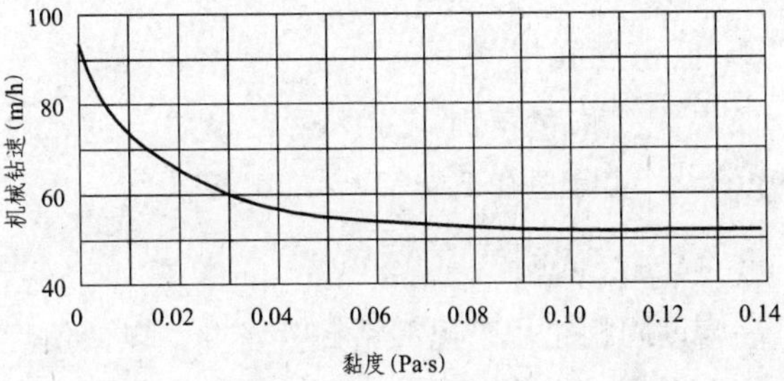

图 1.7　机械钻速与钻井液黏度的关系

做好钻井液的固相控制工作，不仅能降低钻井液成本，而且还是保证安全、优质、快速钻井和保护油（气）层的重要举措，其经济效益十分显著。

1.2　钻井液的组成及常用术语

钻井液的组成如图 1.8 所示。

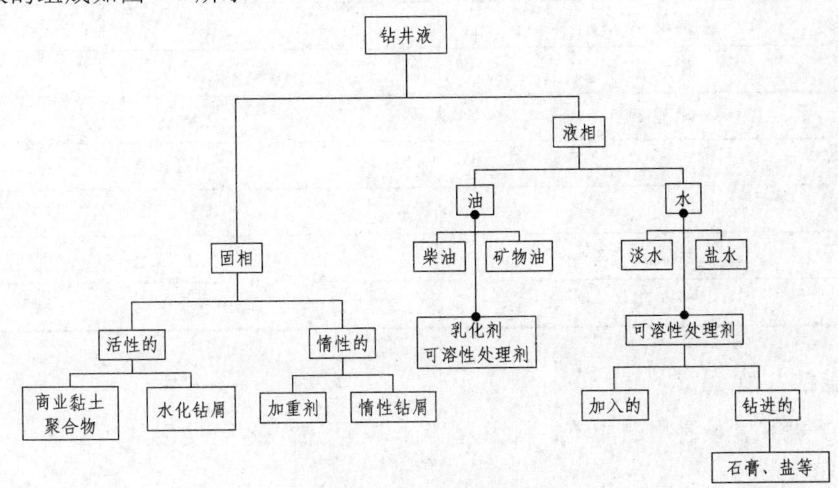

图 1.8　钻井液的组成

1.2.1 常用术语和定义

1. 固相总量

固相是指在钻井液中不溶解的固体。钻井液中不溶解固体的总量，通常以体积百分比表示。高密度钻井液的固相总量包括低密度固相和高密度固相，而普通钻井液固相总量全部是低密度固相。

2. 液　相

在钻井液中，用液体作为分散固相的连续相，称为液相。它通常包括水、油、活性剂、可溶盐、稀释剂及其他产品。

3. 低密度固相

低密度固相包括商用黏土粉和钻屑。通常在固控工作中假定其密度为 2.60 g/cm^3 或 2.65 g/cm^3，实际值在 2.0～3.0 g/cm^3 波动。

4. 高密度固相

高密度固相是用来提高钻井液密度，以便使环空液柱压力大于地层压力。重晶石就是一种高密度固相，由美国石油协会推荐的重晶石密度大于 4.2 g/cm^3。

5. 密　度

密度是指单位体积内的质量，单位为 g/cm^3，油田上习惯称为比重。钻井液是由不同密度的材料组成的。过去常用“比重”概念，现在已不再使用。钻井液中常见材料的密度见表 1.1。

表 1.1　钻井液中常见材料的密度

材料名称	密度（g/cm^3）
柴油	0.84
水	1
低密度固相	2.6
膨润土	2.6
碳酸钙	2.8
重晶石	≥4.2
钛铁矿	4.5
赤铁矿	5.0
钻屑	2.0～3.0

6. 加重钻井液

俗称加重泥浆，最常用的加重材料为重晶石，根据需要也可使用其他加重材料，以维持最低限度的密度。

7. 钻　屑

钻屑属于固相，是钻井液主要的污染源。它的存在极大地影响了钻井液的性能，故必须使其含量稳定，因而才出现在钻井过程中要进行常规处理确保钻屑含量稳定的重要问题。固相控制就是对钻屑的控制，钻井液费用与固相控制效果有直接关系。

钻进中常遇到的页岩、砂岩（砂子）、石灰岩、白云岩和盐岩等都是低密度固相。它们的可钻性差异很大，这对钻井液体系的确定和固相控制系统的选择起着非常重要的作用。

8. 非活性固相

活性与非活性是一个相对的概念，它粗略地表明固相在特定钻井液体系中的黏度与固相浓度有关。淡水中的膨润土属于高活性固体，石英砂则是典型的非活性固体，优质而纯净的重晶石也是典型的非活性固体。

9. 黏　土

黏土主要由黏土矿物（含水的铝硅酸盐）组成，形态上是极细的颗粒，直径大多数小于 2 μm，在水中具有分散性、带电性、离子交换性，所有这些性能对于钻井液都是很重要的。

常见的黏土矿物有三种：高岭石（氧化铝含量较高，氧化硅含量较低），蒙脱石（氧化铝含量较低，氧化硅含量较高），伊利石（含有较多的氧化钾）。

黏土化学成分对钻井液的物理特性有重大影响，页岩是含有不同化学成分的黏土地层，不同的钻井液体系与页岩类地层的稳定性紧密相关，页岩的特性也可大大影响钻井液性能。控制钻井液的特性就是以控制黏土在钻井液中的基本性能为切入点的。

10. 胶体颗粒

固相颗粒直径小于 2 μm 的黏土颗粒称为胶体颗粒，胶体颗粒的材料有非常大的表面积。钠蒙脱石（膨润土）可在水中形成胶体悬浮液，钠蒙脱土分散性极好，可以大大提高钻井液黏度。

11. 油基、水基钻井液

油基钻井液是以油作为连续相（通常要进行乳化，使水分散到油中，以及形成油包水的液体），将不溶性固相颗粒分散到连续的液相中；水基钻井液以水作为连续相，可能还含有乳化到水中的油。

12. 饱和盐水

用氯化钠配制的饱和盐水，密度一般为 1.20 g/cm^3。

13. MBT 试验

MBT 试验也称亚甲基蓝试验，亚甲基蓝容量大小或阳离子交换量（CEC）是衡量钻井液中活性黏土（膨润土或钻屑）数量的一个重要指标。由于黏土的比表面积和亚甲基蓝指数存在线性关系，比表面积又是颗粒大小的函数，因此亚甲基蓝指数可以作为黏土颗粒尺寸分布的指数。根据黏土吸附亚甲基蓝的能力，其吸附量称为吸蓝量，以每 100 g 试样吸附的亚甲基蓝的克数表示。按照机械行业标准（JB/T 9227—1999），亚甲基蓝指数计算方法为：100 g 膨润土吸蓝量=（亚甲基蓝溶液的质量浓度，g/mL）×（亚甲基蓝溶液的滴定量，mL）÷（膨润土的质量，g），该指数与固相含量相联系时十分有用。

1.2.2 钻井液中的液相

有许多种流体可用做钻井液的液相。例如：淡水、盐水、咸水、饱和盐水、柴油、原油以及多种多样的矿物油和改良性植物油。选用何种液相主要取决于所钻地层需要的抑制作用。液相的抑制能力强，可以防止流体减少和活性固体的膨胀，从而限制地层造浆能力。

淡水是黏土水化（膨胀）非常好介质，也是抑制性最差的液体。油是非常好的非离子型抑制性流体。

目前油基钻井液中的水，都以乳化状态存在，水被油束缚起来，因而，这种油包水钻井液对低压、低渗油层伤害小，能防止泥页岩水化膨胀，有防塌作用，同时具有润滑性，能维持活性钻屑的原生状态，削弱或完全停止水化作用等优点。盐水也可用来抑制液相中固体的水化。抑制能力的强弱取决于盐离子的浓度及类型。盐的浓度越高，抑制能力越强，饱和盐水抑制能力最强。

1.2.3 钻井液中固相分类及粒度分布

1．固相分类

根据不同的特点，钻井液中的固相有不同的分类方法。

① 按固相在钻井液中的作用分为：有用固相和有害固相。

② 按固相的密度分为：高密度固相和低密度固相。高密度相是根据钻井工艺要求特意加入的重材料以提高钻井液的密度，低密度相包括配置钻井液所需的膨润土和处理剂，此外还有岩屑。

③ 按固相与液相是否起反应分为：活性固相和惰性固相。与液相起反应的称为活性固相，与液相不起反应的称为惰性固相。前者如膨润土、页岩、黏土等，后者如石灰岩、花岗岩、重晶石等。

2．钻井液中固相粒度的分布

钻井过程中，随地层岩性能、钻头类型、钻井参数的不同，钻井液中的固相含量及其粒度分布也不一样。按固相粒度大小（根据美国石油学会的规定），将钻井液中的固相分为三类。表 1.2 是某条件下钻井液中固相粒度分布情况。

表 1.2 某条件下钻井液中固相粒度分布

类 别	粒度大小（μm）	重量百分比（%）
砂（或 API 砂）	>2 000	0.8 ~ 2
	250 ~ 2 000	0.4 ~ 0.8
	74 ~ 250	2.5 ~ 15.2
泥	44 ~ 74	11.0 ~ 19.8
	2 ~ 44	56.0 ~ 70.0
黏土（或胶体）	<2	5.5 ~ 6.5

表 1.2 中的数据表明，在钻井液中，通常较大的（>2 000 μm）和较小的（<2 μm）的固相颗粒都不多。若以 74 μm 为界，大于 74 μm 的颗粒只有 3.7%～29.5%，其余大部分小于 74 μm，小于 74 μm 的固相颗粒都保留在钻井液中，这将使钻井液的性能变坏。因此，仅以含砂量（>74 μm）多少作为检验钻井液固控效果的标准是不全面的。

比如对加重的钻井液而言，重晶石是根据钻井工艺要求而加入钻井液中的，而 97% 的重晶石的粒度都小于 74 μm，一定要注意当对加重钻井液进行固控时，不应将加重材料除去。

1.3　固相粒度特征及其对钻井液性能的影响

1.3.1　比表面积的定义与粒度的关系

固相颗粒的粒度通常是指颗粒的大小或尺寸，固相粒度对钻井液黏度影响最大，通常以比表面积来度量。比表面积是指每克物质中所有颗粒总外表面积之和，其大小与颗粒的粒径、形状、表面缺陷及孔结构密切相关。钻屑颗粒越细，其比表面积越大，其表面效应（如表面活性、表面吸附能力等）越强。比表面积大小对颗粒其他的许多物理及化学性能会产生很大影响，特别是随着颗粒粒径的变小，比表面积成为了衡量颗粒性能的一项非常重要的参量。比表面积测定分析有专用的比表面积测试仪，目前国内外比表面积测试统一采用多点 BET 法。

比表面积特征是理解钻井液的固相粒度微观影响的基本出发点。在固相总量一定的条件下，粒度越小、表面积越大，被束缚的自由水越多。特别在钻井液循环过程中，颗粒会不断地破碎，比表面积不断增加，因而增加了吸附的水量。因而，在许多情况下钻井液中的固体含量几乎没有变化，而塑性黏度格外地高。一般地，粒径减小十分之一，则比表面积就增大为十倍，如直径为 1 cm 的球状颗粒，当其全部被碎化为 1 μm 的球粒时，其比表面积就会增大为原来的数千倍。同体积的物质，以球粒的比表面积最少，而破碎后的物质，多呈各种形状，因而吸水也更多。正如前面小节所讨论过的，若钻屑不能及时清除，在以后的继续循环中，就会破碎而增加钻井液的塑性黏度和动切力，也增加了固控设备净化的难度和费用。

钻井液中不同性质的固相颗粒对钻速影响不同，小于 1 μm 的胶体要比粗颗粒的影响更严重。当固相含量大于 6%时，分散钻井液（细颗粒固相）与不分散钻井液（粗颗粒固相）对钻速的影响几乎一样，如图 1.9 所示；当固相含量低于 6%时，不分散钻井液比分散钻井液的钻速要高。固相含量越低，钻速差别越大，这是因为当固相含量低于 6%时，分散性钻井液中的胶体颗粒所占的百分比越大。

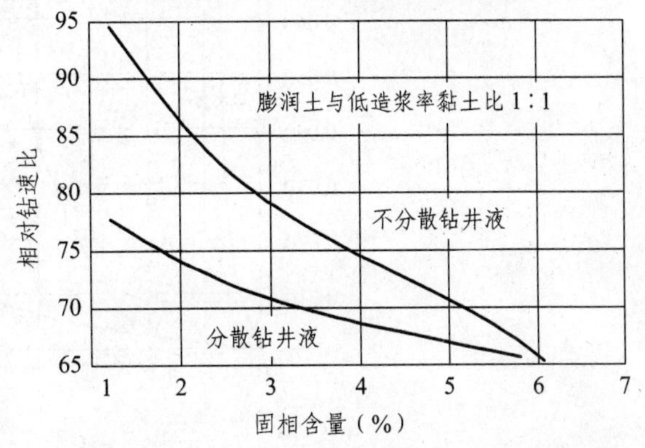

图 1.9　固相颗粒分散性对钻速的影响

1.3.2　固相颗粒粒度对钻井液性能的影响

1. 粒度与黏度的关系

图 1.10 所示为一个边长为 25.4 mm 的立方体，其表面积随分解次数增多而发生变化的关系曲线（每次分解都将边长减半），这种关系实质上与固相含量和塑性黏度的关系曲线形状相同。在 0～4 点的区间内，粒度大、自由水较多，因此黏度变化很小；在 6～8 点的区间内，粒度小、表面积小、自由水较少，因此只要固相含量稍微增加一点黏度将陡升。

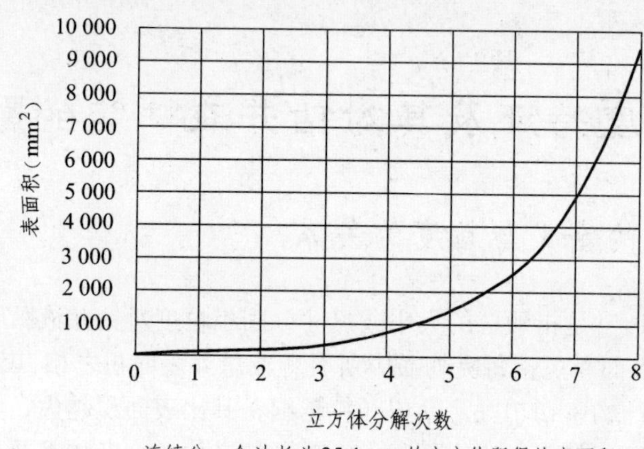

图 1.10　表面积与黏度的关系

2. 不同粒度的固相含量对黏度的影响

图 1.11 所示为膨润土和重晶石固相对黏度的影响。现结合图 1.10 上的 0～8 点与固相含量联系起来讨论。例如，商用膨润土颗粒极细，相当于 8 点上表面积很大的情况，由图 1.11 可知，黏度大幅度上升还不到固相含量的 5%；又例如，重晶石的颗粒大，表面积较小，要出现图 1.10 的 8 点的黏度陡升的情况，再看图 1.11，固相含量则要在 50%以上，也就表明，要和商用膨润土吸附同样的自由水，需要 10 倍以上的重晶石。

由于钻屑既含有与膨润土接近的黏土，又含有与重晶石接近的砂岩，因此其性能在两者之间。

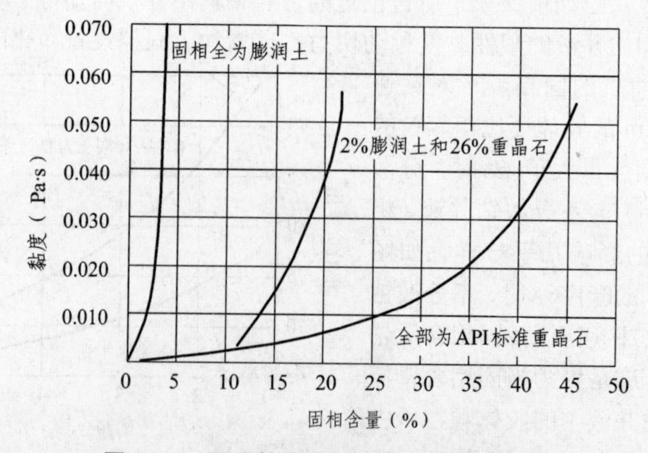

图 1.11　不同粒度固相含量对黏度的影响

3. 固相粒度对流动特性的影响

经验表明，尺寸小于 1 μm 的粒子将严重影响钻井液的黏度值。

如图 1.12 所示，重晶石的粒度分布中，小于 1 μm 的很少，重晶石颗粒很大，大量加入钻井液中将不会严重影响钻井液黏度。

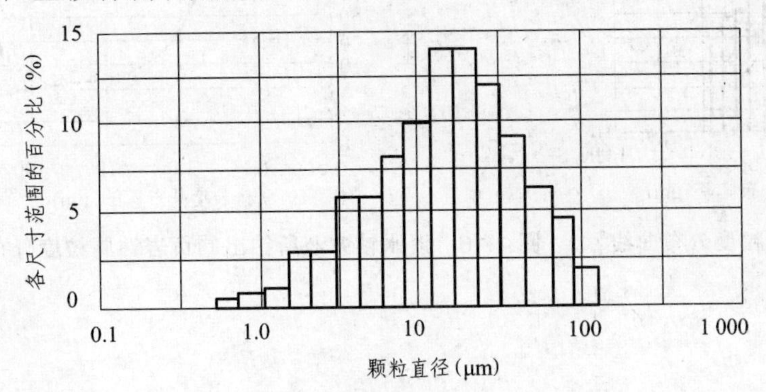

图 1.12　重晶石粒度分布曲线

如图 1.13 所示，商用膨润土的粒度分布中，小于 1 μm 的粒子比例很高，因此，商用膨润土对钻井液黏度的影响很大。

对于超细的重晶石（直径在 3 μm 以下），同样对钻井液黏度有影响，如图 1.14 所示。

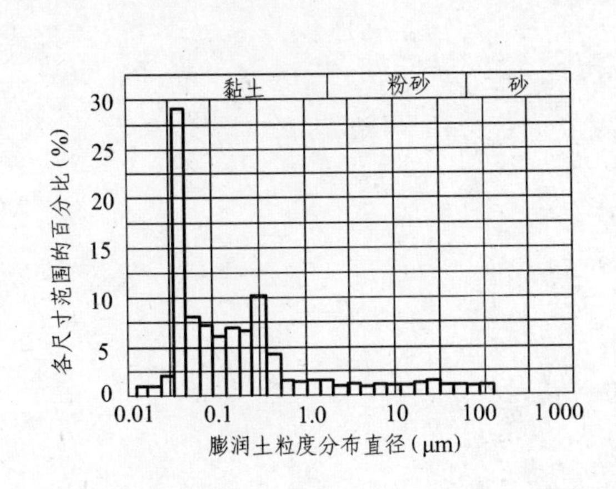

图 1.13　商用膨润土粒度分布曲线

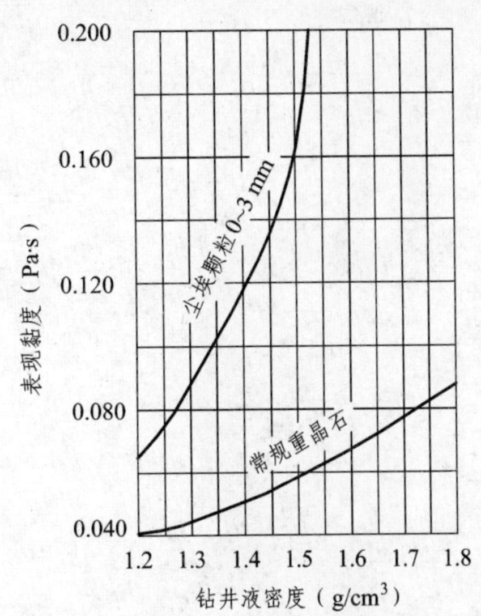

图 1.14　超细重晶石对黏度的影响

由图 1.15 所示的赤铁矿加重剂的粒度分布曲线可知，在提高黏度性能上与普通重晶石差别不太大。

由图 1.16 所示的淡水钻井液所钻出的页岩钻屑粒度分布可知，有相当一部分粒子都将影响钻井液黏度，但 75 μm 以上的颗粒也不多。振动筛除去的颗粒较多的是 75 μm 左右，75～10 μm 可用水力旋流器去除，低于 10 μm 可用离心机去除，而低于 2 μm 的只能用稀释的方法去除。

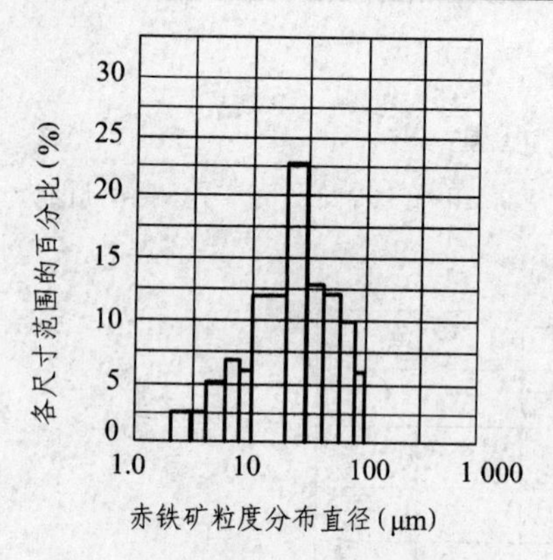

图 1.15 赤铁矿粒度分布曲线

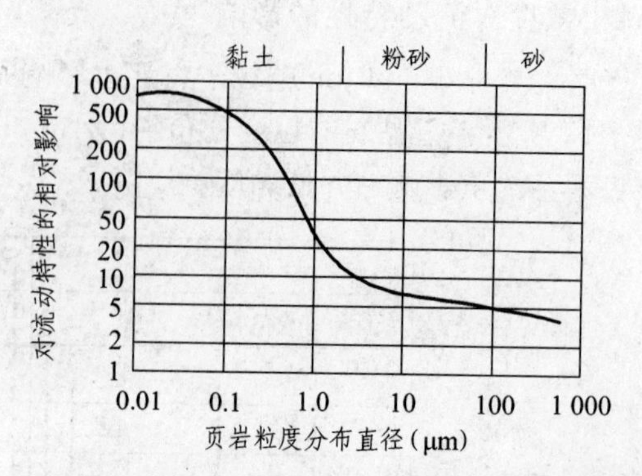

图 1.16 淡水钻井液所钻出的页岩钻屑粒度分布对黏度的影响

第 2 章

钻井液固相控制工艺及原理

2.1　固液分离基本原理

2.1.1　沉降原理

在石油钻井固控中，常用于连续操作的固液分离设备可以是重力沉降型，也可以是离心沉降型。前一种设备的典型代表是沉降池（沉降罐）和澄清器；而后一种设备包括离心机和旋流器。

当固体和液体（或两个液相）间存在着密度差时，便可采用离心沉降方法来实现固液分离。在离心力场中，当颗粒重于液体时离心力将使其沿径向向外运动；当颗粒轻于液体时离心力便会使其沿径向向内运动。因此，离心沉降可以认为是较细颗粒重力沉降法的一种延伸，并且能够分离通常在重力场中稳定的混浊液。

任何一种分离过程的机理，均依赖于两种组分间是否存在相对运动，因而存在两种可能性：① 固体通过流体床沉降；② 液体通过固体床过滤。采取运动方式①的连续操作设备主要有沉降槽和澄清器、螺旋卸料沉降式离心机（简称卧螺）以及水力旋流器；而采取运动方式②的设备主要是连续过滤机以及转鼓上开孔的篮式离心机，前一种设备在油田现场应用最为普遍。

1. 沉降速度分析

沉降速度是固液分离理论中一个重要的基本概念。如果实现沉降过程的推动力是重力，则称重力沉降速度；若推动力为离心力则称离心沉降速度。下面首先讨论重力沉降速度的计算公式。

设想将一个表面光滑的球形颗粒置于静止的流体介质中，若颗粒的密度 ρ_s 大于流体的密度 ρ，则颗粒将在流体中作下沉的运动。显然，作用于颗粒上有三种力（见图 2.1）：

重力　$F_g = \dfrac{\pi}{6} d^3 \rho_s g$

浮力　$F_b = \dfrac{\pi}{6} d^3 \rho g$

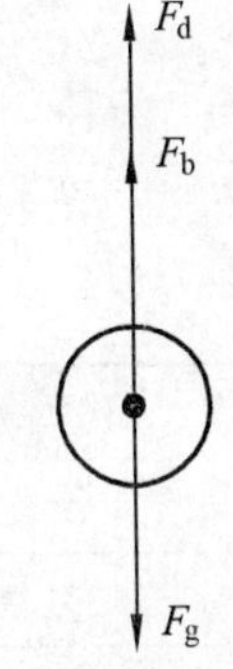

图 2.1　下沉颗粒的受力分析

阻力 $$F_d = \xi A \frac{\rho v^2}{2}$$

式中 d ——粒径大小；

ξ ——阻力系数，无因次量；

A ——颗粒在垂直于运动方向的平面上的投影面积，对于球形颗粒 $A = \pi d^2/4$；

v ——颗粒与流体间的相对运动速度。

按牛顿定律有：

$$F_g - F_b - F_d = ma$$

或 $$\frac{\pi}{6}d^3\rho_s g - \frac{\pi}{6}d^3\rho g - \frac{\pi\xi}{4}d^2\left(\frac{\rho v^2}{2}\right) = \frac{\pi}{6}d^3\rho_s a \tag{2.1}$$

式中 m ——颗粒的质量；

a ——颗粒的加速度。

颗粒的沉降过程应分为两个阶段：起初为加速阶段，而后为等速阶段。等速阶段中颗粒相对于流体的速度 v_t 称为沉降速度，它是加速阶段终了时颗粒相对于流体的速度。由于油田钻井工业中，沉降操作所处理的颗粒较小，因而颗粒与流体间的接触比表面积相对非常大，故阻力随速度增长很快，可在极短时间内便与净重接近平衡，所以在重力沉降过程中，加速阶段常可忽略不计。于是，在（2.1）式中令 $a = 0$ 后，即可导出沉降速度的常用计算公式：

$$v_t = \sqrt{\frac{4gd(\rho_s - \rho)}{3\rho\xi}} \tag{2.2}$$

2. 沉降速度的经验公式

由于钻井液存在黏性，因而要考虑到雷诺数 $Re = \frac{\rho v d}{\mu}$ 的影响环节，D.J.spikins 提出一个计算沉降速度的一般公式为：

$$v_t = \sqrt{\frac{2mg(\rho_s - \rho)}{A\rho\rho_s\xi}} \tag{2.3}$$

式中 ξ ——阻力系数。

阻力系数 ξ 是雷诺数 Re 的函数：

$$\xi = b(Re)^{-n}$$

式中 μ ——流体的动力黏度；

b、n ——实验常数，见表 2.1。

表 2.1 实验常数 b 和 n 的数值

适用范围	b	n
滞留区（$10^{-4}<Re<1$）	24.0	1
过渡区（$1<Re<10^3$）	18.5	0.6
湍流区（$10^3<Re<2\times10^5$）	0.44	0

对于球形颗粒，在滞流区、过滤区和湍流区沉降速度的计算公式按式 2.3 可简化成：

（1）滞流区，由流体黏性引起的表面摩擦力占主要地位，有：

$$v_t = \frac{d^2 g(\rho_s - \rho)}{18\mu} \tag{2.4}$$

式（2.4）在油田设备分离理论中常被称为的斯托克斯定理（Stoke's Law）。

（2）过渡区，由于表面摩擦阻力和形体阻力二者都不可忽略，有：

$$v_t = 0.27\sqrt{\frac{dg(\rho_s - \rho)Re^{0.6}}{\rho}} \tag{2.5}$$

式（2.5）也称为艾伦（Allen）公式，式中 $Re = dv_t\rho/\mu$。

（3）在湍流区，由于流体黏性对沉降速度已无影响，由流体在颗粒后半部出现的边界层分离所引起的形体阻力占主要地位，有：

$$v_t = 1.74\sqrt{\frac{dg(\rho_s - \rho)}{\rho}} \tag{2.6}$$

式（2.6）也称为牛顿（Newton）公式。

实际上，在球形颗粒的情况下，沉降速度的一般公式也可以写为：

$$v_t = \left[\frac{4g(\rho_s - \rho)d^{(1+n)}}{3\mu^n b\rho^{(1-n)}}\right] \tag{2.7}$$

值得一提的是，上述计算沉降速度的公式应具备两个必要条件：① 容器的尺寸要远大于颗粒的尺寸，例如 100 倍以上，否则器壁会对颗粒的沉降有显著的阻滞作用；② 颗粒不可过分细微，否则由于流体分子的碰撞将会使颗粒发生布朗运动。

上述三个区的公式适用于计算多种情况下颗粒与流体在重力方向上的相对运动速度，即不但适用于静止流体中的运动颗粒，而且适用于运动流体中的静止颗粒，或者是逆向运动着的流体与颗粒，以及同向运动着但各有不同速度的流体与颗粒之间相对运动速度的计算。

3. 离心沉降与重力沉降的比较

当流体带着颗粒旋转时，如果颗粒密度大于流体密度，则惯性离心力 F_1 将是迫使颗粒飞离转轴的推动力；而指向轴心的力则为向心力 F_2，F_1 和 F_2 分别表为：

$$F_1 = \frac{\pi}{6}d^3\rho_s v_t^2 / R$$

$$F_2 = \frac{\pi}{6}d^3\rho v_t^2 / R$$

式中　v_t ——离转轴 R 处颗粒的切向速度。

指向轴心的力除 F_2 外，还有流体阻力：

$$F_3 = \xi\left(\frac{\pi d^2}{4}\right)\frac{\rho v_r^2}{2}$$

与重力沉降速度 v_t 的推导方法完全相同，当 F_1、F_2 和 F_3 处于平衡时，颗粒在径向上相对于流体的速度 v_r 便是它在此位置上的离心沉降速度，亦即有：

$$v_r = \sqrt{\frac{4d(\rho_s - \rho)}{3\xi\rho}(v_t^2 / R)} \tag{2.8}$$

若将式（2.8）与（2.2）式相比可知，颗粒的离心沉降速度 v_r 与重力沉降速度 v_t 具有相似的表达形式，只需将（2.2）式中的重力场强度 g 置换成惯性离心力场强度 (v_t^2 / R)，且沉降的方向不是铅垂向下而是沿旋转半径向外，即背离旋转中心。

在离心沉降时，若颗粒与流体的相对运动属于滞流，阻力系数符合 Stoke s 定律，则有：

$$v_r = \frac{d^2(\rho_s - \rho)}{18\mu}(v_t^2 / R) \tag{2.9}$$

将（2.9）式与（2.4）式相比，可得如下关系：

$$\frac{\text{离心沉降速度}}{\text{重力沉降速度}} = \frac{v_r}{v_t} = \frac{v_t^2}{gR} = F_r$$

比值 F_r 称为分离因数，它标志着所在位置上的离心力场强度与重力场强度之比（倍数）。

2.1.2 达西定律

达西（Darcy，1856）关于渗流的古典实验是研究均匀多孔介质中层理论的基础。其推导的公式为：

$$Q = \frac{-kA}{\mu h}(p_2 - p_1 + \rho gh) \tag{2.10}$$

式中 ρ ——液体密度；

μ ——液体黏度；

Q ——单位时间内滤过的液体总量；

A ——滤层的断面积；

$\Delta P = p_2 - p_1$ ——滤层上下界面的压力差；

k ——渗透率，因次为 $M^0L^2T^0$；

$\frac{k}{\mu}$ ——渗透性常数，因次为 $M^{-1}L^3T^1$；

h ——滤液高度。

显然，渗透性常数代表了某种介质对某特定的流体的渗透能力，它的大小由介质和流体两者的性质而定。公式中的负号，表示流体方向是与 h 增加的方向相反。

在滤饼过滤中，达西定律通常写成如下的形式：

$$Q = k\frac{A\Delta p}{\mu l} \tag{2.11}$$

式中 l ——滤饼的厚度。

此外，为了便于理论推导，也可将式（2.11）写成微分的形式：

$$\frac{dp}{dx} = \frac{\mu Q}{Ak} = q\frac{\mu}{k}$$

式中　x ——通过滤饼的距离；

$q=\dfrac{Q}{A}$ ——表观速度。

对真空过滤，一般用达西定律描述成饼时的滤液流速，但在气压过滤条件下，由于滤饼压差较大，滤饼的可压缩性更为突出，其滤液流速是否仍遵循达西定律，是压滤研究的热点。在 0.1～0.6 MPa 压差范围内，研究了过滤压差对滤液流速的影响，结果如图 2.2、图 2.3 所示。由图 2.2 可知，平均滤液流速恰和过滤压差呈线性关系，这说明在本研究的压差范围内，成饼过程的渗流速度仍符合达西定律，不过此时的滤饼已明显表现出可压缩性，因滤饼比阻随压差增大而增大（见图 2.3），且滤饼的可压缩性与物料的比表面积密切相关，比表面积大的物料具有较大的可压缩性。

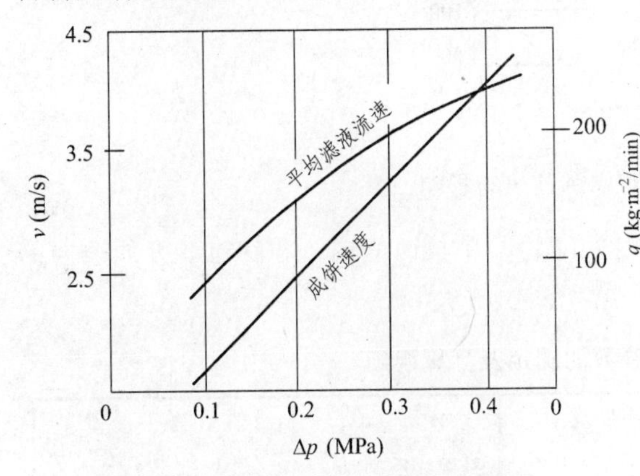

图 2.2　过滤压差对成饼过程的影响

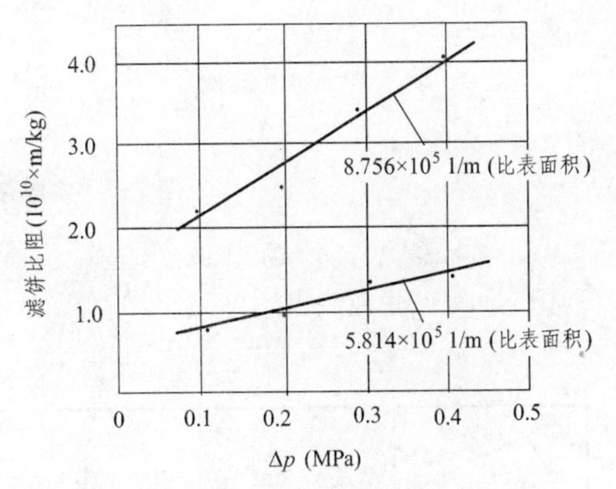

图 2.3　过滤压差对滤饼比阻的影响

由于成饼过程的滤液流速满足达西定律，可由此导出成饼速度公式：

$$q=\frac{c}{1-c-\varepsilon}\cdot\frac{\Delta p\rho_{\mathrm{s}}}{\mu R}(1-\varepsilon) \tag{2.12}$$

式中　c ——滤网的导液率（单位厚度的渗透率）；

ε ——滤网的孔隙度；

R ——滤饼阻力，（1/m）。

实际测定的成饼速度如图 2.2 所示，由于滤饼的可压缩性，成饼速度与成饼压差未表现出良好的线性关系。

1．粒度对滤饼的影响

粒度及其粒度组成是影响滤饼结构（包括孔隙度和孔隙尺寸分布）的主要因素，而滤饼结构又决定了滤饼比阻及其渗透性。一些模型推导出的理论方程表明，滤饼比阻 a 和渗透性系数 K 主要和物料粒度有关：

$$a=\frac{KS^2(1-\varepsilon)}{\rho_{\mathrm{s}}\varepsilon^3} \tag{2.13}$$

$$K=Md^2$$

式中　S ——物料的比表面积系数；

M ——物料质量系数。

2. 浆体浓度对成饼过程的影响

浆体浓度对成饼过程的影响如图 2.4 所示和见表 2.2。

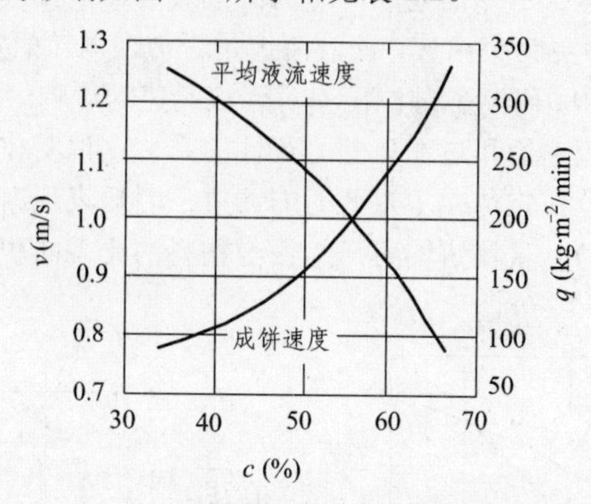

图 2.4 浆体浓度对成饼过程的影响

图 2.4 表明，随着浆体浓度的增大，成饼时间缩短，单位时间内沉积在过滤介质表面的固体量增大，滤液流出速度减小。

表 2.2 不同滤饼相关参数的测定及计算明细

序号＼参数	比表面积 $S/(m^2\cdot cm^{-3})$	压差 $\Delta p/(MPa)$	浓度 c（%）	滤饼比阻 $\alpha(m\cdot kg^{-1}\times 10^{10})$	滤饼水分（湿基） $w/$（%）
1	0.584 8	0.4	35	0.216	10.49
2	0.721 4	0.4	35	0.826	12.11
3	0.875 6	0.4	35	2.190	13.63
4	0.721 4	0.2	35	3.385	14.13
5	0.721 4	0.2	45	2.836	9.13
6	0.721 4	0.2	55	2.304	9.22
7	0.721 4	0.2	65	3.136	8.31

由表 2.2 可知，随着浆体浓度的增大，滤饼比阻在浆体浓度为 35%时出现最小值。浆体浓度较小时，颗粒沉降时的取向趋势较大，导致滤饼结构较密实，滤饼比阻较大；随着浆体浓度的增大，颗粒沉降时的取向趋势削弱，滤饼的密实程度降低，比阻变小；但浓度过大时，沉降分层现象削弱，由粗颗粒先沉积形成的骨架不复存在，颗粒间大都成粗细相嵌，从而使孔隙尺寸和孔隙度减小，滤饼比阻又开始增大。

上述的简单形式的达西定律主要是研究一维流动规律，也只适用于低雷诺数的流场，流动阻力以黏性阻力为主且与速度成一次方比。在钻井液流动过网的流动中，流动速度高，为大雷诺数情形，黏性阻力应与速度的二次方成正比，所以可将达西定律修正为：

$$\Delta p = \frac{\mu}{c}u + \beta\frac{\rho B}{\varepsilon^2 D}\mu^2 + c_0\tau_0 \tag{2.14}$$

式中　c ——滤网的导液率（单位厚度的渗透率）；

ε ——滤网的孔隙度；

B ——滤网的厚度；

D ——滤网孔眼的平均尺寸；

β 和 c_0 ——实验常数。

对于特定目数、钢丝直径和编织方式的滤网，Armour 和 Cannon 等人提出了计算 ε、B、D 的经验公式，Haberock 等人通过实验确定了各种滤网的导液率。

2.1.3　十字流动态过滤原理

十字流动态过滤原理是人们开发出的与传统滤饼过滤法完全不同，但又融合了传统滤饼过滤的理论。

图 2.5(a)反映出了传统的滤饼过滤机理。滤浆垂直于过滤介质的表面流动，固体被介质所截留，逐渐形成滤饼。随着过滤的持续进行和滤饼层的增厚，过滤速度明显减小，直至滤液停止流出。滤饼过滤又称为终端过滤（dead end filtration）。在过滤相对黏稠及含有较大颗粒的流体时，过滤介质的孔隙会很快发生堵塞，增厚的滤饼逐渐密实，最终导致过滤速度急剧降低。在对此类滤浆进行滤饼过滤时，必须使用絮凝剂（如聚丙烯酰胺）或助滤剂（硅藻土）。由上述可知，在过滤过程中，滤饼的增厚是妨碍过滤速率提高的主要因素，故应予以限制。限制滤饼厚度的方法归纳如下：

① 质量力（重力或离心力）或电泳力卸除滤饼；

② 液体喷射、刮刀或刷子卸除滤饼；

③ 借助滤液相对于过滤介质的反向流动卸除滤饼（如可逆过滤）；

④ 利用振动卸除滤饼或防止滤渣在过滤介质上沉积；

⑤ 利用十字流过滤限制滤饼增厚。

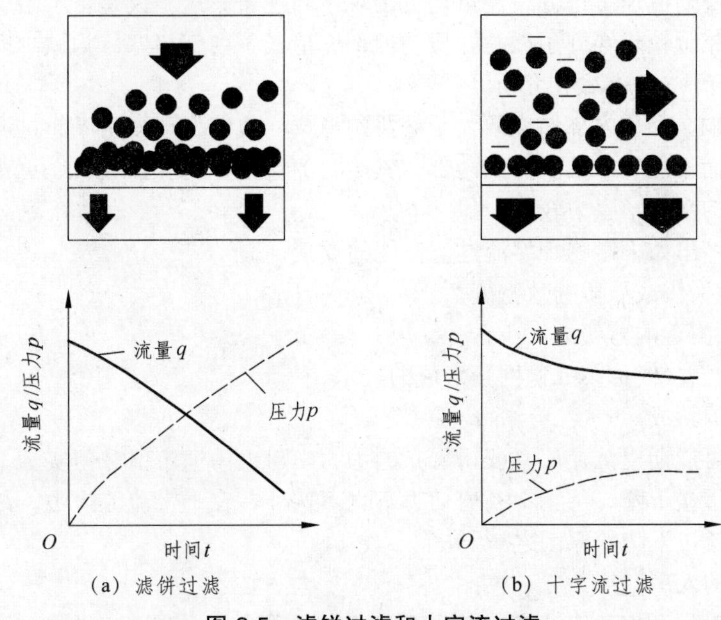

图 2.5　滤饼过滤和十字流过滤

如果过滤始终在薄饼层下进行，而且这样的饼层处于动态之中，则这样的过滤称为动态过滤（dynamic filtration）。动态过滤可分为十字流过滤（cross flow filtration，CFF）和机械式动态过滤（mechanical dynamic filtration，MDF）。后者也采用了前者的过滤原理。图 2.5（b）反映出了 CFF 的机理，即滤浆一边平行于过滤介质流动，一边受到过滤。滤液的流速远低于滤浆的流速，两者的流动方向互相垂直交错，因此十字流过滤又称错流过滤。滤浆的快速流动，对堆积在介质上的颗粒起到了剪切扫流的作用，从而抑制了饼层的增厚，使近似乎恒速的高过滤速度有可能实现。根据扫流剪切力的大小，十字流动态过滤又可分为低剪切力十字流过滤（Low—shear cross—flow filtration）和高剪切十字流过滤（high—shear cross—flow filtration）。

1. 低剪切力十字流过滤的基本规律

（1）流速和流量。

悬浮液的流速只有达到一定值时才能实现十字流过滤，可见流速是最重要的影响因素。高流速能产生大的剪切力，从而抑制滤饼层增厚。例如，在直径为 d 的圆柱形流道中，滤饼层的厚度取决于剪切力 F_γ，而 F_γ 又是由悬浮液的流速 v 引起的，这三个参数间的关系为：

$$F_\gamma = \frac{8v}{d} \tag{2.15}$$

较高的流速将使滤饼较薄，水力学阻力较低，从而流量较高。理论上讲，无穷大的流速可使滤饼层厚度为零，滤液的流量为恒定值。但实际上，当流速达到一定程度后，流量的增加并不大或者不增加。此外，也不应刻意追求最佳流速，因为那样会消耗过大的能量，而且最佳流速还与悬浮液种类有关。

（2）过滤介质的堵塞和流量。

无论在如何高的流速下过滤，流量均会出现下降现象。这不仅是由于出现了滤饼，更主要是由于微小固相颗粒贯穿到了微孔介质的内部，造成了内部堵塞。为减少内部堵塞，可以使用孔隙直径小于 1 μm 的微孔介质。

对流量的影响，介质内部堵塞要大于滤饼的形成。实验发现，用于超过滤的半透网孔径非常小且致密，而不能被微粒贯穿到内部，其给出的流量，与孔径较大、更稀疏的介质的一样高，尽管后者的水力学阻力较低。

至此，可归纳出如下影响十字流过滤性能的要素：

① 介质孔隙大小或介质的致密度；

② 介质表面附近的剪切力大小；

③ 控制沉淀层（或称第二滤网）形成的技术。

（3）沉淀层的形成。

在理论上，可以期望沉淀层（滤饼层）的水力学阻力为恒定值。但实际上，滤液的流量却在随着时间而缓慢下降，甚至在高剪切力下也不例外。在十字流流道中，细颗粒的这种选择性沉淀是造成流量下降的原因之一。

（4）悬浮液的入口浓度。

十字流过滤对悬浮液入口浓度的变化不敏感。这意味着，在过滤之前无须对悬浮液进行任何预处理，这一点可用以下对比实验来证实。当用深层过滤芯对自来水进行深层过滤时，发现滤芯必须由预处理过滤器来加以保护，否则，其孔隙会迅速被堵塞。而采用十字过滤时，却在未用任何预分离的情况下，连续以大致恒定的流量即可获得清洁水。

悬浮液的浓度对十字流过滤无明显影响，从而使十字流过滤能适应浓度变化范围很大的悬浮液，这一特性，传统过滤是不具备的。

（5）压力和温度。

过滤压力对十字流微孔过滤的影响，与超过滤的情况相类似，即提高压力并未引起流量的相应提高。当压力超过一定值（通常为$1\times10^5\sim5\times10^5\,\text{Pa}$）后，沉淀层将更紧密，反而对流量有负面影响，类似的现象，在传统的滤饼过滤中经常发生。

提高悬浮液的温度，使其黏度下降，将有利于过滤，在这一点上，十字流过滤和传统过滤是一致的。但应注意温度对热敏性物料的影响，尤其是在进行高剪切力十字流过滤时更应考虑到这一点。在选择悬浮液的温度时，微孔介质因具有较高的耐热性，而比超滤膜有更大的自由度。

2．十字流过滤的定性关系

十字流过滤有以下几个定性关系，并且已为实验所证实：

（1）流量J为流速v的函数。

流量J与流速v有如下关系：

$$J=cv^{3/2}\qquad（v\to0\text{时}）$$

$$J=\frac{B\Delta p}{\mu L_0}\qquad（v\to\infty\text{时}）\tag{2.16}$$

式中　B——等效滤饼的渗透性；

Δp——压力降，Pa；

μ——液体的动力黏度，Pa · S；

L_0——等效滤饼厚度（表示介质阻力），cm；

c——滤网的导液常数。

流量J与流速v的关系如图2.6所示。

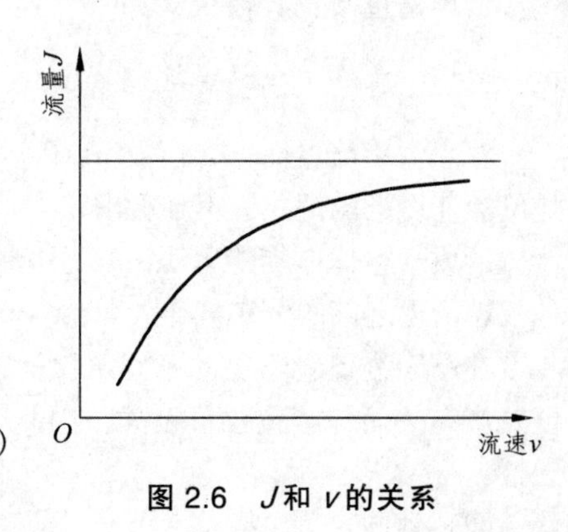

图2.6　J和v的关系

（2）流量为流道水力学直径的函数。

流量J与流道的水力学直径D有如下关系：

$$J=\frac{K_1\Delta p}{K_2\Delta pD+L_0}\tag{2.17}$$

（3）沉淀层厚度l为流速v的函数。

l和v之间有如下关系：

$$l=\frac{c_1\Delta p}{v^{3/2}}\qquad（v\to0\text{时}）\tag{2.18}$$

$$l=\frac{c_2\Delta p}{v^2}\qquad（v\to\infty\text{时}）\tag{2.19}$$

2.1.4 旋流分离原理

旋流分离过程本质上就是非均相混合物中，颗粒相对于流体介质的沉降迁移运动。从受力情况来看，旋流分离过程中的颗粒主要受两种力的作用：一是由于运动加速度 a 引起的，这包括重力加速度 g 引起的重力（垂直方向）和离心加速度引起的离心力（径向）；二是流体施加在颗粒上的力。当旋流器内离心加速度 $a >> g$ 时，重力影响可忽略。这样，除了在贴近壁面处外，颗粒在垂直方向和切向的受力可以忽略。颗粒在垂直方向和切向的分速度可以认为等于介质的相应速度。因此，颗粒只在径向上受力，包括离心力和与颗粒沉降方向相反的介质曳力。如果离心力大于曳力，颗粒沿径向向外侧运动，即向旋流器器壁运动；反之，则向中心运动。必须指出，这是对重颗粒而言，即颗粒的密度大于介质的密度。如果颗粒的密度小于介质的密度，即轻颗粒，如油/水混合物，在离心力作用下，油颗粒（油滴）向中心迁移，曳力的方向是向外的。

由于离心力和曳力的大小分别决定于流体的切向速度和颗粒与介质的相对径向速度，所以旋流器内流体的切向速度和径向速度的大小及分布对旋流器的分离性能起着决定性作用。

1. 旋液的流型

简单地说，除切向进料管内及其附近处以外，旋流器中旋液的流型都是环形对称的。在流场中任一点的液流速度均可分解成三个分速度：切向速度 v_t、径向速度 v_r 和竖直速度即轴向速度 v_z。

（1）切向速度。

在溢流管以下的不同水平面上，切向速度 v_t 随半径减小而显著增加，直至小于溢流管出口半径 $D_0/2$ 为止，其分布情况如图 2.7 所示。

切向速度场的计算公式如下：

$$v_t r^n = 常数 \tag{2.20}$$

对水力旋流器而言，指数 $n=0.5\sim0.9$，一般取 $n=0.64$。实际上，方程（2.20）所表示的是旋流速度场的通式。不难看出，当 $n=1$ 时，流体的运动为自由涡运动；当 $n=-1$ 时，全部流体形成一整体作旋转运动，故为强制涡运动。可见，水力旋流器中的切向速度分布是介于两种极端情形之间的分布规律。

在高于溢流管下缘的不同水平面上，在较大半径处便不再随半径减小而增加。此现象与壁效应有关而与竖直位置无关，因此等切向速度矢量的包络线轨迹应是与旋流器共轴的一些圆柱。

（2）轴向速度。

如图 2.8 所示，沿圆柱体和锥体部分的器壁有一股高速下降的液流，它能将已分离的颗粒送至底流口。可见，并非一定要建造锥顶向下的水力旋流器，事实上，水力旋流器在重力场中的相对位置对其效率的影响一般均很小。

下降液流部分地被中心区的上升流平衡，这取决于底流和物料通量间的比值。

在高于溢流管下缘的不同水平面上，下降速度的最高值仍发生在器壁附近。介于器壁和溢流管之间的一些半径处，轴向速度方向竖直向上。而在溢流管周围，可以观测到高速下降的液流，它是由所谓的“器壁诱导流”（沿旋流器顶部向内流动）造成的。

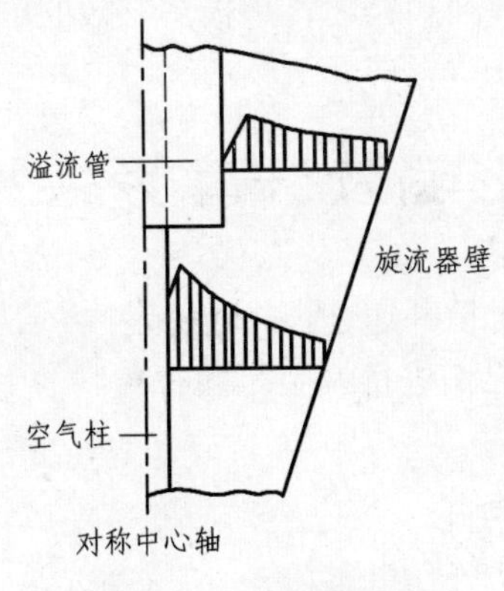

溢流管
旋流器壁
空气柱
对称中心轴

图 2.7　切向速度分布

溢流管
旋流器壁
空气柱
对称中心轴

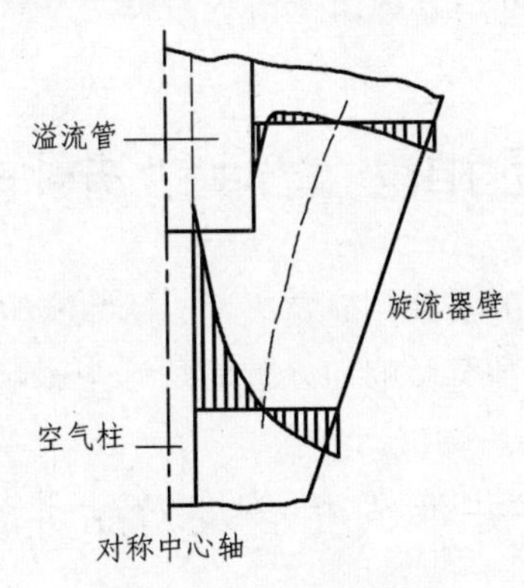

图 2.8　轴向速度分布

（3）径向速度。

旋流器内的径向速度要比其他两种速度低得多，因此难以精确测定。如图 2.9 所示，径向速度 v_r 方向指向轴线，并随半径减小而降低。零径向速度的径向位置则难以确定。

在高于溢流管下缘的不同水平面上，有可能出现向外的环流，但在平顶附近却存在着溢流管根部的很高的向内径向速度，从而导致上述的沿溢流管外壁下降的短路液流。

应当看到，以上叙述的旋流器内速度分布仅是定性的；即使对低密度和低黏度的水来说，流型也是非常复杂而难以作定量计算的。因此，对于那些非典型旋流器（几何形状明显不同于典型旋流器，或所处理的悬浮液是高黏度液体的情形），其速度分布规律很可能与图 2.7～图 2.9 存在着较大差异。

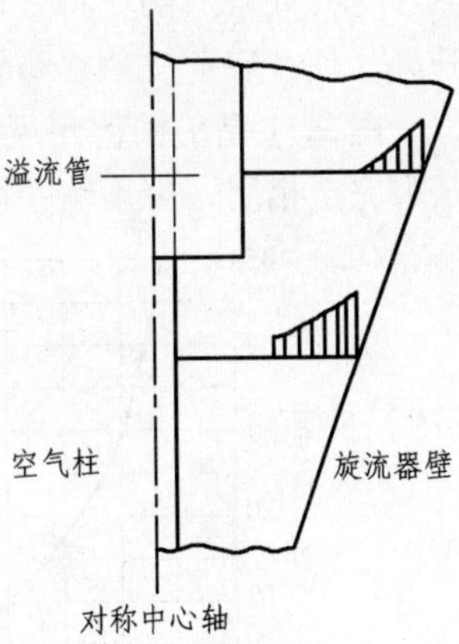

溢流管
空气柱
旋流器壁
对称中心轴

图 2.9　径向速度分布

2．悬浮颗粒的运动分析

当固相颗粒由圆柱体器壁附近进入旋流器后，由于在进料段存在极强的湍流混合作用，这些颗粒必然会沿径向向内分散。圆柱体段通常称作预分离区，而精确分离则是在锥体部件中完成的。

凯尔萨尔（Kelsall）曾指出，存在于锥形器壁附近下降液流中的任何固相颗粒，当这部分液体向内运动时，才会沿径向向内运动。若进料液体中有 R_f(%) 部分进入底流，则所有固相颗粒不管其沉降速度大小如何，也必然会有相同的 R_f 部分随同这部分液体，并与那些从其余（$1-R_f$）部分液体中分离出来的固相颗粒一起留在底流中，这是水力旋流器所特有的一种重要现象。

在旋流器液流内任一点的一个颗粒（均视为球形，粒径用 d 表示），在忽略重力的情况（这一假定在旋流器流场分析中是不会造成多大误差的）下，就只受两种力的作用：一个是沿径向向外作用于颗粒的离心力 F_c；另一个则是沿径向向内作用于颗粒的径向液流的阻力（也称曳力）F_R。

离心场中颗粒的径向速度比颗粒在重力场中的沉降速度大得多，其倍数恰好等于分离因

数 F_r。例如，若旋转半径 $r=0.1$ m，流体转速为 1 000 r/min，则离心沉降速度可比重力沉降速度大 1 780 倍。因而采用水力旋流器离心机械处理细颗粒物料是极其有效的。

2.2 固相含量对钻井作业的影响及计算方法

多年来的实践和研究表明：钻井液的固相含量对钻井速度、井眼稳定性、环空当量密度、产层保护等都有影响。分析清楚这些影响，以便对它们进行调整是固相控制的主要任务。

2.2.1 钻井液固相含量对钻井速度的影响

钻井液中固相含量升高，将使钻井速度下降，这已为现场和室内研究的大组资料所证实。图 2.10 所示为工程现场常用来说明固相含量对钻速影响的典型关系曲线。

显然，钻井液中固相含量的增高，会使钻井液密度升高，从而使井底压差增加，增大了液柱对井底岩屑的压持效应。另外，固相含量升高，使钻井液的流变性能变坏，黏度、切力升高，使井底清洗效率降低。这两个因素对钻井速度的影响总是互相交织在一起的。

图 2.11 是美国德州现场试验数据得出来的。不管用喷射钻头或普通钻头，只要井内液柱压力完全相同，使用钻井液（含有固相）钻进的钻速仅为清水钻进速度的 40%和 60%。

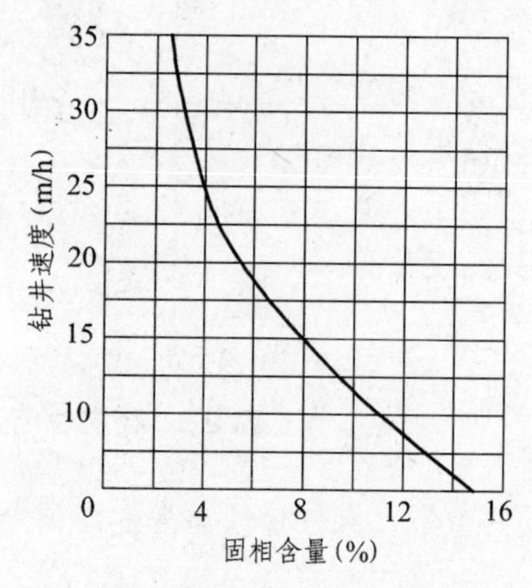

图 2.10 低固相不分散钻井液中的固相含量和钻速的关系

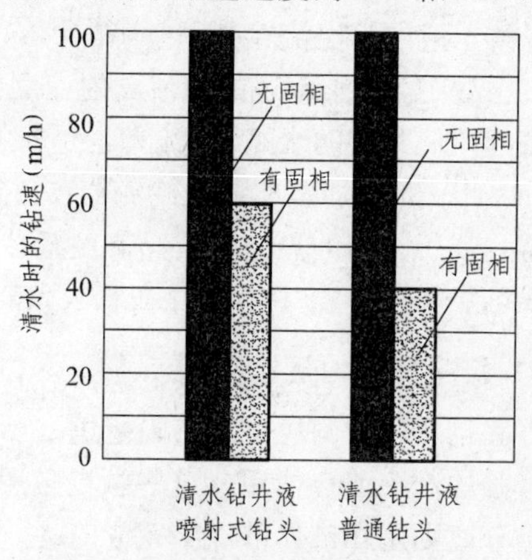

图 2.11 排除其他因素后固相含量对钻速的影响

室内模拟钻进试验也得出了相同结果。如图 2.12 所示，在液柱压力完全相同的情况下，用固相含量为 3%的钻井液，机械钻速为 3.3 m/h；而用固相含量为 12%的钻井液钻进，机械钻速仅为 1.1 m/h，为前者的 1/3。

表 2.3 列出了一些钻速与固相含量及粒度之间关系的资料。

钻井液 C 和 D 的钻速与清水接近，尽管 C 具有相对高的固相含量，由于 1 μm 固相颗粒对塑性黏度影响很小，对钻速的影响也就很小；钻井液 B、D 和 F 表明，随着 1 μm 以下颗粒数量的增加，钻速大致成比例地减小；比较钻井液 E 和 F，可以看出，大颗粒增加很多，钻速只有轻度降低。小于 1 μm 的胶体比大于 1 μm 的固相颗粒对钻速的影响大得多。

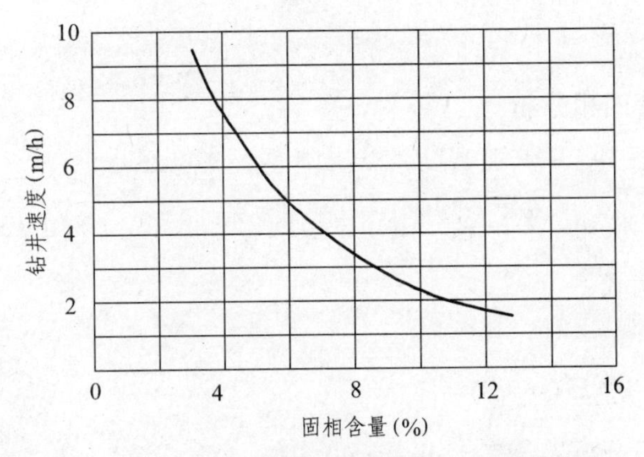

图 2.12　固相含量与机械钻速的关系（室内模拟试验）

表 2.3　钻速与粒度之间的关系

钻井液类型	固相含量（%）	1 μm 以下	1 μm 以上	钻速（m/h）
A 清水	0.0	—	—	7.01
B 实验室钻井液 1#	8.6	1.4	7.2	5.03
C 聚合物钻井液 2#	7.1	—	7.1	6.55
D 聚合物钻井液 3#	2.8	—	2.8	6.83
E 现场分散钻井液	11.6	5.7	5.9	1.83
F 实验室分散钻井液	—	5.2	1.0	2.59

钻井液中不仅含有膨润土和淡水，也含有油、氯化钠和其他盐类。将钻井液蒸干时，溶解状态的盐都会以固体形式保存下来，而油会降低液相平均密度，所以在分析固相时，这些因素都要考虑。

2.2.2　固相含量的数学分析

1. 理论及原理

（1）体积平衡法：

$$V_{钻井液}=V_{水}+V_{油}+V_{L}+V_{H}$$

式中　V_{L}——低密度固相的体积含量，%；

V_{H}——高密度固相的体积含量，%。

（2）质量平衡法：

$$M_{钻井液}=M_{水}+M_{油}+M_{L}+M_{H}$$

即

$$\rho_{m钻井液}\times V_{钻井液}=\rho_{水}\times V_{水}+\rho_{油}\times V_{油}+\rho_{L}\times V_{L}+\rho_{H}\times V_{H}$$

高密度固相的体积和低密度固相的体积是未知的，但知道总固相体积。这样，就有两个未知数但有两个方程式，即体积平衡式和质量平衡式，因而就可解出高密度固相体积和低密度固相的体积。

2．非加重钻井液固相分析

一般在淡水钻井液中，钻井渡密度 ρ_m 与固相含量的关系是：

$$\rho_m = \rho_w(1-V_l)+\rho_s V_s$$

该式实际上是质量平衡式。

（1）当连续相全部是水时，有：

$$V_l = 0.625(\rho_m - 1) \tag{2.21}$$

其中，任意种固相的百分数%，$V_x = (\rho_m - 1)/(\rho_x - 1)$

（2）连续相中混有部分油时，有：

$$V_L = 0.625(\rho_m - 1 - \rho_o V_o)$$

（3）特殊情况下，当体系中的固相全部为重晶石时，有 $V_H = 0.3125(\rho_m - 1)$

式中 ρ_w——淡水密度，一般 $\rho_w = 1\ g/cm^3$；

V_x——任意固相含量，体积百分比；

ρ_s——固相密度，g/cm^3；

V_L——低密度固相的体积百分数，%；

V_H——高密度固相的体积百分数，%；

ρ_m——钻井液密度，g/cm^3；

ρ_x——某种固相或加重剂的密度，g/cm^3；

ρ_o——油的密度，一般取 0.84 g/cm^3；

V_o——液相中油的体积百分数，%。

3．水基加重钻井液固相分析

对于该种加重钻井液，还应考虑高密度固相

$$\rho_m = \rho_w(1-V_L-V_H)+\rho_L V_L+\rho_H V_H$$

式中 V_H——高密度固相含量，体积百分比；

ρ_H——高密度固相的密度，g/cm^3；对于重晶石，$\rho_H = 4.2\ g/cm^3$。

将 $V_L + V_H = V_s$（体积平衡式）代入上式，各固相组份有如下关系：

$$\begin{aligned} V_L &= \frac{\rho_{水}(1-V_s)+\rho_H \cdot V_s - \rho_m}{\rho_H - \rho_L} \\ V_H &= \frac{\rho_m - \rho_L \cdot V_s - \rho_{水}(1-V_s)}{\rho_H - \rho_L} \\ V_s &= V_L + V_H \end{aligned} \tag{2.22}$$

式中 ρ_L——低密度固相的密度，一般取 2.6 g/cm^3；

ρ_H——加重材料的密度，g/cm^3；其余同上。

V_s——体系中总固相的体积分数，%；

$\rho_{水}$——水的密度，取 1 g/cm^3。

4. 油基加重钻井液固相分析

加重钻井液体系中含有部分油相时的固相分析，则方程为

$$V_L = \frac{\rho_m(1-V_s-V_o)-\rho_o V_o-\rho_H V_H-\rho_m}{\rho_H-\rho_L}$$
$$V_H = \frac{\rho_m-\rho_L V_L-\rho_o V_o-\rho_w(1-V_s-V_o)}{\rho_H-\rho_L} \tag{2.23}$$

式中　V_o——油的含量，体积百分比；

ρ_o——油的密度，一般 $\rho_o = 0.84$ g/cm^3，其余同上。

5. 含有可溶解盐的固相分析

先根据氯根 (Cl$^-$) 浓度计算水密度 ρ'_w，然后根据蒸馏出的水含量和氯根含量计算水相含量 V_w，利用下面经验公式：

$$\rho'_m = \rho_w[1+1.94\times10^{-5}\times(\mathrm{Cl}^-)^{0.95}]$$
$$V'_w = 蒸馏出的水含量\times[1+5.88\times10^{-8}\times(\mathrm{Cl}^-)^{1.2}]$$
$$V_s = 1-V'_w-V'_o$$

式中　ρ'_w——水相密度，g/cm^3；

V'_w——水相含量，体积百分比；

(Cl$^-$)——氯根浓度，mg/L。

通过计算得出：

$$V_L = \frac{\rho_w\cdot V_w+\rho_H\cdot V_s+\rho_o V_o-\rho_m}{\rho_H-\rho_L}$$
$$V_H = \frac{\rho_m-\rho_L\cdot V_s-\rho_o\cdot V_o-\rho_w\cdot V_w}{\rho_H-\rho_L} \tag{2.24}$$

式中　ρ_w——含有可溶性盐的钻井液体系中液相（滤液）的比重，g/cm^3；一般采用下式计算：

$$\rho_w = \rho_{水}[1+1.94\times10^{-6}\times(\mathrm{Cl}^-)^{0.95}]$$

(Cl$^-$)——滤液中 Cl$^-$的浓度，mg/L；

V_w——含有可溶性盐的钻井液体系中水相的体积分数，%；可由下式确定：

$$V_w = V_{水}[1+5.88\times10^{-8}\times(\mathrm{Cl}^-)^{1.2}]$$

$V_{水}$——纯水的体积分数，现场采用蒸馏方式得到，%。

$$V_s = 1-V_w-V_o$$

注意：实际计算时，V_s、V_o、V_w 均应采用小数；计算 V_w 时，$V_{水}$ 采用百分数时，计算得出的 V_w 相应的也是百分数，采用小数计算时，得出的 V_w 相应的也是小数。

6. 钻井液体系中含有多种无机盐时固相含量的精确计算

(1) 含有多种无机盐时非加重体系的固相含量确定的公式为：

$$f_s = 1 - C_f \cdot f_w - f_o$$

（2）含有多种无机盐时加重体系的固相含量确定的公式为：

$$f_g = \frac{\rho \cdot C_f \cdot f_w + (1 - f_o - C_f \cdot f_w)\rho_B + \rho_o \cdot f_o - \rho_m}{\rho_B - \rho_g}$$

$$f_B = f_s - f_g \tag{2.25}$$

式中 f_s——体系中固相体积分数，亦可作为总固相含量，%；

C_f——校正系数，$C_f = \frac{\rho_w}{\rho \cdot W_w}$

ρ_w——纯水的密度，取 1.0 g/cm^3；

ρ——含有多种无机盐时水相的密度，可由实验或手册得到，g/cm^3；

W_w——含盐滤液中纯水的重量分数，%；

f_w——体系中纯水的体积分数，%；

f_o——体系中油的体积分数，%；

f_g——体系中低密度固相的体积分数，%；

ρ_B——加重材料的密度，g/cm^3；

ρ_o——体系中油（一般按柴油计）的密度，g/cm^3；

ρ_m——钻井液体系的密度，g/cm^3；

ρ_g——低密度固相（钻屑）的密度，一般取 2.6 g/cm^3；

f_B——体系中加重剂的体积分数，%。

7．保持或降低钻井液体系中的固相含量时所需冲稀液的体积

$$V_d = \frac{V_m \cdot (S_L - S_a)}{S_a - S_d} \tag{2.26}$$

式中 V_d——所需的冲稀液量，m^3；

V_m——参加循环的钻井液量，m^3；

S_a——欲得到的低密度固相体积分数，%；

S_d——所用冲稀液中的低密度固相体积分数，%；

S_L——体系中的低密度固相体积分数，%。

8．现场置换泥浆时所配新浆密度的计算

$$\rho_d = \rho_e + \frac{V_i}{V_d} \cdot (\rho_e - \rho_i) - \frac{V_c}{V_d}(1 - \eta) \cdot (\rho_c - \rho_e) \tag{2.27}$$

式中 ρ_d——稀释液的密度，g/cm^3；

ρ_e——欲达到的循环钻井液密度，g/cm^3；

ρ_i——未稀释前的循环钻井液密度，g/cm^3；

ρ_c——钻屑的密度，g/cm^3；

V_i——未处理前的循环钻井液体积，m^3；

V_c——某一井段所产生的钻屑体积，m^3；

V_d ——稀释（或置换）液的体积，m^3；

η ——固控设备的分离效率，一般取 0.6～0.8。

9. 膨润土浆稀释需水量的计算

$$V_{水} = \left(1 - \frac{C_{稀后}}{C_{稀前}}\right) \times V_{总} \tag{2.28}$$

$$V_{浆} = V_{总} - V_{水}$$

式中　$V_{水}$ ——所需的加水量，mL，L，m^3；

$V_{浆}$ ——稀释前膨润土浆体积，mL，L，m^3；

$C_{稀前}$ ——稀释前浆体浓度，%，g/L；

$C_{稀后}$ ——稀释后浆体浓度，%，g/L；

$V_{总}$ ——稀释后浆体的总体积，mL，L，m^3。

10. 超高密度钻井液现场转换计算

（1）配制前首先测定井浆全性能，并进行井浆固相成分的分析。测定亚甲基蓝坂土含量时，为了得到尽可能准确的数据，建议由两个不同点取样后同时进行测定，测定数据供稀释井浆时参考。

（2）放大配制前各项数据的计算。

① 所需井浆数量的确定，计算公式如下：

$$V_{井浆} = \frac{C_{B2}}{C_{B1}} \times V_{总} \tag{2.29}$$

式中　$V_{井浆}$ ——所需井浆体积，m^3；

C_{B1} ——井浆坂含，g/L；

C_{B2} ——加重浆设计坂含，g/L；

$V_{总}$ ——加重浆配制总量，m^3。

② 所需稀释胶液数量确定，计算公式如下：

$$V_{胶液} = \frac{\rho_{井浆} \cdot V_{井浆} + \rho_{重晶石} \cdot V_{总} - \rho_{加重浆} \cdot V_{总} - \rho_{重晶石} \cdot V_{井浆}}{\rho_{重晶石} - \rho_{胶液}} \tag{2.30}$$

式中　$V_{胶液}$ ——所需稀释胶液体积，m^3；

$\rho_{井浆}$ ——现场测定的井浆密度，kg/L；

$V_{井浆}$ ——由式（2.29）计算出的井浆需要量，m^3；

$\rho_{重晶石}$ ——加重用重晶石密度，g/cm^3；

$\rho_{加重浆}$ ——设计的加重钻井液密度，kg/L；

$\rho_{胶液}$ ——胶液密度，kg/L，根据实测结果，胶液密度一般为 1.05 kg/L。

③ 加重至设计密度所需重晶石数量确定，计算公式如下：

$$W_{重晶石} = (V_{总} - V_{胶液} - V_{井浆}) \times \rho_{重晶石} \tag{2.31}$$

2.3 钻井液固相控制方法

近30年来，随着喷射钻井、优化钻井、优质钻井液和油、气层保护技术的全面实施，固控的工艺技术得到了迅速的发展、推广和普及。固相控制的主要任务为：

(1) 从钻井液中清除有害固相，使固相含量不超出钻井工艺的要求；

(2) 降低钻井液中细微颗粒的比例，保持合理的固相粒度和级配。

根据钻井需要和钻井液特点，对固控方法有以下四点基本要求：

(1) 实施简便、经济和见效快；

(2) 能有效清除各种粒度的有害固相，并保持合理的级配；

(3) 稳定并改善钻井液性能；

(4) 能回收钻井液而不污染环境。

检验的标准是看经固控后的固相总量、黏土总量、钻屑总量、高密度固相总量以及固相的级配，是否达到钻井工艺设计的要求。而钻井液设计的主要内容就是关注产生钻屑的体积及允许保留在循环体系中的最大固体量。设计的最终目标是以尽可能浓集的方式除去尽可能多的钻屑，尽可能降低固控总费用，即在整个钻井过程中需要处理的体积最小。

为了实现上述目的及内容，可以使用多种固控方法，使循环系统中的钻屑量保持在所规定的范围内。常用的固控方法有：稀释法、替换法、机械清除法、自然沉淀法和化学沉淀法。稀释法、替换法和机械清除法是当前用得最多的固相控制方法，这些方法既可以组合使用也可以单独使用。但从钻井液体系中除去钻屑进行固控的方法只有一种，那就是清除，即清除含有固相的本体钻井液，或利用固控设备以浓缩形式清除固相。

2.3.1 稀释法

稀释法是向高固相含量的钻井液中加入清水或其他稀释液，稀释成低固相钻井液，同时为保持钻井液性能，还应加入其他化学处理剂。稀释物可以是任何一种比循环中的钻井液总固相量低的流体，例如，水、油、混合物和稀浆等。实际上，“纯”稀释法是很少使用的，因为其结果是导致钻井液体积增大，而地面容积有限是个主要原因，其次，恢复性能所必需的费用往往受到限制。

特别在某些地区，钻上部的造浆地层时，往往每钻进1 m，就要补加0.5～1 m^3的水，此法虽然简单，但对固相控制的作用不大。因为加水虽然稀释了固相的浓度，但并未除去有害固相，也未改变钻井液中的固相级配。

加水量可根据稀释公式计算：

$$Q_{加} = \frac{V(m-\alpha)}{\alpha} \tag{2.32}$$

式中 $Q_{加}$——加水量，m^3；

V——钻井液量，m^3；

m——稀释前钻井液中的固相含量百分比，%；

α——要求的或允许的钻井液固相含量百分比，%。

【例 1】 某井有钻井液 200 m^3，固相含量为 10%，欲降至 5%，需加水多少?

解： $Q_{加} = \dfrac{200\times(10-5)}{5} = 200\ (\mathrm{m}^3)$

由此可见加水量很大，钻井液性能也变差，为维持钻井液性能，必须重新加入各种处理剂，这等于又配制了 200 m^3 的钻井液，增加了钻井液成本。此外钻井液罐也装不下，只好放掉，这就污染了环境。

2.3.2　替换法

替换是弃去无用固体的一种方法。替换法是把高固相钻井液排放掉一定量，再替入等量的处理剂溶液或低固相钻井液，混匀后再用。用这种方法，钻井液体积不变，新配钻井液较少。在稀释之前替换掉一部分循环钻井液。现在考虑一台钻机的“正常”操作，开泵循环后，在循环罐或振动筛处不断地加水，直到产生“足够”量的钻井液，最后只得把这些钻井液注入存储罐，以提供空间用于进一步稀释。

高固相钻井液的排放量公式为:

$$Q_{排} = \frac{V(m-\alpha)}{m} \tag{2.33}$$

为维持原有钻井液的体积，应替换的处理剂溶液体积为:

$$Q_{替} = Q_{排}$$

因此，前面计算排放量的公式就是计算替换量的公式。

【例 2】 某井有钻井液 200 m^3，固相含量为 10%，欲降至 5%，需排放掉多少钻井液？应替入多少处理剂溶剂?

解： $Q_{排} = \dfrac{200\times(10-5)}{10} = 100\ (\mathrm{m}^3)$

$$Q_{替} = Q_{排} = 100\ (\mathrm{m}^3)$$

例 2 表明，替换法可节省一半替入量，成本也可降低一半。排放掉的钻井液应妥善储存，以免污染环境。

稀释法及替换法只能短时控制钻井液的黏度及总固相含量。随钻井工作继续进行，钻井液中的固相含量又要增多，而且也不能控制固相的级配。

2.3.3　机械清除方法

它是通过振动筛、除砂器、除泥器、清洁器、离心机等机械设备，利用筛分、离心分离等原理，将钻井液中的固相按密度和颗粒大小而分离开，根据需要决定取舍，以达到固相控制的目的。各种设备的分离能力和分离的粒度大小不同，因而各有不同的用途。机械清除方法效果较好，成本较低，当分离 2 μm 以下的固体微粒时，应配合化学沉淀法，适当加包被、絮凝剂，使小颗粒变为大颗粒，以利用机械设备清除。各种用于清除钻井液中固相的设备，统称为固控设备。

2.3.4 自然沉降法

井内返出的钻井液在地面循环过程中，因地面钻井液池（或罐）体积大、流速降低，钻井液中的岩屑颗粒在重力作用下沉降到底部而被分离出来，上部的钻井液再入井循环使用，这就是自然沉降法。

固相颗粒自由沉降速度根据 2.1.1 的讨论，计算方法如下：

$$v_g = \frac{d^2 g(\rho_s - \rho_m)}{18\mu} \tag{2.34}$$

式中 v_g——固相颗粒的下沉速度；

ρ_s——固相颗粒密度；

ρ_m——钻井液密度；

d——固相颗粒直径；

μ——钻井液黏性系数。

式（2.34）也称为固相颗粒在重力作用下的自由沉降斯托克斯公式。由式（2.34）可知，液相的密度越低、钻井液黏度越小、固相颗粒越粗，固相颗粒的沉降速度就越快；反之，则慢。钻井液中有大量微小固相颗粒，若要等这些微小颗粒都沉淀而清除掉，需要很长时间。因此，仅靠自由沉降来清除钻井液中的固相不能满足现代快速钻井的要求。

2.3.5 化学沉降法

在钻井液中加入少量化学沉降剂，分散的微小岩屑一接触这些化学剂就产生絮凝作用而形成较大的颗粒，并迅速沉淀下来，这就是化学沉降法。这种在钻井液中对固相颗粒有絮凝作用的水溶性高聚合物，通常称为化学絮凝剂。如对膨润土、岩屑都是起絮凝作用的絮凝剂，也叫完全絮凝剂，完全絮凝剂只适用于清水钻井液以维持无固相。优质膨润土是工程中加入到钻井液中的有用固相，并不希望因絮凝而被清除。为此，有关专家们研制了一种选择性絮凝剂，它不絮凝优质膨润土，而专门絮凝岩屑和劣质膨胀润土，这种选择性絮凝剂常用在不分散低固相钻井液中。

此外，岩屑是在被破碎和返回井口过程中受机械和化学作用分散成微粒的。若在钻井液中加入一种包被剂，让它包住岩屑，使岩屑在上返过程中不分散开而保持较大尺寸，这些较大颗粒返出地面层，有利于机械清除和沉淀分离。具有包被作用的包被剂、絮凝剂都属于高分子聚合物。常用的絮凝剂、包被剂有：聚丙烯酰胺、部分水解聚丙烯酰胺、水解聚丙烯腈、PACl41，80A51、聚丙烯酸钾等。

目前，化学沉降法去除钻屑有三种工艺形式：

(1) 在浅井阶段（约在井深 2 500 m 以内）。当地质及钻井条件允许时，在钻井液中加入絮凝剂，使固相颗粒絮凝而沉在地面大沉砂池中。这需要在地面挖 1～2 个大的沉砂池，容积约 200～400 m^3，并要有专人维护钻井液的性能，以保证钻井液中有足够多的絮凝剂。

（2）在地面安装一个絮凝罐，将井口返出的钻井液由此罐加入絮凝剂，然后再使之通过除砂器、除泥器等机械设备。这种方法也需要有专人负责来稳定钻井液的性能，以满足钻井工艺要求。

（3）采用不分散的钻井液，这是目前广泛用的一种方法。这种钻井液以具有包被、絮凝能力的聚合物为处理剂，通过机械和化学手段，有效地控制钻井液中的固相含量和固相颗粒的粒度分布。这个钻井液体系称为不分散型钻井液。这种钻井液使钻井效率大幅度提高。处理剂是配浆时加入的，而不需要专用罐、池（坑）。

综上所述，化学沉淀法就是利用化学剂的絮凝、包被作用来控制岩屑的分散，从而达到清除沉淀的目的。但必须明确的是，对高切力钻井液，尤其是加重钻井液，仅靠化学沉淀法很难将岩屑除去，此种情况下，必须用机械清除方法。

2.4　钻井液稀释和替换的关系

2.4.1　稀　释

稀释是控制固相在钻井液中浓度的主要方法。

【例 3】 已知资料见表 2.4：

表 2.4　稀释层固控数据

名　称	参　数
井眼尺寸	0.311 m
钻速	7.63 m/h
地面钻井液量	127.3 m^3
地面罐容量	159.0 m^3
钻井液密度	1.08 g/cm^3
固相体积百分数	0.05
钻井液费用（注：费用不代表目前市场行情）	47.2 元/m^3

试确定：

（1）要保持体系中固相含量为 5%，每小时必须加入的稀释液体积（假定所产生的全部固相保留在钻井液体系中）。

产生的钻屑量为：$\pi \times 0.311^2 \times 7.62 / 4 = 0.579$　(m^3/h)

需要的稀释液量为：$0.579 / 0.05 - 0.579 = 11.0$　(m^3/h)

（2）在钻井液池溢出之前，可钻进多少小时？现在池中已有 127.2 m^3 钻井液，池的总容量为 159.0 m^3。

$$\frac{159.0-127.2}{11.0}=2.89 \quad \text{(h)}$$

（3）为维持所希望的钻井液性能，每小时所需费用为：

$$11.6\times 47.2=547 \quad \text{(元/h)}$$

预计潜在的节约费用超过 9 000 元/天。

一般“纯”稀释（即只稀释不替换）可计算出维持（或降低）给定钻井液体系中的固相量所需要的稀释液体积。

【例 4】 在用未加重钻井液钻进过程中，钻井液量为 160 m³，固相分数由 0.04 上升到了 0.06，欲使固相分数恢复到 0.04。

（1）需要加多少水？

$$V_{\mathrm{w}}=\frac{169\times(0.06-0.04)}{0.04-0}=80 \quad (\mathrm{m}^3)$$

（2）需要多少 2%的膨润土水稀释？

$$V_{\mathrm{wm}}=\frac{169\times(0.06-0.04)}{0.04-0.02}=160 \quad (\mathrm{m}^3)$$

2.4.2 替　换

如果在稀释的同时，有效地进行替换，就可大量节约相关费用。下面将说明这两种方法的相对费用。

表 2.5　替换法固控数据

名　称	参　数
井眼尺寸	0.311 m
钻速	12.2 m/h
地面钻井液量	127.2 m³
地面罐容量	286.2 m³
钻井液密度	1.14 g/cm³
固相体积分数	0.087
循环速度	113.4 m³/h

产生的钻屑总量为：

$$1/4\times\pi\times 0.311^2\times 12.2=0.926 \quad (\mathrm{m}^3/\mathrm{h})$$

若要稀释这些钻屑，每小时应增加的钻井液量为：

$$\frac{0.926}{0.087}=10.6 \quad (\mathrm{m}^3/\mathrm{h})$$

在纯稀释法中，每小时都应增加 10.6 m³ 的钻井液，以维持固相含量不变。而在替换加稀释的方法中，暂时不加稀释液，到一定时候替换掉一部分钻井液，两种方法比较见表 2.6。

表 2.6　两种固控方法对比

时间段 \ 固控方法	Ⅰ		Ⅱ	
	钻井液量（m³）	固相含量（%）	钻井液量（m³）	固相含量（%）
第 1 小时	137.8	0.087	128.1	0.093 6
第 2 小时	148.4	0.087	129.1	0.100 00
第 3 小时	159.0	0.087	130.0	0.106 5
第 4 小时	169.6	0.087	139.9	0.112 8

从情况Ⅱ中排掉 29.9 m³ 钻井液，再加入 29.9 m³ 稀释液。

最终结果，情况Ⅰ：169.6 m³　　0.087 5%

情况Ⅱ：130.9 m³　　0.087%

由图 2.13 可知，在 4 小时内，情况Ⅰ共用了 42.4 m³ 稀释液，情况Ⅱ在较高的固相浓度时再排放本体钻井液，只用了 29.9 m³ 稀释液，节约了 12.5 m³。若持续 24 h，钻井液的总节约量就是 75 m³。这项分析的关键是，从体系中排除固相之前，先使固相适当紊凝（高于循环钻井液中所希望的水平），以提高经济效益。

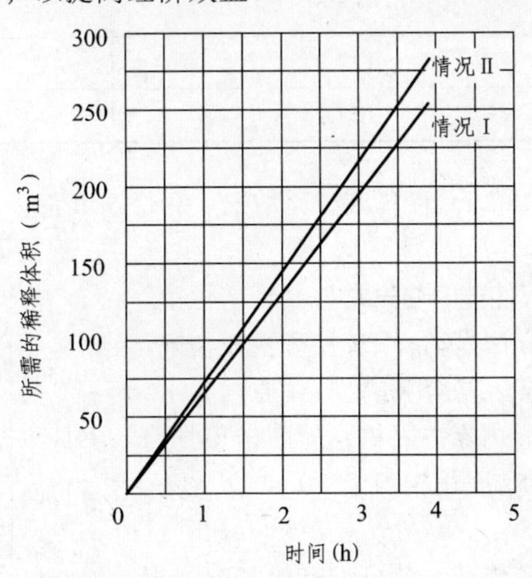

图 2.13　情况Ⅰ和情况Ⅱ

2.4.3　利用固控设备进行浓缩替换

前面的讨论是假定 100%的钻屑都保留在钻井液体系中。这一假定与实际操作不符。目前，已使用了各种机械手段进行固相分离，如图 2.14 情况Ⅲ所示，选择何种方法主要是根据经济效益。

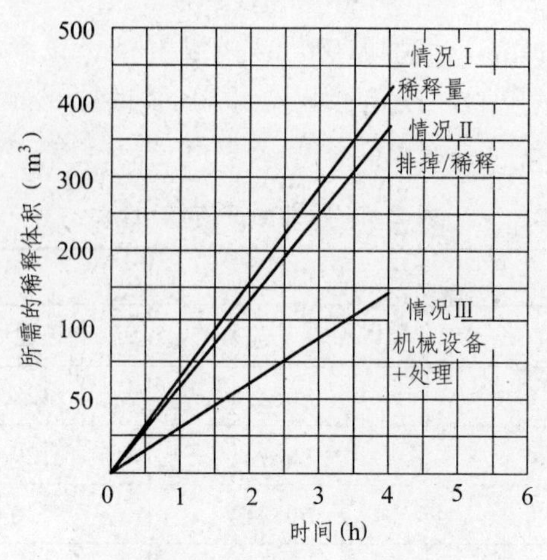

图 2.14 情况Ⅰ、Ⅱ、Ⅲ

再考虑情况Ⅲ，即有一机械装置可除去钻屑 50%，见表 2.7。钻井液体系中每小时增加的固相量为：0.926/2＝0.463 m^3，排掉 18.13 m^3，加入 18.13 m^3，最终结果 127.2 m^3，0.087%。

表 2.7 浓缩替换的情况Ⅲ

时间（h）	钻井液量（m^3）	固相含量（%）
1	127.2	0.906
2	127.2	0.094 3
3	127.2	0.097 9
4	127.2	0.101 6

在情况Ⅲ中，只用了 18.3 m^3 稀释液，比情况Ⅰ和情况Ⅱ都少得多。图 2.14 和 2.15 以图解方式说明了这一关系。

综前所述，维持钻井液性能，首先是控制钻屑浓度，为实现这一目的所用三种方法是稀释、替换和机械清除。而使用机械分离设备在经济上是合算的，具体原因如下：

（1）以最“浓集”的形式除去固相，随固相损失的液相最少，例如，2 m^3 含 5%固相相当于 20 m^3 含 5%固相。

（2）不用外加大量的稀释液，就可维持低密度固相的体积百分数（大大减少稀释液用量）。

（3）用较少的化学处理，就可使钻井液的流动特性相对稳定。

（4）使用机械设备清除，可使液体的需要量降至最低。

图 2.16 中的曲线比较了稀释加替换两种方法所需要的造浆量。

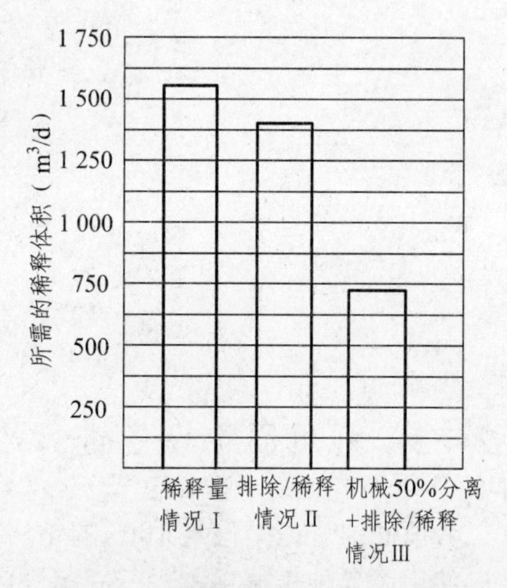

图 2.15 各种固控方法及相应的稀释需求量情况Ⅰ、Ⅱ、Ⅲ

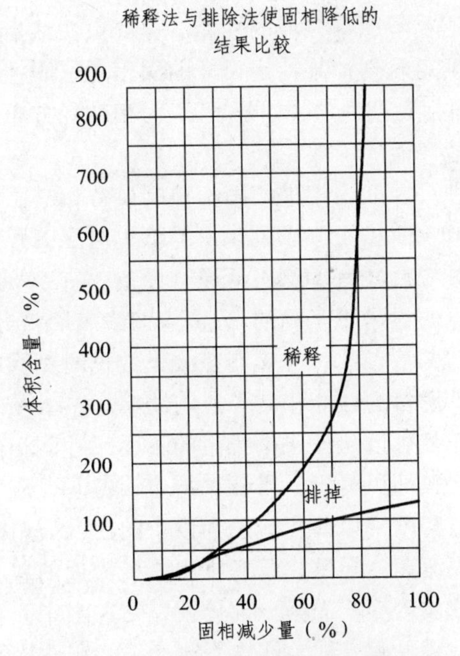

图 2.16　两种方法所需的造浆量

图 2.17 形象地表明了替换法的优越性。

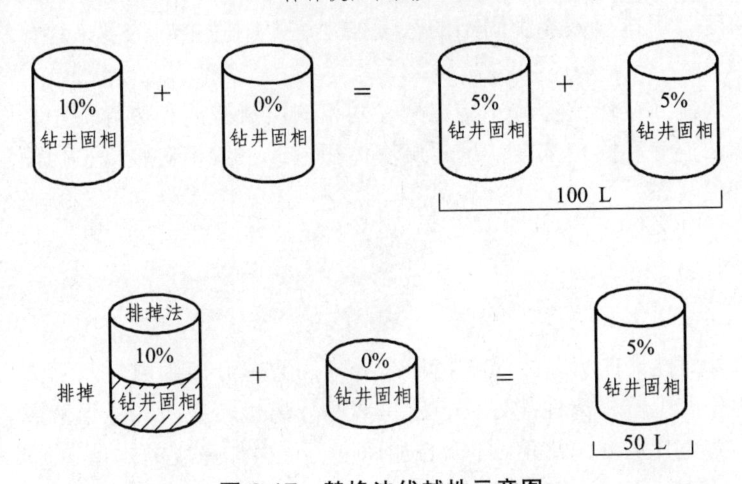

图 2.17　替换法优越性示意图

2.5　重力净化设备的分离点及分离因数

2.5.1　分离点

分离点用于表明固相控制设备在给定时刻的分离特性。在分离点数据评价中，不仅要考虑固相控制设备的性能，还要考虑钻井液的性能。分离点曲线可根据收集的数据绘制而成，它表征在收集数据的某一确定时刻，某特定尺寸的固相通过固控设备或被固控设备清除的几率。因此，分离点曲线是固相物理性质（如密度)、固相粒径分布以及固相控制设备的自身状况（如密封能力）和钻井液性能的函数。

分离点曲线显示了各种尺寸的固相进入固相控制设备和被固相控制设备清除的分数。例如，D_{50}分离点是 Y 轴上 50%的点与分离点图上 X 轴上对应的颗粒尺寸的交点。这个分离点表示注入固相控制设备的颗粒尺寸有 50%机会通过设备，有 50%的机会被排出设备。通常固相分布曲线被表示为分离点曲线是不正确的。分离点曲线表明被分离的不同尺寸颗粒的分级，它们在很大程度上依赖于钻井液参数，并表明在收集数据时刻固相控制设备的工作性能。固相控制设备的分离点取决于设备的性能和钻井液的性能。

所有固控设备的分离点都可以从设备中排出的不同尺寸固相的质量流速和相同尺寸固相进入设备的质量流速进行比较即可得到。当测试特定设备时，应知道设备的注入流速和设备排出和底流流速。注入流的密度乘以体积流速为设备的注入质量流速，而设备的排出质量流速为排出流的密度乘以体积流速。显然，设备排出质量流速的总和必须等于设备的注入质量流速。通常，排出流的部分被废弃，而另一部分留在钻井液中。在测量各种液流的固相大小之前，应先校验是否满足质量平衡方程，即体积流速平衡和质量流速平衡。

固相清除设备仅清除了进入设备的液流中的很小一部分固相，例如，102 mm（4 in）的旋流器处理钻井液能力大约 189 L/min，但只能清除大约 3.8 L/min 固相物质。排除的固相物质占处理量的比例很小，以至于很难测量保留下液体与注入流的差别。因此，为了得到更精确的注入固相浓度，用排出液流中固相的浓度加上底流中固相的浓度来计算注入流中固相浓度。

为了确定注入流（或保留液体）特定尺寸固相的质量流速和废弃流中相同尺寸颗粒的质量流速，需要测量流速和固相浓度。尽管废弃体积流速一般相对较低，但测量注入流速要求使用流速计或容积泵。

2.5.2 分离因数

离心分离机分离性能的另一个重要指标是分离因数，分离因数是表示离心力场特性的，是用来表征离心分离机器分离性能好坏，它是离心分离机转鼓内的悬浮液或乳浊液在离心力场中所受的离心力与其重力的比值，即离心加速度与重力加速度的比值。分离因数以 F_r 表示：

$$F_r=\frac{mR\omega^2}{mg}=\frac{R\omega^2}{g}=1.12\times10^{-3}Rn^2 \tag{2.35}$$

式中 R ——被分离物料在转鼓内位置的半径，m；
ω ——转鼓的旋转角速度，rad/s；
g ——重力加速度，取9.81 m/s^2；
n ——转鼓转速，r/min；
m ——转鼓内物料的质量，kg。

分离因数是衡量离心分离机性能的主要指标。F_r 越大，离心分离的推动力就越大，说明两种溶质分离效果愈好，通常分离也越迅速，分离效果越好，分离因数等于 1 时，这两种溶质就分不开了。但对具有可压缩变形滤渣的悬浮液，过大的 F_r 会使滤渣层和过滤介质的孔隙阻塞，分离效果恶化。分离过程中物料在离心分离机转鼓内处于不同半径的位置时，F_r 值也不同。采用高转速比加大转鼓直径更易于提高 F_r，因此高分离因数的离心分离机均采用高转速和较小的转鼓直径，此时转鼓的应力较小。离心分离机的 F_r 通常是指转鼓内壁最大直径处的值（此时上式中的 R 为转鼓内壁最大半径）。过滤离心机的为 100～1 500，沉降离心机的 F_r 为 1 000～6 000，分离机的 F_r 为 3 000～60 000，气体分离用超速管式分离机的 F_r 高达 62 000，实验分析用超高速分离机的 F_r 最高可达 610 000。

离心机的分离因素与下列参数有关：

1. 离心机转速控制

转鼓转速越高，则脱水效果越好，因为转鼓及螺旋内的物料在高速下旋转，可保证固体从悬浮液中完全分离。被分离的物料在离心力场中所受的离心惯性力与其重力之比值，被称为分离因数 F_r。分离因数是表示离心机分离能力的主要指标，F_r 越大物料受的沉降力越大，分离效果越好，因此，对固体颗粒小、液体黏度大的和难分离的悬浮液或乳浊液，要采用分离因数大（转速高或直径较大）的离心机。用提高转速的办法比增加转鼓直径的方法更为直接有效（修改转鼓直径要修改一系列与之有关的配件尺寸）；又因为分离因数的提高是有限度的，F_r 的极限值取决于转鼓材料的强度和密度，所以提高转速的方法在实际的应用中相对更容易操作一些。但是，提高转速也有不利之处，转速过高，会使得固相出料过于坚硬而堵塞住螺旋，影响离心机的运转，从而不得不停下离心机进行水洗以清除结块的硫酸钠。离心机转鼓的速度可通过调节皮带轮的大小来实现，在实际的操作中，要对料液的特性和转鼓的直径及材质等各个方面周全考虑，精确地计算出转鼓的转速及相应的皮带轮尺寸，才可进行转速的调整。

2. 转速差控制

根据离心机的工作原理，螺旋与转鼓同心同向旋转，但二者间有一个转速差。若以 n_b 表示转鼓的绝对转速，以 n_s 表示螺旋的绝对转速，Δn 表示二者的差转速，则 $\Delta n = n_b - n_s$，转鼓的转速快于螺旋，即 $n_b > n_s$，属负差转速，而转差率是差转速与转鼓转速之比：转差率 $s = \Delta n / n_b \times 100\%$（一般情况下，$s$ 为 0.2%～3%）。回收装置结晶分离追求的是固相的干燥度，采用此类负转差率，有利于沉渣的输送，并且可以减少由减速器传送的功率。可通过改变转鼓与螺旋的差转速来实现负转差率，即改变转子上皮带轮的尺寸来改变转差率，此方法在生产实践中较易操作。

另外，皮带老化或皮带松紧不均，也有可能导致转速差发生变化而使固相出料发生变化，这也是在分析离心机固相出料时要注意的一点。

3. 工艺条件控制

离心机的分离能力取决于固、液相密度差及沉降区长度，固、液两相密度差越相近，也就是进料的浆液黏度越大，则分离沉降就越难以进行。在实际生产中，工艺条件影响离心机分离效果的因素主要有三个：进料温度、进料速率、异常工艺条件。

（1）进料温度浆液的温度，可以直接影响母液的黏度，溶液温度越高，则黏度越低，固相上的液膜就越薄，细小粒子越容易沉降，毛细孔中所含液体越少，对于追求固相干燥度的离心机来说分离效果就会越好。

（2）进料速率有时，过大的进料量会导致不好的分离效果，主要是因为粒子在转筒中的沉降时间不足。达到离心机设计的分离条件的前提是：固相粒子沉降到转鼓壁上时间必须小于颗粒在转鼓内的停留时间，也就是说，必须保证待分离浆液在转鼓内的有效停留时间，使得固相粒子有足够的时间沉降出来。同样的物料，进料量为 1 m^3/h 时，分离效果不好，但当进料量为 0.5 m^3/h 时，分离效果就非常理想。

（3）异常工艺条件主要是指进料浆液中晶体含量不足或晶体不结晶而呈絮状，这对离心机来说，得到理想的分离效果非常困难。

对于较难分离的物料，一个好的方法是经常对离心机进行清洗，用高于料液温度的热水或冷凝液来对离心机冲洗，可以替换较黏的母液，也能将堵塞在螺旋中较硬的固相出料置换出。正常时离心机每天清洗两次，但是当生产异常尤其是料液较为异常而又无法停下离心机时，对于离心机而言，根据需要随时进行清洗也不失为一个好的处理方法。

2.6 钻井液的固控与成本

理想的钻井液应是在保持井眼稳定性的前提下，进入钻头的有害固相为零，这将获得较高的机械钻速，减少井下复杂情况。理想的钻井液性能经济效益可能较差，因而并不是最佳选择。固相控制的目的就在于要在钻头的环空位置提供出最佳的钻井液性能，如图 2.18 所示。

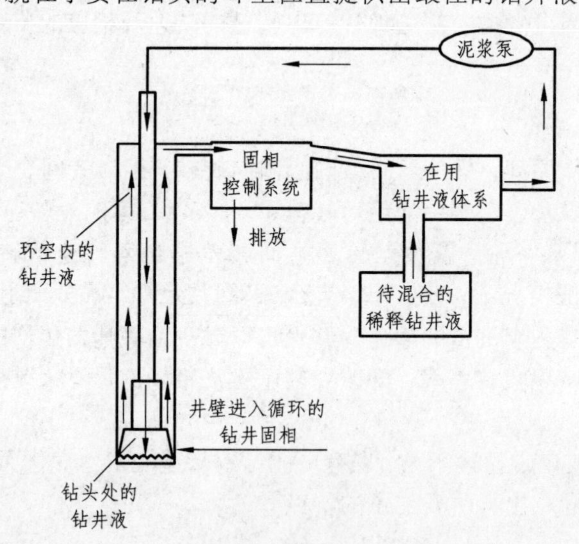

图 2.18　钻井液体系

影响钻井液性能的因素众多，大体可分为化学和物理性能两方面。钻井液的物理性能一般主要有密度、固相含量、泥饼质量和流变性，因为这些性能对钻井液好坏的影响最大。钻井液的化学性能主要包括对地层的抑制性、pH 和矿化度等。本节主要研究钻井液的物理性能的控制，特别是钻井固相含量的控制，因为它是影响物理性能的主要因素。

2.6.1　钻井费用计算方法

对于钻井液，其费用计算方法为：

$$C_d = C_r + C_m \tag{2.36}$$

式中　C_d——钻井费用，元/m；

C_r——包括钻机和人员费用，元/m；

C_m——钻井液费用，元/m。

C_r 是与时间有关的费用，只有通过快速钻井来降低。C_m 包括添加剂的费用。讨论的目的在于通过对 C_r 和 C_m 的优化组合尽量降低 C_d。

E_f 表示固控系统总效率，一般很难达到 100%，现场实践结果是 60%～80%，由下式决定，即：

$$E_f = 100 - \frac{100F_{ca} \cdot V_{wm}}{Q_t(1-F_{ca})} \tag{2.37}$$

式中　E_f——固控系统总效率；

F_{ca}——钻井液中的固相分数；

V_{wm}——单位时间内所要求的稀释液量，m³/h；

Q_t——钻屑产生率，m³。

$$Q_t = \frac{D^2 R_o \pi}{4}$$

式中　D——井眼直径，m；

R_o——机械钻速，m/h。

由（2.37）式可解出单位时间内的稀释液量：

$$V_{wm} = \frac{(100-E_f)(1-F_{ca})Q_t}{100F_{ca}} \tag{2.38}$$

在稳定状态下，钻井液的稀释量与钻井液的消耗量相等。

【例 5】 已知固控效率为 70%，钻屑产生率为 1.5 m³/h，求现在钻井液体系中保持 4%固相所需要的稀释速率。

由式（2.37）可知：

$$V_{wm} = \frac{(100-70)(1-0.04)\times 1.5}{100\times 0.04} = 10.8\ (\mathrm{m^3/h})$$

从式（2.38）可以看出，增大 E_f（固相控制较好），或者增大 F_{ca}（使用不干净的钻井液），或者降低 Q_t（放慢钻速），均可降低稀释液量。降低 Q_t 显然不理想，只有稀释速度跟不上需要时才降低 Q_t。

单位时间内钻井液成本与稀释速率有关，即：

$$\frac{\mathrm{d}C_m}{\mathrm{d}t} = V_{wm} \cdot m_o \tag{2.39}$$

式中　m_o——单位钻井液费用，元/h。

将（2.37）式、（2.38）式代入（2.39）式得：

$$\frac{dC_m}{dt}=\frac{R_o D^2 \pi(100-E_f)(1-F_{ca})}{400F_{ca}}\times m_o \tag{2.40}$$

【例 6】 $R_o=30\ \text{m/h}, D=0.355\ 6\ \text{m}(14\ \text{in}), E_f=73\%, F_{ca}=0.05, m_o=400$ 元/m^3，钻井作业费用为 1 200 元/h。

$$\frac{dC_m}{dt}=\frac{30\times 0.355\ 6^2\times 3.14(100-73)(1-0.05)}{400\times 0.05}\times 100=1\ 528\quad (\text{元/h})$$

均换算成每米成本则有：

总费用＝1 200/30+1 528/30＝90.93 （元/m）

2.6.2 钻井液成本的优化

1. 钻井液费用

现考虑使用 KCl-聚合物和凝胶-木质素磺酸盐两种钻井液钻两组井段。前者 528.34 元/m^3，后者每 132.1 元/m^3，KCl 钻井液体系的钻井固相控制在 4%，而凝胶-木质素酸盐的钻井固相控制在 5%。

结果见表 2.8。

表 2.8 不同钻井液比较

444.5（mm）井眼	KCl-聚合物	凝胶-木质素磺酸盐
固控效率（E_f）	75%	71%
平均井眼尺寸（mm）	459.3	546.1
311.2（mm）井眼	—	—
固控效率（E_f）	80%	72%
平均井眼尺寸（mm）	317.5	368.3

用式（2.40）来计算每米的费用，其结果见表 2.9。

表 2.9 不同钻井液每米的费用比较

井眼直径	KCl-聚合物	凝胶-木质素磺酸盐
444.5（mm）	186.27 元	52.01 元
311（mm）	61.25 元	22.82 元

一般来说，抑制好的 KCl 体系，固控效率好且井眼规则，尽管在大直径井眼中差别较大，KCl 体系的费用均高，但在小直径井眼中这种体系仍有竞争力。

在表层井眼，一般用比较便宜的钻井液可能钻得更快，因为这种钻井液有较高的固相容限量；而在小井眼井段，用聚合物钻井液可能钻得更快些，因为聚合物钻井液对固相控制得较好。

2. 机械钻速

一般钻进有两种类型：

(1) 软地层钻进。

钻软地层要适当控制机械钻速，以避免环空充满钻井固相而使钻头产生泥包。

(2) 硬地层钻进。

机械钻速不需限制，在一般情况下，低黏度、高失水和低固相能促使提高其机械钻速。

在这两种情况下较理想的钻井液性能为软岩层/表层井眼：高固相容限量、低单位钻井液费用，高混配速度、高携带能力；硬地层/小直径井眼：钻头处的钻井液性能好（低黏、高失水、低固相含量），固相控制效率高，井筒稳定性好。

当机械钻速高到由于产生大量岩屑引起问题之前，提高机械钻速可降低钻井费用。钻井费用为：

$$\Delta C_{\mathrm{d}}=\Delta C_{\mathrm{r}}+C_{\mathrm{m}}$$

由此可知，要保持 C_{d} 不变，就必须经济有效地改变钻井液参数。增加钻井液费用，必须通过降低钻机费用来补偿，其关系式表示为：

$$\Delta C_{\mathrm{m}}<\Delta C_{\mathrm{r}}$$

由于钻机费用等于机械钻速除以每小时作业费用，增加钻井液费用则机械钻速增加，机械钻速达到一定程度后总费用将下降，即：

$$\Delta C_{\mathrm{m}}<\frac{C_{\mathrm{r}}}{R_{\mathrm{o1}}}-\frac{C_{\mathrm{r}}}{R_{\mathrm{o2}}}=C_{\mathrm{r}}(1/R_{\mathrm{o1}}-1/R_{\mathrm{o2}}) \tag{2.41}$$

式中　R_{o1} 和 R_{o2} ——钻井液性能变化前后的机械钻速；

　　　C_{r} ——每小时作业费用。

将钻井固相影响机械钻速的关系与式（2.41）结合起来，即可得出如图 2.19 和图 2.20 所示的费用曲线，它们说明每米费用与钻井固相体积百分数的关系。

由图 2.19 可以看出，固相含量低（机械钻速高）的软地层钻井液中，即使用“干净”钻井液时，钻井液费用高、操作费用低。随着钻井固相的增加，机械钻速必然下降，即操作费用增加，介于这两者间的总费用达到最优化。此时钻井固相含量大约在 5%～6%内。

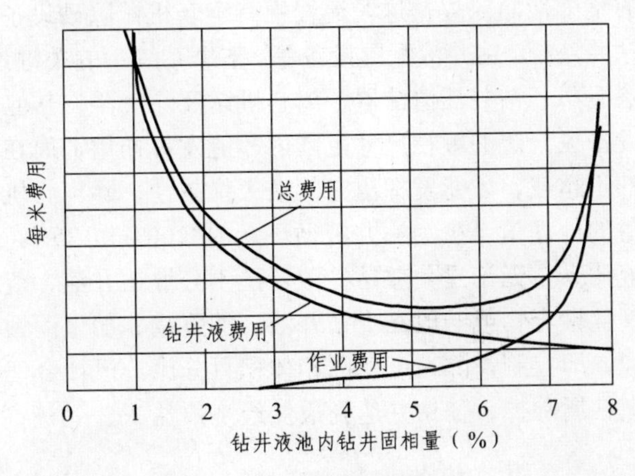

图 2.19　软地层钻进费用

图 2.20 是钻硬地层的一个实例。低固相钻井液机械钻速较高，即操作费用低，而此时的钻井液费用较高。随着钻井固相增加，机械钻速下降，固相含量大约控制在 2%左右，总费用将达到最低。

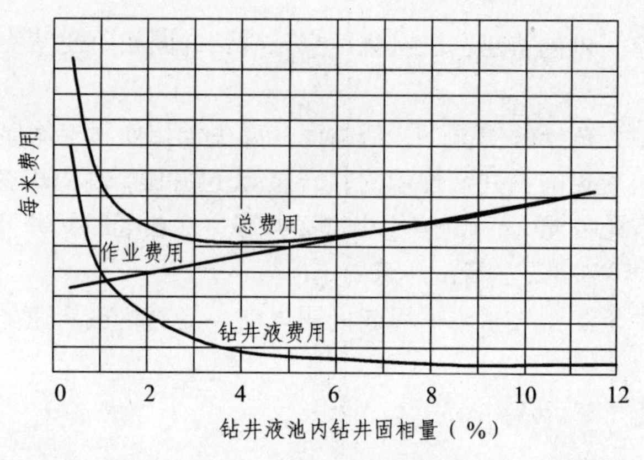

图 2.20　硬岩层钻井费用

应用上述曲线，可以检验钻井液体系中需要保持的最佳固相含量以及相应的钻井液的消耗量。

2.7　各种机械控制方法对钻井液性能的影响

合理匹配的钻井液固控系统，不仅能使钻井液中的有害固相得到最大程度的净化处理，而且还能给钻井工作带来较大的经济效益，尤其是为配合喷射钻井，平衡钻井及最优化钻井技术推广，因此，钻井液固控系统的合理设计和合理匹配就显得更为重要了。

2.7.1　概　述

钻井液固相控制系统通常不仅仅是指若干种固控设备，而且还包括从钻井液返出井口开始到钻井液泵吸入口的整个地面流程，这段流程中有全套机械除砂设备、除气器、钻井液搅拌器（或钻井液枪）、钻井液罐、钻井液配置设备等。整个系统中的关键设备是各种固控设备，即振动筛、除砂器、除泥器、钻井液清洁器、离心机以及除气器，其他隶属于辅助设备。

通常每一种固控设备在一定的颗粒尺寸范围内才能发挥作用，而在整个钻井过程中，任何一种设备的处理量都不超载，才能发挥出它的最大优越性，除离心机只限于处理一部分钻井液排量外，其他设备的处理量至少为钻井液循环量的 100%～125%。固控设备的最佳工作状态取决于整个钻井液体系，无论是分散钻井液还是不分散钻井液、絮凝或不絮凝、水基或油基、清水或盐水、钾盐聚合物或一般黏土钻井液、加重或非加重泥钻井液，其所要求清除固相的基本原则都一样，即控制清除粒度范围和体积百分比。设计合理有效的钻井液固相控制系统，最终目的是把钻屑除掉，使钻井达到最佳经济效益——钻速高、卡钻少、固井优、成本低等。

当然，还不大可能清除全部有害固相，但这是固控系统的目标。要设计固相控制系统，必须了解全井产生的钻屑数量、钻屑的类型以及粒度的分布规律。根据这些因素，合理设计和匹配固相控制设备，以达到固相分级处理目的。设计固相控制系统，还必须了解全井产生的钻屑数量、钻屑的类型以及粒度的分布规律。根据这些因素，合理设计和匹配固相控制设备，以达到固相分级处理的目的。

(1) 钻屑数量。

单位钻井时间产生的钻屑量可由下列公式计算：

$$I = 0.507\rho_s V_d D^2 \quad (\text{kg/h}) \tag{2.42}$$

式中　ρ_s ——钻屑密度，g/cm³；

V_d ——机械钻速，m/h；

D ——井眼直径，in。

钻屑密度为 2.5 g/cm³ 时，在不同的井径和钻速情况下，每小时所产生的钻屑量如图 2.21 所示。

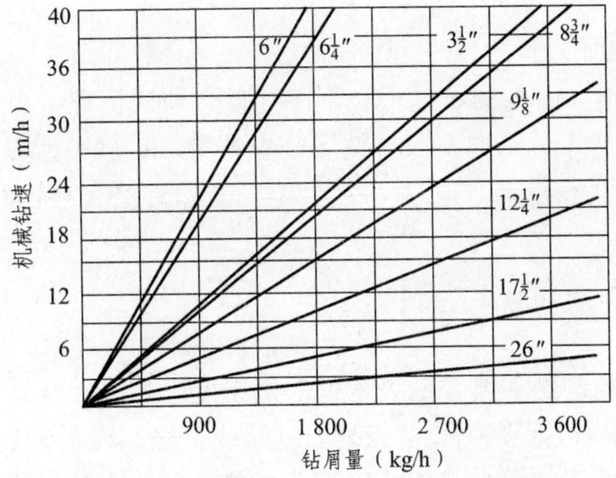

图 2.21　钻屑量与井径及机械钻速的关系

(2) 确定钻屑类型。

根据钻井资料、地质报告和地震资料来预测可能遇到的岩层，以便采取措施。

(3) 掌握钻屑的粒度分布。

由有关的统计资料可知，在硬地层和软、中硬地层钻进过程中，其固相大小的分布百分比如图 2.22、图 2.23 所示。从图中可以看出，固相颗粒粒度以 44 μm 为界，对于较、中硬地层，大于 44 μm 的颗粒占 75%，小于 44 μm 的颗粒占 25%，对于硬地层，大于和小于 44 μm 的颗粒占 50%。

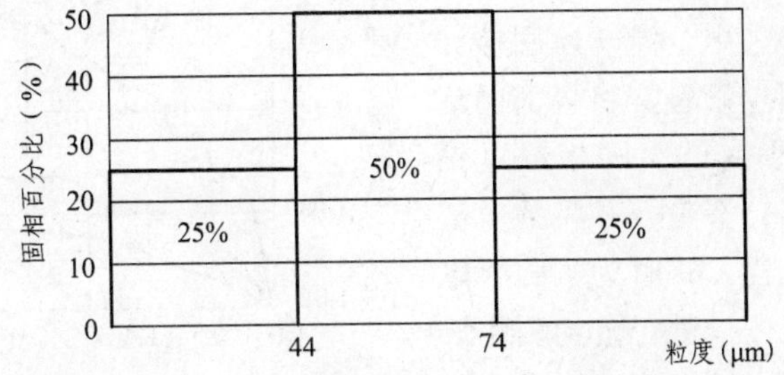

图 2.22　软、中硬地层钻进过程中固相颗粒分布

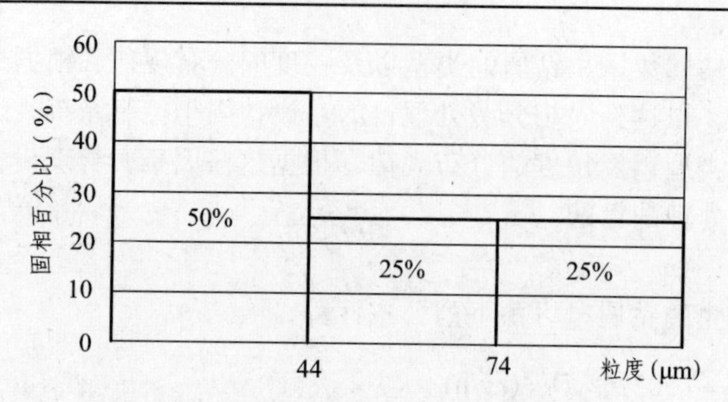

图 2.23 硬地层钻进过程中固相颗粒分布

为了掌握固相颗粒在一定液体里的不同沉降速度，通常假定：在可加重钻井液系统中，除了颗粒直径以外，其他因素基本不变；在非加重钻井液系统中，除了颗粒直径以外，其他因素基本不变，故斯托克斯公式可简化为：

$$U = kd^2 \tag{2.43}$$

式中 k——有因次常数。

从式（2.43）可看出，固相颗粒越大，沉降速度越快。因此，颗粒直径在固相控制系统中起着决定性作用。设计人员掌握井深与钻屑产生数量、钻屑类型以及粒径分布的关系，就可选择合适的固相控制设备。

2.7.2 非加重钻井液固相控制系统

非加重钻井液的固相控制主要是除去惰性的低密度固相（即在环境变化时不起反应的那些固相颗粒，如砂粒、燧石、石灰石、白云岩石、某些页岩和许多矿物的混合物等）中的 API 砂和 API 泥。一般粒度大者清除较易，小者清除较难，胶体颗粒就不易用机械方法清除了，应适当用絮凝法再配合机械法清除，但采用这种清除法的钻井液固相含量应很低。

为了清除 2～74 μm 的钻屑，从 20 世纪 60 年代以来，国外就重视钻井液清除分离设备的研发与应用，它可以降低稀释水量的 50%～70%，泵的易损件消耗也可降低 50%～90%，同对改善了钻头工作特性，并可减少压差卡钻等井下事故，同时减少处理剂的用量。特别在除泥后，降低钻井液密度效果明显，钻井液性能稳定。为了达到好的除泥效果，宜采用连续除泥法。图 2.24 所示为几种常见除泥措施的效果比较。

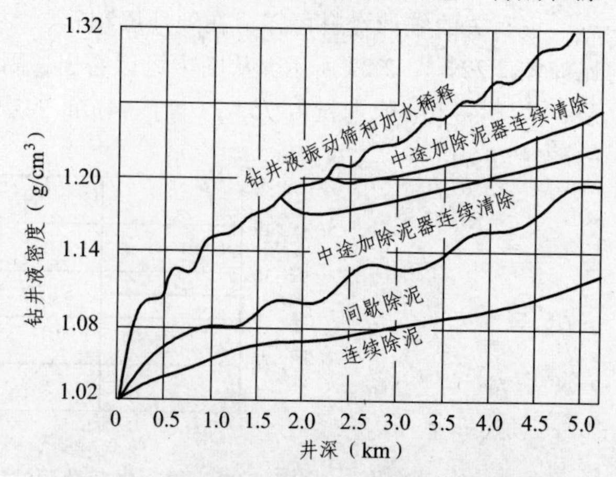

图 2.24 固相清除工艺对钻井液密度的影响

非加重钻井液主要采用全流一次固控。全流一次固控是利用固控设备，将全部循环钻井液中的液相及过小或过大固相经过钻井液循环系统后进行部分清除，并将另一部分归回循环系统中的过程。有时为了回收除泥器底流中的液相和胶体，进行节约利用，可用钻井液清洁器或离心机进行二次净化。

图 2.25 所示为一典型而又较完善的非加重钻井液控制系统，从井口返出的钻井液经过振动筛，大于筛孔的钻屑被清除，必要时振动筛的底流应经过除气处理，然后依次进入除砂器、除泥器进行固液分离，除泥器的溢流进入钻井液罐由离心机再进行处理；底流的黏土和胶体，进入备用钻井液罐以备继续使用，这种固控系统主要用于较贵的油基钻井液或生物聚合非加重钻井液。当然也适用于一般水基钻井液的处理。据有关文献统计，采用离心机的固控系统的处理成本仅是采用稀释法处理成本的一半。

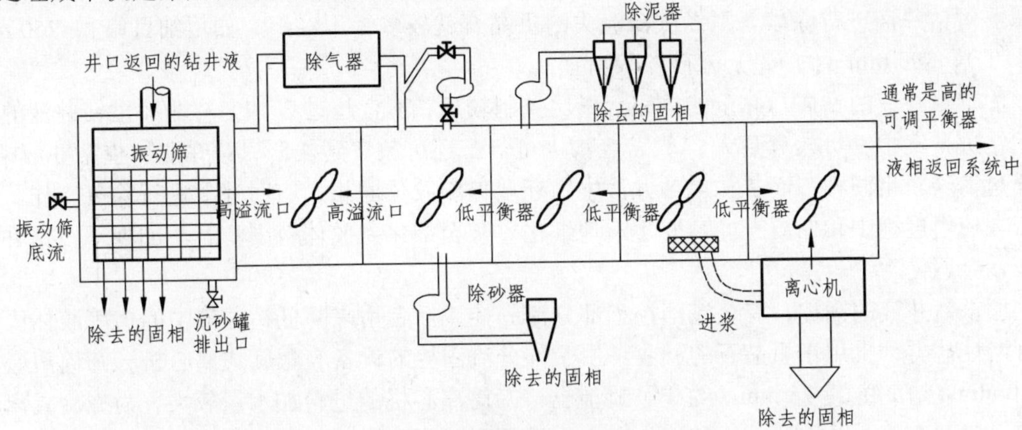

图 2.25　非加重钻井液固控系统 Ⅰ

图 2.26 所示为另一种非加重钻井液固相控制系统布置方案，与图 2.25 比较，它的特点是除砂器和除泥器的底流又进入离心机再次进行分离，有利于回收贵重的液相。

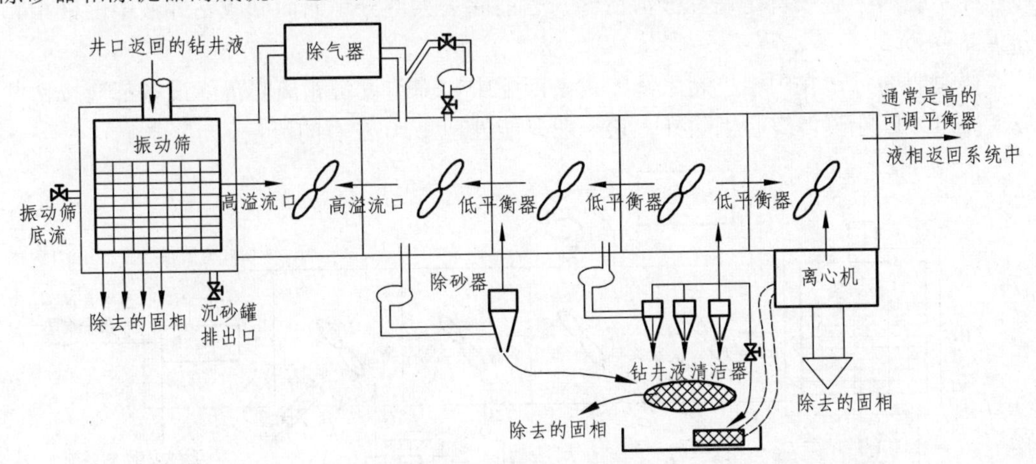

图 2.26　非加重钻井液固控系统 Ⅱ

非加重钻井液固相控制系统的最大缺点，就是不能在加重的钻井液系统中应用，因为它将导致重晶石和贵重化合物的严重损失。而离心机仅能回收一部分重晶石和贵重化合物。因此，对于加重钻井液应采用相应的加重钻井液固相控制系统。

2.7.3　加重钻井液固控系统

加重钻井液是控制井压的一项重要而有效的措施，控制井压也就控制了高压油（气）层，因此应重视和加强对加重钻井液的固相控制。加重钻井液一般用于较硬地层、井径较小、钻速较低、固相含量较高（但总的处理量不高）的钻井过程，通常介于 12%～42%，而非加重钻井液介于 0%～22%。

加重钻井液中的固相有高密度和低密度两种。在固控中，要避免对加重剂的损耗。除钻井液振动筛外，现行固控设备都为重力分离，遵循斯托克定律。在淡水钻井液中，一般钻屑颗粒与重晶石的当量粒度比约为 1.5∶1.0。按照 API 重晶石标准，若使用 150 mm（约 6″）旋流器对钻井液进行除砂，则经底流流失的重晶石就较多，不经济，如用细目筛和 250 mm（约 10″）、300 mm（约 12″）除砂器较适宜。

加重钻井液的钻屑与黏土的体积含量比控制较严，不宜超过 2∶1。在非加重钻井液的最优化钻进方案中，可放宽到 3∶1，若经济上可行，还可放宽到 4.5∶1。在非加重钻井液中，主要是清除较粗固相。而在加重钻井液中，还要控制胶体固相，有时还要进行除气工作。重晶石在使用过程中和钻屑一样，要不断地细化，甚至细化到胶体范围。若不加处理，钻井液性能就会恶化。

加重钻井液的固控，有全流固控和部分流固控，后者用来降低钻井液中的劣等胶体固相和可溶性盐类，也用于重晶石的回收。用于部分流固控的设备有螺旋式离心机，筛筒离心机和 50 mm（约 2″）或 75 mm（约 3″）旋流器。筛筒离心机的进料加水量较大，为螺旋式离心机的 2.5～4.0 倍，除胶体率为其一半左右，重晶石回收率略低，但其回收重晶石的底流呈液态，可以直接回收到循环系统中去。旋流器的进料加水量为螺旋式离心机的 4～8 倍，除胶体率略低，最高重晶石回收率为螺旋式离心机的 3/4 左右。对于加重钻井液的固相控制，也有一种固控系统的中心设备是钻井液清洁器，它能除去大部分钻屑而回收钻井液中的液相和大部分重晶石。

需要说明的是，在固相控制系统的设备匹配中，筛选设备和离心沉降设备都应按钻井液的最大流量来匹配，但离心机除外，它一般只能处理 1/10 左右的流量。

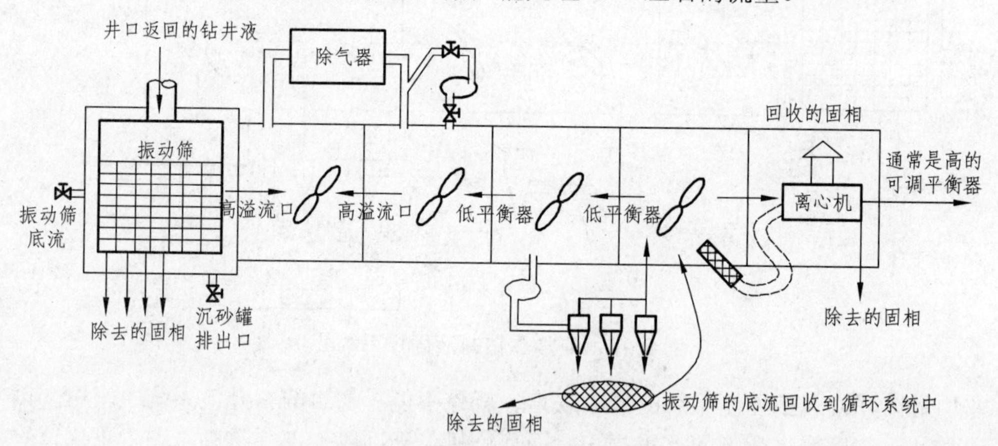

图 2.27 加重钻井液固控系统

图 2.27 所示为加重钻井液固控系统的典型流程图，从井口返回的钻井液经过振动筛（双层筛），除去大尺寸的钻屑。振动筛的底流经除气处理后进入除砂器处理，除砂器底流被抛弃，溢流流回钻井液罐。经除砂器处理的钻井液通过钻井液清洁器后分为两股液流：一般为低密度溢流，它返回钻井液循环系统；另一股为高密度的底流，它经过一个超细目振动筛的再次

筛选，使重晶石及有用液相返回钻井液循环系统，而将大部分砂粒除去。

虽然经过钻井液清洁器处理后，大部分有害固相已被清除，但总有一些极细的钻屑或略小于 2 μm 的胶体，会随着重晶石通过超细目筛回到钻井液系统中；或者当钻进造浆性能很强的黏土层时，钻井液中的胶体含量剧增，使钻井液黏度升高，性能变坏；另外钻井液清洁器分离的粒度受超细目筛的限制，在清除旋流器底流中的细小钻屑的同时，也要损失少量重晶石，若过筛钻井液中仍含有较多的细钻屑和胶体重晶石，就需采用离心机作进一步分离，如图 2.27 所示。让离心机工作至少两个循环是很必要的，这时，离心机的溢流被抛弃，底流回收的重晶石流回钻井液系统。

从图 2.27 所示的加重钻井液固控系统可以看出，钻井液清洁器是关键设备。另外，加重钻井液固控系统在使用中应连续不断地进行清除工作，避免钻屑粉碎成泥或糙土，防止钻屑在钻井液系统中的积累，同时保持系统中应有的重晶石含量，尽量减少重晶石和贵重液相的损失。

应当注意的是不需要使用加重钻井液钻井的地区，固控系统不必考虑处理加重钻井液的问题，而需要使用加重钻井液钻井的地区，固控设备的布置就应兼顾处理轻、重钻井液。

2.7.4　密闭钻井液固相控制系统

为了适应海上和特殊地区的钻井要求，便于运输和安装，美国和苏联两国自 20 世纪 70 年代起相继出现了密闭钻井液固控系统，它由振动筛、旋流器、钻井液清洁器、离心机、搅捧器和各种罐体组合而成，实行钻井液闭路循环处理。在寒冷地区、沙漠缺水地区作业时，整个装置需用大型金属箱体封闭起来，这种系统适应性强，在许多情况下几乎可以处理各种钻井液，最大限度地提高了钻井液固相控制设备的处理效率，作业时不添加钻井液，还能维持钻井液密度，处理能力与配用钻机相适应，能将进入系统中的钻屑清除，几乎不补充钻井液用水，这种系统最适合于缺水地区或海上钻井作业，而且不污染环境。

在密闭钻井液固相控制系统中，螺旋式离心机的底流不是被抛弃，而是送给高速离心机处理，排除的钻屑也是比较干的。在海上钻井时，排除的钻屑可通过一套蒸馏系统，将其中的油污和水分蒸发除去后，再将处理后的钻屑排入大海，这样可减少污染。

密闭钻井液固控系统一般应配备下列设备：两台细目振动筛、一台除气器、两台清洁器、两台螺旋式离心机、一台高速离心机，以及带有连通孔的钻井液罐系统。钻井液罐系统包括三个主罐和两个小储罐，其中一个用后装干钻屑的备用罐。

用于净化非加重钻井液的密闭安装固控系统的工作流程如图 2.28 所示。从井口返出的钻井液流经排浆管，进入两个细目振动筛；比筛网网目大的钻屑经过振动筛排除端进入备用罐了，通过筛网孔眼的钻井液流入 1 号罐，1 号罐的砂泵把钻井液泵入除砂器。由除砂器清除的钻屑从底流排除，再经过超细目振动筛清除的钻屑进入备用罐 5，通过筛网的液相流入 4 号罐，除砂器的溢流进入 2 号罐。再由砂泵将 2 号罐的钻井液送到除泥器，除泥器的底流经过超细目振动筛清除的钻屑排进备用罐 5；通过筛网的液相流进 4 号罐，除泥器的溢流流入 3 号罐。收集在 4 号罐中的钻井液用两台螺旋式离心机再进行处理。离心机排出的底流，进入备用罐 5，溢流（干净钻井液）流入 3 号罐。高速离心机由 3 号罐提供钻井液，底流是较干的钻屑，直接排入备用罐 5。几乎不含钻屑的溢流流回在用钻井液系统，在钻井液出现气侵的情况下，要用除气器除去气体，以保证密闭固控系统安全工作。

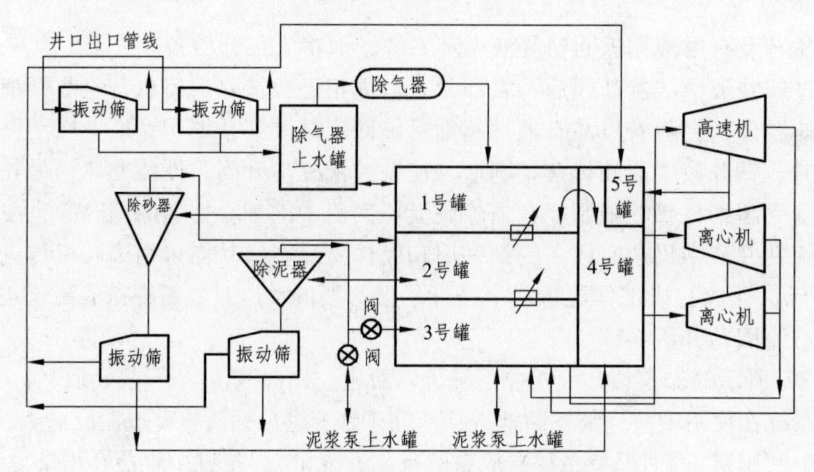

图 2.28 非加重钻井液的密闭固控系统

用于净化加重钻井液的密闭钻井液固控系统工作流程如图 2.29 所示。排浆管线和振动筛的工作方法与处理非加重钻井液时相同，除了通过清洁器超细筛网孔眼的钻井液进入 3 号罐（净化非加重钻井液时，钻井液液相应流入 4 号罐）外，除砂器和除泥器的工作方式与净化非加重钻井液基本相同。螺旋式离心机的底流含有大量重晶石，流回 3 号罐，重新配置成钻井液；溢流直接流入 4 号罐。高速离心机净化来自 4 号罐的液体，底流含有极细的胶体钻屑和少量重晶石，排进备用罐，溢流流入 4 号罐中，或用作螺旋式离心机的稀释水或返回钻井液系统。这样直接排到废钻井液池中的废液和稀释水都大为减少。

密闭钻井液固控系统已经在不同地区多次获得成功的应用。在不能采用钻井液土池、钻井用水和配钻井液用水受到限制、废钻井液需要处理的地方，特别是海上和生态敏感地区，采用密闭钻井液固控系统，可以提高钻井作业的效率，而且费用也是比较合理的。如果不存在这些问题，就不必采用这种系统。

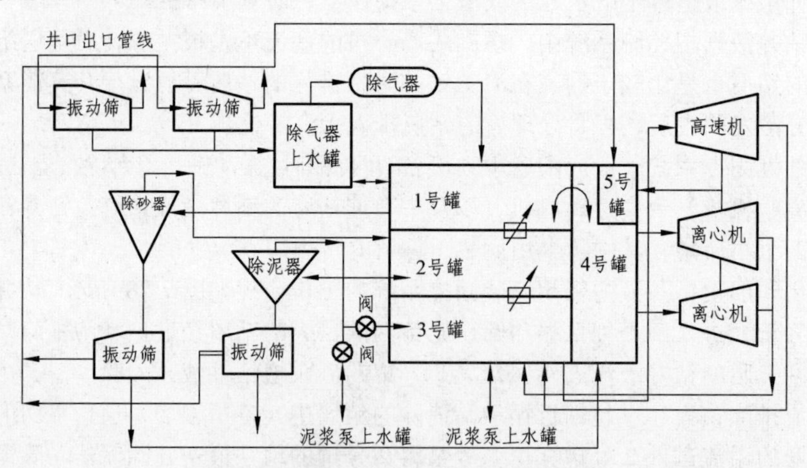

图 2.29 加重钻井液的密闭固控系统

2.7.5 固相控制设备的选用

固相控制系统的整体布置中，固控设备的选用十分讲究，应因地制宜，不局限于钻机型号。同样一部 6 000 m 钻机，有的钻探高压油（气）层，有的钻探常压构造，有的井下情况复杂，有的砂粒多，有的泥粒多，只能根据实际情况，选用适宜的固控设备组合才能充分发挥性能功效。表 2.10、表 2.11 列出了部分固控设备的处理能力和处理的粒度范围，以及各种钻井液推荐采用的固控设备。

表 2.10　各种固控设备处理能力和处理的粒度范围

设备名称			处理能力（L/s）	可清除的固相粒度（μm）
振动筛		单层	15.77 ~ 50.47	—
		双层	63.10	—
		双联单层筛	50.47 ~ 100.94	粗筛>440
		双联双层筛	100.94 ~ 126.20	细筛>150
水力旋流器（每个旋流筒的处理能力）	除砂器	ϕ150	6.31	—
		ϕ250 ~ ϕ300	31.54	—
		ϕ400	44.16 ~ 59.93	—
	除泥器	ϕ100	3.15	—
		ϕ100（大容量）	4.73 ~ 5.05	—
		ϕ125	5.05	—
钻井液清洁器			37.85 ~ 56.77	74 ~ 150
离心机		加重钻井液	6.31 ~ 11.35	2 ~ 5（重晶石）
		非加重钻井液	1.26 ~ 1.90	5 ~ 10（岩屑）

表 2.11　各种钻井液推荐的固控设备

设备名称 \ 钻井液类型	水和非加重钻井液	加重分散钻井液	非分散钻井液		油基钻井液
			未加重	加重	
振动筛	普通双联筛网	普通和细目双联筛网	普通和细目双联筛网		普通和细目双联筛网，细目双层筛网
沉砂池	3.2 ~ 4.8 m^3，底斜 45°，大口径放泄	注意不要跑浆	在除砂器、除泥器之前沉砂很重要		很重要，注意不要跑浆
除砂器	用在除泥器前，重要	可用，放在除泥器之前	对避免除泥器和离心机过负荷，很重要		可用于将底流排入溶剂罐
除泥器	重要	不用	主要用于低固相	不推荐	不用
清洁器	重要	用于中等密度	主要用于控制低密度固相	对于中等密度有用	不用
离心机	不用	是经济地控制高密度钻井液的重要设备	可用于回收液相和放弃钻屑	是控制高密度钻井液的重要设备	可用于降低密度
除气器	有气时用	控制溢流以恢复密度的重要设备	控制溢流的重要设备	—	气侵出现问题时用

尽管上述表中列出了各种固控设备的处理能力和处理的粒度范围，以及在不同条件下，各种钻井液固控系统的设备匹配方案，对技术人员设计和匹配钻井液固控系统很有参考价值，但匹配的依据是什么，匹配是否合理，经济性如何，这些都是需要进一步探讨的问题。

第 3 章 钻井液振动筛

振动筛作为一种常用机械，广泛地应用于矿山、冶金、选煤、食品工业等部门，其主要功能是筛分、脱水、脱泥、物料输送等。在钻井作业中，振动筛是利用振动的筛网回收钻井液中的液相，并且以是否能通过筛孔为标准，将大小不等的固相颗粒筛分成两组或两组以上尺寸的机械设备，油田现场称为钻井液振动筛，简称振动筛。

振动筛作为钻井液处理的第一级固控设备，首先将从井底返出钻井液中的较大固相颗粒清除出去，它适合于各种钻井液的筛分。不管其他机械固控设备在改善钻井液性能中的作用如何，也不论其他设备在提高钻井速度方面的经济效益怎样，振动筛始终是目前钻井装备中的必备设备。而且，它的工作质量好坏将直接影响到除砂器、除泥器及离心机能否正常工作。与旋流器、离心机及除气器相比，振动筛消耗的功率最小、投资也少，因而振动筛是目前固控设备中最经济的设备。特别在近 20 年来，为适应钻井工艺的变革，固控设备及固控理论得到了长足的发展，这也推动了振动筛研发技术的发展，现已能满足钻井工艺的需要。

3.1 振动筛的类型

钻井液振动筛是 20 世纪 30 年代由矿山设备引入石油行业的，但其性能要求与采矿用振动筛有很大不同。在石油钻井作业中，振动筛主要用于清除钻井液的岩屑和其他有害固相颗粒。一方面，它要求有较大的处理量，能尽可能多地回收成本较高的钻井液；另一方面，又要求尽可能多地清除钻井液中的固相颗粒，最好能把部分小于筛网孔眼尺寸的固相颗粒也清除掉，正是这项特殊的特别要求推动着钻井振动筛技术的革新。

随着世界石油工业的发展，在近二十多年的时间内世界各国对振动筛的研究在不断发展、不断深入，振动筛的类型也不断在改变，新产品层出不穷，根据动力激振方式，振动筛常分为以下几种形式：

3.1.1 单轴惯性式振动筛

这种类型振动筛根据惯性轴的安装位置不同又可分为普通振动筛和自定中心振动筛两种类型。

（1）普通钻井振动筛。

普通钻井振动筛的激振器位于筛箱质心上方。筛箱上各特征点的运动轨迹如图 3.1 所示。由图可见，筛箱质心处的运动轨迹近似为圆，而筛箱两端的运动轨迹为椭圆，且两椭圆长轴方向不一致。这种类型振动筛固相颗粒的输送在入口端是好的，而在出口端易出现岩屑堆积，增大钻屑的透筛量，大大影响钻井液的处理效果。为了克服出口端岩屑的堆积现象，振动筛筛箱必须倾斜安装，这又将降低钻井液处理能力，甚至会造成钻井液流失，这是普通钻井振动筛的主要缺点。

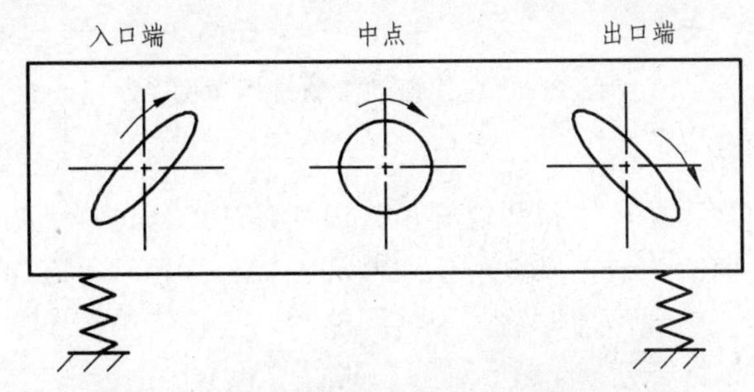

图 3.1　普通钻井椭圆振动筛轨迹示意图

（2）自定中心钻井振动筛。

自定中心钻井振动筛激振器位于筛箱质心，筛箱各特征点的运动轨迹均为圆形，如图 3.2 所示。这种振型振动筛筛箱各点的法向和横向加速度相等，筛面可以水平安装，不会出现岩屑在筛面的堆积现象。但是，这种钻井振动筛的抛掷角是筛面法向加速度的函数，当法向加速度为 3～6g 时，固相颗粒抛射角达 70°～80°，致使输砂速度变慢，增大了钻屑的透筛率。因此，这类钻井振动筛并非到处都适用。

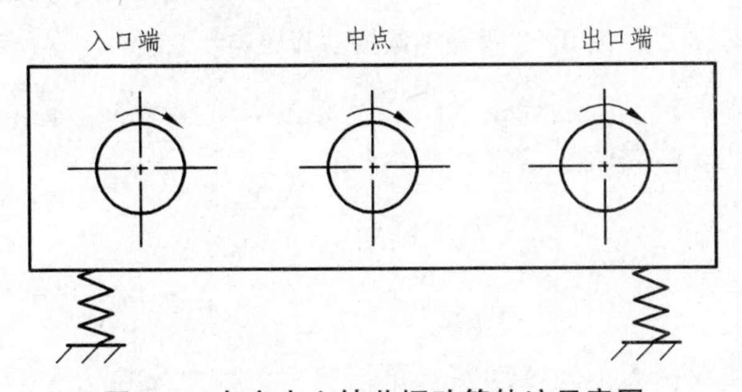

图 3.2　自定中心钻井振动筛轨迹示意图

3.1.2　双轴惯性式振动筛

由于单轴惯性筛一般不能满足钻井工艺的要求，因此，自 20 世纪 80 年代以来，双轴直线振型的钻井振动筛取得很快的发展，20 世纪 90 年代又出现了双轴平动椭圆振动筛。

（1）双轴直线振动筛。

直线振动筛是靠两根带偏心块的主轴作强迫同步反向旋转而产生激振力的振动筛。筛箱各特征点的运动轨迹为直线，如图 3.3 所示。该振型振动筛的处理量和输砂速度均较圆形筛和普通椭圆筛优越。其主要缺点是由于加速度矢量只作用在一个方向上，使得卡入筛网孔眼里的固相颗粒不易脱落，而有堵塞筛孔的危险，造成振动筛处理量下降。

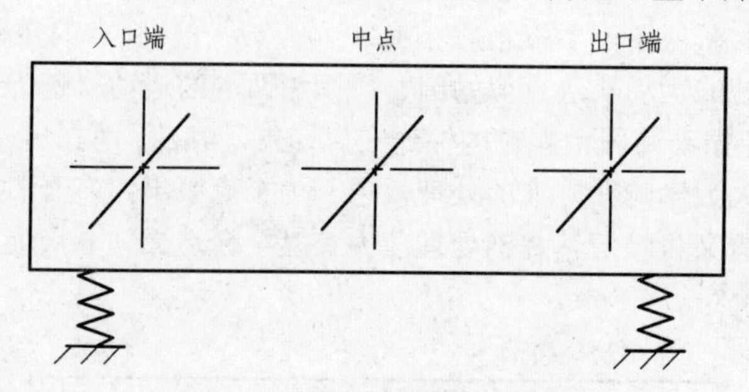

图 3.3 直线振动筛轨迹示意图

（2）双轴平动椭圆筛。

早期双轴平动椭圆筛为两轴激振强迫同步的惯性筛。工作过程中筛箱处于平动，筛箱各特征点的运动轨迹都为椭圆，如图 3.4 所示。椭圆长轴与筛箱水平方向成一夹角，可提高岩屑在筛面上的输送速度，短轴可增加钻井液透筛能力。与直线筛相比，大大降低了固相颗粒堵塞筛网的可能性，因而具有处理量大、筛分效果好等优点，是较理想的一种钻井液振动筛。

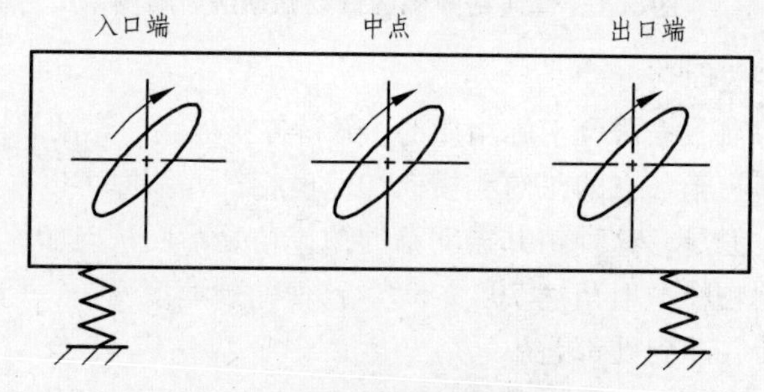

图 3.4 平动椭圆振动筛轨迹示意图

特别是随着自同步理论、力心理论的出现及激振电机技术的发展，强迫激振轴已由两自同步电机所取代，这部分内容将在后续章节中讨论。

3.1.3 其他类型振动筛

上述单轴惯性式和双轴惯性式振动筛都是以惯性力作为激振力激振的，也是目前油田现场应用的主力筛型。而有的振动筛则可用气动力、液动力和电磁力来激振，但均未在油田出现过定型产品，其工作原理简介如下：

气动钻井振动筛主要由筛箱、支承气缸或液缸、气动激振器、隔振弹簧、进料箱和底座等组成。气动激振器一般是成对地安装在筛箱上，通过改变气动激振器的相互位置和控制进气的先后顺序，振动筛的筛箱即可完成不同的振动形式，如直线振动、圆振动和椭圆振动等。该类振动筛需要较大的附加设备，且效率低也是尚待解决的问题。

液压振动筛主要由液压激振器和筛箱两大部分构成，是利用液体压力能来产生振动的。可实现自动变频变幅，噪声小。但附加设备庞大、价格昂贵，维修不方便。

电磁钻井振动筛是由电磁激振器驱动的。当交流或脉动电流通过磁化绕组时，在电枢与定子之间的气隙中形成主工作磁通，因而产生激振力。电磁振动筛的结构主要由筛箱、筛网、电磁激振器、主振弹簧、隔振弹簧和底座等组成。电磁激振器结构简单，无回转零部件，不需加油润滑，维修量小，振幅可以无级调节等优点。但较低的力能指标和运行指标，较低的功率因数和效率及如何实现大振幅振动以利于钻井液的筛分净化等也都是有待于进一步解决的问题。

虽然振动筛的分类方式众多，但均以振动筛筛箱上任一点的运动轨迹为最重要的特征。例如，直线振动筛是双轴惯性激振、卧式安装、矩形框架的直线运动轨迹振动筛。

3.2 钻井液振动筛的结构

3.2.1 钻井液振动筛组成

振动筛通常由以下几个主要部件组成，如图3.5所示。

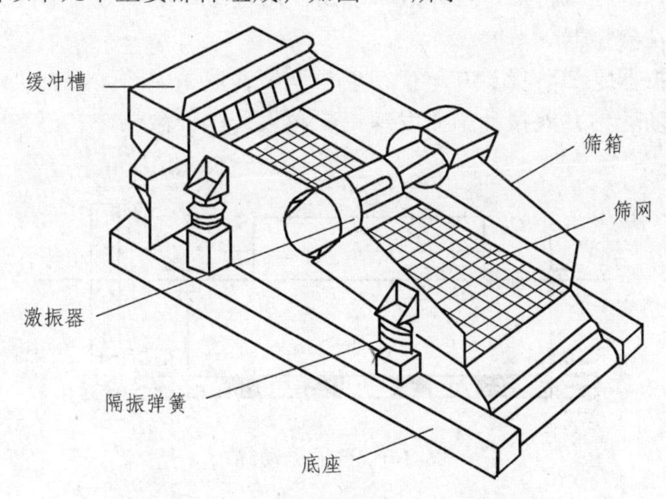

图3.5 钻井液振动筛结构示意图

(1) 缓冲槽。

从井底返出地面的钻井液流进振动筛上的缓冲槽后，使钻井液的流速降低，并使钻井液均匀地、缓慢地流向筛网。

(2) 筛箱（振动框体）。

用以张紧筛网，支撑激振器，并将激振器传来的持续振动传给筛网，从而达到筛分的目的。

(3) 筛网。

这是用以清除固相，回收钻井液的重要部件，振动筛能筛除固相颗粒的大小，完全取决于筛孔网眼的大小。

(4) 激振器。

是筛箱振动的动力源，用以产生周期性的激振力，使筛箱产生持续的、周期性振动。

(5) 减振弹簧。

用以支撑筛箱及激振器，保证筛箱有足够的振动空间，同时辅助筛箱实现所要求的振动，并缓冲、减小传给底座和钻井液罐的动载荷。

（6）底座。

支撑以上各部件，便于安装和运输。

钻井液振动筛的动力传动路线是由电动机输出的动力传到激振轴上的偏心块（总称激振器），此偏心质量回转并产生周期性变化的离心惯性力，迫使支撑在减振弹簧上的筛箱产生持续的振动，也迫使筛网面上的钻井液振动，小于网孔的固相颗粒及液相通过筛网孔眼回到钻井液中，不能通过筛网的固相颗粒被筛网送到排出端排出，从而达到固液分离的目的。

3.2.2 钻井液振动筛的典型零部件

1. 激振器

激振器是迫使振动筛产生预定运动轨迹的直接动力源，不同的激振器类型和安装模式，将直接影响着振动筛的结构特征、工作效率以及使用寿命等诸多方面的问题。

（1）单轴式惯性激振器。

单轴式惯性激振器是 20 世纪 80 年代初期振动筛普遍采用的激振方式，分为自定心式和普通激振器两种，随着钻井液振动筛研发理论的深入，这种激振方式已被双电机自同步激振方式所取代。

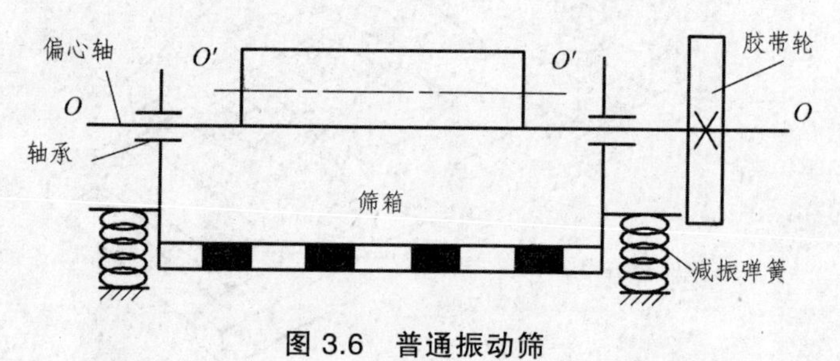

图 3.6 普通振动筛

普通激振器上的传动胶带轮在振动筛工作时要随筛箱一起振动。这种振动筛称为普通振动筛，如图 3.6 所示，如早期的 NS-77 筛、NS-80 筛等。简单型单轴惯性圆运动振动筛虽然结构简单，但由于皮带轮参振，引起皮带轮中心距周期性变性，使传动皮带反复伸长与缩短，影响使用寿命，筛箱运动也不稳定。

自定中心振动的激振器采用了自定中心结构（胶带轮偏心或轴承偏心）。振动筛工作时，激振轴的传动胶带轮只作定轴转动，不随筛箱振动。具有这种功能的振动筛，称为自中心式振动筛，如早期的 2YNS-D 型筛，NS-821 筛等。

轴承偏心式激振器如图 3.7 所示，传动皮带轮与激振轴同心，因此也参与振动。这种筛的胶带轮几何中心与激振轴同心，但轴心线每轴承之间有一偏心距 e，其值等于筛箱的振幅 A。这种自定中心结构复杂、零件多、制造较难。筛箱通过弹簧支撑在底座上，偏心轴或偏心块，通过轴承安装于筛箱两侧，皮带轮安装在偏心轴端，与筛箱一起振动。为保证圆运动和在超远共振状态下工作，隔振弹簧刚度选得较小。

图 3.7 轴承偏心式自定中心振动筛

胶带轮偏心式激振器如图 3.8 所示。其激振轴中心与轴承中心重合，但胶带轮中心与激振轴轴心之间有一偏心距 e,偏心距 e 的大小等于筛箱的质心振幅 A。这种自定中心结构简单、制造容易。

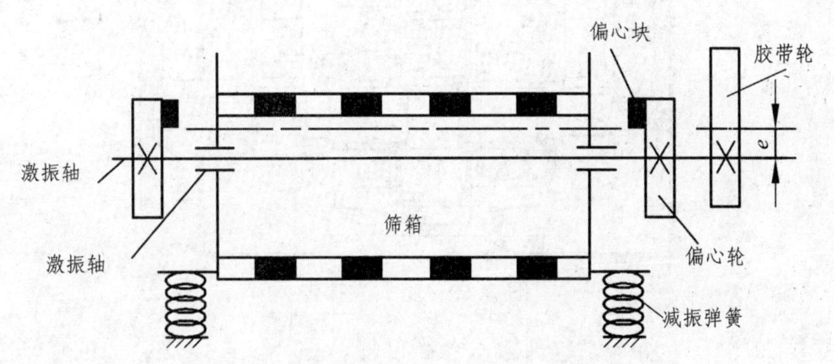

图 3.8 胶带轮偏心式自定中心振动筛

自定中心振筛和普通筛的比较见表 3.1。

表 3.1 自定中心振动筛和普通振动筛的比较

自定中心振动筛	普通振动筛
轴心与筛箱质心重合	轴心与筛箱质心重合或不重合
胶带轮几何中心与轴心（或筛箱质心）不重合	胶带轮几何中心与轴心（或筛箱质心）重合
胶带轮几何中心位于轴心与偏心轴（块）质心之间	
胶带轮只作定轴转动，不随筛箱振动	胶带轮要随筛箱一起振动
胶带不反复伸缩，不引起振动筛箱的侧向扭摆	胶带要反复伸缩，并引起筛箱的侧向摇摆

（2）强迫同步双轴式惯性激振器。

双轴式惯性激振器有两根激振轴，激振轴上装有偏心块。振动筛工作时，两轴作等速反方向旋转。当两轴上的偏心块质量和偏心距相等时，在 y-y 方向上的惯性力相加，而在 x-x 方向上的惯性力互相抵消，因此激振器在 y-y 方向上产生一个直线的、方向变化的激振力，此激振力迫使筛箱作直线往复运动，如图 3.9 所示。为了将筛面的钻屑输送到排出端，要求直线筛的往复运动方向与水平面之间有一定夹角，叫振

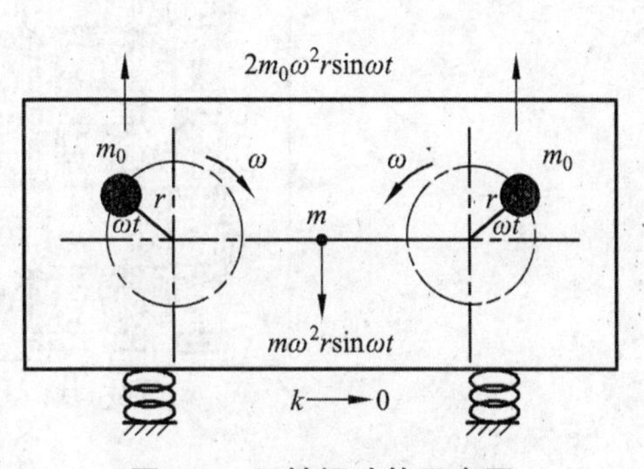

图 3.9 双轴振动筛示意图

动方向角。筛箱通常是水平安装的，为保证振动方向角，就要求激振器倾斜安装。

双轴激振器又分为箱式激振器和筒式激振器，箱式激振器如图 3.10 所示。这种激振器的四个偏心块成对地布置在箱体外，两轴之间由一对传动比为 1 的齿轮连接。这种激振器结构紧凑，安装、维修方便，缺点是要有较大断面的横梁来支撑激振器，. 制造也较复杂，同时增加了高度。

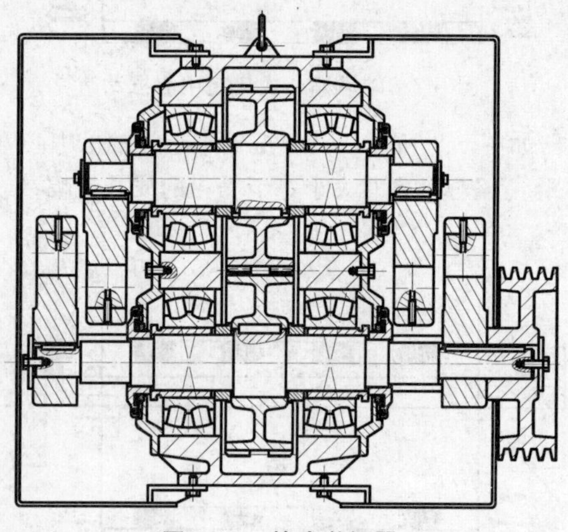

图 3.10 箱式激振器

筒式激振器如图 3.11 所示，这种激振器高度低、重心低，但安装和维修较困难，宽度也较大。这两种激振器的齿轮都要求润滑，容易出现漏油和发热等问题。

需要特别指出和强调的是，前面 3.2.2 讨论的激振器结构在油田现场几乎不用了，取而代之的是用两台激振电机直接进行参与激振。其理论基础是依据 20 世纪 90 年代中、后期发展起来的双电机自同步追随理论，以及防爆性激振电机的发展。两台电机直接自同步激振可以实现直线、椭圆等振动方式，并且几乎可以达到免维护的目标。在此章节赘述这部分内容的目的是为了普及钻井液振动筛及其理论发展的历史。

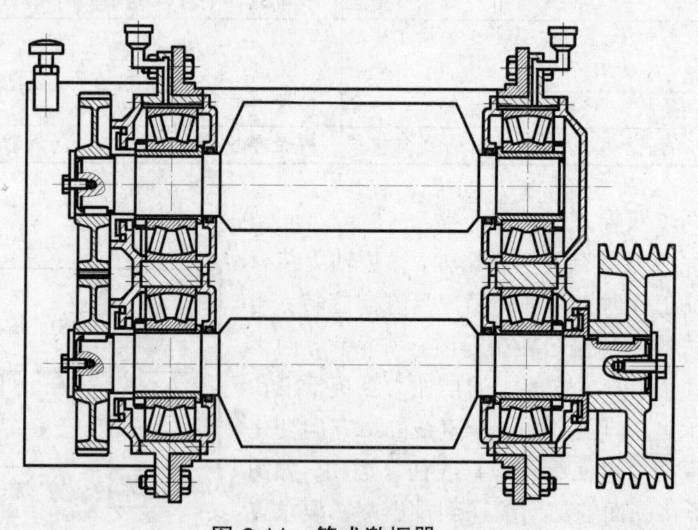

图 3.11 筒式激振器

(3) 双电机自同步惯性激振器。

通过齿轮副进行强迫同步的激振器，由于采用油润滑而带来结构上密封的困难，又由于齿轮线速度高而导致了工作过程中的高噪声污染，为了克服上述缺点，近20年来出现了双电机自同步惯性激振器，该激振器是基于力心理论提出和振动电机技术革新而发展起来的。振动电机是动力源与振动源结合为一体的激振源，振动电机是在转子轴两端各安装一组可调偏心块，利用轴及偏心块高速旋转产生的离心力得到激振力。振动电机的激振力利用率高、能耗小、噪音低、寿命长。

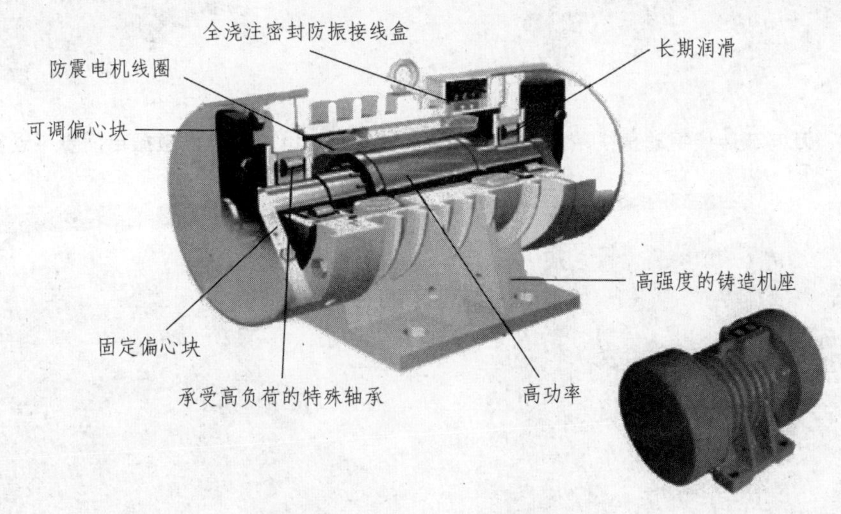

图3.12　短型振动电机结构图

双电机自同步惯性激振模式实质是将两台振动电机按照一定的位置安装在筛箱上，采用双电机自同步拖动原理，无齿轮箱，并能实现短时间内的自动追随与同步转动，形成振动筛筛分需要的直线振动型态和平动椭圆振动型态。依靠两振动电机自同步力学原理进行工作的振动筛归纳起来有以下特点：

① 由于没有强迫同步的齿轮传动，因此结构非常简单；

② 由于没有齿轮传动，因此简化了润滑、维修等工作；

③ 可以减少启动和停车时过共振区振幅；

④ 双电机驱动结构简单，但自同步双电机驱动振动筛的缺点是耗电量大。

如果将两台相同型号的振动电机安装在振动筛筛箱上，使两个转轴处于互相平行的位置，运行时电机转向相反，则两台电机运转同步，振动筛筛箱产生直线形振动，自同步直线振动筛的激振器常见有以下四种安装方式：

① 采用双电机装于筛箱一侧，偏心轴（或块）应用万向节与电机相连，组成自同步直线激振器，如图3.13所示。

② 采用双短型振动电机驱动，振动电机平行并对称固装在筛箱两侧板上，与筛面安装成抛掷角40°～50°，组成自同步直线激振器如图3.14所示。

③ 将两个短型振动电机平行并与筛面成一固定角度固装在筛箱上，组成自同步激振器，横向安装如图3.15所示、纵向安装如图3.16所示。

图 3.13　万向节连接平动直线激振器

图 3.14　双电机激振自同步平动直线激振器

图 3.15　双短电机横向安装自同步平动直线激振器

图 3.16　双短电机纵向安装自同步平动直线激振器

④ 将两个长型振动电机平行并与筛面成一固定角度跨装在筛箱上，组成自同步直线激振器如图 3.17 所示。

图 3.17　双长电机自同步平动直线激振器

目前市场上主流的自同步平动椭圆振动筛，是由两个长型（或短型）振动电机互相平行并水平横跨装在筛箱上方组成自同步椭圆振型激振器。该类型激振方式要求两台同型号但不同激振参数的振动电机基于西南石油大学张明洪教授提出的力心理论安装于筛箱上的唯一确定位置，保证两振动电机所产生的激振力的合力的“力心”与筛箱整体的质心重合，运转时两电机转向相反，则两台电机经过短时间的追随并同步激振，振动筛筛箱则产生平动椭圆的振动型态。该类型平动椭圆筛的激振器常见有以下两种安装方式：

① 将两个短型振动电机平行跨装在筛箱上方；

② 将两个长型振动电机平行跨装在筛箱上方。

图 3.18 双短振动电机自同步平动椭圆激振器（筛箱上方安装）

图 3.19 双长振动电机自同步平动椭圆激振器

自同步平动椭圆筛的另外一种激振方式为由两个型号和参数完全相同的短型振动电机互相共面并成一定角度地对称安装在筛箱两个侧板上或筛箱上方，同样利用两个振动电机的自同步及相互追随理论来实现自同步平动椭圆激振。该类型平动椭圆筛的激振器常见有以下两种安装方式：

① 将两个短型振动电机按一定角度对称的侧装在筛箱侧板上；

② 将两个短型振动电机按一定角度对称的安装在筛箱上方。

图 3.20 双短振动电机自同步平动椭圆激振器（侧板安装）

图 3.21 双短振动电机自同步平动椭圆激振器（筛箱上方安装）

2. 筛　箱

筛箱由侧板、横梁及筛网张紧装置构成。侧板通常采用 6 mm 左右的 3 号钢板或 20 号钢板制成。横梁常用槽钢、工字钢、圆形钢管及角钢制造。筛箱必须有足够的强度和刚度。筛箱各部件的连接方式有铆接、焊接和用高强度螺栓连接。铆接结构制造工艺复杂，但对振动负荷有较好的适应能力。焊接结构施工方便，但焊接复杂、内应力较大，在强烈的振动负荷下，焊缝容易开裂，直到构件断裂，为了消除焊接结构的内应力，通常都要求对筛箱进行回火处理。焊接结构适用于中小型振动筛。当采用高强度螺栓连接时，筛箱可在现场装配，这种连接方式特别适合用于大型振动筛。

3. 支撑弹簧

(1) 支撑方式。

钻井液振动筛的筛箱支撑方式有悬挂式（见图 3.22）和座式（见图 3.23），早期振动筛属于弹簧悬挂支撑方式。现在市场主流的钻井液振动筛多为弹簧座式支撑。悬挂式支撑可方便地在一定范围内调整筛面倾角，而座式支撑结构简单，并且结合液压结构也可以方便调整筛面倾角。

图 3.22　悬挂式支撑

图 3.23　座式支撑

(2) 弹簧类型。

钻井液振动筛的支撑弹簧有柱形钢丝螺旋弹簧（见图 3.24、3.25）和橡胶复合弹簧（见图 3.26、3.27）两种。

图 3.24　柱形钢丝

图 3.25　柱形钢丝弹簧双排减振

图 3.26　橡胶复合弹簧

图 3.27　橡胶弹簧

橡胶弹簧的优点是结构紧凑，三个方向的刚度可根据需要进行设计。它的内摩擦阻力比钢丝螺旋弹簧大得多，因而振动筛启动和停车道过振动筛的共振区时出现的振幅要小得多，工作时产生的噪音也较小。但橡胶弹簧适应高低气温的能力比钢丝螺旋弹簧差。当气温高时，橡胶变软，刚度变小；当气温降低时，橡胶变硬，刚度变大。并且橡胶的抗油性能差，易老化。近年来开始出现应用橡胶复合弹簧，也称包胶金属弹簧，即在金属弹簧上硫化上橡胶，形成空心复合弹簧，这种弹簧的刚度较金属弹簧增大 2～4 倍，具有工作噪音小、阻尼增大等优点，现场应用广泛。

钢丝螺旋弹簧制造方便、性能稳定、内摩擦小、能耗较低、工作寿命较长、气温变化对弹簧的性能影响小，因此早期得到了广泛应用。为了减小弹簧直径（也即减小筛子宽度尺寸）、提高弹簧疲劳寿命，常采用双排和三排减振弹簧。

3.3　钻井液振动筛筛网

钻井液振动筛的综合性能体现为筛分粒度细、使用寿命长、单位面积处理量大，而上述情况都与筛网的结构、性能密切相关。筛网是执行筛分任务的重要部件，是钻井施工中的一种易消耗品。振动筛能筛除固相颗粒的大小，完全取决于筛网孔眼的大小。由于钻井液具有腐蚀性、研磨性、高温性，为了高效、长时间清除钻井液中较小的固相颗粒，筛网材料通常都是用经过热工艺处理的不锈钢丝编织而成，而相关的辅助支撑结构一般是由钢板、镀锌板、塑料平板等材料制成。

3.3.1　筛网的编织形式

石油钻井工业常用的筛网织法采用了平面正方形织法、平面长方形织法和可调长方形织法。采用直径相同或不同的金属线在上、下两个方向编织而成，在各方向上金属线尺寸相同，就是正方形织法。在一个方向上的金属线长度长于另一个方向上的长度，就是长方形织法。筛网的规格通常用目数表示，即筛网的经线（长度）方向或纬线（宽度）方向上，每英寸含有的钢丝数目或筛孔数。不锈钢丝筛网的编织形式及结构是各式各样的，我国钻井振动筛早期最常用的是普通正方网格筛网，如图 3.28（a）所示，这种筛网经纬方向上的钢丝和数量相等。

为了克服正方形网格筛网的筛孔易被“临界颗粒”（钻屑颗粒尺寸与筛网尺寸之比为0.75～1.25的颗粒）堵塞的问题，通常可采用图3.28（b）所示的长方形网格筛网。这种规格的筛网不但经纬方向的目数不等，而且经纬方向的钢丝直径也不尽相同。

图3.28（c）所示为荷兰编织式筛网，其经纬线的钢丝直径不同，较细的钢丝致密地排列地在一起，彼此相互接触。荷兰编织式筛网敞露的筛孔面积百分数可认为为零。还有一种斜纹编织式筛网，如图3.28（d）所示，正方形网格、长方形网格及荷兰编织式网格均可采用这种编制形式。

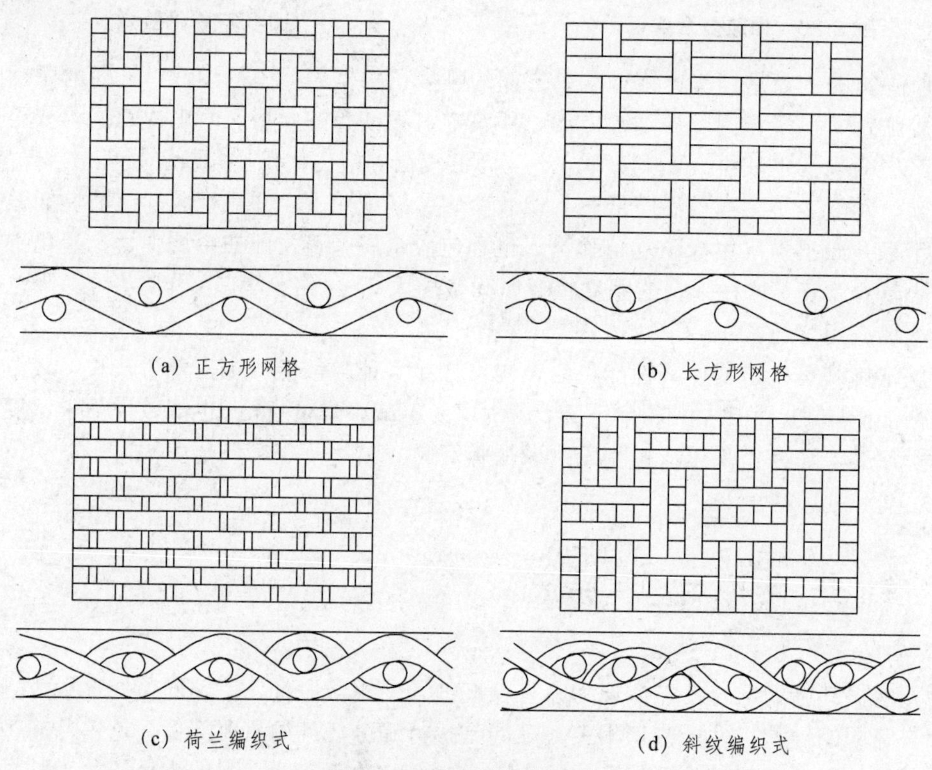

图3.28　筛网的编织形式

3.3.2　筛网的规格

筛网的规格决定着能筛分物料粒度的大小，筛分粒度就是颗粒可以通过筛网的筛孔尺寸。油田和相关行业由于早期借鉴了国外行业标准，所以习惯用“目数”表征网孔的大小。“目数”是英制筛网中的基本规格表达方法，是每平方英寸上筛孔的数目，也就是1英寸（25.4 mm）宽度的筛网内的筛孔的数目。50目就是指每平方英寸上的孔眼是50个，300目就是300个，目数越高，孔眼越多。除了表示筛网的孔眼外，它同时用于表示能够通过筛网的粒子的粒径，目数越高，粒径越小。一般来说，目数×孔径（微米数）＝15 000。比如，200目的筛网的孔径是75微米左右。但由于存在开孔率的问题，也就是因为编织网时用的丝的粗细的不同，不同的国家的标准也不一样，我国早期借鉴的是美国ASTM标准。

由于筛网的规格不能用目数来完全表述清楚，一般还应规定出钢丝直径和筛孔尺寸。因为“目数”不能确定筛网应具有多大尺寸的筛孔和能分离多大粒度的钻屑。为此，美国国家标准局制定的试验技术规范中将筛网“目数”及筛孔尺寸一并列入了规范要求。美国石油学会（API）1977 年 5 月制定的有关钻井液振动筛筛网的技术规范法中规定了下述内容：经纬方向上的网目、筛孔尺寸（以μm 计）及筛网开孔率（或称为筛孔面积百分率）。

筛网开孔率等于筛网面积（通常 1″×1″的筛网面积）减去钢丝所占投影面积再除以筛网面积的百分比。对于方孔筛网，开孔率的计算方法如下：

$$R = \left(\frac{1'' - nd}{1''}\right) \times 100\%$$

式中　n——筛网目数；

d——钢丝直径，in。

我国国家标准 GB/T 11650—89（即石油天然气行业标准：SY/T 5612.5—93）中也对工业用编织方孔筛网作出了类似的规定（见表 3.2），但不是以目数为基本规格，而是以网孔基本尺寸（mm）为基本规格。同时，我国钢丝直径规格与美国不完全一样，因此生产出来的筛网与美国石油学会（API）标准也就不一样。建议在应用或更换新筛网之前，在明确筛网目数等相关指标时，也一定要明确筛网的具体相关尺寸数据。国产筛网标记方法示例如下：0.250/0.140（斜纹），代表筛孔基本尺寸为 0.250 mm，金属丝直径为 0.140 mm，斜纹编织。

表 3.2　国家标准 SY/T 5612.5—93 中部分方孔筛网规格摘录

网孔基本尺寸 mm	金属丝直径 mm	筛分面积百分率 %	单位面积网重 kg/m^2	相当英制目数 目/in
2.000	0.500 0.450	64 67	1.260 1.040	10.16 10.36
1.600	0.500 0.450	58 61	1.500 1.250	12.10 12.39
1.000	0.315 0.280	58 61	0.952 0.773	19.32 19.84
0.560	0.280 0.250	44 48	1.180 0.974	30.32 31.36
0.425	0.224 0.200	43 46	0.976 0.808	39.14 40.64
0.300	0.200 0.180	36 39	1.010 0.852	50.80 52.92
0.250	0.160 0.140	37 41	0.788 0.634	61.56 65.12
0.200	0.125 0.112	38 41	0.607 0.507	78.15 81.41
0.160	0.100 0.090	38 41	0.485 0.409	97.65 101.60
0.140	0.090 0.071	37 44	0.444 0.302	110.43 120.38
0.112	0.056 0.050	44 48	0.336 0.195	151.19 156.79
0.100	0.063 0.056	38 41	0.307 0.254	155.83 162.83
0.075	0.050 0.045	36 39	0.252 0.213	203.20 211.70

3.3.3 筛网安装的排列方式

筛网安装的排列方式有串联式和并联式两种。如图 3.29、图 3.30 所示。

1. 串联式安装筛网

串联式安装筛网是指钻井液必须通过彼此相隔一定距离的两张或两张以上的孔径递减的筛网。这种排列的优点是上层筛网先筛除大尺寸的岩屑，能有效地保护下层更细的筛网，尤其是在快速钻进时，钻井液中的固相含量增加时，下层筛网也不会过载；这种筛的缺点是不易观察下层筛网，损坏后若更换不及时，会影响钻井液的处理效果，加之更换不方便，有的井队仅利用了一层。

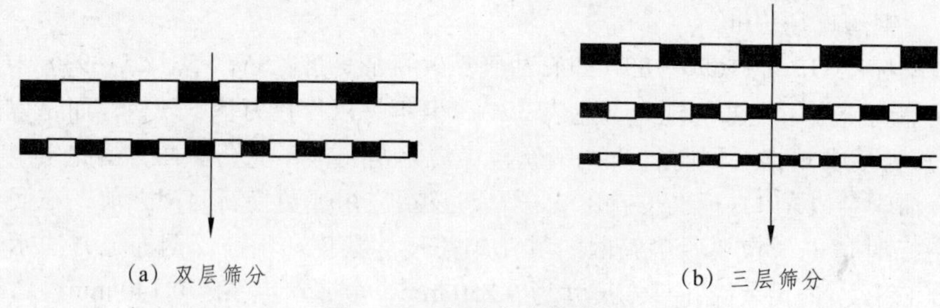

(a) 双层筛分 (b) 三层筛分

图 3.29 串联式安装筛网

2. 并联式安装筛网

并联式安装筛网是指两张或两张以上的筛网搭接在一起组成一张长筛网。优点是可增大处理量而不会跑钻井液（因筛网长）；当某段筛网坏了时，只需更换其中一段，可节约筛网费；更换也比较方便。缺点是使结构复杂，增加了整机重量。

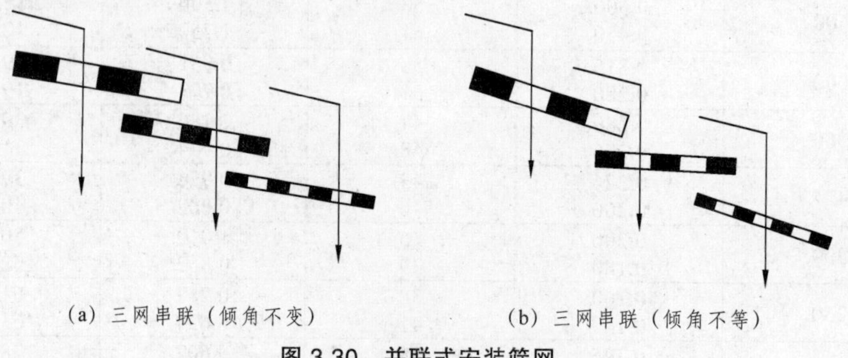

(a) 三网串联（倾角不变） (b) 三网串联（倾角不等）

图 3.30 并联式安装筛网

3.3.4 筛网的结构及分类

油田现场上使用的筛网按生产标准和产地分有国产筛网和英制筛网；按筛网网边钩连方式分软钩边和硬钩边；按筛网的层数分单层网和叠层网，其中叠层网又分成铆制及安装式叠层和粘接式叠层；按粘接式叠层网的每层结构特征又分为钩边软式粘接筛网和孔板（或框架）式粘接筛网；按网面特征又分为分平面式筛网和三维波浪式筛网。

为达到优质筛网的筛分性能指标，许多科技工作者做出了不懈的努力，使筛网从过去的单层网、卷筒张紧方式等发展到叠层筛网、钩边张紧方式，以及当前的孔板（框架）式粘接筛网、楔形块压紧方式等，让筛网的维修操作更方便、快捷，使用寿命更长。

1. 单层式筛网和叠层式筛网

当单层式筛网工作时，为了让筛网振动过程能清除更多的钻屑，以便减小固控流程下游旋流器的负荷和保证旋流器正常工作，要求振动筛使用目数大于40目的筛网，这些筛网钢丝直径小于0.2 mm，其承受载荷、耐磨及耐腐蚀的能力都很差，一张新单层筛网有的用一个班就坏了，最长的也不过用几天。频繁地更换筛网加大了工人的体力劳动，增加了钻井成本，而且当筛网破损后，大量砂粒将从破损处流进钻井液，使后继固控设备的负荷增大。

为克服以上诸多不利因素，在20世纪70年代末期，引入了层状筛网，该筛网流体通过率更高，并且不易导致钻井液中的筛糊现象。层状筛网由两层或多层编制筛网相互重叠构成，正方形和长方形筛网都能相互重叠，这样就降低了编织线的直径而增加了流体的通过率。层状筛网提供了一系列形状和尺寸的筛孔，因此能够通过颗粒的粒径分布也更宽。叠层筛网是将两种目数不同的筛网贴合装在一起。通常下层为钢丝粗、目数小的筛网，称为托网；上层为钢丝细、目数大的筛网，称为面网。振动筛工作时，面网承担筛分任务，托网起承载的作用。实践证明，振动筛使用叠层筛网是提高筛网使用寿命的有效途径。

叠层筛网主要有两种类型：一种是在工厂用“刚性”钩边将两种目数不同的筛网“铆制”在一起，在现场安装。铆制的钩边叠层筛网由于在铆制时，两网宽度不易做到处处相等，加之这种筛网是用8个螺钉通过张紧梁张紧，使筛网各部分所受张力不均匀，难以做到紧密均匀贴合，要进一步提高使用寿命是困难的。另一种是将两张目数不等的筛网在现场安装时叠合在一起，如图3.31所示。

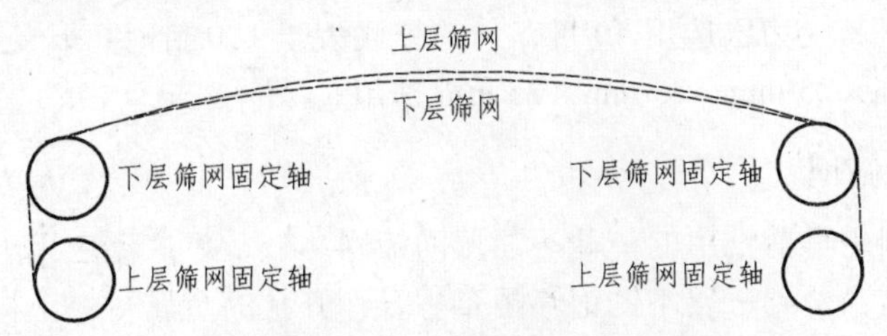

图3.31 分层张紧叠层筛网

由于钻井液振动筛网容易破损的部位之一就是筛网与支承接触的部分。理论和实验研究表明，若筛网张得不紧，而且在工作时随筛网一起振动的钻井液很多，筛网就有可能脱离支承条，并拍打支承条，使筛网很快破坏。同时，理论分析表明，若两支承条之间的跨距越大，筛网挠度也就越大，为了解决这些问题，市场上出现了粘接式筛网。

2. 钩边软式粘接筛网

钩边软式粘接筛网是我国自行研制的一种钩边筛网，它具体的结构与平面孔板式筛网相似，通常仅由两层（表层筛布、支撑层）或三层（表层筛布、中间层、支撑层）不锈钢网布紧密粘合为一体构成，只是不带金属衬板，筛布通过高温黏合技术牢固地结合在一起。这种多层结构的设计，大大增强了筛网整体的强度，提高了使用寿命。并且，各层网布的目数不同，准确合理的搭配使筛分效果更为细致，不但能保证足够强度，同时也增大了筛分过程中的有效面积，但相对孔板和框架式粘贴筛网而言，因为没有金属衬板，软网的有效过滤面积较大、价格低，寿命相对较短。

钩边软式粘接筛网如图 3.32 所示，它是将一张粗目筛网和一张细目筛网（80 目或 100 目）按图示的方式事先粘接在一起。使用时先装一托网（12 目）再将粘接的叠层筛网张紧。现场试验表明，这种筛网使用寿命可大幅度提高。特别要指出的是黏结上的超细筛网的两边并未压入钩边，因此在绷紧过程中越细筛网层受力非常小，它只作筛分层使用。这种受力层与筛分层分开的新型结构，经现场使用证明是合理的、效果显著。

图 3.32 叠层粘接筛网

粘接的网格尺寸和承力层筛网粗细均可根据需要进行选择。上层筛分层越细，受力层筛网也越细，网格尺寸也越小，反之亦然。通常筛分层选用 60～100 目，受力层选用 30 目，筛分层大于 150 目时，其受力层选用 40 目；当筛分成大于 150 目时，其受力层选用 60 目，网格尺寸一般在 33 mm×25 mm～75 mm×25 mm 选用。

3. 板孔式粘接筛网

板孔式粘接筛网是目前常用的一种石油振动筛网之一，可广泛应用于不同条件下的钻井作业中。该产品通常由两到三层不锈钢筛网布黏合在开孔的金属衬板上构成，同时筛网附带专用的橡胶塞以修补网面破损，可有效地节省时间，降低生产成本。传统钩边筛网寿命较短的主要原因是筛网使用过程中张紧力无法控制且整张筛网上的张紧力不均匀。与传统的钩边叠层筛网相比，孔板式粘接筛网在制造过程中各层不同目数筛网经过分别的绷紧，从而避免了传统叠层筛网由于没有完全张紧而造成两层筛网互相拍打、互相摩擦以及容易夹砂等问题，防止了筛网的早期损坏，寿命是普通横向绷紧钩边筛网的 3～10 倍。同时，因为孔板式粘接筛网在制造过程中已经根据不同目数筛网给予了不同的预紧力，在筛箱上可以采用楔形块压紧的方式安装，操作简单方便，更换筛网速度快，大大减轻了工人的劳动强度。由于孔板式粘接筛网的寿命较长，固定筛网的压紧装置不像钩边筛网的横向绷紧机构那样经常拆卸，有时连续两三个月也不更换筛网。

孔板式粘接筛网是以薄钢板冲孔后作为“托网”，取代原钩边叠层筛网中用于做托网的粗目筛网，将不同目数的筛网张紧并贴合于孔板上，再用高强度的耐酸碱、抗振动的黏接剂将冲孔钢板和筛网粘接在一起。

近年来国外在直线筛上已较多使用孔板粘接筛网。固定方式仍是横向钩边螺栓绷紧。孔板粘接筛网由三层粘接而成。最下层是 0.5～3 mm 钢板或塑料网格，其上冲满尺寸为 20×30 mm 或 40×50 mm 的长方孔。长方孔之间的鼻梁宽约 5 mm，其结构如图 3.33 所示。塑料网格支撑梁上先粘 60 目筛网作垫层，上面再粘 100～250 目超细筛网。

孔板粘接筛网制造工艺较复杂，成本较高，使用寿命较普通钩边叠层筛网长，损坏少量长方形孔内的筛网后，尚可修补。

图 3.33　孔板粘接筛网

4．框架式粘接筛网

框架式粘接筛网筛网由 4 层结构组成：表层筛布、中间层、支撑层和框架层。高强度的钢框架和支撑架，以及适度张紧的筛网，使整个筛网形成一个可靠的整体，大大增强了筛网抵抗泥浆冲击的能力，从而延长了使用寿命。同样，各层网布的目数不同，准确合理的搭配使筛分效果更为细致，不但能保证足够强度，同时也增大了筛分过程中的有效面积。并且，框架式粘接筛网采用楔块的张紧装置，使筛网的安装更为方便和快捷，节省了筛网更换时间，提高了钻井工作效率。筛布被分为多个独立的网面单元，网面破损后，可用专门配备的橡胶塞来修补破损，继续使用。这种设计不但可防止破损面不断扩张，还可大大提高筛网使用寿命，减少筛网更换次数，降低钻井成本。

图 3.34　框架式粘接筛网

总的来说，孔板式粘接筛网和框架式粘接筛网的产品外形结构有所不同，如有平面形、波浪形等，但共同的特征是由筛分网层（单层超细目网层）、承力网层（单层或双层中、粗网层）与支撑层（如刚性孔板、薄钢板条框、网格条架等）按一定方式粘接而成，并且为防止各网层之间相对运动均将筛网粘接分成若干形状（如正方形、六边形、长方形、棱形等）的网块。在钻井施工过程中，筛分网层能有效地控制钻井液的筛分粒度，保证钻井液固相性能指标稳定，承力网层具有一定的机械强度，能承受因随振动筛振动而产生的钻屑等对筛网的冲击作用，保证叠层筛网具有足够的使用寿命，支撑层通过粘接成形支撑着筛分层和承力层，并由特定机械机构（如钩边机构、压块机构等），使叠层筛网整体与振动筛箱和抬条紧密接触，故使叠层筛网整体与振动筛箱可同步振动，随着筛网工艺和筛分技术的发展，现在油田现场上已经逐渐普及和开始使用孔板及框架式粘接型筛网。

5. 三维波浪型筛网

随着科技的不断发展和创新，为了提高筛网的筛分效果，三维波浪型筛网应运而生，它是板式振动筛网的改进与升级，开始应用于20世纪90年代中期。波浪型筛网是在振动筛结构尺寸不增大，激振器不改变激振力和频率的基础上，综合了普通钩边筛网、孔板式粘接筛网的优点而发展起来的新型筛网。它主要由筛网布、筛板和筛网架三部分组成。筛网布一般由两种或三种不同目数的筛网采用粘接工艺制成波浪型，最上面一层筛网的目数最高，决定了筛网对钻井液的净化精度，下面的两层网的目数依次降低，最下面的粗目数网对上层起支撑作用，筛板是用于粘接筛网布并对其起支撑作用。

这种筛网最大优点在于它打破了传统平板筛网的局限，由于网面呈独特的波浪状，它不仅具有孔板式粘接筛网的使用寿命和净化效果，而且最大程度提高了筛网的过滤面积。因为当钻井液流过筛面时，其中的固相流到波纹的谷底，垂直表面就能为钻井液提供更多的通过面积，所以该筛网与平面筛网相比，流体通过能力更强，在同一规格振动筛上比孔板式粘接筛网和其他平面型筛网对钻井液的处理量要高出 30%～40%。并且，在增大有效过滤面积的同时，波浪式筛网也增加了钻井液在网面上的停留时间，从而达到更好的筛分效果，使过滤后的钻井液更干燥，节约了钻井液使用量，减少了废弃物的排量。三维波浪型筛网从结构特征上也属于粘接式筛网。

图 3.35 三维波浪型筛网工作面

图 3.36 三维波浪型筛网支撑面

3.3.5 筛网的中部支承

筛网的两端有卷筒或张紧梁张紧，但跨距大。当受荷钻井液振动时，筛网将产生很大的挠度，加大了钢丝内应力；同时跨距太大，也不易张紧。为此，在筛网的中部设置若干支承条来支承筛网。通常采用下压式支承和上顶式支承，如图 3.37、图 3.38 所示。

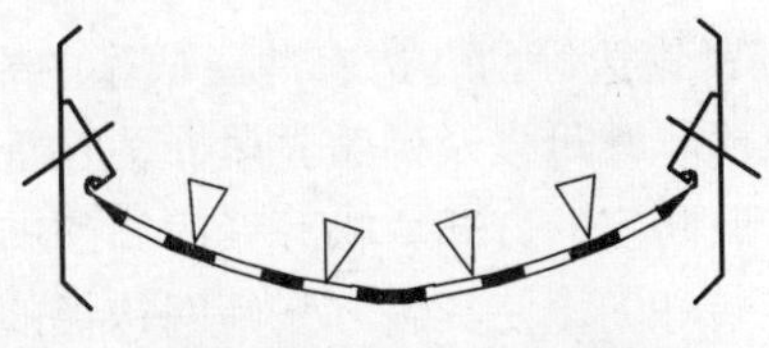

图 3.37　下压式支承条

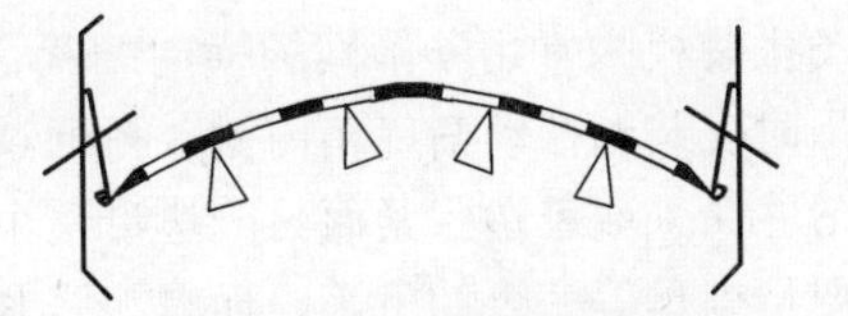

图 3.38　上顶式支承条

(1) 下压式支承。

支承条使筛网呈下凹形状，采用这种支承方式的优点是钻井液被支承条均分成几部分，使各部分筛网受力较为均匀；缺点是筛网负荷钻井液振动时，易于使筛网脱离支承条，出现筛网拍支承条现象。

(2) 上顶式支承。

支承条使筛网呈上凸形状。当钻井液负荷大时，采用支承方式最好。目前，我国生产的很多振动筛都采用了这种支承方式；其缺点是在筛网和支承条上的橡胶条间易夹泥沙，使筛网工作条件恶化，筛网钢丝容易在该处发生断裂，当使用细目筛网时，必须用一粗目筛网作为托网。

3.3.6　筛网的张紧方式

筛网是振动筛的易损件，振动筛的主要消耗成本就是所更换的筛网数量。传统的筛网结构形式主要有横向绷紧的单层或双层钩边筛网以及双卷筒结构纵向绷紧式单层或双层筛网。当振动筛其他部分结构一定时，筛网的张紧方式、紧张程度对筛网的使用寿命有很大的影响。合理的张紧力是减少筛网堵孔的一种有效方法。张紧力适当，将使筛网同支撑梁产生轻微二次振动，从而有效降低堵孔现象发生。筛网的张紧方式依照筛网的结构特点及加工工艺主要有绷紧式、卷紧式、楔形块压紧式。

1．绷紧式

绷紧式筛网是利用预先铆制的钩边来将筛网绷紧的。通常采用的机构有两种：第一种绷紧机构是利用螺栓和绷紧梁将筛网绷紧在筛箱上，如图 3.39 (a) 所示；第二种绷紧机构是借助螺栓和弹簧的反力将筛网绷紧，只要弹簧的压紧力适当，弹簧就能使筛网始终处于适当的绷紧状态，如图 3.39 (b) 所示。

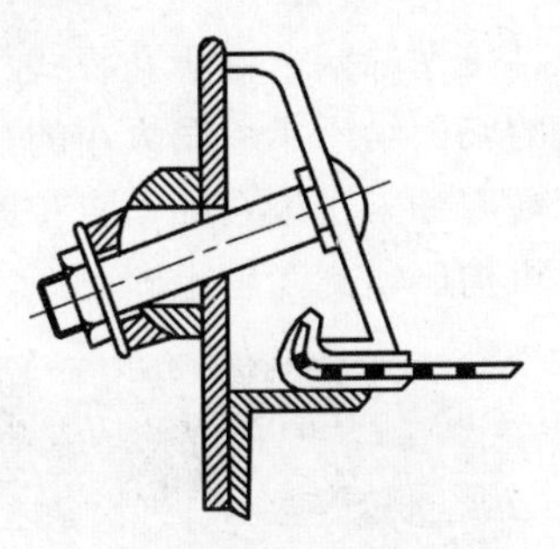

(a) 螺钉张紧机构

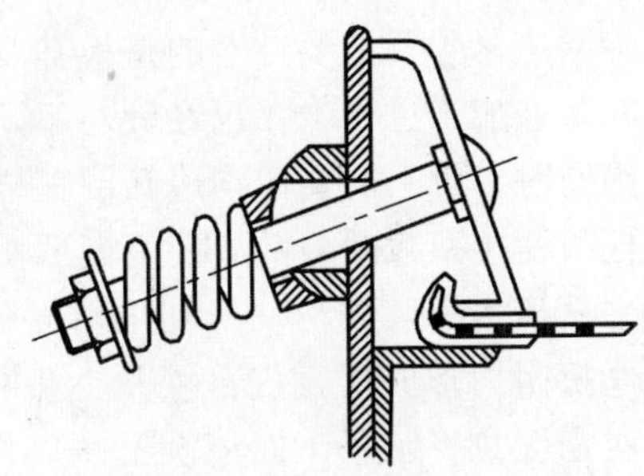

(b) 螺钉弹簧张紧机构

图 3.39　张紧机构

此类张紧机构常用于筛网的横向绷紧，横向绷紧钩边筛网两边有冲压成型的“U”形钩边，使用时安装到振动筛筛箱内侧，再通过特制螺栓、螺母以及弹簧拉紧，为保证整体张紧力的均匀性，采取单边张紧而另一边沿整个长度方向固定的方式。松开紧固筛网的张紧螺栓时，不要将螺母等完全卸下来，而是将张紧螺栓旋转 90°，使其扁方从筛网钩板的长孔中退出，然后拿出筛网钩板，取出筛网。当需要张紧筛网时，使左侧钩板处于铅垂位置，张紧右侧筛网钩板，再将左侧张紧螺栓拧紧。

绷紧式安装及张紧筛网的优点是拆卸和安装时，只需一人在几分钟之内就能完成；缺点是拉紧筛网的八个螺栓的拉力不易做到相等，导致筛网受力不均匀。

2. 卷紧式

卷紧式是利用筛箱两端的卷筒将筛网张紧。该机构的作用主要是锁紧筛网绷紧卷轴，如图 3.40 所示，通过螺栓拉紧卡瓦，从而将卷轴锁紧。需要松开卷轴时，首先松开 M20 螺栓，使弹簧垫完全放松，然后沿螺栓轴线方向敲击 M20 螺栓头，使卡瓦离开卷轴，卷轴便可松开。绷紧筛网时，用撬杠绷紧卷轴，同时将 M20 螺栓（以不锈钢材料制造的螺栓）紧固。需要注意的是每次更换筛网时，应给卡瓦锁紧机构加注黄油，以免卡瓦锁紧机构锈死。

卷筒的固定方式有三种：棘轮机构固定、孔板螺钉和卡瓦固定。前两种为有级固定，会出现筛网不易张紧或是张力过大，会对筛网的使用寿命造成影响，已淘汰。卡瓦固定可使卷筒处于任何位置，易于做到使筛网适度张紧，如图 3.40 所示。

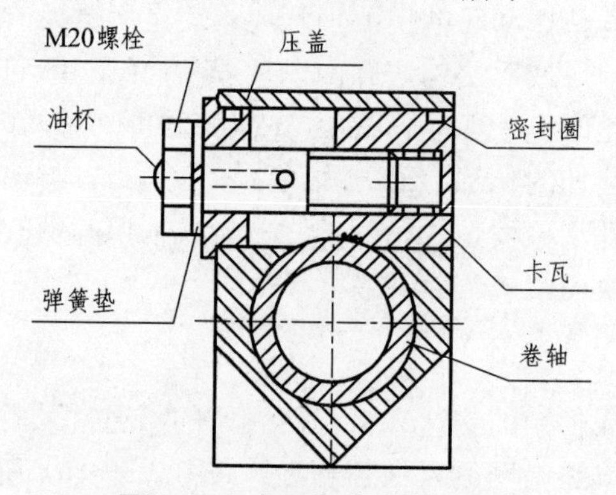

图 3.40　卡瓦绷紧卷筒机构

3. 楔形块压紧式

楔形块压筛网压紧装置主要针对的是板孔及框架粘接型筛网，由于孔板式粘接筛网和框架式粘接筛网在制造加工过程中，已经针对不同目数的筛网给予了不同大小的预紧力，所以在筛箱上固定筛网时，就不需要像钩边筛网那样通过横向绷紧机构在筛箱上拉紧筛网，而仅仅是将板孔或框架粘接型筛网的两边使用楔形块压紧机构压紧到筛箱上即可。其原理是在筛网与筛箱支座之间压入橡胶楔形块，利用斜面和楔形块之间的摩擦阻力形成反行程自锁并将筛网压紧。但换网时需注意将胶条上面清洗干净后将筛网放上，随后将楔块两边同时进行逐渐契紧，开机后若发现有接触不良的声音，应重新检查筛网是否装好。

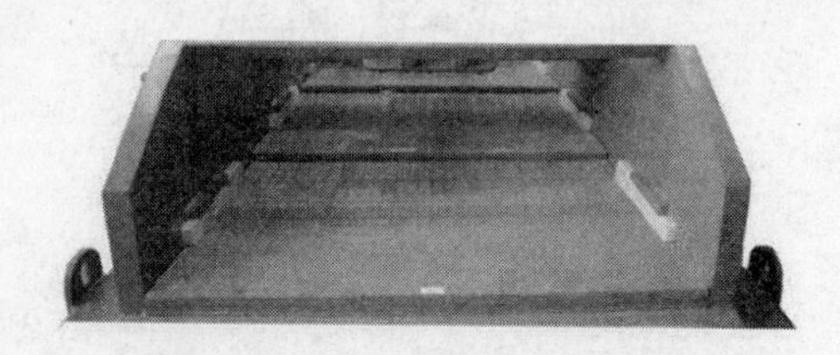

图 3.41　筛网楔形块压紧实例

4. 筛网张紧的目的和原则

由于振动筛是强迫振动筛分设备，松弛的网面将使岩屑颗粒对网面的有效振幅减小，过小的振幅将无法使岩屑跳离筛面，只能随着筛面起伏振动，从而失去振动筛分和运移的作用，由此导致岩屑堆积和筛面负荷加大，进一步加大了筛面的扰度，恶性循环；另外如果筛分过程采用的是机械方式绷紧的叠层筛网，松弛的网面将随着振动过程产生相互摩擦和拍打，而且岩屑颗粒容易夹杂在筛网中间研磨筛孔，最终破坏筛网面。为此，对于软面钩边筛网安装时都要张紧。无论采用哪种张紧方式，张紧过程都要遵循以下几个原则：① 筛网面一定要绷紧、绷平在筛箱的支撑辐条上；② 不同目数的筛网应根据使用说明施加大小不同的绷紧力，注意保证筛网的动、静强度及疲劳强度；③ 筛网整体要受力均匀，并且保证和筛箱支撑辐条之间无相对的运动；④ 叠层筛网要特别注意无相对的滑动。

需要特别指出的是，绷紧过程决不能盲目地加大绷紧力度而不考虑筛网强度问题。另外，由于孔板式筛网、框架式筛网和波浪网在工厂生产加工的过程中，各层之间已经加载了相应的预紧力，所以不需要上述的绷紧过程，只保证平整、牢固地卡装在筛箱上即可。

3.4　钻井液振动筛动力学

钻井液振动筛的发展水平可通过激振器的激振轴个数、动力传递方式以及运动特征来区分。按照激振器的激振轴个数来分，通常分为单轴惯性振动筛和双轴惯性振动筛筛；按照动力传递方式分为双轴强迫同步振动筛和双轴自同步振动筛；按照筛箱振型分有普通椭圆筛、平动圆型振动筛、平动直线筛以及平动椭圆筛。此外，部分学者还提出了多轴自同步激振和变轨迹运动等新型振动模式，但仍在技术攻关，目前并未投入油田服役。

具体来说，当单轴旋转激振器不安装在筛箱的质心时，在筛面排屑端的振型是椭圆形而处于激振器下方的振型是圆形，此类型振动筛称为普通椭圆筛；当单轴旋转激振器安装在筛箱的质心位置，筛箱各点振型是圆形，称为圆型振动筛；如果在筛箱上方或筛箱两侧平行安装两台型号一致、作反向运转的激振器时，如果合力的作用线经过筛箱质心，则称为直线振动筛；如果筛箱上方横向平行安装型号不一样的激振器，并且力心与筛箱质心重合时，筛箱各点将产生平动椭圆运动特征，称为平动椭圆筛。如果将两个型号一致的短振动电机，共面并成成一定角度，且沿筛箱质心对称地安装在筛箱上方或两边，筛箱也将产生平动椭圆运动特征，也称为平动椭圆筛。当然，为了实现平动椭圆的特征，振动电机的安装位置要经过严格的力学计算。

并且，在钻井过程中，使用振动筛的目的是充分地回收钻井液和尽可能多地清除钻屑，这一特定的工艺要求与振动筛的运动特征密切相关。为此必须研究筛面的振动力学问题，以确定合适的筛箱和筛网面运动轨迹，下面首先将对单轴惯性振动筛的振动力学问题进行分析。

3.4.1　单轴惯性振动筛动力学分析

单轴惯性振动筛主要以普通椭圆筛和圆型振动筛为主，现场所使用的单轴惯性振动筛的振动源一般有两种，一种是电机带动偏心轴（轮），如图 3.6、图 3.7、图 3.8 所示；另一种是靠激振器，如图 3.12 所示。前者是激振器安装在筛箱的质心，而后者为自定中心钻井液振动筛，皮带轴孔与几何中心偏移一个单振幅的位移。

1. 质心点动力学模型

单轴惯性振动筛动力学模型如图 3.42 所示。设激振轴安装在离筛箱质心 O 的距离为 l_0 的 Q 点，偏心质量 m 绕 Q 旋转，并产生一离心惯性力，此惯性力使外在弹簧上的筛箱作周期性的振动。为简化研究，忽略次要的摇摆振动及运动阻尼，把振动筛理想为对称平面内的刚体的线性振动。

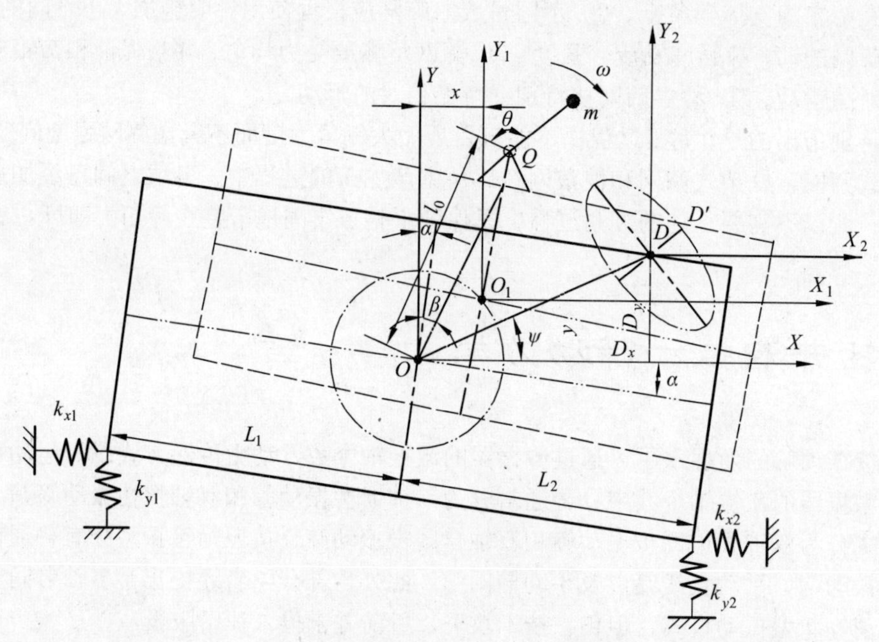

图 3.42 单轴振动筛动力学模型

该系统有三个自由度：刚体在水平和垂直方向上的振动，以及绕质心轴的前后俯仰振动。只要保证减振弹簧的刚度一致并对称于 Y 轴，根据达朗贝原理，可得到三个独立的振动方程，即：

$$\left.\begin{aligned}&(M+m)\ddot{x}+k_x x=me\omega^2\cos(\omega t)\\&(M+m)\ddot{y}+k_y y=me\omega^2\sin(\omega t)\\&J\ddot{\theta}+(L_1^2+L_2^2)k_y\theta=me\omega^2\cos[\omega t+(\alpha+\beta)]\end{aligned}\right\}\tag{3.1}$$

式中 $\ddot{x},\ddot{y}$——分别为筛箱质心 O 在水平和垂直方向的加速度；

x,y——分别为筛箱质心 O 在水平和垂直方向的位移；

θ——筛箱绕质心的角位移；

M——筛箱质量；

m——偏心块质量；

e——偏心块的回转半径；

ω——偏心块转动角速度；

k_x,k_y——筛箱两端支撑弹簧的水平和垂直刚度；

L_1, L_2——两端弹簧支撑点到质心的距离；

J——筛箱绕质心的转动惯量；

l_0——激振器回转中心 Q 到质心 O 的距离；

β——激振器回转中心到筛箱质心连线与筛面的夹角；

α——筛面的安装角。

由于只讨论强迫振动时系统的稳态运动，因此上述微分方程只取特解即可。由方程（3.1）分别解出线位移和角位移方程，即：

$$\left.\begin{aligned} x &= A_x \cos(\omega t) \\ y &= A_y \sin(\omega t) \\ \theta &= A_\theta \cos[\omega t + (\beta + \alpha)] \end{aligned}\right\} \tag{3.2}$$

式中

$$\left.\begin{aligned} A_x &= \frac{me\omega^2}{k_x - (M+m)\omega^2} \\ A_y &= \frac{me\omega^2}{k_y - (M+m)\omega^2} \\ A_\theta &= \frac{me\omega^2 b}{k_\theta (L_1^2 + L_2^2) - J\omega^2} \end{aligned}\right\} \tag{3.3}$$

（3.2）前两式表示筛箱质心的振型，将其平方后相加得到：

$$\frac{x^2}{A_x^2} + \frac{y^2}{A_y^2} = 1 \tag{3.4}$$

当减振弹簧的水平和垂直刚度不等，即 $k_x \neq k_y$ 时，式（3.4）为一标准椭圆方程，即筛箱质心 O 作椭圆运动，若减振弹簧的水平和垂直刚度相等，即 $k_x = k_y$，或者由于振动筛在远离共振区的“惯性区”工作，此时弹簧刚度很小，可忽略不计，则 $A_x = A_y = A$，即式（3.4）变为：

$$x^2 + y^2 = A^2 \tag{3.5}$$

式（3.5）是一圆运动方程，表明质心的振型为圆。式（3.4）、（3.5）是仅仅是振动筛质心的轨迹方程，筛箱其余点的振型还与激振轴的安放位置有关，下面分两种情况讨论：

① 激振器轴心与筛箱质心重合，即 $l_0 = 0$ 时，由式（3.2）得 θ=0，表明此种情况下筛箱不会绕质心作前后仰俯振动，筛箱各点的振型与质心的振型完全相同，即平动，若按式（3.4）作椭圆轨迹运动或按式（3.5）作圆振型运动。对单轴振动筛，要按式（3.4）实现椭圆运动比较困难，所以当激振器回转中心与筛箱质心重合时，这种振动筛都设计成圆型振动筛。

② 激振回转中心与筛箱质心不重合，即 $l_0 \neq 0$，此时激振力及弹簧反力的合力不通过振动筛质心，合力对振动筛质心产生一力矩，将引起筛箱绕质心作程度不同的前后俯仰运动，为此必须导出筛箱上任一点（即非质心点）的振型参数方程。

2．非质心点运动分析

设振动筛的筛箱静止时，筛箱上有任一点 D，D 在静止坐标系中的坐标为（D_x, D_y），以 D

为原点建立固定坐标系 DX_2Y_2。振动筛工作时，D 的位置为 D'，可得 DX_2Y_2 中的运动方程为：

$$\left.\begin{aligned}X_2 &= X \pm \sqrt{D_x^2 + D_y^2}\cos(\psi \mp \theta) - D_x \\ Y_2 &= Y \pm \sqrt{D_y^2 + D_y^2}\cos(\psi \mp \theta) - D_y\end{aligned}\right\} \tag{3.6}$$

式中　D_x, D_y——D 点在 OXY 坐标系中的坐标代数值；

ψ——D 点与质心 O 连线和水平方向的夹角，取正值。

式（3.6）中根号前边的符号分别与 D_x, D_y 的符号相同。θ 前面的符号，当 D' 在 Dx_2y_2 坐标系中的Ⅰ、Ⅲ象限时取负号，在Ⅱ、Ⅳ象限时取正号。式（3.6）是计算筛箱上任一点振型的方程式，对任何一种单轴振动筛都适用。

由式 3.6 可知，非平动椭圆筛的筛网和筛箱的运动轨迹是由安装在筛箱上的激振器激发产生的，筛箱的运动既有椭圆运动也有圆形运动，筛箱上处于激振器下方的点轨迹是圆形，而筛箱两端的点作椭圆运动。图 3.43 就是激振器位于筛箱质心上方时，筛箱上三点的振型。中间的圆是振动筛质心的振型，筛箱两端的振型为椭圆，并且两椭圆的长轴的延长线交于筛网的上方，这种筛型称为非平动椭圆筛，也称普通椭圆筛。在本世纪 30 年代，非平动椭圆筛在油田得以应用，这些机械结构很简单粗糙，通常仅限于 20 目或目数更小的钩边铆制筛网。典型结构是由电动机通过皮带轮来带动激振器旋转，只能通过增加筛网面积来增大处理量，随着筛网技术的发展，这些振动筛可使用 80 目到 100 目的筛网。

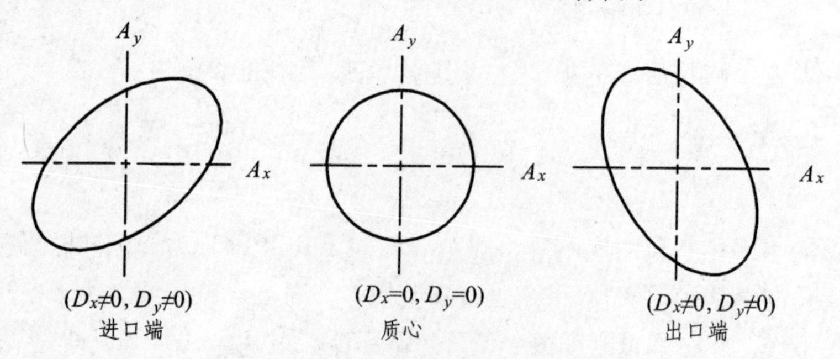

图 3.43　激振器位于筛箱质心上方

图 3.44 是激振器位于筛箱质心处。减振弹簧对称布置并且是软弹簧。这类振动筛筛箱上各点振型为相同的近似圆，各点的振幅、速度和加速度相等，这种筛型称之为圆型振动筛。

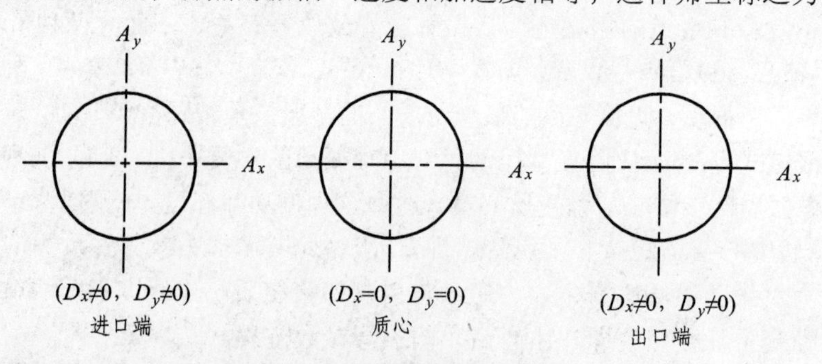

图 3.44　激振器位于筛箱质心

圆型振动筛是在 1963 年提出的，它有一个位于筛箱质心的激振轴，亦称自定中心振动筛。

电动机带动装有偏心质量的同心轴，使整个筛箱产生圆形运动。当筛箱作圆形振动时，筛箱的法向和横向加速度相等，筛箱可以水平安装，筛网上没有堆积现象，相应地可以加大处理量，这一特征同非平动椭圆筛相比已改进了筛网末端的固相颗粒运移效果。

由于圆形振型和筛网技术的限制，该类筛型只能使用 100 目以下的筛网。通常的筛网可采用开口钩制、支承筛网安装结构（分上顶和下压式），上顶式安装的筛网寿命较长但钻井液往往流到筛网的两侧；而下压式支承的钻井液集中于长形支承结构处。由于支承处和筛网之间钻井固相颗粒的堆积作用往往降低了筛网的寿命，为了克服这个问题，可采用支承条安装在橡胶支承块和筛网之间的方式。20 世纪 80 年代中期，一些圆型振动筛安装粘接筛网来提高筛网的寿命和钻井液净化量，目数可达到 150 目。从现场使用来看，圆型振动筛容易堵塞筛眼，有时需要人工清理筛网上的钻屑，因筛网更换频繁，结构复杂等原因给钻井施工带来诸多不便。

图 3.45 是激振器位于筛箱质心，减振弹簧对称布置，但弹簧水平刚度大于垂直刚度。这种振动筛筛箱各点振型是完全相同的椭圆。椭圆长轴与筛面平行，短轴垂直筛面。即其 x 方向的水平振幅 A_x 大于垂直振幅 A_y，水平加速度 a_x 也大于垂直加速度 a_y，此种动力学原理的筛型在油田中并未大量应用。

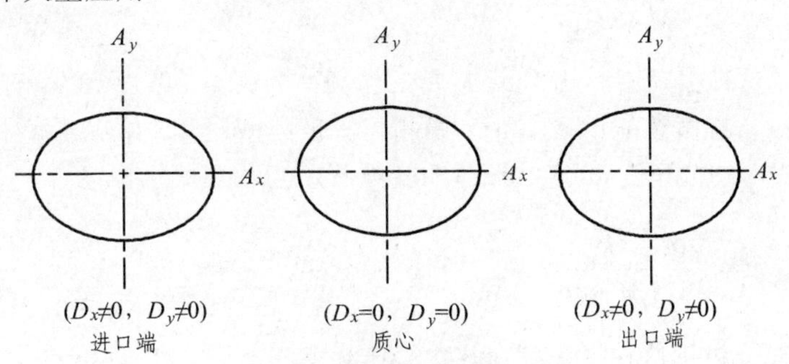

图 3.45　激振器位于筛箱质心

3. 振动筛自振频率与强迫振动频率的关系

任何物体都有反应其自身特性的固有频率，振动筛也不例外。现将式（3.3）作适当变换得到：

$$\left.\begin{aligned}A_x&=\frac{me\omega^2}{\left[\dfrac{k_x}{M+m}-\omega^2\right](M+m)}\\A_y&=\frac{me\omega^2}{\left[\dfrac{k_y}{M+m}-\omega^2\right](M+m)}\\A_\theta&=\frac{me\omega^2 b}{\left[\dfrac{k_y(L_1^2+L_2^2)}{J}-\omega^2\right]\cdot J}\end{aligned}\right\}\tag{3.7}$$

设

$$\left.\begin{aligned}\omega_{x0}&=\sqrt{\frac{k_x}{M+m}}\\ \omega_{y0}&=\sqrt{\frac{k_y}{M+m}}\\ \omega_{\theta0}&=\sqrt{\frac{k_\theta-(L_1^2+L_2^2)}{J}}\end{aligned}\right\}\tag{3.8}$$

$\omega_{x0},\omega_{y0},\omega_{\theta0}$称为参振质量（$M+m$）在水平方向、垂直方向及俯仰振动的固有频率，由于使用弧度表示的，所以又称为圆频率。对筛箱各点作圆运动的振动筛（3.7）可统一为：

$$A=\frac{me\omega^2}{\left[\dfrac{k}{M+m}-\omega^2\right](M+m)}\tag{3.9}$$

而式子（3.8）合并为：

$$\omega_0=\sqrt{\frac{k}{M+m}}\tag{3.10}$$

下面着重讨论这种振动固有频率ω_0与其工作频率的关系。由式(3.9)可得出，当$\omega=\omega_0$，即强迫振动频率ω与自振频率ω_0相等时，筛箱将出现共振，这时弹簧或框体某部分就出现破坏的危险。设共振时的频率为ω_p，共振时的转数n_p，可由下式求出

$$n_p=\frac{30}{\pi}\sqrt{\frac{K}{M+m}}\tag{3.11}$$

下面根据图 3.30 讨论这种振动筛的几种工作状态。

（1）低共振状态$(n<n_p)$。

在这种工作状态下，可以避免振动筛起动和停车时通过共振区，从而能提高弹簧的工作寿命，延长轴承的使用寿命，并能减少筛型的能量消耗。但振动筛在这种工作状态下，弹簧刚度很大，必然使机架及地基承受很大的动负荷。对钻井液振动筛，将使钻井液罐承受很大动负荷而引起振动及噪声。所以钻井用的振动筛目前都不工作在这种状态。

（2）共振状态$(n=n_p)$。

此时，理论上振幅将无限大。由于有阻尼存在，振幅是一个有限值。当阻尼、钻井液性能及处理量改变时，都将引起振幅变化而变得不稳定。这种工作状态在钻井液振动筛上也没有得到应用。

（3）超共振状态$(n>n_p)$。

这种状态又可分为两种情况。

① n稍大n_p，这种状态的优缺点与低共振状态相同。

② $n\gg n_p$即为远离共振区工作状态。由图 3.46 可看出，激振轴的角速度愈高，筛箱的振幅 A 愈平

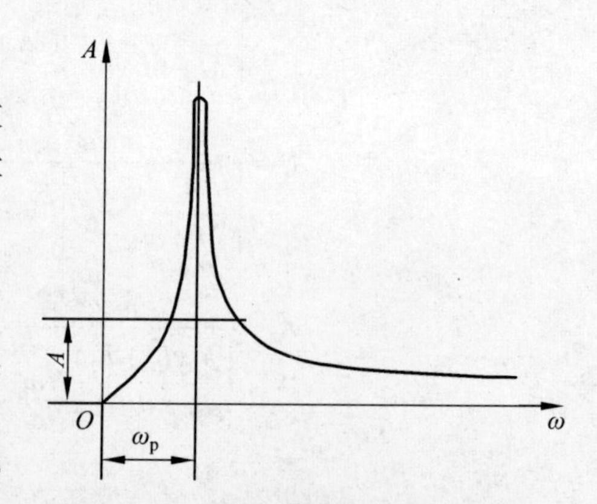

图 3.46 振幅和角速度的关系曲线

稳，也就是振动筛的工作愈稳定。这种振动筛的优点是：弹簧刚度小，传给机座及钻井液罐动负荷小，因而机座及钻井被罐的振动、噪音也小。这是钻井液振动筛普遍采用工作状态。根据振动隔离理论，只要使强迫振动频率 m 大于自振频率 5 倍以上即可得到良好效果。这种工作状态的缺点是筛型在起动和停车时要通过共振区，为此应尽量设法减轻或消除过共振区的影响。

3.4.2　双轴惯性平动直线振动筛动力学

如前所述，单轴惯性振动筛其结构简单，设计制造容易。但其筛分效率相对较低，不能使用超细筛网，跑泥浆现象严重，现场维护困难，筛网使用寿命平均不到 100 小时，远远达不到现代钻井技术的要求，严重影响着钻井的整体效益。因此，20 世纪 80 年代以来，双轴惯性式振动筛取得了很快的发展，其中包括双轴直线振动筛和 20 世纪 90 年代出现的双轴平动椭圆振动筛。其中，按照双轴激振块的同步方式分为强迫联系同步式（见图 3.13）和自动追随同步式（见图 3.15、图 3.17）。强迫联系同步的双轴惯性钻井液直线振动筛是 20 世纪 90 年代早期钻井液固控系统装备的主流筛型，美国、英国、西班牙均有公司生产，国内一些主要生产厂家也在大批量生产钻井液直线振动筛。

1．强迫同步双轴惯性振动筛动力学分析

直线惯性振动筛的动力学分析过程与圆振型振动筛的动力学模型相类似，如图 3.47 所示。直线筛有两个激振轴 O_1,O_2。两轴上的偏心质量 $m_1=m_2=m$。偏心半径也相等，即 $r_1=r_2=r$。初始时刻，m_1 与 O_1,O_2 连线的夹角为 $-\frac{1}{2}\Delta\alpha$，m_2 与 O_1,O_2 连线的夹角为 $+\frac{1}{2}\Delta\alpha$。以参振质量的质心 O 为坐标原点建立固定坐标系 Oxy，工作时，两轴转动方向相反，经过 t 时刻后，两周转过的角度为 ωt。不计系统阻尼，最终可得到振动筛沿 x、y 方向和绕 O 点转动的三个独立方程：

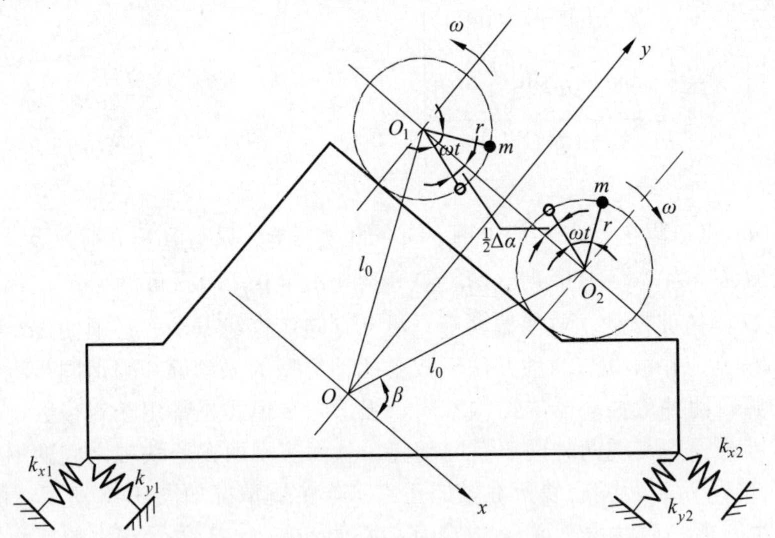

图 3.47　双轴直线振动筛动力学模型

$$
\begin{aligned}
&(M+\Sigma m)\ddot{x}+k_x x=2me\omega^2\sin\omega t\sin\left(\frac{1}{2}\Delta\alpha\right)\\
&(M+\Sigma m)\ddot{y}+k_y y=2me\omega^2\sin\omega t\cos\left(\frac{1}{2}\Delta\alpha\right)\\
&(J+\Sigma J_0)\ddot{\psi}+k_\psi \psi=2me\omega 2l_0\cos(\omega t+\beta)\sin\left(\frac{1}{2}\Delta\alpha\right)
\end{aligned}
\tag{3.12}
$$

式中 $M+\Sigma m$ ——参振质量（包括筛箱和偏心质量）；

$J+\Sigma J_0$ ——参振质量对其质心 O 的转动惯量；

$\ddot{x}$、x、$\ddot{y}$、y、$\ddot{\psi}$、ψ ——y，x 及 ψ 方向的位移和加速度；

k_x、k_y、k_ψ —— x,y,ψ 方向的弹簧刚度；

l_0 —— O_1、O_2 至参振质量质心 O 的距离；

β —— O_1O、O_2O 与 x 轴的夹角；

$\Delta\alpha$ ——相位差角；

上式的稳态解

$$
\left.\begin{aligned}
x&=A_x\sin\omega t\\
y&=A_y\sin\omega t\\
\psi&=A_\psi\cos(\omega t+\beta)
\end{aligned}\right\}
\tag{3.13}
$$

式中 A_x、A_y、A_ψ ——质心 O 在 x、y 方向的振幅和筛箱绕 O 轴俯仰振动的角振幅。

$$
\left.\begin{aligned}
A_x&=\frac{2mr\omega^2\sin\left(\frac{1}{2}\Delta\alpha\right)}{k_x-\left(M+\Sigma m\right)\omega^2}\\
A_y&=\frac{2mr\omega^2\cos\left(\frac{1}{2}\Delta\alpha\right)}{k_y-\left(M+\Sigma m\right)\omega^2}\\
A_\psi&=\frac{2mr\omega^2 l_0\sin\left(\frac{1}{2}\Delta\alpha\right)}{k_\psi-\left(J+\Sigma J_0\right)\omega^2}
\end{aligned}\right\}
\tag{3.14}
$$

由式（3.14）可以得出，当 $\Delta\alpha=0$ 时，$A_x=0, A_\psi=0$，只有 $A_y\neq 0$ 不为零，即筛箱只有沿 y 方向的直线振动。当 $\Delta\alpha=180°$ 时，$A_y=0, A_x\neq 0, A_\psi\neq 0$，即筛箱沿 x 方向作直线运动的同时，还绕质心 O 作俯仰振动，要使振动筛只沿 y 方向作直线振动，必须使 $\Delta\alpha=0$。通常有两种方法可使 $\Delta\alpha=0$，并根据这两种方法形成了两种类型的振动筛：强追同步直线振动筛和自同步直线振动筛。两种激振动器的结构不同，强迫同步模式是都用一对齿数、模数完全相等的齿轮，通过啮合驱动实现两轴同步反向旋转，从而实现两偏心块轴之间的相位差 $\Delta\alpha=0$，如图 3.10 和 3.11 所示，两偏心块所在轴的正常工作位置情况如图 3.48 所示。两偏心块在 2、4 瞬对位置产生的离心惯性力 F 沿 y 方向互相叠加；在 1、3 位置产生的离心惯性力 F 在 x 方向互相抵消，在 y 方向为零。因而在整个运动过程中，形或一个沿 y 方向的往复激振力，使筛型作往复直线运动。

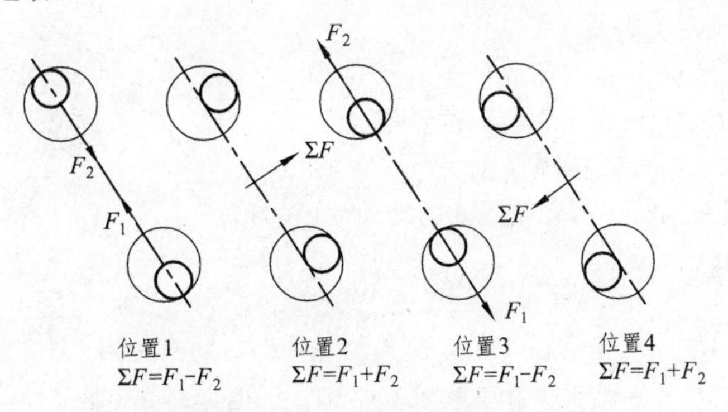

图 3.48　偏心块的瞬时正常工作位置

2. 自同步双轴惯性振动筛动力学分析

目前，国内外已广泛采用无强迫联系的自同步直线振动筛。这种振动筛基于自同步追随原理，采用两个电机分别驱动两根偏心轴，平行安装，合力作用线经过筛箱振动体质心，以获得直线振型。这样就避免了采用齿轮传动将两个激振转子强迫联系起来的作法，使结构大大简化。

图 3.49 就是第一代自同步直线振动激振器的示意图。该类型激振器由两台电动机通过联轴器来驱动两根装有偏心块的激振轴。如系统中两电机特性相同，各支点的刚度和阻尼相等，在启动时又无相位差存在，两偏心块同步反转，即可实现直线振型；但实际上，两台电动机的性能不一定完全相同，启动也不一定在同一瞬时，加之一些其他原因，两激振轴运转时，并不能严格保持图 3.48 所示的相对位置。如第一个偏心块落后于第二个偏心块一个相位角，这时两偏心块产生的离心惯性力将不能按图 3.48 的方式叠加和抵消而产生一个不平衡力，使整个筛箱在支撑弹簧上产生移动和摆动。正是这一移动和摆动，又使两偏心块互相自动追随，直至达到轴向同步旋转为止，这一过程称为自同步过程，鉴于工程的实用性，该自同步过程的详细力学原理推导本书不再赘述，只是给出相关的自同步条件及结论。

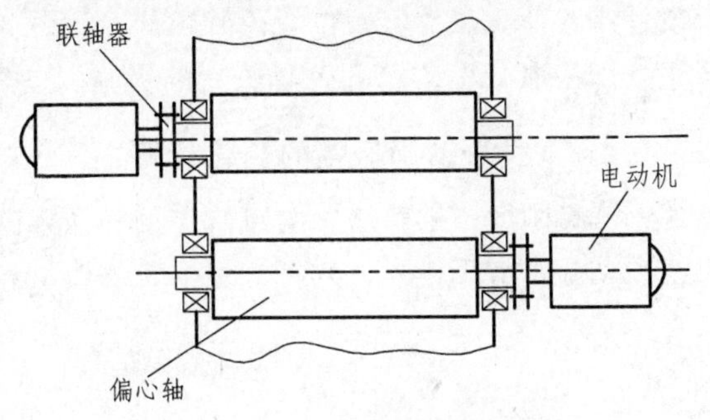

图 3.49　自同步双轴激振器

3. 自同步直线振动筛同步条件

20 世纪 80 年代初，我国石油钻井工业已开始研究自同步直线振动筛。由于国产振动电机性能不够稳定，当时并未投入批量生产，随着防爆型振动电机的大量进口及国内振动电机研究水平的提高，直线自同步激振类型钻井液振动筛在国内、外油田均已大量应用。

其同步性条件为：

$$\left|\frac{m^2\omega^2 r^2}{\Delta M_{\mathrm{g}}-\Delta M_{\mathrm{f}}}\cdot\frac{l_0^2}{J+\Sigma J_0}\right|\geqslant 1 \tag{3.15}$$

式中 m——偏心块质量；

ω——轴的旋转角速度；

r——偏心块质心至回转中心的距离；

l_O——轴心 O_1, O_2 与筛箱质心 O 的距离；

J——筛箱对筛箱质心的转动惯量；

ΣJ_0——两激振偏心块对筛箱质心的转动惯量的和；

$$\Delta M_{\mathrm{g}} = M_{\mathrm{g}_2} - M_{\mathrm{g}_1}，\ \Delta M_{\mathrm{f}} = M_{\mathrm{f}_2} - M_{\mathrm{f}_1}$$

其中 $M_{\mathrm{g}_2}, M_{\mathrm{g}_1}$——电动机 1 和 2 换算至主轴上的输出转矩；

$M_{\mathrm{f}_2}, M_{\mathrm{f}_1}$——轴系 1 和 2 换算至主轴上的摩擦转矩。

可见，选择特性系数接近或相同的同型号电动机驱动、轴承密封采用迷宫密封方式、激振器安装位置离筛箱质心较远布置，采用大偏心质量矩和高转速的激振器等具体措施，都将有助于提高自同步振动筛的同步性。当同步性条件满足之后，能否获得所要求的振型，还应根据稳定性条件加以判别，稳定性条件为：

$$\frac{l_0^2}{J + \Sigma J_0} > 0 \tag{3.16}$$

在满足上述稳定条件的前提下，当 $\Delta\alpha$ 趋近于零时，直线筛的同步运转状态才是稳定的。设计中，使激振器安装位置离筛体质心较远，其目的主要就是使筛体对摆动轴的转动惯量较小，即采取减小 $J + \Sigma J_0$，增大 l_0 的措施以提高其运转的稳定性。

4. 直线振动筛振幅的简化计算

弹簧刚度一般较小，对直线振动筛振幅的影响不大。近似计算时可取弹簧刚度为零。直线振动筛正常工作时，只有 y 方相的运动，其直线振幅可由式（3.14）第二式得，即：

$$A_y = \frac{2mr}{M + \Sigma m} \tag{3.17}$$

按以上计算得结果略微偏大。

5. 自同步直线振动筛激振器安装及调整

自同步直线振动筛随着电机技术和筛网技术的提高，在 20 世纪 80 年代末期得到广泛应用，它可使用 200 目或更细目筛网。随着振动电机技术的发展与成熟，将动力源与振动源结合为一体，也就是在转子轴两端各安装一组可调偏心块，利用轴及偏心块高速旋转产生的离心力得到激振力。并且振动电机的激振力利用率高、能耗小、噪音低、寿命长，激振力可以无级调节。

自同步直线振动筛克服了大部分普通椭圆筛和圆形筛的不利之处，具有更好的固相颗粒运移性能和液相过筛能力，并能使用细目筛网。传统的非平动椭圆筛和圆型振动筛工作时，筛面固相的运移过程没有方向性，甚至向进料口方向运移，不利于卸料，而平动直线振动筛由于筛面各点运动规律都是直线，从而在筛网的各点固相运移方向是一致的。同时，为了达到较好的固相运移量和钻井液处理量，激振系统组装时应同水平成一角度。与筛网成 90°的抛掷角能很容易使固相较好的起跳，当抛掷角为 0°时，固相运移速度快，这时会产生液相运移量不足，而在排砂口的固相含液量较多，因此，大多数的安装角度与水平面大致成 45°。有些振动筛的激振器安装角度还可设计成可调，当与筛面所成角度减小时，比如从 30°到水平 0°时，合成振动力在平行筛网方向的分力会增加，垂直筛网方向的分力会减小；反之，当角度增加时，平行筛网方向的分力会减小，垂直筛网方向的分力会增加。平行筛网方向力越大则固相颗粒沿筛网运移速度也越快；垂直筛网方向分力越大则钻井液过筛量也越大，同时固相在筛网上的滞留时间会增加。大多数生产厂家选用与筛网平面成 45°左右的安装角度，在两个方向上分力大致相等，因为考虑到振动筛必须同时具有良好的液体过筛性能和固相运移性能。

在直线振动筛应用之初，人们曾错误地认为可以不必使用其他固控设备了，然而通过对直线振动筛处理过的固相颗粒粒径分析表明，下级固控设备还是必不可少的，直线振动筛目前还不能代替整个固控流程的其他设备。

3.4.3　双轴惯性平动椭圆振动筛动力学

双轴平动椭圆筛是一种新型振动筛。1992 年，人们提出了平动椭圆的设计理念，第四种类型的振动筛由此产生。双轴平动椭圆振动筛的运动特征是振动筛工作时，筛箱始终平动，筛箱上各点运行轨迹的形状，大小和长短轴倾角是完全相同的椭圆。从激振器的激振原理上分两种，一种类型是双轴不等质量偏心质体（简称不等质径积）同步平动椭圆惯性振动筛，如图 3.19 所示，另一种是双轴等质量偏心质体（简称等质径积）同步平动椭圆惯性振动筛，如图 3.20、图 3.21 所示。前者从激振器同步方式，又可分为强迫同步和自同步两种激振方式，而后者只能采用自同步激振方式。

1．不等质径积平动椭圆振动筛动力学简介

此类型双轴平动椭圆筛和双轴直线振动筛十分相似，仅仅是激振器力学原理不同。通常，直线振动筛两激振轴上的偏心质量和偏心半径都相等，工作时两偏心质量反向同步旋转，而平动椭圆振动筛两轴上的偏心质量和偏心半径都不相等，工作时两偏心质量反向旋转，而且存在相位差。正是由于这两不等偏心质量（及偏心半径）产生的惯性力的叠加而使筛箱作椭圆运动。平动椭圆筛动力学原理如图 3.50 所示。

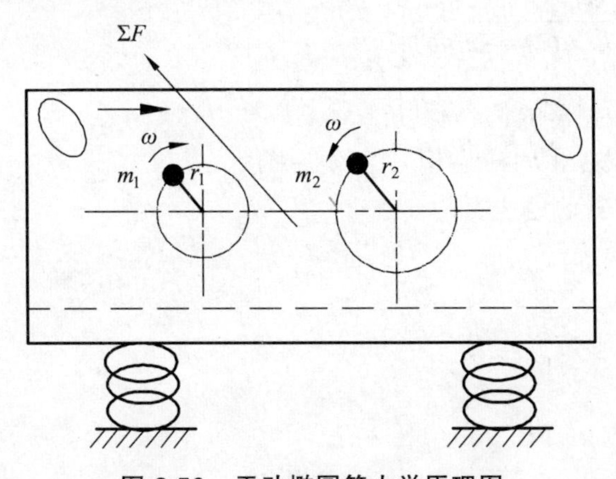

图 3.50　平动椭圆筛力学原理图

如图 3.51 所示，设偏心块 1 产生的激振力为 F_1，偏心块 2 产生的激振力为 F_2，并且 $F_1>F_2$。

设筛箱上有任一点 D，现讨论激振器工作时，D 点的四个典型工作位置与两激振器的关系。

在瞬时 b，两惯性力相加，使筛箱具有最大振幅，D 点运动到 D_1 位置。

在瞬时 c，两惯性力相减，使筛箱具有最小振幅，D 点运动到 D_2 位置。

在瞬时 d，两惯性相加，筛箱具有最大振幅。由于合力方向与瞬时 b 的合力方向相反，所以使 D 点运动到 D_3 位置。

在瞬时 a_y，两惯性力相减，使筛箱具有最小振幅，由于此时合力与瞬时 C 的合力相反，所以 D 点运动到 D_1 位置。

由以上的讨论可知，要使振动筛作椭圆运动，必须使两激振力的大小不等，但仅有这一点还不够，因为此两不等力还有可能引起旋转及俯仰振动。为了使筛箱不作俯仰振动，而只作平动，就必须使筛箱所受的全部外力（主要是两激振力）的主矢经过筛箱的质心。只要满足上述两个条件，就可使筛箱各点作长轴向同一方向倾斜，并且做形状相同的椭圆运动，运动学上称之为均衡或平动。

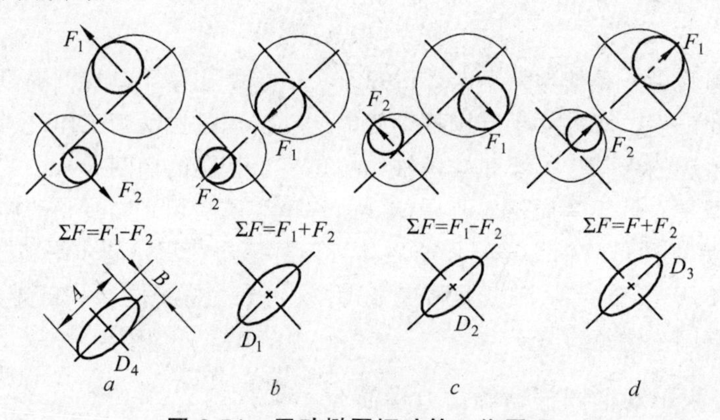

图 3.51 平动椭圆振动筛工作原理

经动力学分析可以得出椭圆的长半轴 A、短半轴 B 可分虽由以下公式计算：

$$\left.\begin{aligned} A &= \frac{(m_1e_1+m_2e_2)\omega^2}{k_x-(M+\Sigma m)\omega^2} \\ B &= \frac{(m_1e_1+m_2e_2)\omega^2}{k_y-(M+\Sigma m)\omega^2} \end{aligned}\right\} \tag{3.18}$$

式中 m_1、m_2——两激振器的偏心质量；

e_1,e_2——两偏心质量 m_1、m_2 相应的偏心半径；

ω——激振轴的转动角速度；

M——筛箱质量；

$\Sigma m = m_1 + m_2$。

因此，该系统的振形方程式为：

$$\frac{x^2}{A^2}+\frac{y^2}{B^2}=1 \tag{3.19}$$

椭圆振形长短轴之比为（忽略弹簧刚度）：

$$\frac{A}{B}=\frac{m_1e_1+m_2e_2}{m_1e_1-m_2e_2} \tag{3.20}$$

对于钻井振动筛，通常取长短轴之比 2∶1～2.5∶1 为宜。

2．等质径积平动椭圆振动筛动力学简介

此类型双轴激振平动椭圆振动筛与双轴激振平动直线筛（短振动电机）在结构上的主要不同点是，前者将两个短振动电机的轴线偏转与筛箱的纵向轴线成 α 角（见图 3.20、图 3.21），而后者的双激振电动机轴线与筛箱的纵向轴线相互平行（见图 3.14、图 3.16）。等质径积平动椭圆振动筛在电动机与筛箱平面夹角的布置上与双激振电动机自同步直线筛相同，激振电动机的纵向轴线与筛箱水平面成 β 角，β 角实际上是直线筛的抛掷角，也是平动椭圆振动筛的抛掷角。

如图 3.52 所示，由于激振电动机的轴线与筛箱纵向轴线成 α 角，因此，激振电动机上的激振力将在横向和垂直向产生合力，而且在筛箱纵向上也产生分力的合力。图中，短振动电机的偏心质量矩为 me，当以 ω 的角速度成反向等速旋转时，筛箱将随着振动。在垂直方向（Y 坐标轴）产生的合力为 $2me\omega 2\cos\omega t$，而在横向（X 坐标轴）的合力为 $2me\omega 2\sin\omega t$。根据达朗伯原理列微分方程并求解出筛箱各点的振型为：

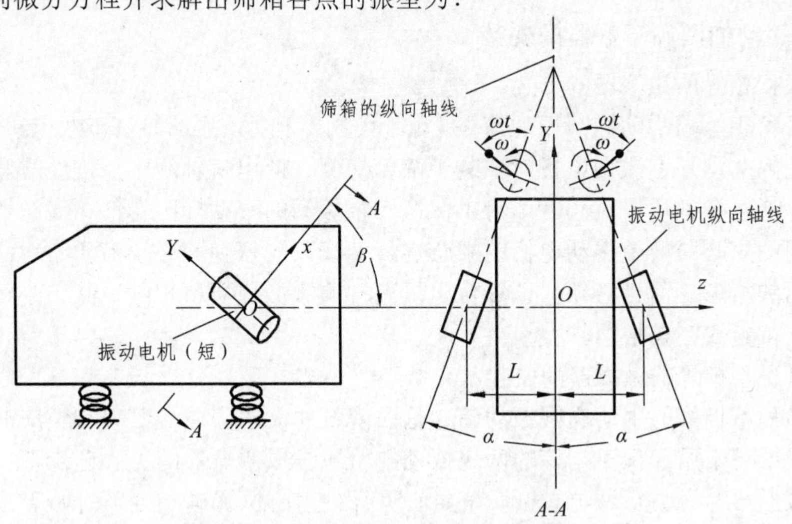

图 3.52　等质径积平动椭圆振动筛结构图

$$\begin{aligned} x&=A\sin\omega t \\ y&=B\cos\omega t \end{aligned} \tag{3.21}$$

$$\begin{aligned} A&=\frac{2me\sin\alpha}{\sum M[(\omega_{xO}/\omega)^2-1]} \\ B&=\frac{2me}{\sum M[(\omega_{yO}/\omega)^2-1]} \end{aligned} \tag{3.22}$$

该系统的振型方程式为：

$$\frac{x^2}{A^2}+\frac{y^2}{B^2}=1 \tag{3.23}$$

其中　A,B ——分别为椭圆的长半轴和短半轴；

ω_{xO},ω_{yO} ——分别为筛箱横振、纵振的固有频率。

x ——筛箱质心的横向位移；

y ——筛箱质心的纵向位移；

$\sum M$ ——包括残真气在内的参振质量；

J ——筛箱绕质心的转动惯量；

m ——偏心块质量；

e ——偏心块的回转半径；

ω ——偏心块转动角速度；

L_1,L_2 ——两端弹簧支撑点到质心的距离，振动电机安装要求 $L_1=L_2=L$；

$$\omega_{xO}=\sqrt{2K_x/M}$$

$$\omega_{yO}=\sqrt{2K_y/M}$$

由式 3.22 A 可知，筛箱平动椭圆轨迹的长半轴随着 α 角的变化而变化；而由式 3.22 B 可知，平动椭圆振动轨迹的短半轴为定值。

3．双轴平动椭圆筛激振器的安装

（1）质径积相等的激振器的安装。

对于质径积相等的平动椭圆振动筛，是源于美国专利。该振动筛基于双电机自同步原理，实现平动椭圆的关键是：激振电机对称装于筛箱两侧，两电机轴线中点连线垂直于振动筛纵向对称面，并通过参振质量质心。即为了保证筛箱振动的平动椭圆特征，激振器安装的时候必须保证筛箱的质心与两个振动电机的中心连线共线且隔振弹簧必须沿质心对称布置，否则将得不到平动的振形。而且必须保证每台电机两端的激振块质量相同、回转半径相同、相位相同、两台电机参数完全相同。

（2）质径积不相等的激振器的安装。

对于质径积不相等的平动椭圆振动筛，是西南石油大学固控科研组和长庆油田合作的技术成果。该成果基于质径积不相等的两个振动电机所组成激振器的力心理论，实现平动椭圆的关键是：激振器的力心必须与参振质量质心重合。力心位置确定可采用如下方法：

图 3.53 中，O_1,O_2 分别为质径积大、小两激振电机回转中心，二者中心距为 a_0，β 为椭圆长轴与筛面所夹的锐角，L 点为力心。大轴的质径积为 m_1e_1，小轴的质径积为 m_2e_2，当 m_1e_1、m_2e_2 都指向同一方向时，该方向即为激振力椭圆的长轴方向，由理论力学可知，这瞬时位置二者产生的离心力的合力必然通过 O_1O_2 上的 A 点，且 $\frac{O_1A}{O_2A}=\frac{m_2e_2}{m_1e_1}$；当两偏心轴转到 m_1e_1、m_2e_2 指向相反时，该方向即是激振力椭圆的短轴方向，该瞬时位置二者产生的离心力的合力必然通过 O_1O_2 上的 B 点，且 $\frac{O_1B}{O_2B}=\frac{m_2e_2}{m_1e_1}$，长轴与短轴的交点 L 就是力心。如果以椭圆长轴方向与筛面成 45° 计算，则以图 3.53 所示力心的坐标位置为：

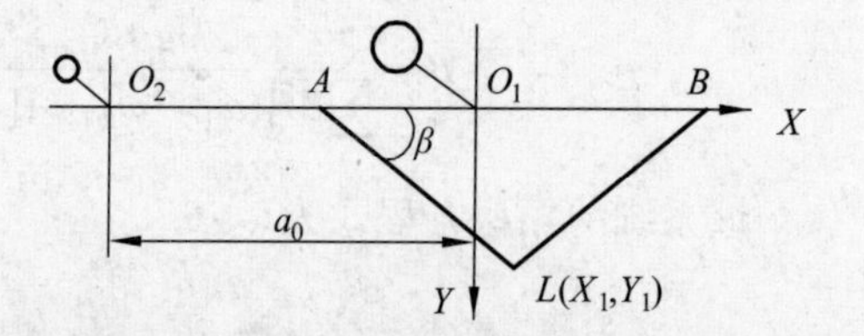

图 3.53　等质径积平动椭圆振动筛结构图

$L\left(-\frac{9}{8}a_0,-\frac{3}{8}a_0\right)$。

综合前面讨论可知，平动椭圆振动筛运动中的椭圆长轴与振动筛筛面的排砂方向一致，并且椭圆度（长轴与短轴之比）与激振器间的角度或平行激振器的质径积比有关。当椭圆度越小，椭圆越圆，固相运移速度就越慢。椭圆度为 3.5 的椭圆，它的固相运移速度比椭圆度 1.7 的椭圆固相运移速度大。一般变化范围为 1.7～3.0，数字越小固相运移速度越小，但筛网寿命越长。

同圆型振动筛和普通椭圆振动筛相比，平动椭圆筛可使用目数更高的筛网。普通椭圆筛和圆形筛运转周期中，随时只有一部分作用力在合适的抛掷角度上进行岩屑颗粒的输送，而平动椭圆筛以与平动直线振动筛以相同的方式连续地迫使岩屑运移到排砂口，并且平动椭圆运动在整个周期内都在正向运移固相颗粒。

3.5　振动筛振型对筛分效果的影响

3.5.1　对筛面振型的要求

钻井工艺对振动筛的基本要求是既要尽可能多地回收钻井液，又要尽可能多地清除有害固相。这就要求：第一，为了提高处理量，回收钻井液，筛面上的面相应尽快排走；第二，为了减少筛网的磨损，固相颗粒在筛面上最好不作滑移运动；第三，卡在网眼中的临界颗粒应容易通过筛网孔或跳离筛面。为了满足上述要求，振动筛应使固相颗粒在筛面上作抛掷运动，但颗粒沿筛面法向加速度不需过大，因为过大的筛面法向加速度会增加颗粒下落时对筛网的冲击，使部分岩屑颗粒团被粉碎，增加透筛率，不便于回收液相。所以只要使颗粒能克服它与钻井液之间的黏附力、摩擦力和表面张力，保证钻井液能顺利透过筛网即可。同时，固相颗粒在筛网上停留的时间越短、跳动次数越少，其透筛的概率就越小。

3.5.2　筛面典型的振型

1. 普通椭圆振型

该型筛由于是在筛箱质心的正上方固定有激振器，并且进出口各点轨迹都是椭圆，但椭圆的长轴延长线在筛网上方相交如图 3.1、图 3.54 所示。由于横向振幅大于法向振幅以及两振幅之比值大于圆振型的比值，所以它的平均输送速度大于圆振型的振动筛。此种筛在进口处砂粒移动良好，但由于在筛面出口处椭圆轨迹的长轴向筛内倾斜，使钻屑的运动速度不仅减慢，而且难于跳出筛面，甚至出现钻屑堆积现象，钻屑堆积增加了钻屑的透筛机会，使钻井液中固相含量增加，如果将筛面加长，还会出现倒流，影响了钻井液的处理效果。因此，它要求筛箱倾斜一个角度，利用重力强行排砂，以免砂粒有朝后抛掷的倾向，虽然筛箱倾斜确实改善了砂粒的移动性能，但振动筛处理钻井液的量减少了，这正是非平动椭圆筛的主要缺点。

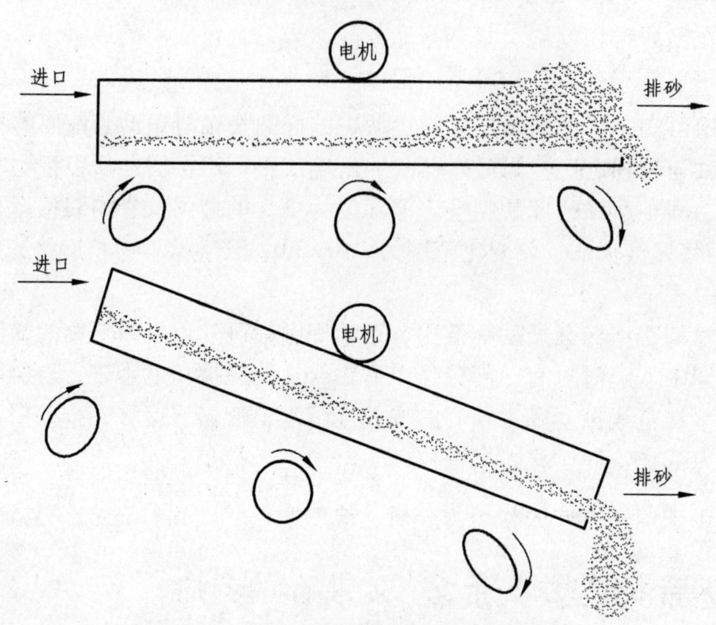

图 3.54 普通椭圆筛对输送固相的影响

2. 圆形振型

由于激振器安装位置在筛箱质心，激振力及弹簧反力的合力通过筛箱质心，所以筛箱各点振型为近似圆，如图 3.55 所示。这类振动筛的法向和横向振幅相等。筛面可以水平安装，钻屑在筛面上没有堆积现象，从而可以加大处理量。但这种振动筛的抛掷角是筛型加速度的函数。当法向加速度为 3～6 倍重力加速度时，固相颗粒抛掷角达 70°～80°。这样大的抛掷角使得钻屑在下落时惯性大、易粉碎，且输砂速度较大，相应地增大了砂粒的透筛率，对钻井液的净化不利。此外，由于钻屑主要是被抛向上方，而向输送方向抛掷的距离短，因此其输砂速度慢。从这一点上说，其处理量的提高又受到限制。

但圆型振动筛可安装多层筛网，目数小的粗目筛网安装在上面用于分离较大的钻屑，它减少了底层筛网的工作量，这种结构使 80 目～100 目的筛网在实际中得以运用。又由于 20 世纪 70 年代开始使用回流槽技术，使钻井液能直接接触进料端的底层筛网，它充分利用底层筛网表面达到更大的处理量，跑浆现象随之减少，现在国外一些多层筛型的上层筛面轨迹还在利用圆振型来粗目筛分。

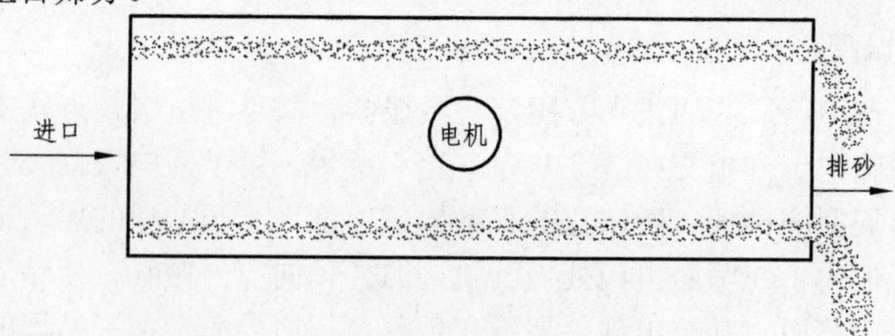

图 3.55 圆运动振动筛均匀地输送钻屑

3. 平动直线振型

筛箱各点作直线运动的振动筛，其筛面也可水平安装，筛面有相当高的固相颗粒输送速度，筛面上不存在钻屑堆积问题。只要振动方向适当，也可加大处理量，这种方法在国内外得到广泛应用，这也是一种较好的振型。但如果振动方向角（指直线运动方向与水平面的夹角）太大，则振动筛的法向加速度，钻屑被抛得太高，落下时也易被粉碎，增加透筛率。此外，由于直线筛作直线运动，加速度矢量只作用在一个方向上，对于塞在筛孔内的固相颗粒，存在着抛掷死区（即加速度矢量为零的方向），塞在筛孔内的临界尺寸颗粒难于被从孔内抛出或透过网孔，因此，网孔被堵塞的危险性很大，这对净化钻井液也是不利的。

4．平动椭圆振型

平动椭圆振动筛结合了圆型振动筛和直线振动筛的基本优点。由于椭圆长轴倾斜于振动筛排出口方向，各点运动规律完全相同，而该种振型横向振幅大于垂直振幅，椭圆的“长轴”是强化排除钻屑的分量，“短轴”是促进钻井液透筛的分量，所以用于固液分离时，不仅可以提高岩屑在筛面上的输送速度，还可减小固相颗粒在筛面上的停留时间，也就减小了钻屑的透筛率。也正是由于短轴方向的作用力分量，迫使塞在筛网孔里面的临界颗粒从筛孔内跳出来或通过筛孔，这就大大地减少了网孔被堵塞的危险。有数据表明，在工况基本相同的条件下，平动椭圆振动筛的钻井液处理量比直线振动筛大 20%～30%，其排屑速度比直线振动筛的优越性更为突出。而且，由于平动椭圆筛上各点振动加速度矢量的方向是由周期性变化的，不存在死角，较直线更易于把卡在筛孔中的固相颗粒抛出，不易形成“筛糊”和“筛堵”现象。因此该种振型有利于提高处理量，提高筛分效果，并减小钻屑对筛网的磨损，它特别适合于使用细筛网来筛除细小颗粒。其中平动直线型、圆型和平动椭圆型三种振动筛，作用在卡入筛孔中颗粒的加速度矢量示意图如图 3.56 所示。

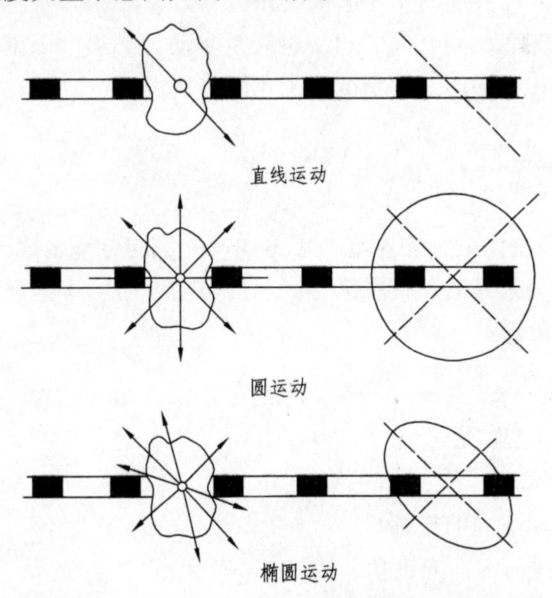

图 3.56 作用在卡入筛孔中颗粒的加速度矢量

综上所述，当振动筛频率一定时，有适当的法向振幅和较大的横向振幅对钻井液振动筛是适宜的，根据这一要求，前面所讨论的诸多筛型中，普通单轴钻井振动筛性能最差，圆振型钻井筛性能虽有所改善，但由于抛掷角过大，目前已基本淘汰。采用双电机自同步技术的自同步平动直线振动筛和自同步平动椭圆振动筛已成为目前石油钻采行业的主流筛型。

3.6 钻井液振动筛的主要工作参数

如前所述，现代化的钻井工艺对钻井液振动筛的基本要求不仅要有较大的处理量，快速回收钻井液，还要有较大的颗粒运移速度，有利于固液分离、排除岩屑，这些也是合理选择钻井振动筛参数的基本出发点。除筛箱的振型对筛分效果有着直接的影响外，振动筛的其他动力学指标也关系着筛分的处理量及性能，合适的动力学指标是振动筛工作效能发挥最佳的保证。

3.6.1 抛掷指数 D

抛掷指数 D 表示筛面法向施加于钻屑的驱动力与该方向上钻屑重力的比值。即：

$$D=\frac{m\omega^2 A_y}{mg\cos\alpha} \tag{3.24}$$

式中 m——钻屑颗粒的质量；

ω——激振轴角速度；

A_y——筛面法向振幅；

g——重力加速度；

α——筛面倾角（即筛面与水平面的夹角）。

若要使钻屑能抛离筛面，则必须 $D>1$，也就是驱动力必须大于重力。同时抛掷指数还确定了钻屑颗粒被抛起后在空中的运动情况，上式简化后得：

$$D=\frac{A_y\omega^2}{g\cos\alpha} \tag{3.25}$$

式（3.25）表示筛面法向最大加速度与重力加速度法向分量之比，综合了振动筛的振幅、激振频率和筛面倾角的关系。对于直线筛还应包括振动方向角 δ。D 的大小影响着钻屑输送速度、透筛量和钻井液处理量。

对直线筛，有：

$$D_{直}=\frac{A_1\omega^2\sin\delta}{g\cos\alpha} \tag{3.26}$$

式中 A_1——筛箱沿振动方向的振幅；

δ——振动方向线与筛面的夹角。

当振动筛筛面倾角 $\alpha=0$ 时，抛掷指数 D 在数值上等于以 g 为单位的法向加速度。以上两式都是对干颗粒的受力分析提出的。对湿颗粒，由于湿颗粒被抛掷时，钻屑湿颗粒除受到筛面驱动力、重力外，还要受到钻井液的黏性力、液体的表面张力作用，因此对湿钻屑的抛掷指数变为：

$$D'=D/K_2 \tag{3.27}$$

式中　K_2 ——大于 1 的修正系数。

K_2 与钻井液的动切应力、表面张力、塑性黏度、颗粒尺寸及颗粒密度有关。钻井液的动切应力越大、塑性黏度越大，K_2 也越大，表示钻屑颗粒起跳越困难。

钻屑尺寸及密度越小，则 K_2 越大，表示钻屑起跳也越困难。其中钻屑尺寸对 K_2 的影响更大，这表明细小颗粒的起跳非常困难。而小于 0.5 mm 的湿钻屑颗粒根本不能起跳。它们要被输送走，必须结成团块或依附于大颗粒。由式（3.27）可知，当 $D' < D$ 时，由于 D' 考虑了钻井液性能及钻屑本身物理性质的影响，更接近实际情况，因此可称 D' 为实际抛掷指数，而 D 主要用于筛型设计时的控制指标。

若抛掷指数过大，则钻屑和已结团的颗粒易粉碎，增加了钻屑的透筛率。同时，若 D 过大，对振动筛的机械强度要求高，必然会缩短振动筛的使用寿命。钻井筛选择适当的抛掷指数，保证颗粒在筛面上作抛掷运动，是提高颗粒运移速度和筛分效果的重要因素。由前面的分析可知，钻井液的塑性黏度、动切应力、表面张力和颗粒（或颗粒团）的尺寸、形状都直接影响着筛面颗粒起跳的难易程度，一般钻井液的塑性黏度、动切应力和表面张力愈大，颗粒尺寸愈小，愈要求振动筛有较高的名义抛掷指数。现用钻井振动筛抛掷指数都在 5g 以上，为了使钻屑颗粒容易从钻井液中分离出来，以便尽可能多回收钻井液，同时对钻屑颗粒又有较大的输送速度，设计时参数 D 应取 5～7g 为宜。

3.6.2　筛面倾角 α_0

增大筛面倾角可以有效地提高排屑速度，但同时也会使处理量下降，如倾角过大可能导致钻井液流失。因此，筛面倾角应保证钻井液在筛面上的终止线位于筛面有效长度的 2/3 或 3/4 处，一般取 $\alpha_0 = -3° \sim +7°$。

无论是直线筛还是椭圆筛，其筛箱倾斜角度一般都设计成可以调整的，可调整角度在 −7°～7°之间，有液压调整和螺旋升降调整两种方式。当筛箱角度调整到与水平面成＋5°时，会保证待处理钻井液在筛面上的滞留时间，但不利于提高振动筛的处理效果，同时在振动筛筛面的末端会形成液相区，该液相的正向压力会导致液相和固相透过细目筛网。有时，筛箱的倾角也调整为向下倾斜，这在钻进黏土地层的时候较为有效。筛面上待分离钻井液的运动实际上是机械振动和液相流动综合作用的结果，当直线振动筛安装细目筛网时，经常要求筛面向上倾斜调整而防止跑浆。筛网越细，钻井液能分离的钻屑颗粒越小，同时还能提高下游固控分离设备如除砂器和除泥器的效率。但如果筛网向上倾斜太多时，固相颗粒在筛面上会相互研磨，引起固相颗粒破碎，虽增加了过筛能力，但会引起钻井液中的固相含量增加而不是减少。平动椭圆振动筛，在出砂口处向下倾斜时，可有效排除黏性固相颗粒。

3.6.3　振幅和激振频率

筛箱的振幅是影响固相清除的因素之一。为了使固液分离，更好地回收钻井液，应使被抛起的带钻井液的钻屑落筛时有较大的相对速度，为此要求振动筛有大的振幅才能使带液钻屑抛得更高、更远。从式（3.25）、（3.26）可知，当抛掷指数不变的情况下，激振频率越低，则法向振幅越大，因而净化高黏度的钻井液振动筛通常宜采用低频大振幅。图 3.57 的实验曲线还表明，当抛掷指数一定时，法向振幅 A_y 与激振转数的比值（A_y/n）越大，筛面对钻屑的输送速度也越大，这也是发展低频大振幅振动筛的原因之一。

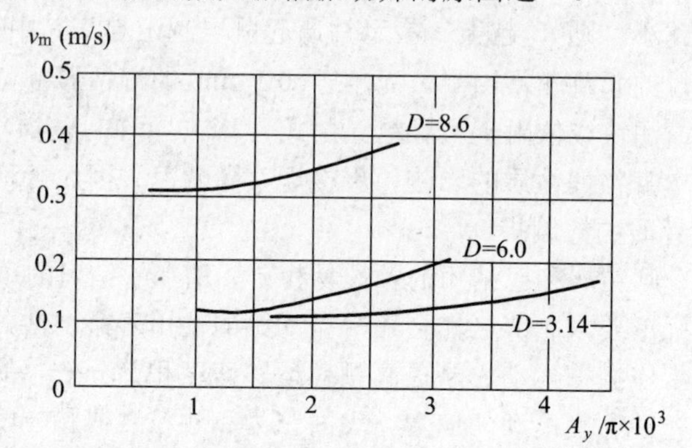

图 3.57　输送钻屑速度与垂直振幅的关系

应该指出，不应追求过大的抛掷指数和大振幅，前面已作说明。为了有更高的输送钻屑的速度，在保证适当法向加速度的同时，应提高水平方向的加速度及振幅。实验也证明提高水平加速度及振幅，可以提高振动筛处理量及筛分效率。综合考虑振幅、激振频率对处理量和排屑速度的影响，建议钻井振动筛采用较大的振幅和较低的频率，一般振幅取 4 ~ 8 mm，激振频率推荐取 1 000 ~ 1 500 r/min。而且还要指出，由于石油钻井的工作环境和工作条件十分复杂，对钻井振动筛性能的要求也是经常变化的。例如同一口井，在不同井段，由于对钻井液性能要求不同，钻井措施不同，对钻井振动筛的要求也不同。因此，现代钻井筛的主要参数如振幅、激振频率、筛面倾角等，一般都要求在钻井过程中，可以方便地进行调节。

3.6.4　振动筛的筛除效率

筛除效率是振动筛的另一个性能指标。筛除的固相越多，效率越高，越有利于保持钻井液的性能。筛除效率有两种；总筛除效率及临界筛除效率。

振动筛的总筛除效率定义为

$$\eta_{临} = \frac{W_{入} - W_{出}}{W} 100\% = \frac{W_{除}}{W_{入}} \tag{3.28}$$

式中　$W_{入}$ ——流入振动筛中的固相重量流量，N/min；

$W_{出}$ ——透筛钻井液中的固相重量流量，N/min；

$W_{除}$ ——被筛除的固相重量流量，N/min。

总的筛除效率主要取决于钻进速度、钻屑粒度分布及筛网孔尺寸等因素。如果筛网已经算定，大于筛网孔尺寸的固相颗粒将完全筛除。对这些尺寸的固相颗粒来说，筛除效率为 100%，除非筛网已经破损而未更换。那些粒度远远小于网孔尺寸的固相颗粒，除少数黏附于大颗粒上或形成结团颗粒者外，几乎完全透筛，其筛除效率接近零。而对于那些粒度为筛网孔尺寸（0.75～1.25）倍的所谓临界颗粒，能被振动筛筛除多少，则与筛型本身的动力特性有关。因此，临界粒度筛除效率可反映筛型本身的固有特性。临界粒度筛除效率定义为：

$$\eta_{临} = \frac{R_{除}W_{除}}{R_{入}W_{入}} \times 100\% \qquad (3.29)$$

式中　$W_{入}$——流入振动筛中的固相总重量流量，N/min；

$W_{除}$——被筛除的固相总重量流量，N/min；

$R_{入}$——流入筛子的固相总重量流量中，临界粒度固相所占的比例；

$R_{除}$——被筛除的固相总重量流量中，临界粒度固相所占的比例。

例如，已知已知 $W_{入} = 5\ \text{N/min}$，$W_{除} = 1\ \text{N/min}$，$R_{入} = 0.2$，$R_{除} = 0.05$。则：

$$\eta_{临} = \frac{0.05 \times 1}{0.2 \times 5} \times 100\% = 5\%$$

不管使用目数为多大的筛网，总是希望 $\eta_{总}$ 和 $\eta_{临}$ 尽可能大一些。

3.6.5　钻井液振动筛的处理量

钻井液振动筛的处理量是衡量振动筛使用性能的一个重要指标。由于受振动筛筛分的动态参数和钻井液的物理特征等多种因素的综合影响，目前尚无通用理论计算公式。国外曾有资料介绍通过实验在特定条件下得出的经验公式，但因受某些条件的限制，普遍应用也有困难，因此，振动筛的处理通常都是实验得出的。生产厂家的说明书中绘出的处理量是指在某种条件下的最大处理量，有的在说明书中附有振动筛处理量实验曲线可供使用者参考。

国内外实验研究都证明，钻井振动筛的处理量随振幅、激振频率的增加而增加，随筛面的倾角增加而下降，但这三个因素影响的程度是不同的，振幅影响最大，筛面倾角次之，频率影响最小。同时，钻井液的性能，特别是塑性黏度对处理量有很大影响，在其他条件不变的情况下，随钻井液塑性黏度的提高，处理量将明显下降。据统计，黏度提高 10%，处理量将下降 2%。由淹没和湿颗粒抛掷指数的分析可知，由于钻井液的塑性黏度和动切应力的存在，大大增加了颗粒起跳的阻力，降低了颗粒运移速度。钻井液中固相颗粒的形状、尺寸、固相含量和粒度分布，也直接影响着处理量和排屑速度，特别是尺寸接近筛孔的颗粒，容易嵌入筛孔，形成堵筛现象，使处理量大幅度降低，同时可能会由于液相过筛不及时，增加泥浆层厚度，使颗粒更难于起跳，降低了排屑速度。但上述两方面因素都是由钻井工艺和条件确定的，是不可调的。

3.6.6　筛糊、筛堵现象

筛糊和筛堵现象由于使网孔有效流通面积减小，将使振动筛的处理量下降，容易导致钻井液的流失。另外，处理高黏度钻井液时，筛网的钢丝上易黏糊钻井液，使网孔面积逐渐变小，甚至完全糊住，这种现象称为筛糊如图 3.58 所示。由于网孔尺寸减小，可以分离出更多的小颗粒。例如，我国 40×40 目的筛网，未被筛糊时，可分离出 440 μm 以上的颗粒。筛糊后，可能分离出 220 μm 以上的颗粒。振动筛工作时，临界颗粒可能楔在网孔上面造成堵塞，这种现象称为筛堵，如图 3.59 所示。

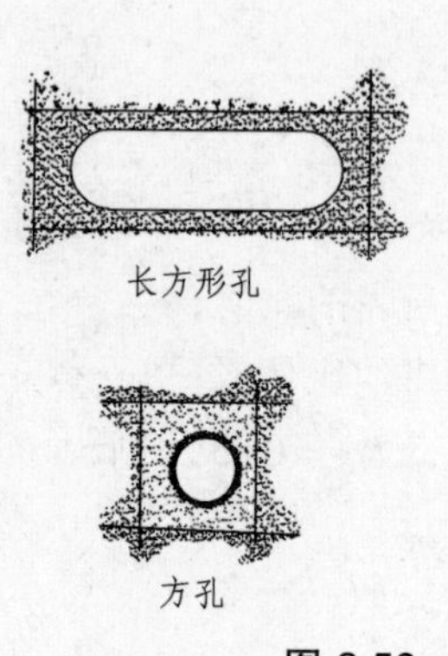

图 3.58　筛糊

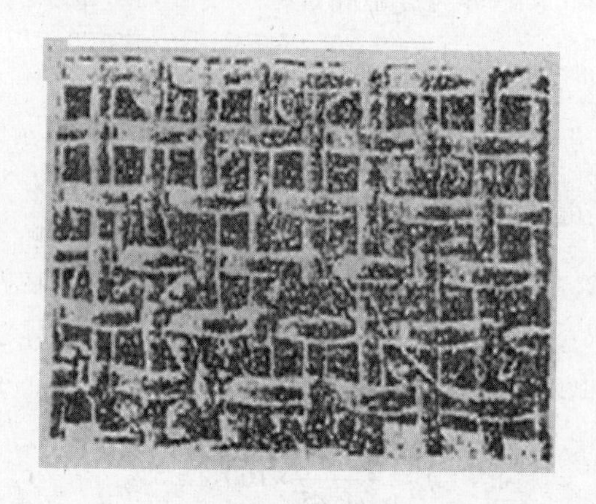

图 3.59　筛堵

除钻屑和黏土造成筛糊和筛堵外，残留在筛网上的钻井液干涸时，钻井液中的可溶性矿物（如食盐、硬石膏、某些碳酸盐等）会析出而黏在钢丝上，也会使网孔变小，甚至堵塞。另外，钻井液中的油脂（如丝扣油等）也会黏糊在筛网上。当发生筛糊和筛堵时，应及时喷水冲洗或更换筛网。特别是在振动筛停止工作前，一边振动，一边喷水（或喷气），不仅利于清洁筛面，保持网孔畅通，还同时去掉了糊住的钻井液，还可减轻筛网负荷。

3.7　钻井液振动筛发展现状及水平

现代钻井液振动筛的特征是高激振力、平动、细目、多层筛网、大处理量，并向着节能环保型发展，致力于低能耗、低噪声，主要体现在以下几个方面：(1) 开发 200 目以上超细、高强度、大处理面积的筛网；(2) 筛箱振动形式多样化、组合化、可随时调整；(3) 尽量减少或免维护，更换及夹紧筛网或调整筛面倾角等部件液压或气动化；(4) 发展集除砂器、除泥器于一体的多功能振动筛；(5) 开始与钻井液数据的自动化采集、监测处理系统配套使用。

3.7.1　国外钻井液振动筛的发展

目前，国外钻井液振动筛以美国产品最多，在生产加工、配套选型、使用和维护等方面都具有很高的水平，以良好的综合机械性能在钻井液振动筛的应用中处于领先地位。国外振动筛主要是 DERRICK、BRANDT、SWACO 等公司的产品。

国外近几年对振动筛做出了许多改进型的研究，其特点主要表现为：采用可调筛网坡度的筛箱支座，可分段式、多角度排列安装筛网，尽可能增大筛网处理量和处理效率；采用机械压制法制造多层叠加筛网，特别三维波浪形筛网技术可使筛网面积比平板网增加 50%～125%；采用 200 目以上超细筛网；采用防爆型振动电机作为激振器，全封闭轴承润滑系统，惯性激振力是常规激振器的 1.5～1.7 倍。典型代表筛型的工作性能见表 3.3：

表3.3 国外公司代表筛型的结构特点及参数

厂家	型号	结构型式	振动型式	筛网面积/m²	筛网类型	可调性	外形尺寸（长×宽×高）/m
SWACO	BEM-650	双层	平动椭圆	上网1.0，下网2.0	预张紧复合筛网	+5°～-3°	2.45×2.06×1.68
	MEERKAT	单层	椭圆/直线组合	1.5	预张紧复合筛网	+3°～-3°	2.45×1.75×1.30
DERRICK	DP 626	双层	平动直线	3.82	波浪网	+1°～+7°	3.20×1.90×1.87
	FLC-2000	单层	平动直线	2.97	波浪网	-1°～+5°	2.81×1.84×1.61
Brandt	LCM-2D	双层	直线	上网2.09，下网3.13	预张紧复合筛网	+5°～-3°	3.03×2.03×2.26
	VSM-300	双层	平动椭圆	上网1.9，主网2.4，干燥网0.3	预张紧复合筛网	上网0°，主网+7°，干燥网+7°	2.75×1.87×1.51

1. SWACO公司BEM-650型振动筛

BEM-650型振动筛是SWACO公司的第三代平动椭圆振动筛，测试表明，与其他类型的振动筛相比，能够保持合适的运动轨迹，具有更好的排屑能力，同时能够提高钻井液的回收率，减少筛网的磨损。除此之外，还具有占地面积小，全不锈钢结构，双层筛框设计，配有自动筛面坡度调整装置，采用可分离的进液槽、气动筛网锁紧等机构。因此BEM-650型振动筛结构紧凑，寿命长，具有更好的固相去除方式，更大的处理量，更快和更安全的筛网更换方法以及钻井液回收更有效等优点。

2. SWACO公司MEERKAT型振动筛

MEERKAT型振动筛属于双轨迹振动筛，是SWACO公司在模块化设计、集成化设计、通用化设计的最新研究成果。它通过结合平动椭圆技术和直线运动技术创造性地生产出了双运动轨迹振动筛，即在一个振动筛上可以形成直线运动和平动椭圆运动。MEERKAT型振动筛的设计背景是在快速钻进表面地层时会产生大量的固相，在这些地层段钻井，振动筛需要形成大抛掷指数来有效地清除固相。当钻进至岩石层时，MONGOOSE型振动筛可以在不停机的情况下，当操作电控箱上的转换开关时，振动筛就由直线运动改变成平动椭圆运动。在平动椭圆运动轨迹中，由于减少了抛掷指数并延长了固相在筛面驻留时间，使排出的固相更加干燥，提高了钻井液的回收率，延长筛网寿命并减少操作费用。

双运动的功能和特殊配置，使MEERKAT型振动筛适应于任何陆地、海洋钻井条件。筛箱上有2个功率为1.9 kW的振动器产生直线运动轨迹，1个0.45 kW的小振动器在质心处产生圆运动轨迹。如果停止小振动器转动，则振动筛为直线运动。如果3个振动器同时转动，则为平动椭圆运动。平动椭圆运动时将减小抛掷指数，其直线振型最大抛掷指数为5.7，具有最优化的固相去除方式和最大的钻井液回收率并可以延长筛网寿命。而直线运动可增大抛掷指数，其最大抛掷指数为6.9，具有提高固相传输速度并能够处理厚重的固相。

3. DERRICK公司 DP-600型系列振动筛

Dual Pool 600 系列振动筛属于自同步平动直线筛，是DERRICK公司最新钻井液振动筛技术成果，模块化设计的 DP-600 系列筛型采用了许多新型前沿专利技术，以适应甚至超越钻井工艺的需求。该系列筛型的特色有：

（1）回流网槽：可以选择使用的回流网槽功能，可筛分出较粗的固相颗粒，减小主筛网的进料筛分压力，提高主筛网寿命；回流网槽增加了有效筛分面积，还可以用来回收堵漏材料；三维结构设计让钻井液在回流过程中由槽壁网漏到主筛网面上，并且回流网槽装置不会妨碍主筛网的检查、清洗和更换等环节；回流网槽的筛网用的是 DERRICK 公司特殊材料的专利筛网，耐磨、耐油，弹簧锁紧，容易安装和更换。

（2）双凹形筛网架：革命性的筛网架设计使振动筛在总体尺寸不变的前提下，有效筛分面积和 FLC 514 筛型相比增加了 119%；流体定心技术通过强行供料给凹形网面中心，极大地提高了处理量。

（3）驱动式筛网张紧结构：一种全新的筛网张紧方式，通过预置的弹簧力迫使筛网整体向下凹，被紧紧压牢与凹形的筛网架上。筛网压紧有利于防漏、提高筛网寿命、增大颗粒运移能力。整个振动筛筛网的更换与压紧过程不超过三分钟，并配有自动防故障装置。

4. DERRICK 公司 FLC-2000 型振动筛

DERRICK 公司 FLC-2000 型振动筛属于自同步平动直线筛，有着出色的流体处理能力和固相运移能力，可以作为第一级处理钻井液的主力筛，也可以作为钻井液清洁器的干燥筛，具体特点：

（1）电动机的转速为 1 750 r/min，产生的激振力为 7.0 *g*～7.3 *g*，自润滑轴承不用远程润滑，从而减少了保养费用，电机噪声接近 80 分贝。

（2）应用 DERRICK 专利波浪型筛网，较平面筛网增加 57%～101%的处理面积，处理量增加了 125%。

（3）配有随钻可调系统 AWD 装置，通过液压缸一个人就可以快速、简便地调节筛箱的坡度，三联为 –1°～+5°，四联为 –1°～+8°。

5. BRANDT 公司 LCM-2D 型振动筛

BRANDT 公司 LCM-2D 型振动筛，可作为单层直线筛，也可以作为双层筛使用。当作为双层筛使用时，上层回流筛网和下层细目筛网联合工作，极大地提高了固相去除效率。

工作时，上层筛面属于圆形轨迹，筛面倾角为 0°，装 2 张平面预张紧筛网，抛掷指数 4.2；下层筛面属于平动直线轨迹，装 2 张平面预张紧筛网，其中进料端筛面安装倾角为 0°，中间和出料端筛网安装倾角为+5°，这种设计减小了液面深度，加大了固相颗粒输送速度，从而减小了细目筛网的负荷。另外还配有快速拆卸装置，减少了筛网的拆卸时间，消除了滑扣现象；配备液压 AWD 系统，筛网倾角调节范围 –5°～+5°。

6. BRANDT 公司 VSM300 型振动筛

BRANDT 公司 VSM300 型振动筛属于平动椭圆型筛，采用多层筛网结构设计，典型结构式是上筛箱 3 张筛网回流式安装，下筛箱主筛网 4 张，还有 2 张可选择的干燥网，总筛网面积达 5.6 m^2。独特的设计外加平动椭圆运动轨迹，最大限度地提高了固相颗粒输送速度和固液分离水平，极大地改善了黏性水基黏土的排出性能，特别是在钻浅井使用水基钻井液时性能更优。

还可以通过变频器来改变振动频率以达到改变激振力的目的。操作时，只需揿下按钮，振动筛就能够产生 4*g*、6*g*、8*g* 等不同的激振力，因此，操作时不需要停止振动筛便可以改变固相传输速率、流动特性和固相量。另外，筛网采用气囊夹紧方式，更换方便。

3.7.2　国内钻井液振动筛的发展

20 世纪 80 年代以来，由于我国钻井液振动筛不能满足石油钻采工艺的更高要求，对外合作多采用进口钻井液振动筛的方式。但进口振动筛存在着售价高、配件供应不及时、服务不到位等情况，因此，我国相关高校和油田相关研究院所开始着手自行研制大处理量，高筛分效率的钻井液振动筛。除单轴惯性筛外，国内部分厂家先后开发了强迫同步双轴惯性振动筛和自同步双轴惯性振动筛，其中主要是直线筛型。从现场使用来看，实现了直线效果，但由于总体设计、制造工艺、电机技术、筛网技术、材料等方面制约而影响了国产直线振动筛的推广。

1. 国内钻井液振动筛的理论发展水平

20 世纪 90 年代中后期，由于钻井液平动直线筛的理论比较简单，国内直线筛设计与发展只是受到制造工艺水平、电机技术和筛网技术的限制。而钻井液平动椭圆筛由于理论设计的复杂和系统性，国内最早由西南石油大学和长庆油田合作开发，随着激振器“力心”理论的提出，彻底突破了平动椭圆振动筛开发的理论的技术瓶颈，并由此研发了早期采用强迫同步的方式的 GW-1 筛型，后来采用非等直径积自同步激振方案及综合力心理论，技术升级至 GW-s1 筛型，并申请了技术专利、获得了国家科技进步奖。当前，国产的双轴自同步直线钻井液振动筛已在国内油田大量服役，GW-s1 筛兼有圆振动和直线振动两者的优点，处理量和筛分效果远优于圆振筛和直线筛，输砂速度快，在克服“筛堵”、“筛糊”、“马蹄效应”和跑浆现象等方面，平动椭圆钻井振动筛比直线钻井振动筛要更为有效。另外，如 3.4.3 第 2 节所述，采用等质径积自同步激振方案也可以实现平动椭圆运动轨迹，国内厂家也在生产此类筛型。

当前，随着我国科学技术的进步和制造工艺水平的提高，振动筛筛分理论和研发手段获得空前发展，国内众多厂家都能生产各种型号的振动筛，随生产厂家和型号不同，参数会稍有差别，生产厂家就不再赘述了，国产部分筛型参数见表 3.4，3.5，仅供参阅。

表 3.4　国内某平动直线系列筛型参数

振动轨迹	直线型				
电机功率	2×1.8/1.72 kW	2×1.5 kW	2×1.72 kW	2×1.5 kW	2×1.3 kW
振动强度	≤7.0G	≤7.0G	≤7.6G	≤7.6G	≤6.5G
双振幅	5.5～6.0mm	5.5～6.0mm	6.0～7.2mm	6.0～7.2mm	5.5～6.0mm
单筛处理量	140m^3/h	120m^3/h	120m^3/h	90m^3/h	80m^3/h
筛箱调节角度	−1°～5°	−1°～5°	−1°～5°	−1°～5°	0°～3°
电机频率及电压	380 V/50 Hz，460 V/60 Hz				
筛网面积	2.7 m^2	2.4 m^2	2.6 m^2	2.1 m^2	1.8 m^2
筛网规格	830×1 080 mm×3（40～250 目）	630×1 250 mm×3（40～250 目）	700×1 050 mm×3（40～250 目）	850×1 080 mm×2（40～250 目）	830×1 080 m m×2 （40～250 目）

续表 3.4

振动轨迹	直线型				
筛网数量	3	3	3	2	2
围堰高度	746 mm				
振动噪音	<85 db				
启动柜	磁力启动柜				
重 量	1 880 kg	1 680 kg	1 680 kg	1 480 kg	1 300 kg
备 注	单筛处理量在泥浆比重为 1.2g/cm³，黏度为 45 s 筛网 40 目时测得				

表 3.5 国内某平动椭圆系列筛型参数

振动轨迹	平动椭圆振动型			
电机功率	2.2+1.2 kW	1.94+1 kW	1.5+2.5 kW	1.8+3.6 kW
振动强度	≤7.6 G（可调节）	≤7.6 G（可调节）	≤7.6 G（可调节）	≤7.6 G（可调节）
振幅	6.0 ~ 7.2 mm			
单筛处理量	150 m³/h 660GPM	110 m³/h 483GPM	200 m³/h 880GPM	200 m³/h 880GPM
筛箱调节角度	− 1° ~ 5°			
电机频率及电压	380 V/50 Hz，460 V/60 Hz			
筛网面积	2.6 m²	2.1 m²	2.94 m²	2.94 m²
筛网规格	700×1 050mm×3（40 ~ 250 目）	850×1 250mm×2（40 ~ 250 目）	700×1 050mm×4（40 ~ 250 目）	700×1 050mm×4（40 ~ 250 目）
重量	1 720 kg	1 520 kg	1 880 kg	1 980 kg
备注	① 单筛处理量是在泥浆比重为 1.2 g/cm³，黏度为 45 s，筛网目数为 40 时测得；② “S” 代表短电机，“L” 代表长电机			

2. 国内钻井液振动筛的设计与制造工艺水平

目前，国内振动筛生产和研发已成遍地开花之势，大多数厂家都掌握了平动直线和平动椭圆两种主流筛型的生产技术，理论参数和结构方案差别不大，区别只是制造工艺水平的高低。国内生产的钻井液振动筛无论直线筛还是椭圆筛，筛箱结构和相应辅助功能都具备以下共性：

(1) 筛箱设计与制造。

筛框是焊接结构件，激振电机和筛板通过构件安装在筛箱上；筛框座于支撑调节横梁上，在靠近筛箱的四个角落位置安装有减振弹簧，可以使周边的构件或设备免受筛框振动的影响。筛床上可以装有三张或四张框架筛网或波浪网，用螺栓及勾边体张紧方式并将其固定；横向和纵向的支撑条共同作用使筛框有足够的强度，筛框沿横向中部略微高出两边，在横向方向上形成一凸起的弧形，筛网在绷紧时与筛框紧贴，这样更易使筛网张紧，且在工作过程中提高筛网的使用寿命及固体颗粒的处理效率。

(2) 筛框设计与制造。

采用专业焊接技术；可以安装硬勾边或软勾边筛网；筛网数量：3 张、4 张；更换筛网操作方便。

3. AWD 角度调节系统设计

AWD 角度调节系统在设备运行时可以抬高或降低筛框末端。此部件包含两个竖直的立柱总成，连接在上横梁总成上，同时与振动筛底座相连；AWD 可移动的部分由下横梁总成、控制垂直运动的限位轮、驱动筛框上下运动的液压缸组成，液压缸固定端连在上横梁总成上，可移动的油缸活塞杆接在下横梁总成上。往复扳动手摇泵操作手柄或开启手摇泵回油阀可以分别使筛框在两个竖直轴之间上下运动，筛箱可以在－1°～+5°范围之间进行调节，调节到某一合适的角度后，升降系统用锁紧销固定，减少筛箱在此角度工作时对液压泵的冲击。由于采用液压助力装置，角度调节系统操作方便省力，使筛框倾角可根据需要以0.5°增量从－1°～＋5°范围任意调整。

4. 振动电机作为动力源

由于防爆型振动电机具有振动强度大、可靠性高、维护简便等优点，靠偏心转子产生激振力，其适应环境温度范围：－40 °C～150 °C，部分单振动电机的激振力变频可调，所以各类筛型均使用各类型的长、短防爆振动电机作为动力源。

5. 进料箱设计

对钻井液有缓冲作用，均匀地分布泥浆流动。从井筒内返回或经其他设备进行处理过的泥浆，由经进料罐进入振动筛处理，其对钻井液有缓冲作用，并且将泥浆均匀地分布流向筛网，减少泥浆对筛网的冲击，提高筛网的使用寿命，提高泥浆的处理效果。同时，罐的顶部有一方形的盖，打开此盖可以进行泥浆的性能测试。

但总体来看，在国内生产和研发的筛型中多层筛偏少，变轨迹筛和多轨迹筛型市场上没有定型产品；国产筛网特别是细目、超细目筛网的质量有待提高，需要加强超细目筛网的研究，包括筛网结构、筛网材料、制造工艺等内容研究；防爆型振动电机技术还落后于发达国家，国产电机故障率高、激振力小，无法变频调节。

3.8　振动筛正确安装、操作及维护

使用振动筛的目的是清除钻井液中较大的钻屑。每一套固相控制系统都必须配有足够数目的振动筛，以保证钻井液100%的循环处理率。振动筛是首先对钻井液进行处理和调节的固控设备，如果整个系统的操作是在设计能力或接近设计能力下进行操作，那么振动筛就需要具有很好的性能。

振动筛的筛网尺寸、形状和运转方式多种多样。它连同钻井液的性能、筛面上钻屑的类型和数量、设备的一般机械条件共同决定振动筛的工作效果。钻某口井时，振动筛的选择对钻具来说，可能是合适的也有可能是不合适的。如果不是合适的，那么振动筛必须持续运转，通过合理认真的操作就有可能解决这个问题。所有的商业用振动筛都可清除固相，然而在正确的维护和操作下，其清除能力会更强。

3.8.1　振动筛安装的基本要求

（1）振动筛是清除固相的第一级设备。除了除气器要安装在振动筛之前外，一般情况下钻井液从井口返出后，首先要通过振动筛。

（2）回流管线安装过低会引起钻屑堆积，一般推荐回流管线的坡度按照∠120：1的规律即可。

（3）当应用了回流罐（或储备罐）时，回流管线应安装至底部，以防止固相堆积。如果回流管线设计从其顶部进入，那么必须有一根连接管延伸到底部。

（4）振动筛的安装位置和操作平台必须是水平的，安装时要特别注意筛面水平的调整。如果不满足该条件，会导致固相和液相处理能力降低。如振动筛的隔振效果不好，则应在安装时固定筛底，防止在循环罐上滑动。

（5）钻井液从渡槽经泥浆盒进入筛面时，务必使其均匀分布。为保证钻井液均匀分布，在设计时需要特别加以考虑，必须避免形成T形分支流程线。固相总是直流程运动，这样就将导致运送到振动筛的固相分布不均。当使用多个振动筛时，保证液相和固相平均分布如图3.60（b）和图3.60（c）所示的流程分配系统优于图3.60（a）分配系统。

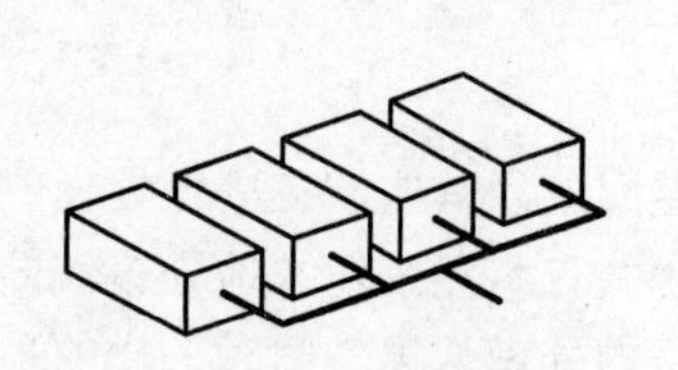
（a）分支流程管线

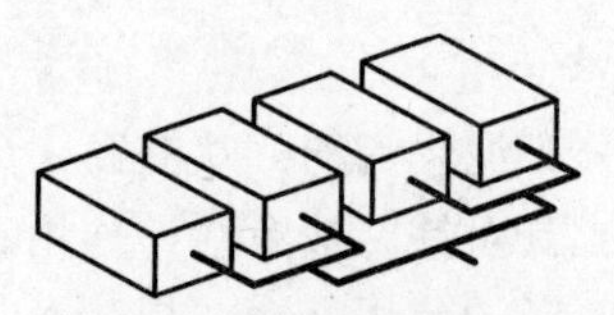
（b）均等分配流程管线

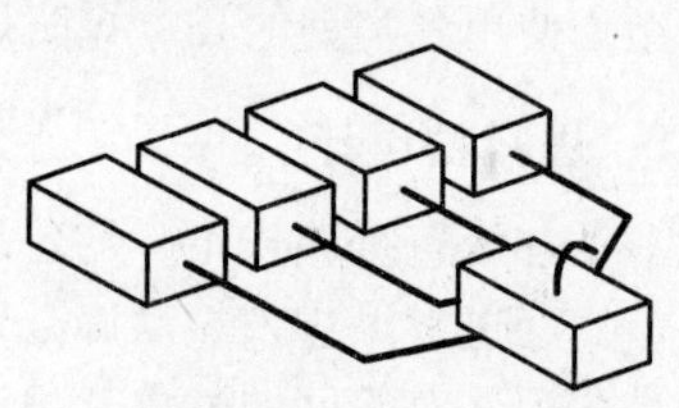
（c）顶部进料罐分配流程管线

图3.60 流程管线方案

（6）优化的顶部输送流程，可以防止钻屑在储备罐形成堆积，如图3.60（c）所示。

（7）电机和启动装置必须防爆。必须遵守地方用电规则，必须保证启动加热装置的尺寸合适。

（8）要特别注意防止振动筛上螺栓、螺母的松动。

（9）准备冲洗系统以清洗设备。所有筛网都有一定的堵塞，起钻期间留在端面的钻井液会暂时堵塞筛孔。因此，在起钻前停止循环时，要仔细地清洗筛网；在开始运行之前也要先清洗筛网，以免钻井液覆住干燥的筛网。在此再次重申不能将储备罐的钻井液直接泵入循环系统，或直接倒入振动筛下的沉砂罐，这样会导致下一级旋分器的堵塞，并增加钻井液的固相含量。

（10）振动筛的激振轴一定要以正确的方向旋转，如果旋转方向相反，则无法排屑。

（11）必须按照操作指南安装筛网。钻井液必须流经筛网面积的绝大部分，推荐覆盖长度为75%～80%来选择筛网的目数，如果钻井液只能覆盖筛网上的1/4～1/3，则说明所用的筛网目数过大。要特别注意适当的绷紧筛网，如果松紧不合适，筛网寿命将大大缩短（从7～15 d降至2～3 h）。

（12）现场必须有足够的空间和通道，以便对振动筛进行检查和维护；应该围绕循环系统外面设计便捷通道。

（13）提供合适的电压和频率。过低的电压会降低用电系统的使用寿命，过低的频率会降低振动筛的处理能力。

（14）如果安装了喷水管，必须控制水流成雾状喷出，而不是成柱状喷出。

3.8.2 振动筛使用的基本要求

（1）钻井液循环过程中，振动筛应持续运转。从井中（锥形导向短节）流出的钻井液应尽可能均匀地分布到所有的振动筛上，一旦振动筛停止运动，就不能清除钻屑。

（2）在每一次启动前都要清洗筛网，以免钻井液覆盖住干燥筛网。及时清除振动框、振动部件、振动电机上堆积的残留钻井液。注意不能用油或水冲洗电气系统或电动机。

（3）筛网上出现破洞必须修补或更换，平板筛网上的破洞能堵住。按照厂家提供的安装程序进行筛网的安装，钻井液在流过筛网上的孔洞时，其中的钻屑将不能被分离出来

（4）双层振动筛的上层筛网用粗目筛网，下层用细目筛网并观察下层筛网是否完好。正常钻进时，保证下层细目筛网上钻井液流经的有效筛孔面积达到 75%～80%。正确设计回流系统将有助于提高振动筛的处理能力（将黏泥振动筛作为一部分安装在直线振动筛上部的做法虽然在应用指南中有表述，但不能称之为双层振动筛）。

（5）对于单层复合筛网振动筛，应尽量使用相同目数的筛网。如果必须使用粗目筛网以防止钻井液流失，那么靠近储备罐处必须使用细目筛网，但所有筛网都必须具有相近的筛孔尺寸。例如，使用组合为金属线 API 100 目（140 μm）+API 80 目（177 μm），而不是金属线 API 100 目（140 μm）+API 50 目（279 μm）。正常钻进时，钻井液在筛网上的分布面积为整个筛网的 70%～80%时最能有效进行分离。

（6）喷水管（雾化水）可以用于帮助输送稠黏的钻井液，以降低钻井液损失。但当振动筛正在运行时，不要将高压冲洗枪对着筛网进行冲洗，这样会导致固相再分散，并强行通过筛孔。在用加重钻井液或油基钻井液钻进时，不宜使用喷水管。

（7）必须使钻井液通过振动筛筛网，整个流程必须通过振动筛，哪怕短时间绕过也不行；不能使用破损的筛网，这样会造成下级旋分器发生堵塞，结果导致钻井液中的固相含量过高。无论什么原因（包括清洗筛网），储备罐的钻井液都不能不经过振动筛而直接泵入钻井液池。

（8）除漏失情况下有必要保留堵漏材料外，钻井液一刻也不能绕过振动筛而直接进入下一级固控设备。那些没有经过固相清除设备处理的钻井液在进入循环系统之前，必须用振动筛筛除无用固相。

（9）稀释钻井液（水基或油基）不能加到钻井液罐或振动筛上，应在下游加入稀释钻井液。在加入之前，应计量或测量稀释钻井液的（即使是水）量。

（10）在未经沉淀之前，不能将储备罐的钻井液直接倒入循环系统，或直接倒入沉砂罐，否则会导致钻屑进入循环系统。当用下一个钻头开始钻进时，未经沉淀的固相会在进入下一级旋流分离器时引起堵塞。

（11）当钻井液没有循环时，应清除钻井液储备罐中较大的钻屑。如果在换钻头或划眼起下钻之前，将钻井液储罐中的钻井液倒入除砂器，那么除砂器也应清洗干净。否则，起下钻后钻井液开始循环，倒入除砂器中大的钻屑将有可能导致钻屑下沉至罐底，从而堵塞除泥器或除砂器。需要说明的是：在合成基钻井液或一些特殊的钻井液系统中，钻井液储备罐或除砂器通常不会一起使用。

3.8.3　振动筛维护与保养的基本要求

（1）为了提高无张力状况下筛网的使用寿命，必须保证筛网张力系统的每一个部件（如橡胶支撑件、螺帽、螺栓、弹簧等）都安装适当，没有变形。依照生产厂家提供的安装步骤安装筛网，如果多层振动筛只应用了一层，就确保其他张力杆安全可靠。

（2）为了提高预拉伸筛网的使用寿命，必须确保筛网橡胶支撑部件完整、无破损。及时检查隔振元件的运行环境和筛网的支撑部件，如果发生破损或过度疲劳，应及时更换。

（3）按照生产厂家用户指南对振动筛部件进行润滑和保养（有一些部件是自润滑的，故不需要再次润滑）。

（4）对于那些没有预拉伸处理的筛网，安装后必须作 1 h、3 h 和 8 h 后的筛网张力测试。

（5）如果钻井液从孔洞或破损的地方流出，钻屑就不能被清除。任何有孔洞或者破损的筛网都必须马上更换，用嵌板可以将孔洞或破损封住。筛网必须尽快更换，在更换之前要先做好计划以减少停钻时间，在开始更换之前就应将工具和筛网准备好，如果由于振动筛没有运转，就会增加钻井液中钻屑的含量。如果可能的话，最好在接单根期间更换筛网。在紧急时刻需要停泵，停止钻井以便更换振动筛筛网。

3.8.4 振动筛换班的基本要求

（1）确保振动筛运转正常，检查振动筛周围的钻井液旁通阀门以及其他通道是否渗漏。

（2）听一听轴承是否损坏，电动机是否平稳。振动应保持平稳、匀速。确保没有软管、电缆等杂物堆放在振动筛箱上。

（3）每个振动筛是否按照制造商的说明安装，筛网松紧是否合适，定期预拉紧连续筛网。

（4）检查筛网是否破损。在每次交接班的时候要清洗筛网，有时需要借助于电筒来检查整个筛面。注意钻井液储罐的溢流撞击到筛面上，局部经常出现破洞，这里也是筛面被钻屑撞击最集中的地方。

（5）需要的时候应该及时更换筛网，也可用嵌板堵住破洞使筛网继续使用。

（6）检查从振动筛尾部流出的（尖锐的）钻屑，无需检查钻井液。如果钻屑不是呈尖状的，应通知司钻或钻井液工程师。

（7）确保钻井液均匀流过振动筛整个表面，或者尽可能均匀。这有可能需要调整出油管线或钻井液储罐，也包括调整振动筛自身的阀门。

（8）如果颗粒黏结形成泥饼，就需要对筛网进行预拉伸。这也表明筛箱吸收了迫使固相穿过筛网产生的加速力而破裂。

（9）查看最近几小时井眼中流出的钻井液密度和漏斗黏度。这些测量要有规律并且连贯，这样对任何原因特别是由于井底条件引起的渐变都能很容易被检测出来。（为保持测量数据的连贯性，一般来说，每班都应在同一地方采集样品，最好从钻井液储罐或出油管线或钻井液池中取样。应用同一钻井液密度称测量钻井液密度。如果调整了钻井液密度秤，应在密度—黏度图中予以注明）。

（10）检查钻井液储罐中的气流传感器是否放置正确，但不要移动它们。如果需要调整，应通知钻井液录井人员或者司钻。

第 4 章 水力旋流器

在钻井作业中所使用的旋流器属于水力旋流器（本章简称旋流器），它是除砂器、除泥器和微型旋流器的总称。旋流器的主体结构是一个带有圆柱部分的立式锥形容器，圆柱部分的内径就是旋流器的规格尺寸（公称直径）。它能将砂泵经进浆管输送的液体压力转化为离心力，迫使悬浮在钻井液中的固相颗粒从钻井液中分离出来。从重力沉降学原理来讲，这种分离过程实际上是通过提高锥形容器中的离心力以增加固相颗粒的离心加速度，从而实现固相颗粒的加速沉淀。旋流器中的离心运动可使颗粒的离心加速度增大至 200 倍。在钻井作业中，旋流器就是利用这种离心加速度将钻井液中悬浮的 7～80 μm 范围的固相颗粒从锥筒底流口经沉砂管排出的，与此同时，净化后的钻井液从溢流口经溢流管回收。

最早在 30 年代，荷兰在选煤过程中首先用旋流器浓缩黄土浆，后来在金属（或非金属）选矿、化工、造纸、粮食、环保等部门都得到了广泛的应用。从 50 年代中期，开始用于石油工业，主要用于净化钻井液及控制钻井液中的固相含量。

4.1 概　述

4.1.1 旋流器的结构及材料

旋流器是一个带有圆柱部分的锥形容器，锥体上部的圆柱部分为进浆室；其外侧安装有一个切向的进浆口；锥体下部为开口，口径大小可调，用于固相颗粒排放。封闭的立式圆柱顶部中心有一个向下插入的溢流管，并延伸至进浆口切线位置以下。其结构具体由圆筒、锥筒、进浆管、溢流管、沉砂管等部分组成，如图 4.1 所示。

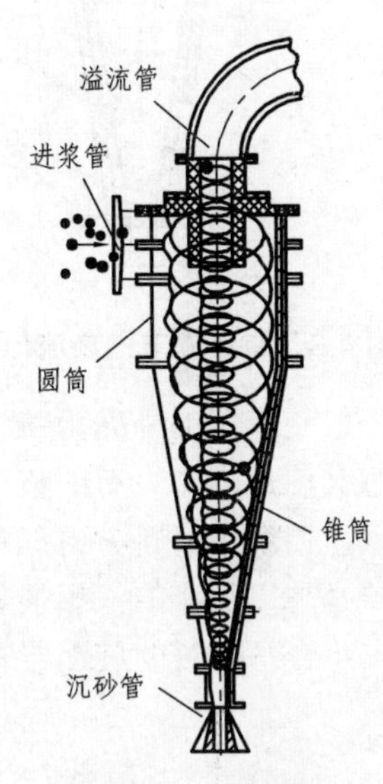

图 4.1　旋流器

（1）圆筒。其内径的大小表示该旋流器的公称尺寸。如若圆筒内径为 300 mm，就称该旋流器的公称内径为 300 mm。

（2）锥筒。起离力分离作用，锥角一般为 15°～20°。

（3）进浆管。待分离的钻井液由此进入旋流器内。为了改进旋流器内的运动状态，提高分离效果。旋流器进浆管的结构有多种形式，如图 4.2 所示。

（4）溢流管。经处理后的钻井液由溢流管流回钻井液循环系统，为防止钻井液直接在圆筒内就溢流，其深度要伸至旋流器的锥筒位置。

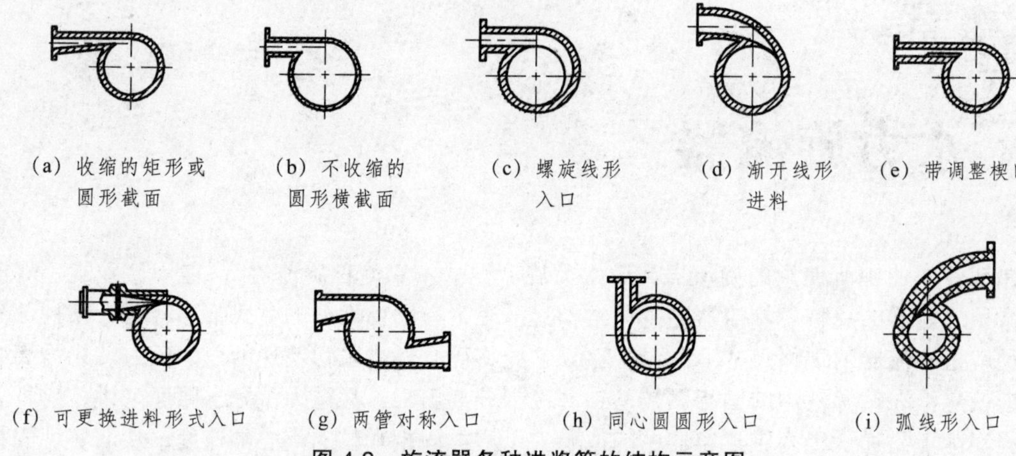

图 4.2 旋流器各种进浆管的结构示意图

（5）沉砂管。被清除的固相颗粒及少量液体由沉砂管排出。为改善旋流器的底流，提高分离效果，沉砂管的底流口直径可调。图 4.3 所示为底流口调节板为有级调节方式，图 4.4 所示为底流口调节板的两种无级调节结构。

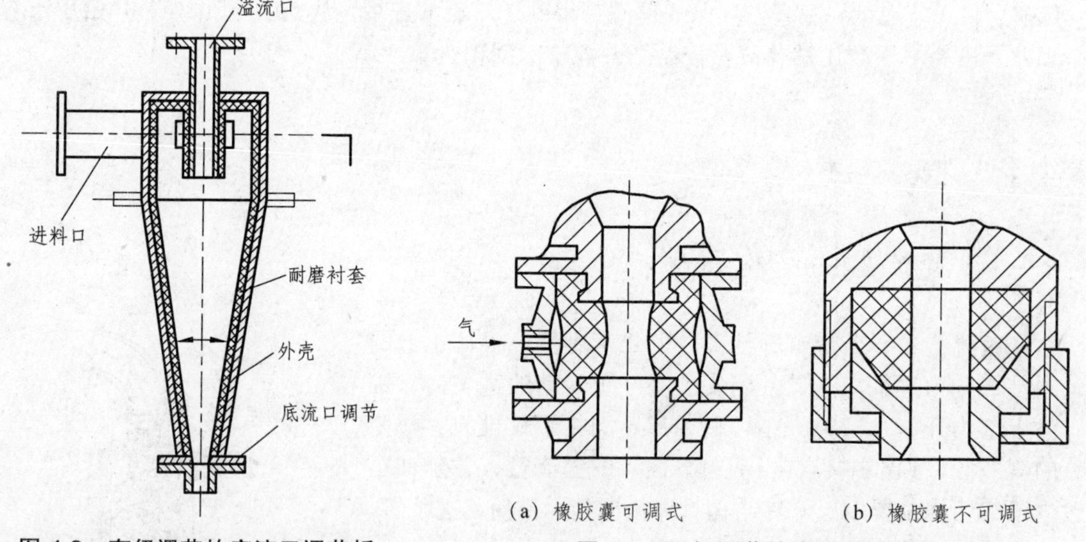

图 4.3 有级调节的底流口调节板

图 4.4 无级调节的底流口调节板

一般旋流器的外壳为铸铁制造。为改善耐磨性能，通常内部都衬以耐磨橡胶。为更进一步提高其使用寿命，有的整体外壳采用聚氨脂材料，既耐磨又耐腐蚀。对大尺寸的旋流器，外壳采用铝合金材料，内部衬以聚氨脂，这样既保证壳体有足够强度，又减轻了重量。设计旋流器必须以最小的液相损失提供最大的固相清除率为基本原则。并可根据井场实际情况，通过安装合适数目的旋流器组来增大处理量，以满足维护整个钻井系统中所有钻井液性能的需求。

4.1.2 旋流器的工作原理

旋流器是利用颗粒的质量来分离固相的，所以分离过程和颗粒的密度及尺寸有关。而在非加重的钻井液中，由于固相的密度范围相对较窄，所以颗粒尺寸对分离过程影响最大。从砂泵出来的钻井液由于泵压的作用，一般以 5～12 m/s 的速度通过进浆口后，沿切向进入旋流器内腔并同向高速旋转。离心力将高速旋转钻井液中的大颗粒甩向锥筒内壁，颗粒到达内壁后仍旧沿器壁向下螺旋滑动，最终在底流口沿沉砂管同少量钻井液一起排出，排出量的多少是由底流口的大小决定的；而夹带着小颗粒的旋流液将远离锥筒内壁，并在锥筒中心区域形成低压带，当旋流在接近底流口区域时受锥筒壁限制而变向，形成内螺旋向上的运动，经溢流管流回至钻井液罐。

当旋流分离的过程达到平衡时，旋流器内实际上同时有两段呈相反螺旋运动的旋流，其中一股沿着器壁螺旋向下，另一股沿着容器中心轴螺旋向上。两股旋流沿不同方向运动，出现湍流涡旋，速度非常高，这将导致不能有效分离固相颗粒。两股液流往往在接触区域混合，部分固相颗粒会卷入相反的液流中，因此，旋流器不能够对不同尺寸的固相颗粒做精确的分离。为了提高旋流器的分离效率，可以将溢流管更深地插入锥筒内，这样可以在一定程度上减轻混合现象，溢流管插入得越深，分离效果越好。

溢流管是延伸到锥筒内的空心圆管，能防止钻井液直接从溢流口排出，从而使钻井液向下流入锥筒。在离心力作用下，旋流液进入锥筒后同向高速旋转。并由此在锥筒中心处形成低压螺旋上升流，在底流口处，改变方向对着溢流管中心向上旋流。

由于向上运动的旋流在旋流器中央形成低压带，在平衡式旋流器内，底流口会有两股流体相对流通，其中一股是吸入的空气，另一股则是排出的固相颗粒和少量液体。底流口开口大小与溢流管直径有关，它决定着排出固相的干湿程度。在非平衡式旋流器内，可能产生“绳状”排出底流，这会导致大量不同粒度级别的固相颗粒和过量的钻井液损失。因此，非平衡旋流器只是一个更小的沉降罐，操作方式同除砂器相似。

4.1.3 旋流器的分类及工作特性

旋流器的分离能力与旋流器的公称直径有关，公称直径越小，能分离的颗粒就越小。旋流器的公称直径是指离心锥上部分圆柱筒的内径。根据公称直径的不同将旋流器分为除砂器、除泥器和微型旋流器三大类。参照石油天然气行业标准 SY/T 5612.3-1999，旋流器的分类标准及分离粒度级别见表 4.1。

表 4.1 旋流器分类标准及分离粒度级别

参数	分类						
	除砂器				除泥器		微型旋流器
分离粒度/μm	40～70				15～40		5～10
旋流器标称直径 D/mm	300	250	200	150	125	100	50
圆锥筒锥度 α/°	20～35		20				10

续表 4.1

参数	分类						
	除砂器			除泥器			微型旋流器
处理量* / (m^3/h)	>120	>100	>30	>20	>15	>10	>5
额定工作压力 /kPa	200～400						
钻井液密度 / (g/cm^3)	1.1～2.0						

注：该处理量是工作压力为 300 kPa 时的处理量

1. 除砂器

除砂器用于分离 40～70 μm 的钻屑和 30～50 μm 的重晶石。当振动筛不能装 API 140 目筛网（100 μm）或者更细筛网时，除砂器只能用于处理未加重钻井液。它们最初用于清除在地表层井段快速钻进时的高固相。在水基钻井液中，除砂器的分离点为 40～70 μm、密度为 1.6 g/cm^3。砂粒和较大的颗粒通过钻井液振动筛后被除砂器清除。

除砂器被直接安装在振动筛和除气装置的下游，直接从上游罐吸入，一般是除气装置的排出罐。除砂器中的排放物直接进入下游罐。吸入和排出罐通过每个罐底部的阀门来达到平衡。

除砂器在钻表层井段时不间断的使用。开始起下钻后，可安装管汇来处理所有的地面罐的使用量。重晶石和聚合物加入钻井液后，一般不再使用除砂器了，因为除砂器会清除它们当中的大部分。

2. 除泥器（含微型旋流器）

除泥器的锥筒有多种尺寸，常见的为 50～150 mm，可分离 12～40 μm 的钻屑，也可分离 8～25 μm 的重晶石颗粒。直径等于 50 mm 的微型旋流器分离粒度可达 5～10 μm 除泥器安装在钻井液振动筛、沉砂罐、除气装置和除砂器的下游。除泥器的锥筒只是在尺寸上与除砂器的不一样，工作原理却完全相同，应该使用单独的砂泵为除泥器提供进料，尽量不要用同一个砂泵同时供料给多个并联设备。

除泥器可以实现小至 12 μm 钻屑的分离，它是减少平均颗粒尺寸和降低钻屑浓度的一种重要的设备。除泥器的进浆口也直接安装在上游罐，通常是除砂器的排出罐。除泥器吸入和排出罐通过一个或多个阀门，阀门尺寸一般经验推荐为：

$$直径\ \phi = \frac{Q_{max}}{100}\ \text{(mm)}$$

其中，Q_{max} 是许可处理量而不是钻井时最大的排量，单位为 L/min。许可处理量应是最小排量的 1.25 倍，一般不用除泥器处理油基钻井液。

3. 除砂器和除泥器工作特性对比

除砂器的作用是减轻下游除泥器的负荷。在除泥器前面安装除砂器能有效清除除泥器负载中的大量颗粒，提高除泥器的工作效率。在高速钻井时，特别是在土质松散的浅层井段时，通常使用大直径钻头，因此会产生大量的钻屑，这可能导致除泥器端口发生“绳状”排放，因此需要在除泥器的上游安装除砂器，此时它可以提供更大的体积容量来对较粗的钻屑进行分离。只有除砂器清除了高浓度流体中的大颗粒钻屑，除泥器才能更有效地处理除砂器上的溢流。如果钻速较慢，每小时最多只能产生半吨左右的钻屑时，除泥器通常能处理全部循环的钻井液，这时可关掉除砂器。

除泥器用来处理所有的非加重水基钻井液，而不能用于处理加重钻井液，因为它会清除掉其中大量的重晶石。对所有非加重的钻井液，应用除泥器来进行处理是必要的。然而，在黏性油基钻井液中（深水钻井），底部排出物会大量黏附油相，所以不可使用除泥器分离。

对含有大量重晶石的钻井液，进行处理分离时，除砂器和除泥器（含微型旋流器）都不能用，只能用其他固控设备来进行处理。因为砂粒和重晶石具有近似相同的尺寸级别。大部分重晶石颗粒在 2～44 μm，少量在 44～74 μm，而只有 8%～15%在 0～2 μm 之间。除砂器的分离粒度级别处于 25～30 μm，而除泥器分离粒度级别则处于 10～15 μm，因为许多重晶石颗粒处于上述分离粒度以上，所以它们会随细颗粒和粗颗粒一起排出。

4.2　旋流器的优缺点

旋流器是一种简单易维护的机械分离设备。分离是通过将动力输入的进浆能量转换成锥筒内部离心力来实现的。离心力作用于钻井液，使钻屑和其他固相迅速分离，这遵从斯托克斯定律。在某些地层钻进时由于产生的钻屑太细，钻井液振动筛不能筛除这部分岩屑，必须依赖旋流器清除这些颗粒的大部分。此时，钻井液振动筛防止尺寸过大的颗粒进入旋流器造成堵塞，从而保护了旋流器。

旋流器的最佳分离效果是以最小的液体损失，获得最大量的钻屑固相排出。大颗粒经底流口排出，小而轻的颗粒则经溢流口排出。对旋流器性能影响最大的是锥筒的直径、锥角、底流口直径、进浆压力、进浆的塑性黏度。与钻井液振动筛和离心机相比，旋流器的排放属于湿排放，仅仅靠底流密度不能很好地表现出旋流器的工作情况，因为细颗粒包含有更多的液体，最后的钻井液密度比粗颗粒时的低。随着固相成分逐渐增加，旋流器分离效率逐渐降低，但可分离的颗粒尺寸会增大。

1．旋流器的优点

与其他固控设备比较，旋流器有以下优点：

（1）装置紧凑，结构简单，价格便宜，无运动部件。

（2）处理量大，分离的范围也大。

（3）调整及操作较简单，易维护。

（4）分离能力强，在某些情况下，能获得更细的溢流及较高的分离效率。其分离效率一般为 60%，某些情况下可高达 80%～90%。

2．旋流器的缺点

与其他固控设备比较，旋流器有以下缺点：

（1）耗电量大。有的除砂器配备功率为 55～75 kW。

（2）当给浆的黏度、固相浓度及粒度组成变化时，旋流器的分离粒度、分离效果都随之变化。

（3）砂泵工况对旋流器的影响较大。

（4）不能进行超细分离，不能处理絮凝物质。

（5）磨损快，特别是当粒度较大，钻屑硬度及进浆浓度大时，圆筒的给浆口，圆锥体的下半部及沉沙口等处都易磨损。一般旋流器的使用寿命都小于 2 000 h。近年来不少单位都在研究更耐磨的材料，已取得很大进展。

一般来说，当固相颗粒直径大于 10 μm，且形状为球形时，旋流器的效率最高。如果颗粒是扁平的，那么运动往往是随机的，它取决于颗粒表面或者边缘是否指向旋涡产生的离心力中心。由于分离效率一定程度上取决于固相颗粒流经液相的速度和自由度，理所当然尽可能地使用低黏度的流体。压力降则用来度量离心锥内能量的消耗，压力降越低，分离越细。如果 D_{50} 分离点增加到 75 μm，就有 25%的 100 μm 级颗粒被留在溢流中，只有 25%的 55 μm 级颗粒被排出。

4.3 旋流器内液体的运动规律分析

旋流器内液体的运动很复杂，很难用数学公式来确切的描述。下面用 Kelsall 的实验曲线来定性说明。旋流器内液体任一点的运动都可以分成三个分量：切向速度 v_t、轴向速度 v_x 及径向速度 v_r。

4.3.1 切向速度 v_t 分布规律

切向速度 v_t 分布规律表示旋流器内不同横截面上的不同半径处切向速度的分布规律，如图 4.5 所示。

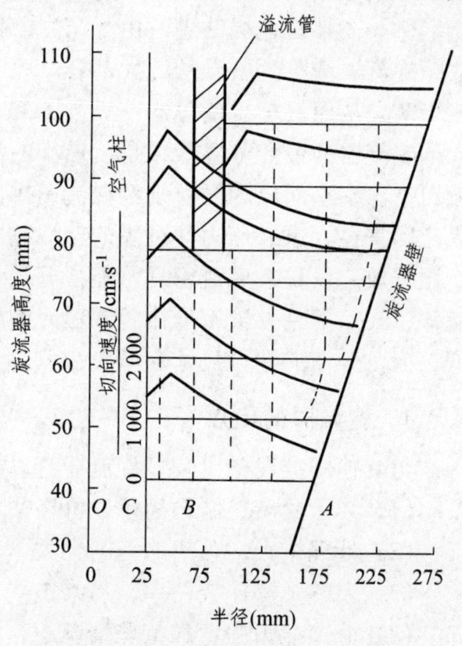

图 4.5　旋流器切向速度分布规律

（1）取任一过回转中心的纵向截面。由于左右对称，只需讨论右侧的情况。在 *AB* 区域内，切向速度随半径 r 的减小而增大。当 $r=60\sim70$ mm 时（为溢流管半径），速度达到最大值。而且存在如下近似关系：

$$r^n v_t = 常数 \tag{4.1}$$

式中，n 在 0.5～0.9 取值，通常取 $n=0.64$。把 $n=0.5$ 的旋涡运动称为半自由涡，$n=1$ 时的称为自由涡，*AB* 范围内的旋涡运动介于两者之间。

（2）在横截面的 *BC* 范围内，切向速度随 r 的减小而减小可近似表达为：

$$v_t = r\omega \tag{4.2}$$

式中　ω——液体旋转角速度，这种运动称为强制涡（类似刚体的定轴转动）。

（3）在 OC 半径范围内，没有液体作旋转运动，但有空气作旋转运动。

（4）将各横切面上切向速度相等的点连起来，称为等切向速度线，稍微有点倾斜，表明相同直径柱面上切线速度稍有不同。在 BC 围内的切向速度连线近似为垂线，表明这个区域内各横截面上相同半径处的切向速度近似相等。

（5）由式（4.1）可知，随着 r 的减小，切向速度增大。因此靠近锥筒小端附近的切向速度比上端大，这是旋流器锥筒下端易磨损的重要原因之一。

4.3.2　径向速度 v_r 分布规律

在水力旋流器内液流的三维运动中，径向流动的研究不够无分，而且存在明显争议。因为与它他两个方向的流动相比，径向运动的速度小得多，实验测定及验证相当困难。一种观点是 Kelsall 的研究结果；另一种观点是 Hsien 的研究成果。

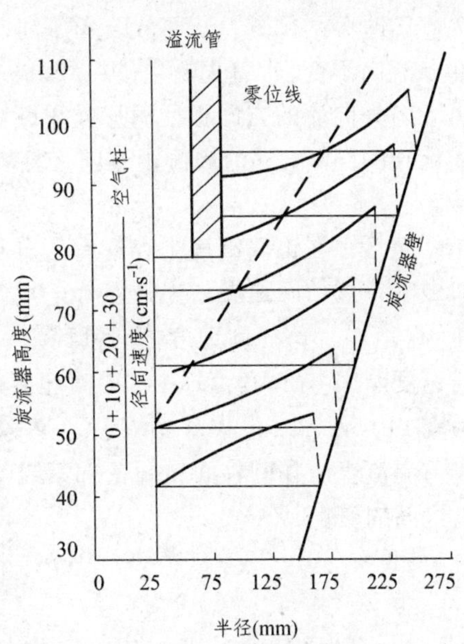

图 4.6　旋流器径向速度分布规律

第一种观点是沿旋流器高度变化的各水平面内的径向速度，随半径的变化规律各不相同的，径向流速分布如图 4.6 所示；第二种观点是随着径向位置从器壁趋向轴心，径向速度逐渐增大，在空气住边缘附近又急剧降低，锥筒段径向速度方向始终是由器壁指向轴心；内向流区的径向速度变化幅度比外向流区的变化幅度大。两种观点都认为径向速度沿半径方向是变化的，正是由于这种变化，使细小颗粒有机会流向中心，并做向上旋流运动。在旋流器旋流分离过程中，切向速度与径向速度决定分离效果。

4.3.3　轴向速度 v_x 分布规律

由图 4.7 可知，在任一横截面上，随着半径 r 的减小，从器壁起，v_x 的值由负（下降流）逐渐变为正（上升流）。每个截面部有一个 $v_x = 0$ 的点，即轴向速度分界点。将所有 $v_x = 0$ 点的连起来，如图中的粗虚线，形成一个假想的锥面。在此假想锥面之外的固相颗粒，大部分随同下降流向下流动由沉砂口排出；在假想锥面内部的固相颗粒，由于上升流及向内径向流的作用，一部分从溢流管排出，一部分将再次在旋流器内循环。如果考虑切向速度，则靠壁的液体将螺旋向下运动，而靠中心附近的液体将作螺旋式的上升运动。

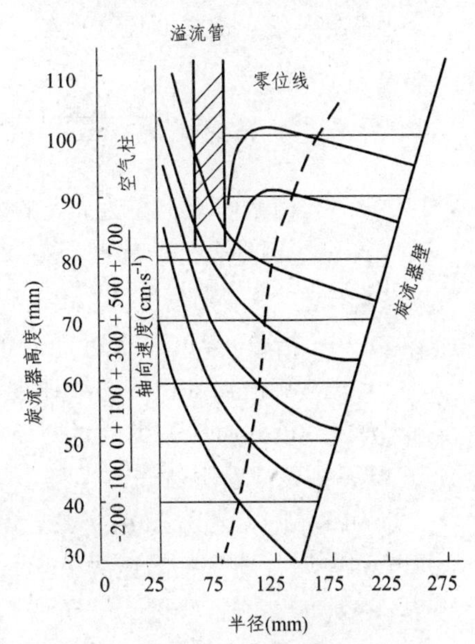

图 4.7　旋流器轴向速度分布规律

4.3.4 旋流器内流场分布规律

经过实验观测及验证，水力旋流器内的流场成对称分布，整个流场的纵向截面内的流线如图 4.8 所示（由于对称，只描述了左截面）。并如前所述，流场内任何一点的流速都可以分解成切向、径向和轴向速度。同时，流场内有两种液流存在。一种沿锥筒螺旋向下流动的外向流，另一种是沿锥筒螺旋向上流动的内向流。当外向流接近沉砂口时分两部分，一部分改变流向向上，变成内向流，另一部分流向不变，带着大质量砂粒经沉砂口排出。在溢流管下部，由于内外向流的方向相反而形成闭环涡流。此涡流绕旋流器轴线旋转的同时，涡流内侧由下向上翻转，涡流外侧由上向下翻转。

而且，在锥筒高度上存在有一分界水平面 M-M，在分界面上的各点径向速度为零，即 $v_r = 0$。例如，取 M_0 点来说明。在 M_0 点以上，径向速度指向锥筒壁，并且离 M_0 点越远，径向速度越大；在 M_0 点以下，径向速度指向锥筒中心。从 M_0 点到 C 点，v_r 增大，从 C 到 D 点，v_r 减小。其中，C 点是零位线与溢流管所在圆柱面转向轮廓素线的交点，D 点是该线与锥筒壁面的交点。

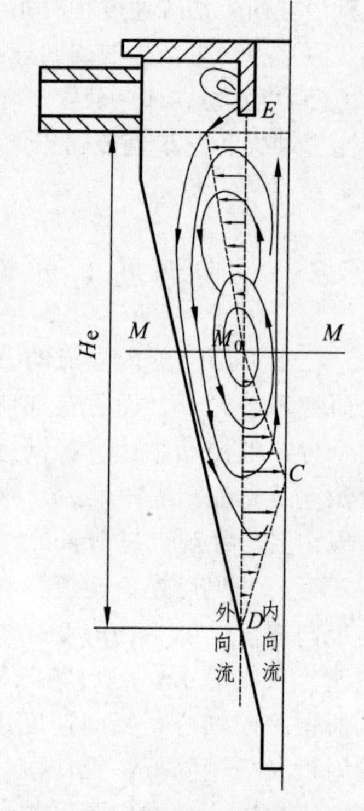

图 4.8 旋流器流场分布

4.4 旋流器内压力变化规律分析

旋流器内任一横截面任一点的压力可用下式来表示：

$$p = p_k + \frac{\rho_m v_e^2}{2n}\left[1-\left(\frac{r_k}{r}\right)^{2n}\right] \tag{4.3}$$

式中 p——横截面上半径为 r 处的静压力；

p_k——器壁 r_k 外的静压力；

ρ_m——液体的密度；

n——指数 $n = 0.5 \sim 0.9$；

v_e——旋流器入口的切线速度；

r_k——该截面最大半径（即该截面上，中心到器壁的距离）；

r——该截面上任一点半径。

式（4.3）中，若除去 p、r 外，其余均为已知量，则任一点的压力随该点半径而变化。

当 $r = r_k$ 时，器壁处的压力 $p = p_k$；

当 $r < r_k$ 时，方括号内为一负值，即第二项为负值，因此 $p = p_k$；

当 r 减小到某值时，

$$p_{\mathrm{k}} < \left| \frac{\rho_{\mathrm{m}} v_{\mathrm{e}}^{2}}{2n} \left[1 - \left(\frac{r_{\mathrm{k}}}{r} \right)^{2n} \right] \right| \tag{4.4}$$

即式（4.4）成立时，可得到 $p<0$，这表明旋流器轴线附近的静压力为负值，说明旋流器中心存在空气柱，空气柱的空气是从底部沉砂口吸入的，旋流器有空气柱存在是正常现象。由于空气柱及其周围的压力低，所以悬浮固相颗粒的能力就低，这限制了较大的固相颗粒不能随锥筒中心附近的上升流向上浮动，有利于分离固相颗粒。

4.5　旋流器的分离粒度及分离效率

对细小的固相颗粒，可近似看做球体。在旋流器内作高速旋转的颗粒必然产生一个离心惯性力，即：

$$F_{\mathrm{c}} = \left[\frac{\pi d^{3}}{6} (\rho_{\mathrm{s}} - \rho_{\mathrm{m}}) \right] \frac{v_{\mathrm{t}}^{2}}{r} \tag{4.5}$$

式中　d——固相颗粒直径；

ρ_{s}——固相颗粒密度；

r——该颗粒所处位置到旋流器中心的距离，即固相颗粒在某瞬时的旋转半径；

v_{t}——该瞬时，在半径为 r 处固体的切向速度。

由式（4.5）可知，固相颗粒所处的位置不同，则 F_{c} 的大小也不一样，但 F_{c} 的方向始终向着壁一侧，即此力使固相颗粒产生一个向壁一侧运动的径向速度 v_{o}。固相颗粒在旋流器中沿径向运动时，要受到液体的阻力 R_{s}。若按层流状态考虑流动过程：

$$R_{\mathrm{s}} = 3\pi d \mu v_{\mathrm{o}} \tag{4.6}$$

式中　μ——混合液体的黏性系数。

颗粒沿径向运动的方程可由牛顿第二定律得：

$$F_{\mathrm{c}} - R_{\mathrm{s}} = -m \frac{\mathrm{d}v_{\mathrm{o}}}{\mathrm{d}t} \quad 或 \quad \frac{\pi d^{3}}{6} (\rho_{\mathrm{s}} - \rho_{\mathrm{m}}) \frac{v_{\mathrm{t}}^{2}}{r} - 3\rho d \mu v_{\mathrm{o}} = -m \frac{\mathrm{d}v_{\mathrm{o}}}{\mathrm{d}t}$$

当颗粒沿径向作等速运动时，即 v_{o}＝常数。整理上式得：

$$v_{\mathrm{o}} = \frac{d^{2} (\rho_{\mathrm{s}} - \rho_{\mathrm{m}}) v_{\mathrm{t}}^{2}}{18 \mu r} \tag{4.7}$$

式（4.7）是计算旋转流场中固相颗粒的径向速度公式，称为斯托克斯公式。

由前述可知，旋流器中的液体也有一个径向速度分量。将液体和固相颗粒的径向速度相加后，综合图 4.8 可知：当固相颗粒在 M_{o} 点以上时，两种径向速度的方向相同，使固相颗粒加速向旋流器内壁一侧运动（在空气柱附近除外）。

在 M_{o} 点以下，液体和固相颗粒的径向速度方向相反，可分以下三种情况：

当 $v_o - v_r > 0$，颗粒向旋流器内壁一侧运动；

当 $v_o - v_r < 0$，颗粒向旋流器中心运动；

当 $v_o - v_r = 0$，颗粒不作径向运动，该瞬时只作圆周运动。即该瞬时固相颗粒只在半径为 r 的圆周上旋转，称 r 为直径等于 d 的颗粒的回转半径，r 可由上式得：

$$r = \frac{d^2(\rho_s - \rho_m)v_t^2}{18\mu v_o} = K_o \frac{d^2 v_t^2}{v_o} \tag{4.8}$$

式中 K_o——系数，$K_o = (\rho_s - \rho_m)/18\mu$。

由式（4.8）可知，r 受很多因素的影响，其中也受固相颗粒直径的影响。颗粒直径 d 越大，则该颗粒的回转半径 r 也越大，也就是说任何直径为 d 的固相颗粒都有其自身的回转半径，但绝不是说该颗粒就只在半径为 r 的圆周上回转，因为颗粒还要作螺旋式的上升或下降运动，即将参与溢流或底流口排屑。当颗粒运动到另一个截面时，液体的径向速度变化，v_o、v_r 的对比发生变化，r 也变化。固相颗粒回转半径 r 与该颗粒溢流有如下关系：

当 $r > r_o$ 时，此种颗粒较大，不易排走，将螺旋式向壁一侧运动；

当 $r = r_o$ 时，该瞬时此种颗粒不作径向运动，有可能被上升液流带走；

当 $r < r_o$ 时，这种颗粒较细，由于靠近旋流器中心，易被上升液流带着向上运动，甚至从溢流管排走。r_b 为溢流管半径。我们称 $r = r_o$ 的固相颗粒直径为旋流器的分离粒度或称临界粒度。它是衡量分离特性的参数。

具体来说，分离粒度是指钻井液经过处理（旋流器或振动筛）后，只能被清除掉 50%，其余 50%存留在溢流中的颗粒直径尺寸。常用符号 d_{50} 表示。采用 d_{50} 分离粒度概念比上述概念更具体而便于应用，通常以分离效率为 50%的固相颗粒直径来表示分离粒度(或临界粒度)，即：

$$分离效率\eta_f = \frac{底流中粒径为d_{50}的固相总量}{进浆中粒径为d_{50}的固相总量} \times 100\% = 50\% \tag{4.9}$$

有的时候，我们可能对 d_{95} 感兴趣，它表示能被清除 95%的那种固相颗粒的直径。

在理论分析中，通常以 $v_o = v_r$ 条件来计算，综合

$$\frac{d_{50}^2(\rho_s - \rho_m)v_t^2}{18\mu r} = \frac{Q}{2\pi r_b H_e}$$

变换上式得：

$$d_{50} = \sqrt{\frac{9\mu Q}{\pi H_e(\rho_s - \rho_m)v_t^2}} \tag{4.10}$$

式中 Q——旋流器处理量；

H_e——旋流器有效高度，即 ED 距离，如图 4.8 所示。

设 d_e 为进浆管直径，则旋流器的处理量可表示为：

$$Q = \frac{\pi d_e^2}{4} v_e$$

旋流器分离粒度的理论计算公式：

$$d_{50}=0.75\sqrt{\frac{\pi\mu}{QH_{\mathrm{e}}(\rho_{\mathrm{s}}-\rho_{\mathrm{m}})}}\cdot d_{\mathrm{u}}^{2}\left(\frac{r_{\mathrm{o}}}{r_{\mathrm{R}}}\right)^{n} \tag{4.11}$$

式中 r_{R}——旋流器公称半径。

由式（4.11）可以看出影响分离粒度的因素很多。实验表明，按式（4.11）计算的结果与实验结果差异较大，为此应对该式进修正。通常用下式进行计算，即：

$$d_{50}=K\sqrt{\frac{\mu}{(\rho_{\mathrm{s}}-\rho_{\mathrm{m}})v_{\mathrm{e}}}\cdot\frac{D}{H_{\mathrm{e}}}} \tag{4.12}$$

式中 K——修正系数，$K=1\sim1.1$；

D——旋流器公称直径。

理论上，固相颗粒粒径大于 d_{50} 时，颗粒可被全部清除，而 $d<d_{50}$ 的固相颗粒能被溢流带走。但实际上因紊流的存在，使颗粒扩散，分离截面的假想圆筒半径及该半径上切向速度在 Z 轴方向上也是变化的，因而理论与实际仍有差异，目前也常用下面的简化方法计算分离粒度，即：

$$d_{50}=4.72\sqrt{\frac{d_{\mathrm{o}}\cdot D\cdot a}{d_{\mathrm{u}}\cdot K_{\mathrm{D}}\cdot\sqrt{p}(\rho_{\mathrm{s}}-\rho_{\mathrm{m}})}} \tag{4.13}$$

式中 $D,d_{\mathrm{o}},d_{\mathrm{u}}$——旋流器、溢流管和排砂嘴直径，cm；

p——旋流器进口压力，kPa；

a——给进的钻井液中的固体含量，%；

ρ_{s} 和 ρ_{m}——钻井液中固相及液相密度，g/cm^3；

$K_{\mathrm{D}}=0.8+\dfrac{1.2}{1+0.1D}$。

旋流器分离固相颗粒的大小，是几何尺寸、进液压力、进液黏度、进液中固相粒度分布等因素的函数。它与临界粒度 d_{50} 一样是在一定范围内波动的随机值。不同规格的旋流器的分离粒度及临界粒度 d_{50} 见表 4.2。

表 4.2 旋流器分离粒度与临界粒度 d_{50}

旋流器尺寸（mm）	分离的最小固相颗粒（μm）	临界粒度（μm）
50	>3	7 ~ 12
100	>8	15 ~ 25
150	>20	35 ~ 45
200	>30	50 ~ 60
300	>40	60 ~ 70

使用说明书上给出的分离粒度值，仅仅是旋流器分离效率曲线上的一个点，如图 4.9 所示。例如：$\eta_{\mathrm{f}}=50\%$ 对应的颗粒相对尺寸为 27%，与 $\eta_{\mathrm{f}}=95\%$ 对应的颗粒相对尺寸约为 95%～

100%。它表示进入旋流器的最大固相颗粒也只能清除95%。因为溢流管与进浆管太接近，少量大颗粒随溢流流走。同样，相对尺寸为15%的固相颗粒，也有约20%被清除，因此，分离效率曲线才是反映旋流器分离性能的特性曲线。

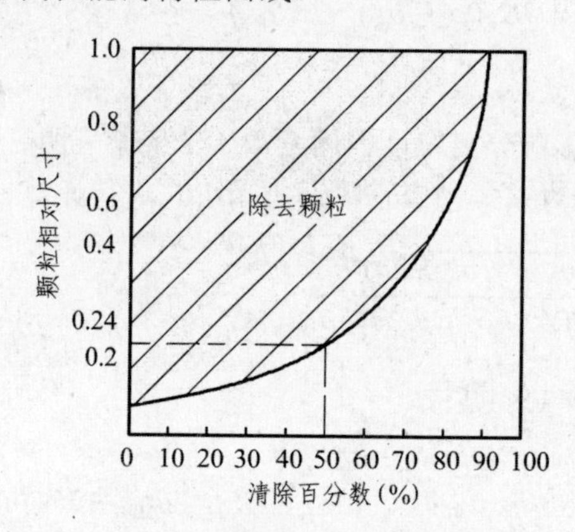

图 4.9 旋流器分离效率曲线

4.6 影响分离效率及分离粒度的因素

影响分离效率和分离粒度的因素可分为旋流器的结构因素和钻井液性能及工作参数等因素。有关旋流器结构对分离粒度的影响，可以从式（4.12）、（4.13）得出，下面将着重讨论钻井液性能及工作参数对分离效率的影响。

旋流器的分离效果差、分离效率低主要通常是由于以下原因：旋流器的进浆管工作压力超过规定的范围；溢流钻井液的黏度偏高；变为球形的固相（岩屑）颗粒较少；底流固相颗粒减小；底流口变小；以及由于进口钻井液中固相含量过高而导致旋流器过载等。

4.6.1 处理量对分离效率的影响

旋流器的处理量可由下式计算：

$$Q = Kd_{\mathrm{o}} \cdot d_{\mathrm{e}} \cdot \sqrt{Hg} \quad (\mathrm{L/min}) \tag{4.14}$$

式中 K——旋流器的处理量系数，由实验确定或由下式确定：

$$K = 5.1\frac{d_{\mathrm{o}}}{d_{\mathrm{e}}}$$

Q——旋流器处理量，是指输入旋流器的钻井液量，L/min；

H——旋流器入口和溢流口之间的压力差，近似认为是旋流器进浆口压力，$\mathrm{N/cm^2}$；

d_{e}——进液口当量直径，cm；

d_{o}——溢流管直径，cm。

上式中的单位不统一，但已由系数 K 修正。

式（4.14）表示当结构一定时，入口压力与处理量之间的关系，即入口压力越高，处理量越大，但入口压力过高，分离效果并不好，如图 4.10 所示。当压力增加到某一数值时，底流含砂量增加并不多，反而增加了砂泵和除砂器的磨损和动力消耗，所以不应片面追求高的入口压力。通常旋流器都有一个最佳工作范围，在该范围内，旋流器工作的综合经济效益较好。表 4.3 是几种常见旋流器使用范围表。

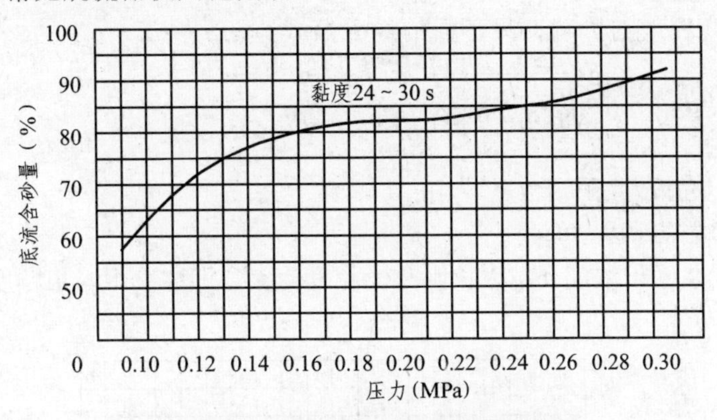

图 4.10　压力对底流含砂量的影响

表 4.3　几种常见旋流器使用范围

（$\rho = 1.0\ \text{g/cm}^3$，$\rho_m = 2.5\ \text{g/cm}^3$，$T = 16.67\ ^\circ\text{C}$的水）

规格 \ 处理量 L/min \ 井口	0.70	1.05	1.41	1.76	2.11	2.46	2.81	3.16	3.51	3.87	4.22	4.57	4.92	5.27
2（50）	0.466	0.576	0.643	0.725	0.775	0.869	0.932	0.977	1.027	1.077	1.134	1.184	1.235	1.292
3（75）	0.863	1.058	1.222	1.367	1.487	1.600	1.714	1.827	1.922	2.010	2.104	2.192	2.281	2.369
4（100）	1.323	1.638	1.890	2.142	2.331	2.457	2.646	2.835	2.961	3.087	3.213	3.402	3.528	3.654
4H（125）	2.520	3.150	3.654	4.032	4.410	4.725	5.040	5.355	5.670	5.985	6.237	6.489	6.741	6.993
8（200）	4.914	6.048	6.930	7.749	8.505	9.198	9.828	10.46	10.96	11.47	11.97	12.47	12.98	13.42
12（300）	12.60	15.12	17.64	19.85	21.74	23.31	25.20	26.78	28.04	29.30	33.56	31.82	33.08	34.34

但应该指出，旋流器入口压力差 H 与处理量 Q 互为函数关系，式（4.14）也可以改写为：

$$H = \frac{Q^2}{K^2 d_e^2 d_o \cdot g} \tag{4.15}$$

式（4.15）表明，入口压头对入口流量极为敏感。在旋流器使用过程中，常出现入口压头不足，旋流器工作效果不好的情况，即通常说的泵压不足。但这种说法未能把握住实质，实质问题应该查入口流量不足的原因，针对这一原因找出解决办法，才能使旋流器正常工作。由式（4.11）可知，处理量 Q 变大，则入口速度 v_e 变大，因此分离粒度可减小；而溢流中的大颗粒可以减少，因而效果较好，但 v_e 也不应过大，因为 v_e 增大，Q 也随之增大，意味着 H 值过大。

4.6.2　给料的固相浓度对底流的影响

旋流器工作过程中，往往出现沉砂管的排泄物逐渐变干，甚至被堵死的情况。发生这种情况一个重要的原因就是在流入旋流器的钻井液中固相含量增大。由于固相含量增大，旋流器内固相颗粒增多，因此被分离出的固相总量增多，如图 4.11 所示。因此，应注意给浆固相含量增加对分离粒度的影响，见下面的经验公式：

$$d_{50}=\frac{0.9d_{\mathrm{e}}}{d_{\mathrm{u}}}\sqrt{\frac{d_{\mathrm{e}}\cdot a}{H^{0.5}(\rho_{\mathrm{s}}-\rho_{\mathrm{m}})}} \tag{4.16}$$

式中　a——给进钻井液浆固相含量，%；

d_{u}——沉砂管直径，cm。

上式表明，给浆固相浓度 a 越大，则分离粒度变大，即溢流中固相粒度变大，分离效果变差。

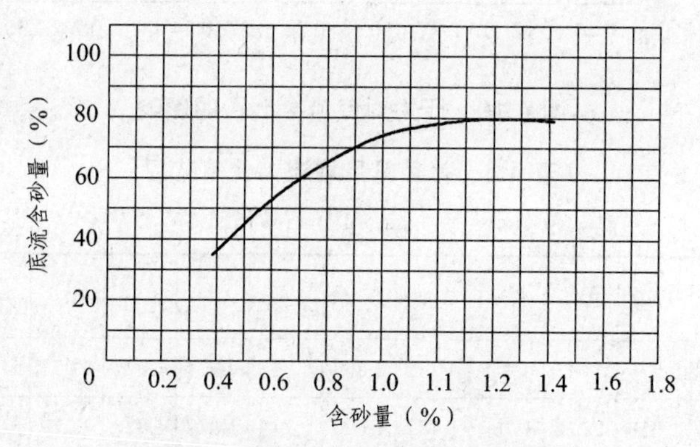

图 4.11　给料含砂量对底流的影响

给浆浓度增大的原因主要有两点：

(1) 机械钻速增加使总的固相含量增加；

(2) 第一级振动筛（或第二级除砂器）工作不正常，使进入后一级旋流器的固相总量增多。而振动筛工作不正常，主要是指筛网太粗或筛网损坏，此种情况下应更换筛网。如果筛网没有损坏，为使分离粒度变小，又不使沉砂管堵塞，由公式（4.16）可知，可以用增大沉砂管直径 d_{u} 来解决。

4.6.3　黏度、压力与底流的关系

随着钻井液黏度的增大，分离粒度变大，也就是溢流中的固相含量增多，大颗粒增多，分离效率变差。但增大旋流器入口流速 v_{e}（也即增大进浆量），可使分离粒度减小。由式（4.15）可知，加大进浆量也就是加大了入口压头，因此，增大入口压头可使分离粒度变小，减少了溢流中的固相含量，增加了底流中的固相含量。也就是当钻井液的黏度增加时，增大入口压力可使分离效率提高，但入口压力不应太高，原因前面已作说明。图 4.12 所示为对某除砂器试验后得到的黏度、压力与底流含砂量的关系曲线。

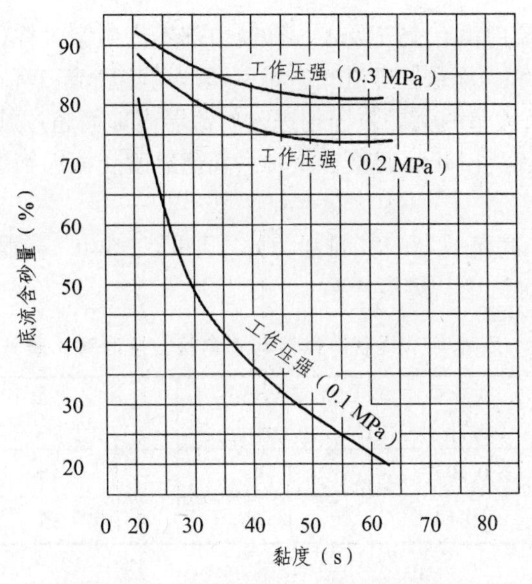

图 4.12　黏度、压力与底流关系曲线

4.6.4　钻屑密度的影响

由式（4.15）、（4.16）可知，钻屑密度大，则分离粒度变小。在钻井过程中，由于岩石的性质变化，也影响旋流器的分离效果，应根据岩屑的变化，对旋流器的工作情况作适当调整。

4.7　对底流形状的讨论

“伞状”和“绳状”是对旋流器底流口排泄情形的两种基本描述，如图 4.13 所示。当底流口“伞状”排泄时，此时底流口有两股流体相对流过，其中一股是空气的吸入，在锥筒内部有空气柱产生，另一股则是含固相的稠浆，在底流口呈“张开的伞面”一样喷出，被吸入的空气和向上的旋流一起从溢流口流出；而底流口“绳状”排泄时，底流的密度增大，外形

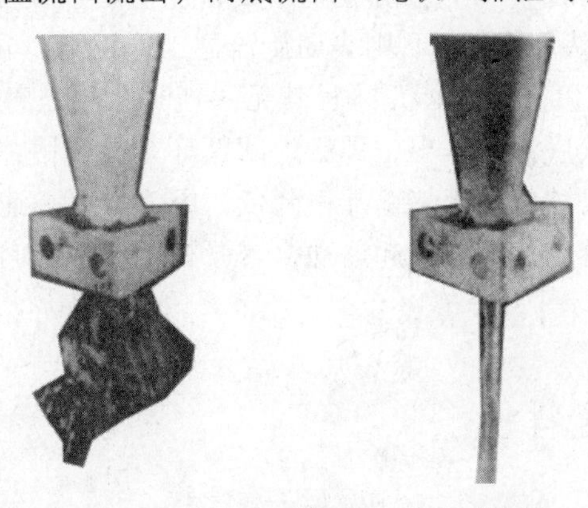

图 4.13　“伞状”和“绳状”排泄对比图

就像扭曲绳子，此时底流口没有空气吸入，锥筒内部不产生空气柱，容易发生堵塞。一般情况下，“伞状”排泄状态和“绳状”排泄状态可以通过调整底流口沉沙嘴的大小来转换。但当供料条件改变时，比如有大量的大颗粒固相进入旋流器内部而超过旋流器的工作负荷，则“绳状”排泄状态无法通过底流口开口调整，此时只能通过改变振动筛的使用方法或者增加旋流器的个数。

旋流器正常工作时，底流呈“绳状”排泄为好，还是以“伞状”排泄为好，下面引用SWACO公司的一组实验数据进行讨论，见表4.4。

表4.4 “绳状”排泄与“伞状”排泄对比表

对比参数 排泄状态	排泄量（m^3/h）	排泄物密度（g/cm^3）	排泄物中固相含量（%）	清除固相量（m^3/h）
绳状	0.907	1.74	46	0.417
伞状	1.814	1.56	35	0.635

表4.3表明，旋流器“绳状”排泄比“伞状”排泄每天要多留$(0.635-0.417)\times 24=5.23\ m^3$的固相在钻井液系统中；“绳状”排泄，每天失水量为$(0.907-0.417)\times 24=11.76\ m^3$。为了将$5.23\ m^3$的固相配制成密度为$1.1\ g/cm^3$、固相含量为6.5%的钻井液，则每天需水量为$\frac{5.23}{0.065}-5.23=75.23\ m^3$。

而当旋流器以“伞状”排泄时，可以使钻井液的密度保持较好，不必冲稀钻井液，底流每天的失水量为$(1.814-0.635)\times 24=28.3\ m^3$。

4.7.1 底流“伞状”排出

对于平衡设计的旋流器，如果进浆管中含有过量的固相颗粒（指体积含量），其底流将呈“伞状”排出，伞状底流排出时，底流中固相携带液体的数量随着颗粒大小而变化。当仅分离细小的固相颗粒时，其数量将达到总底流量的90%；当分离相对粗大固相颗粒时，则所携带的液体量将占底流量的50%。

对钻井液固相分离而言，“伞状”排出时，设备能使固相颗粒的清除最大化、同时整个钻井液的废弃最小化。“伞状”排出时，则表明旋流器工作正常，分离得当。工程实际中，如果底流口调整过大，底流也可能呈“伞状”，虽然无法判断此时分离效果是否恰当，但肯定一点，此时会有过多细细颗粒从底流口排出，那么返回循环系统的钻井液密度将降低，这未必是一件坏事，而且，大开口尺寸使顶部堵塞几率降低。因为，以高速朝溢流口上行的内部流体，由于摩擦作用，会携带着空气与它一起运动，这股在旋流中心向上运动的空气柱就是通过底流口的开口不断补充的。

4.7.2 “绳状”底流排出

如果旋流器固相载荷过大，其底流口处可能没有足够的空间来排出所有向下运动的固相颗粒，致使一些颗粒在出口附近慢慢堆集，形成一个“死区”，则形成“绳状”底流。在“绳状”排出的底流中，液体约占其总底流体积量的 50%，有时更少。不能在绳状底流中排除的固相颗粒会立即卷入中心旋流中，并被带到出口溢流中。在这种情况下，几乎所有小而轻的固相颗粒都会被溢流带走，只有那些大质量的固相颗粒才能通过底流口被除。有时甚至一些较大的固相颗粒也将从溢流口返回钻井液循环系统,绳状底流中几乎不含有细小的固相颗粒。

通常在理想供料条件时，“绳状”排出底流的密度要高于“伞状”排出底流的密度，但同时会有大部分细的固相颗粒进回流到溢流中，所以“绳状”排泄状态的溢流密度也会高于“伞状”排泄状态时溢流的密度。由此回收至钻井液罐的处理后的钻井液，相对“伞状”排泄情形相比，将含有更多的固相颗粒，这对钻井液固相控制是十分不利的。以下几种情况会限制旋流器的底流排泄状态及分离的效果。

（1）待处理钻井液的固相颗粒浓度过高；

（2）旋流器泵入钻井液速度过快，已超过了平衡式旋流器的平衡点；

（3）锥筒内导流管过长，导致内部真空区域过大；

（4）底流口开口过小；

（5）砂泵泵压不足。

如底流口大小调节不适当，“伞状”排出有可能出现“湿底”现象，这将造成大量的钻井液漏失，虽然此时固相清除效率几乎达到 100%，但由于钻井液成本较高，漏失情况也是不允许的。因此在底流孔直径调试时，往往要降低固相清除效率以避免漏失情况，但综合考虑固控流程，旋流器的底流会被振动筛或离心机二次处理，进行液体回收，所以在钻井液处理中，底流排泄成“伞状”较理想。综上所述，可得出如下几点结论：

（1）尽管“绳状”排出时的底流密度大，但不如“伞状”底流排出时的分离效果好；

（2）旋流器在以“绳状”底流排出时，会导致非加重钻井液的密度增加，增幅要比旋流器以“伞状”排出工作时的快；

（3）对于非加重钻井液，如果旋流器以“绳状”底流排出，则大部分细的固相将随溢流回到钻井液循环系统中。这时要除掉这些细小的固相颗粒，唯一的方法是通过替换稀释，这意味着比旋流器以“伞状”排泄损失更多的液体和有用胶体；

（4）“绳状”底流排泄，会导致旋流器的溢流口、沉砂嘴、锥形衬套以及钻井液泵液力端的快速磨损，并且使非加重钻井液的密度增加以及降低滤饼质量；

（5）底流排出的最佳形状要考虑钻井液漏失过量的问题。

4.8　旋流器的几何尺寸及性能参数

4.8.1　旋流器的几何尺寸

有关旋流器的理论是在大量实验和基础理论相结合的基础上建立的，通过整理得到一系列有关尺寸计算的经验公式。

1．公称直径 D

由式（4.11）和式（4.14）可知，旋流器的处理量及分离粒度均分别随 D 增大而增大。若既要增大处理量，又欲减小分离粒度，通常是将多个直径较小的旋流器并联组成旋流器组。旋流器的公称直径（简称直径）已经系列化，常见系列为$\phi50$、$\phi75$、$\phi100$、$\phi125$、$\phi200$、$\phi250$、$\phi300$等。

在其他结构参数不变的情况下，单纯增加旋流器直径，并不能显著增加处理能力，并且K_D系数随D的增大而有所减小。但是，由于进口直径和溢流管的直径乘积与旋流器直径的平方成正比，因此，当其他结构参数随直径按比例增加时，旋流器的处理能力与其直径的平方成正比。

由于颗粒所受到的离心力等于mv^2/r，因此，旋流器直径越大，离心力就越小，只有采用小直径的旋流器，才能得到细的溢流。在不同直径的旋流器中，可以得到相同的分离粒度。由式（4.13）得知，排口比d_u/d_o的变化也能影响边界粒子粒度。在直径增大的旋流器中，为了得到相同的边界粒子粒度，则可用增大排孔比的方法来达到。

大直径的旋流器比小直径的组合旋流器使用简单可靠，堵塞的机会较少。因此，在可以获得同样工艺指标的情况下，应优先采用大直径的旋流器，这正是大力发展大直径旋流器的原因之一。

2．进浆口直径 d_e

实践证明，在其他结构参数不变时，矩形入口（$h\times b$）截面的旋流器分离效果更好，这是因为矩形入口能保证进液流与旋流器壁相切。而工程上管汇一般为圆形截面，所以进浆口尺寸常用当量直径d_e来描述，$d_e=\sqrt{4hb/\pi}$，也简称为进浆口直径。

进浆口直径对处理能力和分离粒度有一定的影响，加大进浆口直径可使处理量及溢流粒度增大。通常随钻井液粒度成分的不同，而改变进浆口直径的大小。当分离粒度较粗时，要求的入口压力较低，取为$d_e=(0.16\sim0.20)D$；当要求分离粒度较细时，要求的入口压力较高，取为$d_e=(0.14\sim0.16)D$。但由公式（4.13）得知，临界粒度与进口管直径的平方根成比例（因进口管径与 D 成正比）。所以，进口管直径的变化对生产能力的影响较大，而边界粒子粒度的影响较小。用减小进口管尺寸的办法来调整分离粒度，效果并不明显。

3．溢流管直径 d_o

溢流管直径的变化将影响旋流器的各个工作指标。例如，当进口压力不变时，在一定范围内，增加d_o可以使处理能力成正比增加；在生产能力不变的情况下，d_o增大，进口压力将成平方降低，合理的溢流口直径与旋流器公称直径的关系为$d_o=(0.22\sim0.3)D$。

4．溢流管深度

一般使溢流管在旋流器中的插入深度 h 接近筒体圆柱部分的底部，不超过圆柱体高度，也不能高于进浆口。过深或过浅都会使溢流粒度变粗，而使沉砂中的细粒含量增加。比较合适的插入深度为$D\sim D/6$（平均为$D/2\sim D/3$）。

如图 4.14 所示，增加溢流管的插入深度，将减少内旋流高度，导致溢流固相粒度增大。为避免溢流管被冲蚀，必须保持溢流管的外径小于差值$(D-2d_o)$。

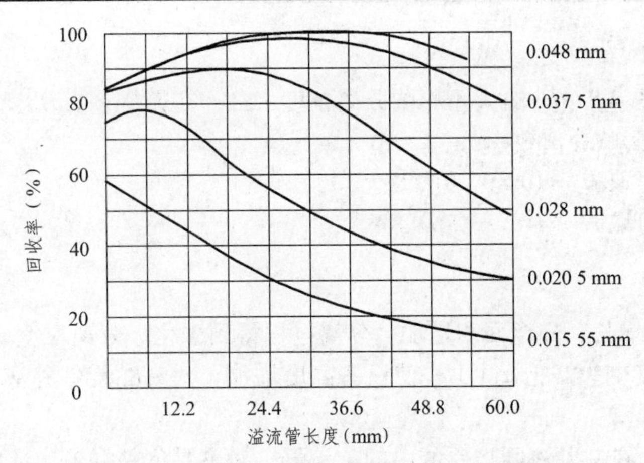

图 4.14　溢流管长度对溢流固相含量的影响

5. 底流口直径 d_u

底流口直径的大小取决于进入的钻井液的浓度和所要求的分离黏度，底渣排出应呈“伞状”。为适应工况的变化，底流口直径应可调，底流口直径与溢流口直径的关系为 $d_u = (0.2 \sim 0.7)d_o$。

底流口直径过大，则沉砂浓度小，细粒固体含量增多，分离效益下降。当底流口直径接近或超过溢流口直径时，旋流器的工作过程遭到破坏，进入的钻井液全都从底流口排出；而过小的底流口直径会使沉砂浓度增大，溢流中粗粒含量增多，当底流中固相含量超过 80%时，就会发生底流口堵塞。

底流口的变化，对旋流器的处理能力影响甚微，但使分离质量产生变化，可能会导致：

（1）对于密度较大、颗粒较大的钻井液分离时可能堵塞底流口。

（2）增加了溢流中固相颗粒的粒度。

（3）增大了溢流率，相应地减小沉砂率。

当底流口直径很大，接近甚至超过溢流直径，旋流器将被破坏，大部分或全部钻井液经底流口排除。一般情况下取 $d_u / d_o = 0.15 \sim 0.8$，$d_u$ 为底流口直径，d_o 为溢流口直径。底流固相含量、溢流效率、临界粒度等都与底流口有关，亦即随排口比 d_u / d_o 而变化，如图 4.15 所示。

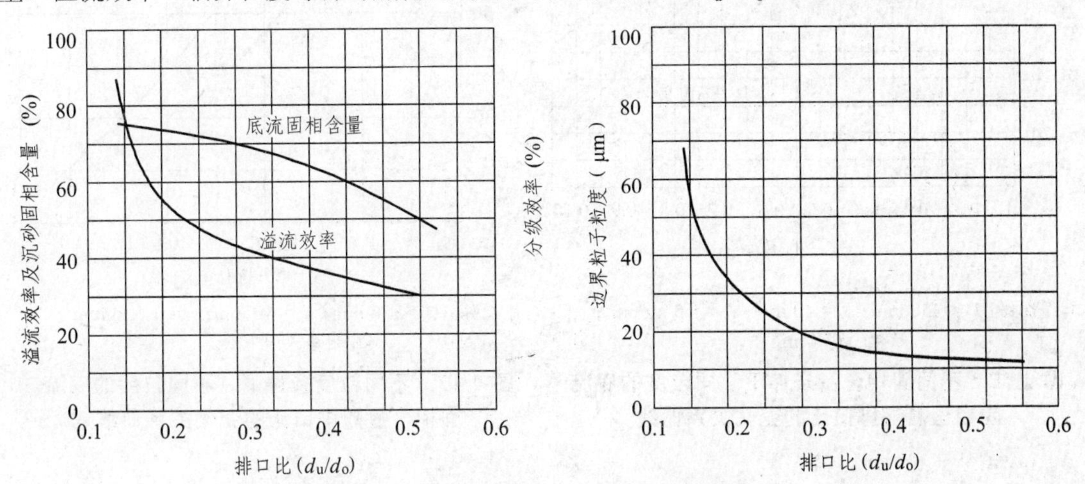

图 4.15　旋流器工作指标与排口比的关系

6．圆柱体高度 H_e

圆柱体高度见图 4.8，H_e的大小影响分离粒度。在一定范围内，H_e变大，则分离粒度变小，但H_e过大，将影响分离效率。

用于除砂时，可取 $H_e=(0.5\sim1.0)D$；

用于除泥时，可取 $H_e=(1.2\sim1.5)D$。

7．锥筒角度α

α减小，锥体将增长，分离面积增加，分离过程得到强化，分离粒度变小；α增大，锥体长度变短，分离粒度变大。但α过小，使设备高度增加，对高黏度钻井液，其摩擦损耗也增大。

根据使用经验，在钻井液固控系统中的旋流器，对高黏度钻井液，锥角α可大于 40°，一般情况以$\alpha=20°$为宜。通过增加锥角去降低设备的高度，但增加了液体的平均径向速度，因而使溢流粒度增大，得到排砂浓度较大。较小的α角，可得到较细的溢流粒度，但由于摩擦损失加大，锥角大小在 15°～20°内得不到预期的工艺效果。

8．排口比

排口比定义为底流口直径与溢流口直径之比，即d_u/d_o，它对于旋流器所有的工作指标均有极大的影响。首先影响到沉砂，沉砂量随排口比的增大而增大，而溢流变得更细，但超过某一数值，将会得到相反的效果。

在不同固相含量条件下，排口比与底流固相含量的变化关系曲线在同粒度下如图 4.16 所示；在不同粒度下，固相含量随排口比的变化关系曲线，如图 4.17 所示。由图 4.17 可知，随着排口比增大，底流固相含量急剧减少。

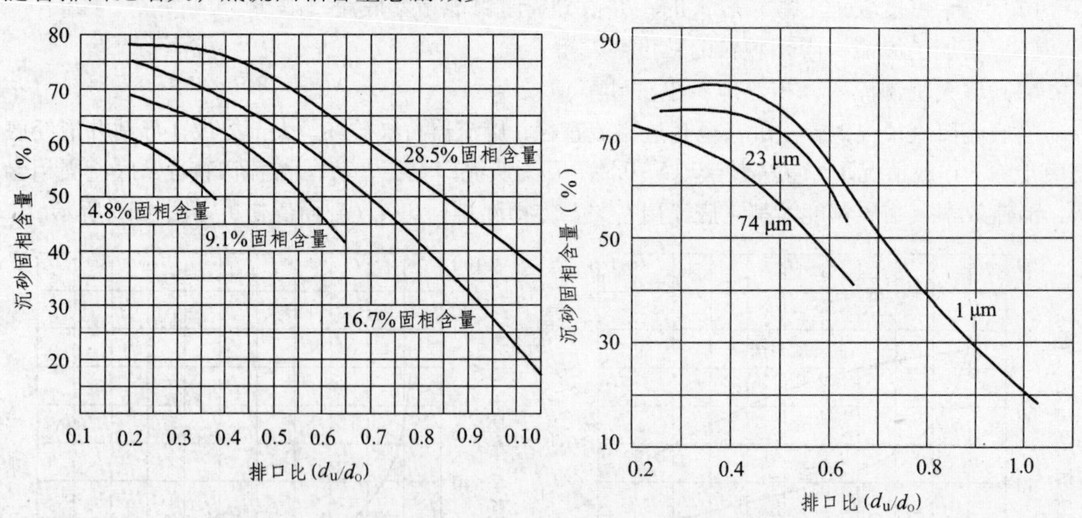

工作条件：$D=350$ mm；$d_o=40$ mm；$P=1.5$ kg/cm^2；粒度 0.074 mm

图 4.16 不同固相含量条件下，同粒度的底流固相含量随排口比的变化关系曲线

工作条件：$D=350$ mm；$d_o=40$ mm；$P=1.5$ kg/cm^2；固相含量 9.1%

图 4.17 不同粒度条件下，不同粒度的底流固相含量随排口比的变化关系曲线

4.8.2　工作性能参数

1．工作压力调节

旋流器的进出口压差，即工作压力，是一个重要的工艺参数。增加进出口压差，实质上是增加了液体的旋流速度，使液体在旋流器中停留的时间减少了。由于液体在旋流器中停留的时间基本上是固相分离时间，减少了停留时间，会导致分离过程不充分。而且，由于停留时间的减少，还会加速锥筒的磨损；反之，降低进出口压差，导致旋流速度下降、离心力不够，虽然增加了液体在锥筒的停留时间，也不能达到充分分离的效果，因此，旋流器都会有一个最佳的工作压力。表 4.5 列出了不同规格的旋流器的推荐工作压力和最佳工作压力下相应的处理量。

表 4.5　不同规格的旋流器的工作压力和处理量

<table>
<tr><td>工作压力（MPa）
处理量（L/s）
规格（mm）</td><td>0.141</td><td>0.176</td><td>0.211</td><td>0.246</td><td>0.281</td><td>0.316</td><td>0.351</td><td>0.387</td><td>0.422</td></tr>
<tr><td>$\phi 50$</td><td>0.643</td><td>0.725</td><td>0.775</td><td>0.869</td><td>0.932</td><td>0.977</td><td>1.027</td><td>1.077</td><td>1.134</td></tr>
<tr><td>$\phi 75$</td><td>1.222</td><td>1.367</td><td>1.487</td><td>1.600</td><td>1.714</td><td>1.827</td><td>1.922</td><td>2.010</td><td>2.104</td></tr>
<tr><td>$\phi 100$</td><td>1.890</td><td>2.142</td><td>2.311</td><td>2.457</td><td>2.646</td><td>2.835</td><td>2.961</td><td>3.087</td><td>3.124</td></tr>
<tr><td>$\phi 125$</td><td>3.654</td><td>4.032</td><td>4.410</td><td>4.725</td><td>5.040</td><td>5.355</td><td>5.670</td><td>5.835</td><td>6.237</td></tr>
<tr><td>$\phi 200$</td><td>6.930</td><td>7.749</td><td>8.505</td><td>9.198</td><td>9.828</td><td>10.460</td><td>10.960</td><td>11.470</td><td>11.970</td></tr>
<tr><td>$\phi 300$</td><td>17.640</td><td>19.850</td><td>21.740</td><td>23.310</td><td>26.200</td><td>26.780</td><td>28.040</td><td>29.300</td><td>30.560</td></tr>
<tr><td rowspan="2">工作压力范围</td><td colspan="2"></td><td colspan="5">最佳使用范围</td><td colspan="2"></td></tr>
<tr><td colspan="9">推荐使用范围</td></tr>
</table>

2．处理量 Q 计算

根据式（4.14）可知，当锥角 $\alpha = 20°$ 时，可得：

$$Q = 15.96 d_o d_e \sqrt{H} \text{（L/min）} \tag{4.17}$$

当锥角的 $\alpha \neq 20°$ 时，则式（4.17）应乘以修正系数 K_α，即：

$$K_\alpha = \frac{0.81}{\alpha^{0.2}} \tag{4.18}$$

式中　α——以弧度表示的锥角。

实际上，设计旋流器时，应根据钻井工艺要求，首先满足处理量的大小，确定结构方案后，再计算进出口压力差，或从表 4.5 推荐的使用范围确定进出口压力差 H。当进出口压力差确定后，可根据下式确定进浆口压力，即：

$$H_{进} = \frac{\rho_m}{10.4} \times H \quad (\text{MPa}) \tag{4.19}$$

式中　ρ_m——钻井液密度。

处理量 Q 和进浆压力 $H_{进}$ 是选择供液砂泵和确定砂泵电动机功率的依据。

3．分离粒度 d_{50}

由于分离粒度与钻井液固相含量（浓度）有很大关系，通常都用经验公式进行计算。例如，可用式（4.16）计算，即：

$$d_{50} = \frac{0.9d_e}{d_u}\sqrt{\frac{d_e \cdot a}{H^{0.5}(\rho_s - \rho_m)}}$$

上式可作为初步设计时的理论计算式，旋流器的实际分离粒度通常是用实验方式得到的。

4．进口压力

在其他条件不变的情况下，进口压力越高，处理能力就越大，溢流就越细，排砂的浓度就越大。要获得较细的溢流，进口压力不应小于 196.3 kPa。大多数规格的水力旋流最佳工作压力为 2 208.64～344.74 kPa。

增加进口压力，实质上增加液体的旋流速度。旋流速度的增加，使液体在旋流器中停留的时间就减少了。停留时间是旋流器容积除以流量，基本上是固相颗粒沉降在锥筒壁上并被分离的时间。由于减少了停留时间，增加速度不能真正达到有效的分离，只会增加内筒磨损，反之，如降低进口压力；由于速度过低，离心力不够，虽然增加了停留时间，也不能增加分离效果。钻井液在旋流器内流速极高，钻井液从进口到出口的全部停留时间小于 1/3 s。进口压力越大，边界粒子的粒度越小。进口压力与边界粒子粒度的关系如图 4.18 所示。

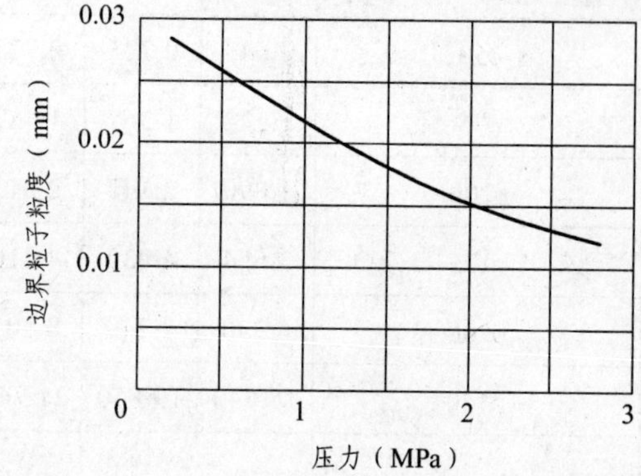

图 4.18　进口压力与边界粒子粒度的关系曲线

5．钻井液黏度、含砂量、各相密度的影响

钻井液黏度越大，临界粒度越大，只有大颗粒的才能被分离出来。因此，导致底流含砂量减少，溢流中含砂增加，除砂效果变坏。

钻井液中含砂量增大，从底流中逃溢的颗粒也增加，因此，底流和溢流中的含砂均增大，分离效果不好。

增加液相密度，将使溢流颗粒增大，相反，固相密度增加会使溢流粒度减小，此时，底流口将汇集更多的固相颗粒分离出固相含量增加。

6．钻井液中固相粒度分布的影响

在处理含有大量粗粒度的钻井液（例如，未使用振动筛或振动筛使用效果较差）时，底流口排出的固相颗粒将变大，此时会有部分大颗粒停留黏附在底流口附近使实际排砂口变小，从而形成较大的排砂阻力，这将限制粗砂及时排出，使部分沉砂回到溢流中去。

对于这种粗粒度钻井液，要得到细粒溢流，需要分级处理。第一次分级处理得到粗而浓的沉砂，而含有大量粗砂的溢流，进行第二次处理。

4.8.3 相似理论的应用

根据水力机械的相似理论，几何形状相似而尺寸不同的旋流器间，有以下相似公式。

(1) 若要两尺寸不同而形状相似的旋流器有相同的分离粒度，则它们的处理量必然不同。此时处理量与几何尺寸之间有以下关系：

$$\frac{Q_1}{D_2}=\frac{D_{k1}^2}{D_{k2}^2} \tag{4.20}$$

式中　D_{k1}、Q_1——旋流器 1 的名义尺寸及处理量；

　　　D_{k2}、Q_2——旋流器 2 的名义尺寸及处理量。

(2) 若两几何相似的旋流器入口压头相同时，则处理量不同，其分离粒度的比值与两旋流器几何尺寸之间有以下关系：

$$\frac{d_{50,1}}{d_{50,2}}=\frac{\sqrt{D_{k1}}}{\sqrt{D_{k2}}} \tag{4.21}$$

由式（4.21）可知，在入口压力相同时，其处理量不同，因而分离粒度随旋流器直径的增大而增大。如欲获得较细的溢流，应采用小直径的旋流器。实践证明，大尺寸旋流器的分离粒度大，而且分离效率差。

(3) 当两个旋流器大小完全一样，或者对同一个旋流器，其处理量不同时，入口压力就不一样，此时分离粒度与入口压力之间有以下关系：

$$\frac{d_{50,1}}{d_{50,2}}=\frac{\sqrt{H_{进1}}}{\sqrt{H_{进2}}} \tag{4.22}$$

由式（4.22）可知，对同一旋流器，如欲使分离粒度减小一半，则给浆压力将增加 15 倍。由此可知，用增大入口压力的方法获取的较细的溢流粒度是很不经济的。因此，生产上都采用小尺寸的旋流器来获得较细的溢流粒度。但小尺寸的旋流器处理量小，为满足一定的处理量要求，通常都使用旋流器组。

4.9 旋流器工况点的调试

4.9.1 平衡式旋流器的工况点

旋流器的设计理论有所谓“平衡”设计和“淹没底口”设计两种。目前用于钻井液固相控制的多为平衡式旋流器。“平衡”设计的旋流器，能做到泵入的清洁液体（例如水）不会由底流口排出。当有可分离的固相颗粒进入旋流器内部时，固相颗粒会从底流排砂口排出而且表面包裹着一层当底流口的液体薄膜，分离后的液流则反向旋转，由溢流管排出。

当旋流器泵入清洁液体后，通过缓慢调节底流口的大小，中心有空气吸入，并且有液体缓缓下滴时，称此底流状态平衡。

平衡式旋流器有以下特点:

(1) 在平衡底流口状态下工作，底流口既有空气进入，又有携带少量液体的固相排除，如图 4.19 所示，此时的底流口相当于一个没有阻力的环形围堰（圆形溢水口），能把液体和固体分开。此时能排除全部下沉的固相颗粒，达到最高的固相清除效率。

(2) 当实际底流口比平衡底流口小得多时，固相颗粒将在底流口或锥筒上堆积起来，导致底流孔形成“干底”，如图 4.20 所示。

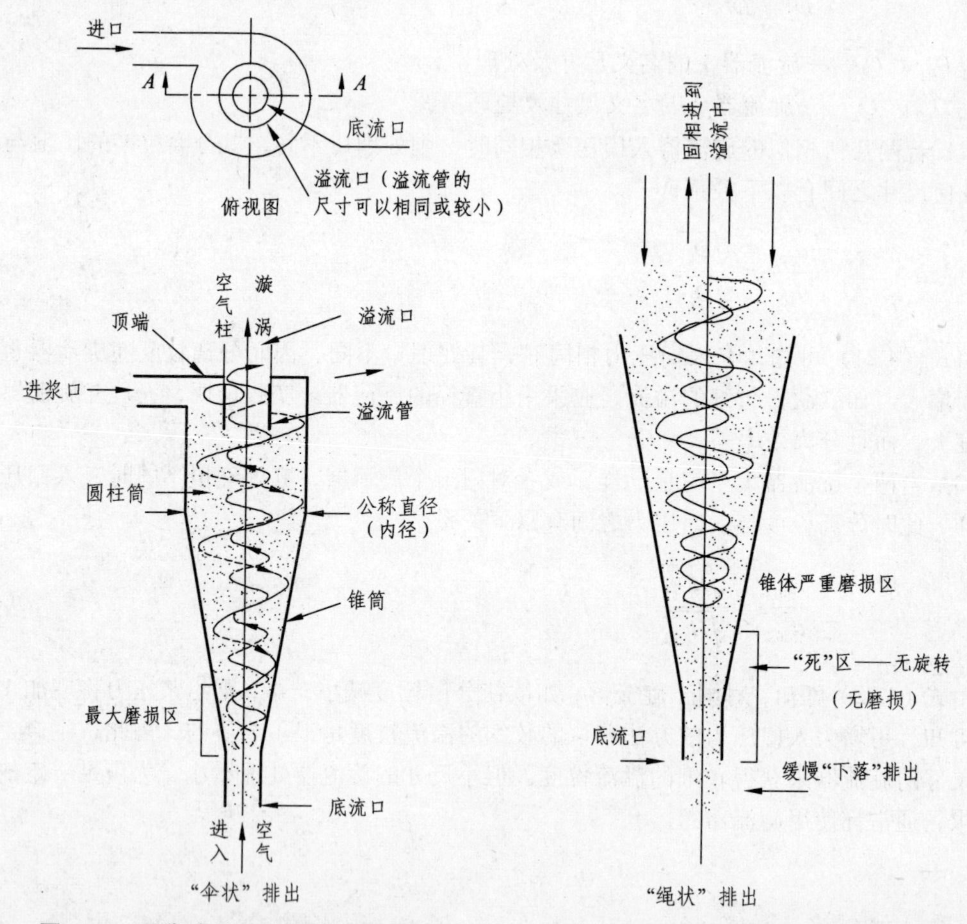

图 4.19 平衡底流口旋流器效率最高

图 4.20 小于平衡底流口时旋流器堵塞

(3) 当实际底流口比平衡底流口大时，旋流器有一层中空的圆柱，旋流从底流口排出，形成所谓“湿底”。调节成“湿底”。比调节成“干底”的旋流器能得到更理想的钻井液，虽然跑漏的钻井液更多一点，但总的清除固相效果更好，而且跑漏的钻井液可由下一级固控设备回收。

4.9.2　工况点调节

正确调试旋流器工况点是使用好的旋流器的前提，需要引起使用者的极大注意，并且调试工作最好使用清水介质，大部分钻井队在开钻之前循环罐都装满了清水。

1．调节步骤

启动砂泵，使液体进入旋流器（除砂器、除泥器及微型旋流器），并打开所有旋流器底流口。这时，通常有一薄层空心柱状的水流，呈螺旋状从底流口排出，并逐渐形成伞状，如图 4.21（a）所示。

然后，将底流口逐渐调小，直到“伞状”变成缓缓下滴的水珠为止，这时旋流器处于平衡底流状态，如图 4.21（b）所示。在工作时作好进一步观察，当液体中有可分离的固相时，固相就会由底流口内排出；如果没有可分离的固相，则又回到液体缓缓下滴状态，这有利于节约钻井液。

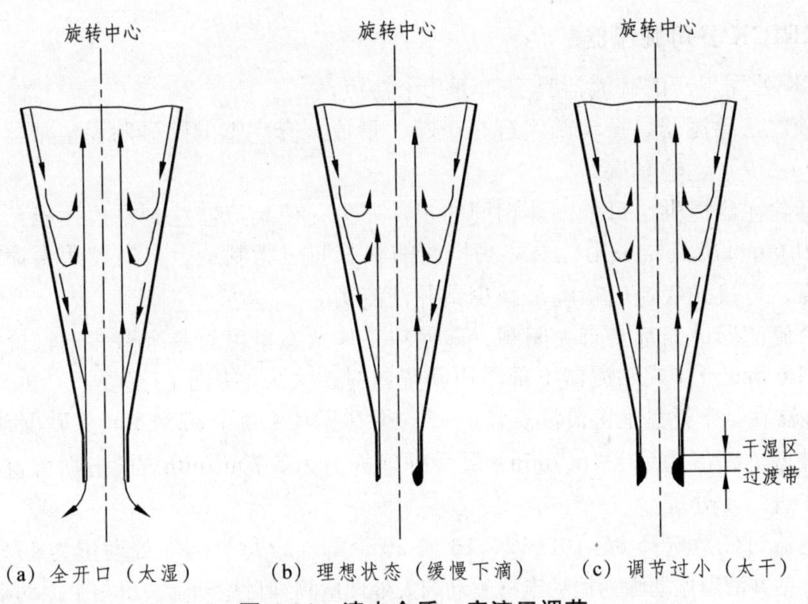

图 4.21　清水介质，底流口调节

2．旋流器的“干底”现象

底流口堵塞是旋流器现场工作中一个很普遍的问题，主要是由于“干底”现象引起的。调节过程中，如果底流口全打开状态下没有清水排出，这种现象称之为“干底”现象。产生这一现象的主要原因是结构设计不合理，或者由于底流口可调节的最大开度过小造成的，如图 4.21（c）所示。在此情况下，分离出来的固相颗粒，要由底流口排出，必须通过一段干湿过渡区。如底流口较大，能使粗粒砂子通过过渡区被排出，但细砂及中等粒度的泥质固相（小于 44 μm），会黏附在过渡带的锥筒壁上，失去表面的液膜，形成致密的堵塞物质，积累多了会导致旋流器工作失效。由“干底”现象引起的故障又称为“干堵”。这种“干堵”情况比“绳状”排泄的堵塞要严重得多，当然“绳状”排泄状态也是一种很糟的状况。

4.10 旋流器发展现状及水平

除砂器的锥筒在耐腐蚀、耐高温、耐磨和耐老化等性能方面有待提高，使用时更换频繁。虽然生产厂家分别使用了高铬铸铁、橡胶内衬、聚氨酯内衬及中锰抗磨球墨铸铁等材料，但效果均不理想。为了回收底流口排出的全部钻井液，除砂器通常都配有小型钻井液振动筛，大多采用电机胶带轮驱动，但存在着偏心轴激振运行不平稳，维护不方便及筛网寿命短等问题。

除泥器通常由 8～10 个旋流器组成，大多采用直线排列、一端进液的结构，这种结构通常易导致除泥器入口压力不同，运行不稳定，而且除泥器锥体易脆裂，寿命短，钻井液往往达不到要求的处理效果。

4.10.1 国外旋流器发展

1. DERRICK 公司旋流器

DERRICK 公司生产的旋流器具有如下几个特点：

（1）除砂器、除泥器、振动筛组合在一起，形成一套完整的除砂除泥清洁器系统，节约了占地面积，减少了运输车次。

（2）环行除泥器提供给每个漏斗相同的工作压力，使旋流器达到最佳性能。

（3）ϕ101.6 mm 旋流器采用轻质、高抗腐的聚脲胺树脂制造，具有使用寿命长、维修保养方便的优点，可换式底流口喷嘴可减少钻井液流失。

（4）每个旋流器进口都装有关闭阀，即使在工作状态也可对单个漏斗进行检修、拆除。

（5）ϕ101.6 mm 一体式除泥器下部采用陶瓷内衬，大大增加了防腐性。

（6）除砂器在一个托盘上可灵活安装 1～3 个除砂漏斗。每个 ϕ254 mm 除砂漏斗在 22.86 m 压头下的钻井液处理能力为 1.9 m^3/min。最大处理能力为 5.7 m^3/min。排出物可直接排走或流至振动筛上作进一步处理。

（7）除泥器可任意选择 8、10、12、16 或 20 个漏斗，每个漏斗处理量为 175 L/min。

（8）回收钻井液用振动筛为振动电机驱动的大处理量高细目振动筛，可与主振动筛并联使用。

2. BRANDT 公司旋流器

美国 BRANDT 公司生产的旋流器全部用聚合物材料制造，具有抗高温、耐磨损，可换件便宜，法兰连接可靠，不滑失等特点。进液管设计成内旋线，可使钻井液以旋转的状态进入旋流器，以增加钻井液的旋转速度。在钻井液颗粒研磨很高的情况下，旋流器里面可安装陶瓷内衬。

BRANDT 公司生产的除泥器排砂嘴可自由调节，除砂器一般 304.8 mm（12 in）的配有 54 mm、82.5 mm 和 38 mm 三种规格的排砂嘴。

3. 复锥式三相分离旋流器

国外还研发出了一种称为 CTP 的复锥式三相分离旋流器，如图 4.22 所示。CTP 的含意是输入旋流器的流体是三相流，主要指油、水和固相。这里复锥的含意是旋流器的锥体至少有两种或两种以上的角度，此旋流器锥体有三个角度，锥角从上至下减小，在第三段锥体的底部开一横向孔，即排砂孔。CTP 旋流器工作时，三相流高速流入旋流器，形成螺旋流。在第一段锥体（锥角大的锥体），固相从液相中分离出来，并在离心力的作用下被推向器壁，沿着器壁下滑，从排砂孔排出。在第二和第三段锥体，油和水分离，油在旋流面的中心，水在油的外侧。由于旋流的中心压力小，大气就从底流口高速流入和中心的油混合，形成上顶流，并从溢流口溢出，水从底流口排出。

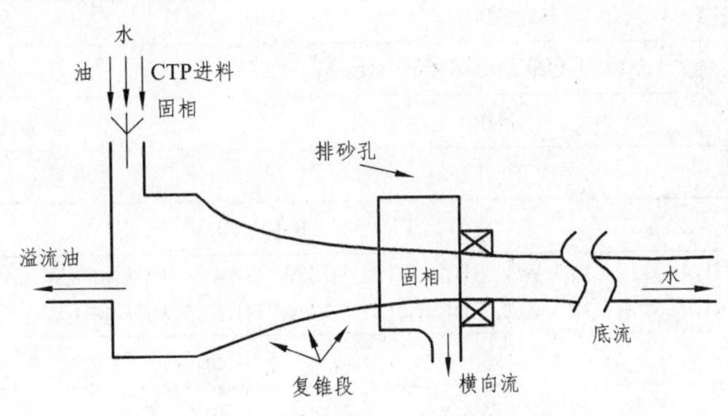

图 4.22　复锥式 CTP 分离旋流器

4.10.2　国内旋流器的发展

目前我国各个固控设备生产厂基本都可以制造各公称尺寸的系列旋流器，参数和处理水平相差不大，下面摘录除砂器组（见图 4.23）及除泥器组（见图 4.24）相关参数，仅供参阅。

1. ZQJ 系列除砂器及技术参数（见表 4.6）

表 4.6　ZQJ 系列除砂器及技术参数

型　号	ZQJ200S	ZQJ250S	ZQJ300S	ZQJ200	ZQJ250	ZQJ300
处理量（m^3/h）	≤120	≤180	≤240	≤120	≤180	≤240
公称直径（mm）	$\phi200$	$\phi250$	$\phi300$	$\phi200$	$\phi300$	$\phi300$
工作压力（MPa）	0.15 ~ 0.35					
进液管通径（mm）	75 ~ 100	100 ~ 150	150 ~ 200	75 ~ 100	100 ~ 150	150 ~ 200
排液管通径（mm）	125 ~ 150	150 ~ 200	200 ~ 250	125 ~ 150	150 ~ 200	200 ~ 250
分离粒度（μm）	47 ~ 76	分离粒度	47 ~ 76	分离粒度	47 ~ 76	分离粒度
筛网面积	$1.0\ m^2$（600 mm ×1 600 mm）					

图 4.23　除砂器组

图 4.24　除泥器组

2. ZQJ 系列除泥器及技术参数（见表 4.7）

表 4.7 ZQJ 系列除泥器及技术参数

型号	ZQJ100S	ZQJ100
处理量（m^3/h）	≤240	≤240
筛网面积	1.0 m^2（600 mm×1 600 mm）	无底流筛
公称直径（mm）	ϕ100	ϕ100
旋流器数量	2～12	2～12
工作压力（MPa）	0.15～0.35	
匹配砂泵	SB4×3-12（11 kW），SB5×4-13（30 kW） SB6×5-13（37 kW），SB8×6-13（55 kW）	SB4×3-12（11 kW），SB5×4-13（30 kW） SB6×5-13（37 kW），SB8×6-13（55 kW）
进液管通径（mm）	75～150	
排液管通径（mm）	125～200	
分离粒度（μm）	≥15	

4.11 旋流器正确安装、操作及维护

4.11.1 旋流器的安装

许多井口钻屑到达地面后，由于粒径太小而不能被振动筛分离时，依靠旋流器可清除大部分细小固相。当旋流器装置用于清除非加重钻井液体系中尺寸大约为 15～20 μm 的低密度固相时，必须在上游用振动筛清除较大颗粒，否则大颗粒可能会堵底流口。

旋流器安装应便于底流清除，且便于维护与监测，旋流器应将大公称直径锥筒安装在小公称直径锥筒的上游。每个旋流器组都应配有单独的钻井液罐和离心泵。在总管入口应当有一个压力表来显示测量砂泵提供的进料压头（压力）。除了锥筒底流口和总管堵塞，砂泵的型号选择和操作不当也是造成旋流器故障的最大原因。

上溢流应该返回循环系统，并立即进入吸入罐的下游罐中。旋流器应当处理所有进入吸入罐的钻井液，确保所有进入排出罐的钻井液已经被旋流器处理过。

大部分旋流器，如不考虑进浆口的内径尺寸，设计在 23 m 压头下工作性能最好。市场上一些新型锥筒结构可能需要不同的压头，一定要和制造厂商核实离心砂泵能否给旋流器的管汇提供合适的压力。在安装砂泵时，要使它们从单独的管线注入，保障较少弯头和 T 形管线的同时，吸入管线长度应最短，以保证摩擦损失降到最小。同时，可用钻井液枪搅拌砂泵的吸入罐。并且，要注意钻井液枪的动力液一定要取自砂泵的吸入罐。建议所有固相清除环节尽量使用机械搅拌器。

离心砂泵压头是恒定的并与钻井液密度无关，当钻井液密度增大时，砂泵会维持原来的压头，但压力将自动增加。所有进料管线应尽量短、直，尽可能用最少的接头、弯角和高程改变。为了减少水力损失和固体沉淀，管道直径取 150 mm（约 6 in）或 200 mm（约 8 in）为宜。

一台砂泵应当只负责固控系统的一台设备，例如钻井液清洁器或除泥器或除砂器所用的泵源，不能既是除泥器又是除砂器所用的供液泵。应使排出管线的尾端处于储液罐的表面，以避免产生真空。溢流应以大约 45°角注入到相邻的罐中，以避免产生虹吸现象，该现象可能将更多固相带入到溢流管的排出液中。

如果除泥器明显在钻井液罐液面之上，一般超过 1.5 m 时，应当在排出管线的顶部留有气孔来防止溢流虹吸作用。旋流器在清除钻屑的同时，也会将吸附在钻屑上的液体清除掉，可用钻井液清洁器或离心机可以处理旋流器的底流以提高固相的干燥程度。

4.11.2 旋流器及钻井液罐安装

旋流器安装时应将较大公称尺寸的旋流器安装在小公称尺寸的上游，每个尺寸不同的设备都应配有独立的存储罐。旋流器应当独立处理所有进入各自吸入罐（仓）的钻井液。

分离锥筒的数目应该能够至少处理 100%的钻井液，但最好超过 100%的钻井液进入旋流器吸入罐。旋流器排出和吸入罐（仓）之间至少 0.4 m^3/min 的回流，确保处理充分。如果管线安排不合理，基于钻井循环速率的估计值通常不能满足要求。例如，如果 1.9 m^3/min 旋流器溢流返回到吸入罐（仓），1.5 m^3/min 钻井流量进入吸入罐（仓）。即使处理的钻井液比泵入井下的钻井液更多，也得不到足够的处理。在这种情况下，进入旋流器吸入罐（仓）的流量是 3.4 m^3/min，钻井液处理份数是 56%，合理的旋流器安装如图 4.25 所示。

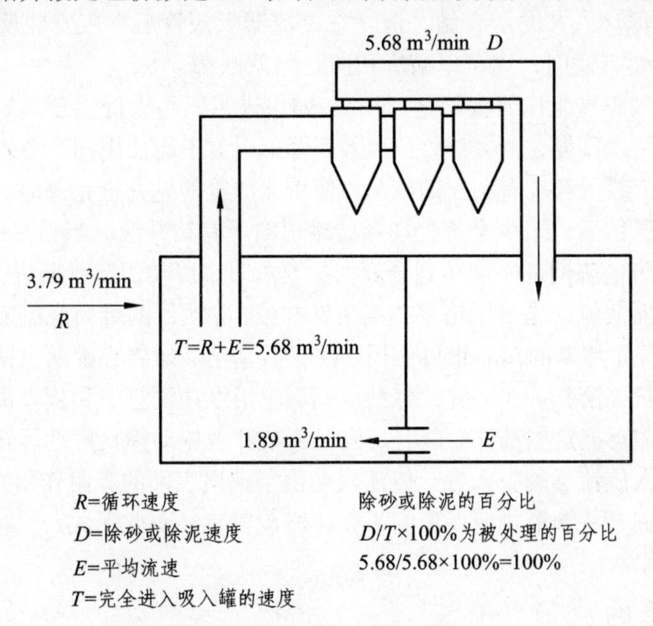

图 4.25　旋流器正确安装方法

4.11.3 旋流器正确操作指南

与锥筒底流口堵塞不同，砂泵尺寸和操作不当，也是旋流器工作故障的最大诱因。砂泵和管路尺寸是保证有效使用旋流器的关键。在旋流器入口管汇处，应当装有压力表用来快速确定砂泵是否提供了合适的进浆压头。

旋流器通常垂直安装，但也可倾斜甚至水平安装。由于分离动力是由离心泵提供的，所以离心锥的位置并不重要。但进浆必须被分流到一组平行运转的旋流器中。在相同压力下，径向管汇会为每个旋流器提供固相浓度和颗粒分布相同的钻井液。轴向管汇中的大直径颗粒因为它们的高能量，往往绕过第一个离心锥，进入最后一个离心锥。因此，轴向管汇输入的粗颗粒聚集在最后一个离心锥内。对于不同的离心锥，其进浆的固相浓度和颗粒的尺寸分布不同，所以轴向管汇的离心锥工作状况也不是一致的。如果轴向管汇中最后的旋流器被置于轴线外，管汇末端就有可能被堵塞。

为了进浆管线沿程压头和溢流排出管线回压的损失最小，必须注意让所有管线尽可能的短、尽可能的直，且管路接头、弯头和高程改变应尽可能的少。管线直径大小取决于流量，当为了维持足够高的流量而保证管线彻底的清除干净的同时，摩阻及压力损失要尽可能的小。为了做到这一点，吸入管线的最小流速应有 1.5 m/s、最大流速 2.73 m/s。在排出口这一边，最小速度仍然相同，但最大速度增加到 3.63 m/s。

对于平衡式设计的旋流器要定期检查离心锥确保底流口没有堵塞，而非平衡式离心机则需要根据厂商提供的技术说明书进行规范操作。当平衡式离心锥不再有“伞状”排出时，要么是颗粒太多超过了设计处理能力，要么就是大颗粒已经堵塞了管汇或底流口，或是进浆压力不正确。如果进浆压力也是依据厂商推荐设定的，仍不能保持“伞状”排泄，那就要检查振动筛筛网是否撕坏、张紧、安装不合理或者有绕流情形。另外，应确保有足够数目的旋流器来处理钻井液泵循环入井的所有钻井液。在旋流器吸入管汇中应安装反冲洗管线，并在吸入管线的入口处应装有滤网，这可以减少和防止堵塞故障。

许多旋流器的推荐进浆压头大约是 23 m。如果进浆压头太低，分离效率将下降；进浆压头太高则可能导致堵塞问题，也会导致分离效率降低。更不能使用同一个砂泵给除泥器和除砂器同时供料，每一个装置都应有独立的砂泵。使用非加重的钻井液钻井时，要不间断地使用除泥器，并且开始起下钻后，至少全部处理存储罐里的所有钻井液。当钻井液振动筛用 API l40 目（100 μm）或更细的筛网都不能达到分离清除要求时，可使用除砂器进行二次处理。

定期检查旋流器底流口是否干堵塞或漏失钻井液，除泥器的锥筒底流口通常比除砂器的更容易发生干堵塞。经干堵塞的离心锥可使用专用工具清洁。如离心锥漏失钻井液表明部分注入堵塞或离心锥底部已经磨损。在完井或停钻期间，应用水冲洗管子和检查离心锥内表面，如果有明显的磨损，就需更换这些部件。同时，应保证钻井液振动筛良好地运转，不能让钻井液绕过振动筛而直接进入旋流器的吸入罐。旋流器会由于钻屑表面的吸附作用而损失部分钻井液，可以通过调整底流口尺寸调节排泄颗粒的干度，溢流管直径与此无关。

4.11.4 旋流器的故障检修

1. 例行检查

（1）定期检查锥筒以确保底端不会被堵塞，保证工作时可以把排出物喷洒出来；

（2）确保在旋流器入口压头压力充足；

（3）每次起下钻作业，至少循环处理一次地面所有钻井液罐中的钻井液；

(4) 振动筛不能筛分 100 μm（API l40 目）以下的固相，应在除泥器的上游使用除砂器；

(5) 完井后或停钻期间，应当用清水冲刷管汇，并检查锥体磨损状况。

大部分的旋流器通过泵入水在恰当的压头下达到锥体平衡，然后调节底部开口大小，所以存在于锥体中的水量很小。为了让锥体平衡，当循环水以 23 m（0.22 MPa）压头通过锥体时，慢慢增大（使变宽）底部排量。当有少量的水排出时，中间的空气柱的直径与底流口的直径近似相同时锥体即达到平衡。当进料浆中含有大固相时，设计要求在底端排出湿固相。如果有很多固相出现在进料浆中时，为了充分分离，可将排出方式从“伞状”变为“绳状”。“绳状”的特点是排出固相缓慢呈圆柱形。尽管“绳状”底流密度要比“伞状”底流大，但是实际固相分离效率却更低，故应尽快恢复为“伞状”排出。

2. 常见故障

(1) 进浆口压力过低，故障原因如下：

① 泵与旋流器的工作要求不匹配；

② 泵内部泄漏或轴封泄漏增大；

③ 进浆管路部分被堵；

④ 泵吸入管路阻力过大，排量减小；

⑤ 泵是否同时供钻井液给其他固控设备。

(2) 无固相排泄，故障原因如下：

① 进浆的固相浓度大，底流沉砂口被堵塞；

② 沉砂口尺寸太小；

③ 进浆的固相颗粒尺寸小于旋流器分离粒度，此种情况应停止旋流器工作。

(3) “绳状”排泄，排泄物密度过大，故障原因如下：

① 进浆固相浓度变大；

② 沉砂口尺寸太小；

③ 进口压力过高，处理量过大。

(4) 排泄物密度接近进浆密度，故障原因如下：

① 进浆固相含量低。此种情况应考虑是否有必要开动旋流器；

② 沉砂口尺寸太大；

③ 进浆口压力过低。

(5) 其他不正常排泄，故障原因如下：

① 呈“裙形”或“锥形”排泄，是入口部分被堵；

② 进浆口完全被堵，没有钻井液进入旋流器。此时，若溢流总管尾端是插入钻井液罐的，则钻井液罐的钻井液可能被虹吸入旋流器，而从沉沙口流走，导致钻井液损失。

(6) 在锥体顶端中间有一个空气吸入口，它应当把排出物喷洒出来，如果锥体没有喷洒排出物，则可能由以下原因导致：

① 固相颗粒输入严重超载时，只能通过更有效的上游分离设备或增加旋流器数目等措施来加以防治，第一步应全面检查筛网是否有裂缝；

② 固体堵塞了管汇或顶部；

③ 进料压力低于 23 m 压头。

3. 旋流器的调整方法

（1）改变砂泵的工作参数，如提高或降低工作转数，用不同直径的叶轮进行工作；

（2）改变底流口开口尺寸；

（3）改变旋流器工作锥筒的个数。

注意：不可用安装在溢流管上的阀门来提高旋流器的入口压力。因为这种方法不但不能起到增加旋流器工作压差，反而使泵的能耗增大。显然，被堵塞的旋流器不能够处理（清除钻屑）钻井液，并且也不能维持钻屑处于低浓度水平。在钻井现场，应当有专人负责清理锥体内的堵塞物。锥体堵塞太多，将不能有效分离固相。当机械钻速非常快时，如超过 30 m/h，需要更大或更多数目的旋流器。

在划眼或起下钻过程中，井口返回钻井液没有排入，振动筛钻井液罐，而是直接排放到沉砂罐，也会出现堵塞。恢复循环不久，新进入沉砂罐的大固相还没有安全沉降就向下一级流动。当到达除砂器或除泥器顶部时，就会堵塞旋流器。

旋流器故障检修指导见表 4.8。

表 4.8 旋流器故障检修指导

工作故障	可能原因和采取的措施
离心锥没损坏情况下，离心锥底流口不断堵塞	进浆入口或出口被堵塞，底流口太小。可清除离心锥堵塞，清洗管道，检查振动筛筛网是否破损或出现绕流
离心锥没有钻井液流动（漏液）	进浆入口被堵引起钻井液从溢流管回流
进浆压头低	检查离心泵的运行状况：包括每分钟转数、电压等；检查管线堵塞，如固体沉淀、部分阀关闭；检查振动筛看是否有破网筛或绕流
离心锥排出干颗粒（颗粒表面失水）	底部开口太小，考虑增加更多离心锥
排放管汇中存在真空（管汇伸进钻井液罐时落差太长）	安装虹吸消除设备
钻井液中固相含量增加	离心锥处理能力不足，可安装更多离心锥；固相颗粒可能太小，筛网可能目数过小
排放流密度增加	离心锥过载；可增加底流口尺寸或增加离心锥数量
钻井液损失过多	离心锥底流口太大，减小排放口直径或改用公称直径较小的离心锥
锥体排放不稳定，进料压头变化	气体混入进料管线，检查除气器是否正常工作
旋流器的底流充气	设置通道使溢流进入钻井液池，方便气体逸出

第 5 章

钻井液清洁器

5.1 概　述

旋流器用于钻井液固相控制，除前文介绍的优点外，还存在几个问题：

(1) 在旋流器开始工作和停止工作时，由于旋流器内钻井液的流速达不到正常工作流速，大量的钻井液白白的经底流口从沉砂管流走。

(2) 在正常工作时，虽然从底流口可清除大量钻屑，但钻井液也流失不少。根据 SWACO 的资料，当底流口为“伞状”排泄时，每天的失液量为 28.3 m^3。即使为“绳状”排泄，每天失液量也达 11.76 m^3，这也是一些井队不使用旋流器的原因。

(3) 加重钻井液经过旋流器处理后，昂贵的重晶石也被清除了。

(4) 污染了井场。

因此，20 世界 60 年代后期出现了钻井液清洁器，目前已得到广泛的应用。钻井液清洁器是处理钻井液的二级分离设备，分离一级分离设备（通常是振动筛组）处理过的钻井液。钻井液清洁器是一组旋流器、一台细目筛网振动筛和分流管汇的组合。上部为旋流器组，下部为细目振动筛。如图 5.1 所示。钻井液清洁器处理钻井液的过程分两步：第一步是旋流器将钻井液分离成低密度的溢流和高密度的底流，其中溢流返回钻井液循环系统，底流落在细目的振动筛上；第二步是细目振动筛将高密度的底流再分离成两部分，一部分是重晶石和其他小于网孔的颗粒透过筛网，另一部分是大于网孔的颗粒从筛网上被排出，所选的筛网一般在 100～325 目之间，通常多使用 150 目。

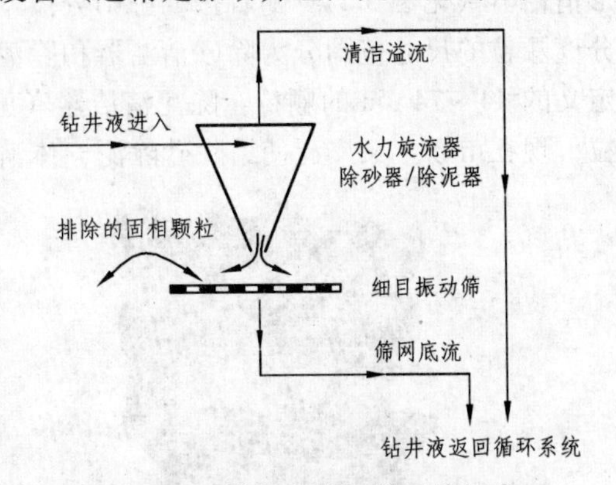

图 5.1　钻井液清洁器系统组成

除砂器加极细目振动筛的组合称为除砂清洁器；除泥器加超细目振动筛称的组合为除泥清洁器，细目振动筛的筛网一般为 80～200 目，有的目数更高。通常，液力源砂泵的出浆口与旋流器的进液管弯头用胶管连接，进液管弯头可绕竖直轴线旋转任意角度，旋流器的溢流管两端对称，均可作为溢流端。以便安装胶管引流至另一钻井液罐内，如图 5.3，图 5.4 所示。

钻井液清洁器主要用于从加重钻井液中清除比重晶石粒径大的钻屑颗粒。加重钻井液经过振动筛的一级处理之后，仍有不少低密度固体颗粒。这时如果再单独使用旋流器进行处理，重晶石会大量的流失，使用钻井液清洁器的优点就在于：降低了低密度固相的含量，又避免了大量重晶石的损失。通常清洁器振动筛的处理流量应为旋流器处理量的 10%～20%。由于旋流器底流是高密度和高黏度的钻井液，难于分离，易发生“筛堵”和“筛糊”，从而导致液体从筛面流走的情况，为此有的清洁器备有防堵装置。

图 5.2 圆形清洁器（除泥器）

图 5.3 除砂清洁器

5.2 钻井液清洁器的分类

根据清洁器极细目振动筛筛面的形状和振动形状，钻井液清洁器可分为矩形清洁器和圆形清洁器（见图 5.2），随着振动筛筛分技术的发展，后者在油田现场已经不再使用了；根据分离颗粒的尺寸范围分为除砂清洁器和除泥清洁器两种。除砂清洁器（见图 5.3）可分离 API 定义的 44～74 μm 的颗粒。除泥清洁器（见图 5.4）可分离 API 定义的 15～44 μm 的固相颗粒；现在市场上又广泛使用除砂除泥一体清洁器，如图 5.5 所示。

图 5.4 除泥清洁器

图 5.5 除砂除泥一体机

矩形清洁器是目前国内外使用得最多的一种清洁器。它由一个旋流器组和一个作平面运动的超细目矩形振动筛组成。旋流器的规格多为 100 mm，使用筛网目数为 100～200 目，但不低于 100 目。由于极细目筛网钢丝细，强度低，现场上通常都使用叠层筛网，上层极细目筛起筛分过滤作用；下层粗筛网主要起承受负荷作用，可延长细筛网使用寿命。旋流器壳体多用更耐磨的聚氨酯材料制成，其使用寿命长。

清洁器用于净化加重钻井液时，净化后的钻井液从旋流器的溢流口进入钻井液系统。底流排出的钻屑、重晶石及少量液相流到极细目筛网上。由于重晶石的粒度大部分为 2～74 μm，它和液相及小于筛网的钻屑一起回到钻井液系统中，大于筛孔的钻屑从筛面排出。这样既净化了钻井液，稳定了钻井液性能，又回收了重晶石及液相。

使用这种清洁器处理非加重钻井液时，根据情况，可以不开动下面的振动筛，而将筛面的安装斜度加大，从旋流器底流口排出的固相颗粒沿筛面排除。仅少量直径小于筛孔的颗粒返回循环系统，基本上不影响钻井液性能。

除砂除泥一体式高效清洁器（也称除砂除泥一体机）是传统除砂器和传统除泥器的升级产品，它属于钻井液固相控制系统中的二、三级固控设备，它是旋流除砂器、旋流除泥器与振动筛的组合体。除砂除泥一体机结构上包括除砂器、除泥器、加压泵、旋流器、底流槽、钻井液振动筛、支架和底座。其特征在于在除砂器和除泥器的主进管与出液管之间设有控制蝶阀，底座上设有滑槽，振动筛坐落在滑槽上，旋流器内设有自动防砂堵装置和底流口调节装置。

相对单独的除砂器和除泥器而言，除砂除泥一体机具有处理量大、处理速度快、结构紧凑、易于操作和维修等优势，综合了振动筛、旋流器的优点，能快速清除钻井液中的有害固相，改善钻井液性能，满足高压喷射钻井新工艺的要求。

5.3　钻井液清洁器在固控中的作用

5.3.1　钻井液清洁器的优点

值得一提的是，在平动直线运动及平动椭圆运动的钻井液振动筛出现后，钻井液清洁器似乎有些过时。当处理所有循环的钻井液时，如果筛网目数合适，平动直线和平动椭圆运动的钻井液振动筛可以分离出尺寸比重晶石颗粒大的钻屑。然而，除泥器却被太大而不能通过振动筛的非加重的钻井液颗粒多次堵塞。这些钻屑到达除泥器后，堵塞底流口，进而通过各种方式进入钻井液系统：① 通过筛孔；② 漫过振动筛排出端；③ 通过筛网末端和储液罐之间的裂缝（由于筛网安装不当而导致的）。如果没有及时清除堵塞物，堵塞除砂器离心锥的现象就会经常发生。因为堵塞频繁发生，导致钻井液清洁器的底流用 API 200（74 μm）振动筛经常因固相过多停留而过载。即使在主振动筛上使用 API 200 筛网，有时颗粒还是在钻井液清洁器的 API 150 筛网上过载。

同时，在随着离心机技术的发展与在固相控制中的普遍应用，钻井液清洁器的作用逐渐被弱化了。这里要强调指出，钻井液清洁器和离心机互为补充，并非相斥。钻井液清洁器用于除去比重晶石尺寸大的固相，而离心机用于除去那些比大多数重晶石小的固相。钻井液清洁器由一组旋流器和一台细目振动筛组成。水力旋流器底流包括一定浓度的固相，而钻井液通过 API 200 或 API 150 的筛网分离。重晶石研磨后，大多数尺寸都小于 74 μm（API 200 目），因此大部分重晶石粉和聚合物等加重材料都能穿过筛网并回到钻井液循环系统中，而固相中高浓度的钻屑被筛网清除。随着固相的清除，钻井液密度将会降低。同时，由于钻井液中的有害固相及时清除，加强了井身质量，因此起下钻顺利，不易受阻，固井也顺利。具体而言，钻井液清洁器有以下优点：

（1）是深井、超深井处理加重钻井液必备的固控设备，它可除去加重液中的细微固相颗粒，又可回收重晶石和液相；

（2）能有效地控制加重钻井液中的固相含量，防止压差卡钻、黏附卡钻等事故，减少了钻柱与过滤泥饼厚度有关的黏结问题；

（3）可节约钻井成本；

（4）改善了井场环境。

据美国钻井工程中的 34 口井的统计，由于这些井使用了包括新型清洁器在内的固控系统，在钻井液密度为 1.14～2.23 g/cm^3 的情况下，没有发生过一次压差卡钻、黏附卡钻，而且其中有不少井还是斜井，钻井液成本均低于预定指标。

另外，在美国路易斯安那州的一口井曾经做过开动和关闭钻井液清洁器的对比实验，实验结果如图 5.6 所示。最初开动钻井液清洁器，固相含量保持在 11%到第 57 天，然后关闭钻井液清洁器，固相含量开始增至 20%；第 72 天，又开动整套清洁器，钻井液的固控含量很快恢复正常。

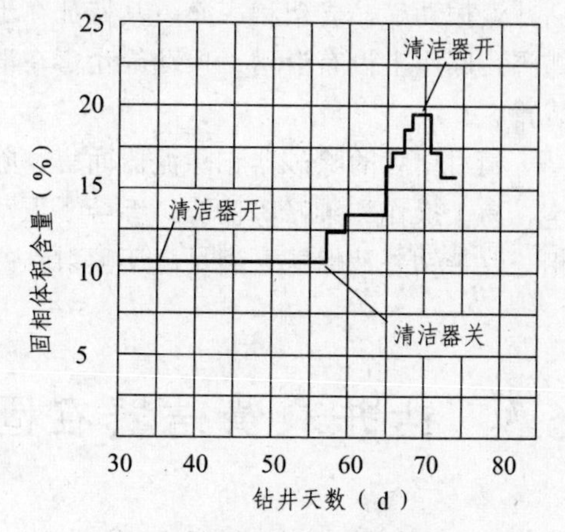

图 5.6 美国路易斯安那州某口井的固相曲线

钻井液清洁器通常用来处理昂贵的液相，甚至用来处理未加重的钻井液，如合成基钻井液或 KCl 钻井液。这里需要注意的是：当直线运动或平动椭圆运动振动筛运行正常时，即使用 API 200 目筛网，清洁器也能清除相当数量的钻屑。

5.3.2 处理非加重钻井液

如前所述，钻井液清洁器的另一种用途是用于清除昂贵的非加重的钻井液中部分的固相，例如 KCl 钻井液中的固相。在这种情况下，通过除泥器中的底流除去尺寸大于筛孔的固相，而较小的固相和液体通过振动筛保留在钻井液体系中。这种方法对非水基的钻井液和盐水基的钻井液同样有效。在非加重钻井液体系中，除泥器的底流可以直接到达钻井液罐。离心机可以除去较大的固相，而将较小的固相和大部分液体保留在钻井液体系中。如果井场有离心机可以使用，这种方法将非常方便。绝大部分的固相可以通过钻井液清洁器，但是却不易通过离心机，以上两种技术在现场应用都非常广泛，处理流程如图 5.7 所示。

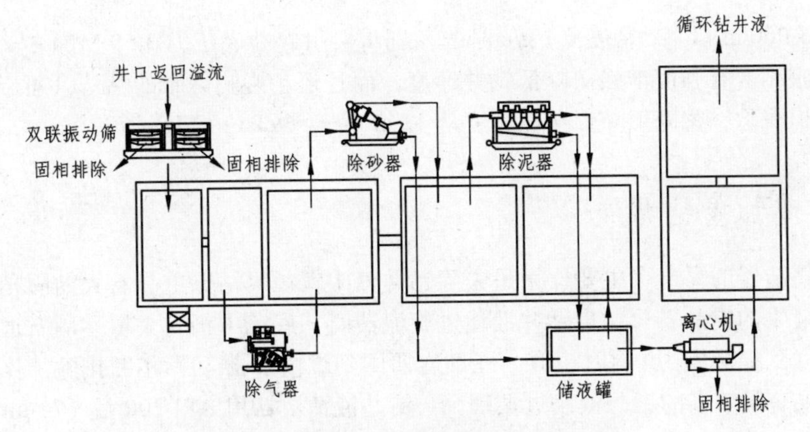

图 5.7　非加重钻井液经过三级固控流程

好的固相控制过程要求能够将钻井过程中产生的大钻屑带到地面后分离，而且不影响钻井液的性能。通常，钻井液清洁器清除的大部分固相是重晶石粉。这表明钻屑大部分分散到钻井液中。用清水钻进蒙皂石地层时，分散到钻井液中的固相大部分是小颗粒，这表明钻井液有很好的抑制性。通常，钻井液清洁器应该关闭，使用离心机来去除这些较小的颗粒。当非加重钻井液通过振动筛、除砂器和除泥器后，清除的岩屑颗粒尺寸将依次减小，固相颗粒分布如图 5.8 所示。由于有一些尺寸的颗粒比较小，旋流器也无法分离，所以仍然会遗留在钻井液中。

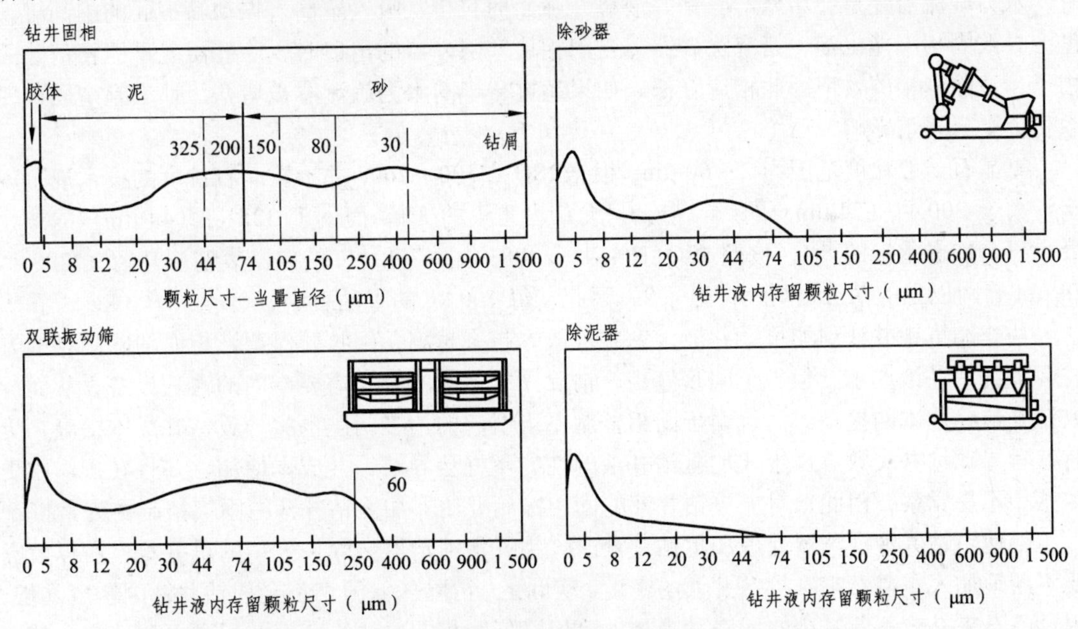

图 5.8　非加重钻井液经过三级固控设备后固相颗粒分布

液相的高成本促使人们想办法尽可能多地对它进行回收。但是，无论是通过离心机还是钻井液清洁器的液相，总是包含一些较小体积的固相。在一些井中，这些固相并不会影响钻井速度或提高钻井成本。通常，在加重钻井液中钻屑对钻井成本的影响比非加重的钻井液的要大很多。在非加重钻井液中，通过适当的方法，钻井液的密度可以控制在 1.1 g/cm^3 左右。对于较差的固相控制而言，由于设备和操作上的问题，要想将密度控制在 1.2 g/cm^3 以下是不可能的。在 3 000 m 以下，密度 0.1 g/cm^3 的差别将会引起井底压力 3.59 MPa 的差别。这将会由于压持效应和岩石强度增强而降低钻井速度，而且还会影响井眼的清洁。对于非加重钻井液，由于固相清除，密度下降，塑性黏度从 12 cP 降至 6 cP。

5.3.3 处理加重钻井液

钻井液清洁器的另一个主要作用是去除钻井液中粒径尺寸比重晶石大的固相物质，并回收加重钻井液中的重晶石。加重钻井液通过旋流器时，底流中仍有大量重晶石通过细筛网，重晶石重新回到循环罐内（同时也有一些细岩屑回到罐内）。振动筛不断排除掉比筛孔大的所有岩屑。如果有足够多的钻井液绕过振动筛，钻井液清洁器用 API 200 目（74 μm）的筛网就能从加重钻井液中清除大量的固相。如果能用 API 200 目的平动直线振动筛或平动椭圆振动筛处理钻井液，钻井液清洁器的使用率会很低。然而，无论何时使用，它在下游都可以去除固相。绕过振动筛的较大固相容易堵塞除砂器，这种情况在现场非常普遍，通常现场都有人专门负责清洁除砂器，以防堵塞。

另外，可能有较大的固相颗粒通过筛网上的破损口或其他一些地方进入钻井液振动筛的钻井液罐。在开钻前，为了防止钻井液堵塞振动筛，操作人员要负责清洗筛网，将固相颗粒倒入振动筛下面的沉淀罐，但是并不是所有的大固相颗粒都能在罐中沉淀，当重新建立循环时，水力旋流器还是会堵塞。将钻井液绕开筛面而直接从吸入罐倒入振动筛下面的中间罐，也会导致固相不能沉淀，堵塞除砂器。当固相堵塞除砂器的出口时，除砂器就不能再清除固相了，清除固相的效率因此相应降低。如果超过一半的水力旋流器被堵塞，那么整个固控体系将会受到严重影响。

重晶石一般粒度范围为 2～60 μm。根据 ISO 13500—2008 关于重晶石粒度的技术规范规定：大于 200 目（74 μm）的颗粒最大只允许占重量的 3%，而大于 325 目（44 μm）的颗粒最大只允许占重量的 5%，按照 ISO 10414—2008 关于“砂子”的定义表明，凡留在 200 目 74 μm 筛网以上的筛上物均为“砂子”。因此，每 100 kg 的重晶石中，可能有了 3 kg 砂子。

从非加重钻井液到加重钻井液，钻井液成本越来越高，回收并保留液相而清除固相的方式会节约钻井液成本。但由于回收液相、清除固相工艺的复杂需要专门的清除设备，从而导致钻井最终成本的提高。而且由于固相控制不当引起的诸多问题也将导致钻井成本提高，更有甚者导致钻井失败。由于非加重钻井液的性能不好会导致钻井成本增加，并且在操作中更敏感和不易觉察，因此，对加重钻井液的固相控制要比非加重钻井液的固相控制更为直接。

但使用钻井液清洁器处理加重钻井液时，钻井液清洁器会除去大量的重晶石，所以就需要不断地加入重晶石来维持钻井液的密度。实际上，清除任何固相都会使钻井液的密度降低，用重晶石来补充不断减少的低密度固相，可以降低固相的总体浓度，使泥饼更加致密，从而降低卡钻和井漏的风险，提高快速钻进的可能性（通过提高井壁抗坍塌能力）。然而，对于那些容易水化膨胀的地层，使用清水钻进，只有很少一部分大岩屑返排到地面上，这时需要检查钻井液清洁器以观察岩屑是否被有效清除，如果它们没有被清除，就要考虑使用离心机来清除低密度固相的岩屑。

当加重钻井液通过振动筛、除砂器、除泥器和离心机后，清除的岩屑颗粒尺寸将依次减小，处理流程如图 5.9 所示，固相颗粒分布如图 5.10 所示。

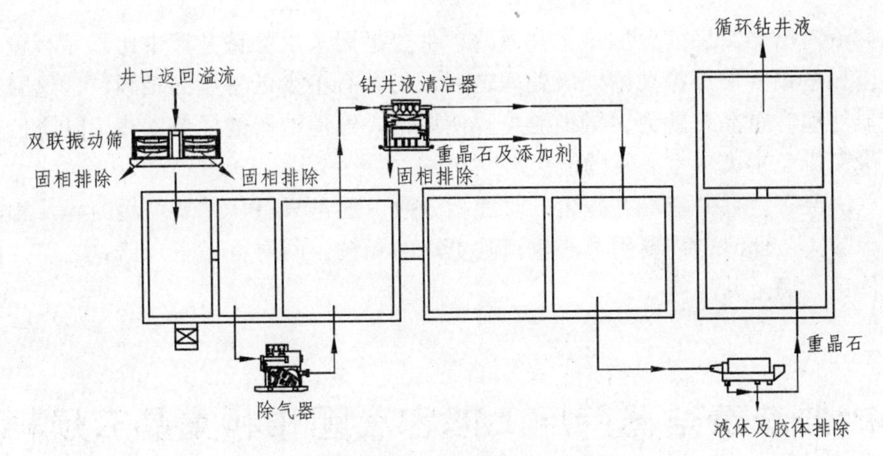

图 5.9　非加重钻井液经过三级固控流程

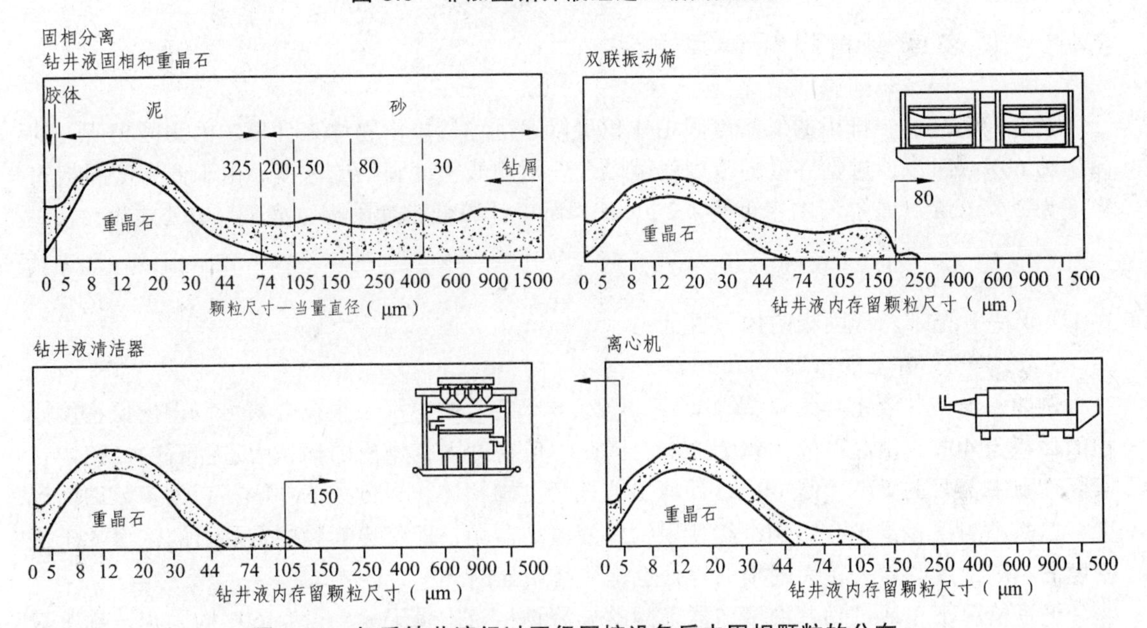

图 5.10　加重钻井液经过四级固控设备后中固相颗粒的分布

实际上，钻井液清洁器清除的重晶石的量比振动筛除去的要多。钻井液清洁器清除（沉降离心机的底流）的固相含量大约为 60%，而使用振动筛除去的量只为 35%～40%。振动筛的液相损失更大，并不能说明就损失重晶石的量多。但是，振动筛除去的固相中可能含有较多的重晶石，或者损耗了循环系统中钻井液的重晶石，这没有真正反映出振动筛对钻井液中重晶石浓度的影响。

使用清水钻进松软易分散的泥页岩地层时，钻井液清洁器很难清除钻屑，这种情况下，离心机应该用来处理加重钻井液。通常，如果岩屑能被振动筛清除，钻井液清洁器就会变得十分有用。由于所钻的地层、井眼情况、返回的钻屑情况、钻头类型、钻井液类型以及一些其他的因素，钻井液清洁器清除岩屑的范围非常广。应该注意的是，固相控制设备的目的是清除岩屑，如果能大量去除岩屑，那么损失一些重晶石也是比较合算的。如果通过稀释来降低岩屑的浓度，成本会比上述方法高很多倍。并且，在现场常常有一些不符合规范的操作，如离心机每天只使用几个小时，或者旋流器只使用特定的一段时间，钻井液清洁器也存在这种问题。

当钻井液清洁器用来处理加重钻井液时，主要是用来清除钻井液中比重晶石粒径大的固相颗粒。当加重钻井液经振动筛一级处理之后，仍含有不少低密度固相颗粒，这时如果单独使用旋流器处理，重晶石就会大量地流失。使用钻井液清洁器的优势就在于既降低了低密度固相的含量又避免了大量重晶石的流失。

在有些情况下，钻井液沿井眼上升时固相分散。通常只有从井壁坍塌的碎片和落石可以被主振动筛除去。此时，需要用离心机清除更小的颗粒。同时在钻下一口井之前，要考虑钻井液改变体系，满足井眼需要。

5.4 钻井液清洁器筛网上低密度固相和重晶石损耗计算

5.4.1 低密度固相损耗计算办法

钻井液清洁器中排出的低密度固相体积可以通过称量排出物体来计算。因为固相所占的体积约 60%，所以通过钻井液的密度就可以合理预测低密度固相的浓度。由于低密度固相的密度为 2.6 g/cm³，重晶石的密度为 4.2 g/cm³，所以计算低密度固相浓度 V_{LG} 的公式为：

$$V_{LG} = 6.25 + 2.0V_s - 0.9\rho_m \tag{5.1}$$

式中 V_s——全部悬浮固相的体积百分比；

ρ_m——钻井液的密度，g/cm³。

例如，当钻井液密度为 2.28 g/cm³，V_s 为 60%的时候，那么根据公式可以得出低密度固相的体积为 40%，重晶石的体积为 20%。因此，低密度固相排出的体积为重晶石的 2 倍。在实际作业中，V_s 为 57%不是 60%，计算出的低密度固相体积百分数为 34%。在大多数的情况下，这么小的误差是不会影响继续使用钻井液清洁器的，即使废弃物中重晶石的浓度大于低密度固相的浓度，除去较大固相的好处也是非常明显的。

通常情况下，通过钻井液清洁器筛网的分流物相对比较干燥，含有 60%的固相，钻井液的密度可以通过钻井液密度计测量。通常通过衡量那些从离心机或钻井液清洁器中的废弃物来选用钻井液清洁器或者离心机。图 5.11 所示为钻井液清洁器筛网上低密度固相含量示意图。

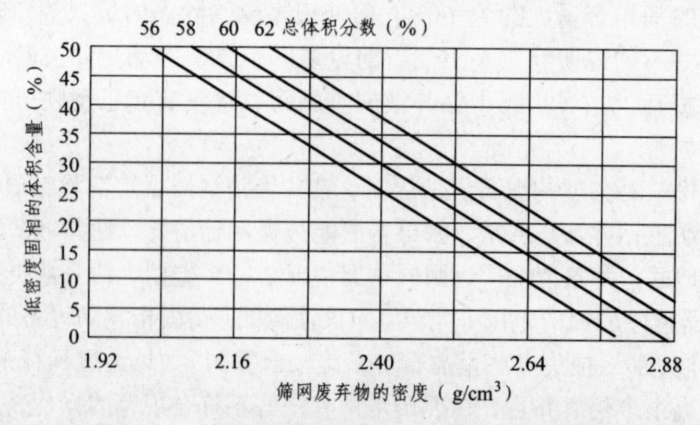

图 5.11 钻井液清洁器筛网上低密度固相含量

例如，如果钻井液清洁器废弃物的密度为 2.16 g/cm^3，固相含量为 58%，根据式（5.1），低密度固相的含量为 40%，重晶石的含量就为 18%。如果全部固相含量为 60%，那么低密度固相的含量就应为 48%，重晶石的含量为 12%。不论是上述哪种情况，钻井液清洁器从钻井液中去除钻屑或低密度的固相是有利的。

5.4.2　重晶石损耗体积计算

加重钻井液使用清洁器必然要损失一部分重晶石。除了 API 所规定的大于 74 μm 的 3%的重晶石外，还有一部分重晶石是黏附在岩屑上面而被清除掉的。为减少重晶石损失，重晶石应在清洁器下游加入循环系统，并且不在循环罐内进行重复的循环，而是直接注入井内，如此，则重晶石的损失将是很少的。

密度在 1.56～1.68 g/cm^3 以上的超重的钻井液中，钻井液清洁器经常会因为废弃了大量的重晶石而被关闭。钻井液罐系统安装错误，特别是钻井液枪将新添加重晶石的流体输送到系统中时，大量的重晶石就会被废弃。按照 API 标准，允许使用有大约 3%的尺寸在 74 μm 以上的重晶石。如果在一个钻井周期内 45 吨的重晶石被添加到钻井液系统中（通常用清洁的钻井液稀释残留的钻屑），那么 45 吨中就有 1.4 吨的重晶石尺寸大于 74 μm。问题是这些大钻屑会产生什么样的破坏作用。大于 74 μm 的任何颗粒，不管它们是钻屑、重晶石、金刚石还是金矿石碎屑，都会降低泥饼的质量，容易引发由于钻井液中大量的固相而导致的一系列的问题。

为了弄清楚重晶石在通过清洁器后的损失，事先需要进行一些试验，录取一些数据：① 用蒸馏法得到的固相体积百分比（V_s）；② 钻井液的真实密度；③ 重晶石的密度和岩屑的密度；④ 实测出来的筛子上排除的固相颗粒的流量 q_s(L/min)。根据以上数据，即可计算出岩屑排出量和重晶石的消耗量。

首先，根据下式计算出岩屑颗粒体积百分比：

$$V_{LG} = \frac{100\rho_w}{\rho_B - \rho_{LG}} + \frac{\rho_B - \rho_w}{\rho_B - \rho_{LG}} V_s + \frac{1}{\rho_B - \rho_{LG}} \rho_m \tag{5.2}$$

式中　V_{LG}——岩屑颗粒体积百分比；

V_s——固相体积百分比；

ρ_m——钻井液密度，g/cm^3；

ρ_w——水的密度，g/cm^3；

ρ_{LG}——低密度固相颗粒（岩屑）的密度，g/cm^3；

ρ_B——重晶石的密度，g/cm^3。

然后，从 V_s 中减去 V_{LG}，即可求出重晶石的体积百分比：

$$V_B = V_s - V_{LG} \tag{5.3}$$

计算出排除掉的低密度固相：

$$W_{LG} = \rho_{LG} \cdot Q_s \cdot V_{LG} \tag{5.4}$$

式中 W_{LG}——排出的低密度固相，kg/min；

q_s——筛面上固相颗粒的流量，L/min。

计算出重晶石的损耗量：

$$W_B = \rho_B \cdot Q_s \cdot V_B \tag{5.5}$$

5.5 钻井液清洁器原理及安装

在钻井系统中，钻井液清洁器通常与除泥器安放在同一个位置。除泥器或旋流器通常用于处理未加重的钻井液，而处理含重晶石或赤铁的钻井液则需要使用振动筛。旋流器过滤的固相尺寸通常比重晶石要大，剩下的尺寸较小部分就和液相一起返回钻井液中。必须强调的是，加入了重晶石，就应使用振动筛。

另一种用主振动筛替代钻井液清洁器的方法，通常用在海上钻井过程中。使用直线或者是平动椭圆振动筛处理刚开钻时大井眼的钻井液，而少用振动筛处理较小井眼尺寸（深井）或高密度钻井液。现场可以在振动筛上安装多达 20 个 100 mm（4 in）的水力旋流器。在处理非加重钻井液时，除泥器的底流一般都被废弃，而振动筛处理来自防溢管的钻井液，这通常是最大的流速阶段。随着井深不断增加，需要使用加重钻井液，这时钻井液流速就会降低。加入重晶石后，关闭阀门阻止钻井液进入振动筛。当除泥器底流转移到振动筛下时，振动筛就变成了钻井液清洁器。

采用旋流器从加重钻井液中清除无用固相的同时，在底流中也有相当多的重晶石。旋流器底流下的细目筛，清除了大颗粒岩屑，而重晶石透过筛网又回到了循环罐内，这就是钻井液清洁器的基本原理。

目前而言，无论使用何种固控设备或组合，钻井液从井口返回至地面后必须首先经过振动筛处理。在钻井液清洁器系统出现之前，加重钻井液通过振动筛之后，离心机是使用中唯一的机械化净化设备，离心机可以清除很细的固相颗粒。

近十年发展起来的直线或平动椭圆激振振动筛，已经安装了超细筛网，其目数已达到 100～325。为了解决超细筛网的寿命问题，发展了黏结孔筛网和黏结叠层筛网；为了解决超细目筛网的处理量过小的问题，发展过多筛系统（3～5 台筛）和大筛面及双层筛。国内外现场实践证明，钻井液振动筛上使用 150 目（清洁器通用的底流筛网）以上筛网时，加重钻井液再使用清洁器则无必要了，但非加重钻井液中使用除泥器仍有必要。

在一个安排合理的钻井液系统中，重晶石会沿着钻柱下沉，通过钻头水眼，然后在到达钻井液清洁器之前在井眼中做复杂的运动。所有大于 74 μm 的颗粒应当从钻井液系统中清除，重晶石也不例外。如果系统安排不合理，钻井液清洁器应当在加重钻井液 2～3 循环周内关闭。这是测试钻井液罐体安装是否合理的一个好的方法，如果钻井液清洁器在钻井液加重后迅速地开始清除重晶石，这个系统就有严重的缺陷。现场上的目标是从钻井液中清除大的颗粒以使泥饼变薄、光滑、不渗透、可压缩。如果一个泥饼中含有大于 74 μm 的颗粒，那么这个目标就达不到。

旋流器现在有一个普遍的使用程序，就是在水力旋流器滤网底流下安装钻井液清洁器，钻井液清洁器会在钻井液达到滤网排出末端之前把水分或液体清除。含有极少量液体的块状物质通过滤网时不能很好地分离，可将旋流器管汇中回流的一小部分钻井液喷洒到滤网上，来分散这些块状物质使其很好地分离。也可以喷洒水或油（取决于液相），但是通常会使钻井液稀释得太多。钻井液的回流提高了滤网分离固相的能力，如果所有的分离完成后仍留有液体，那么与振动筛相同筛网目数的钻井液清洁器清除重晶石的数量不应该比振动筛多，而应满足井眼需要。

在有些情况下，钻井液沿井眼上升时固相分散。通常只有从井壁坍塌的碎片和落石可以被主振动筛除去。此时，需要用离心机清除更小的颗粒。同时在钻下一口井之前，要考虑钻井液改变体系，满足井眼的需要。

5.6　钻井液清洁器发展水平及现状

由于钻井液清洁器是基于旋流器和振动筛理论综合应用的组合型设备，所以研发水平和制造工艺都与旋流器和振动筛相关技术一脉相承，只是在结构布局、管汇连接、流阀配备上各有考虑，技术环节前面章节已经详细分析，所以本节只摘录目前市场上现有产品的工作参数仅供参阅和比较。

5.6.1　国外钻井液清洁器的应用水平

美国 BRANDT 公司的钻井液清洁器性能和质量在近 20 年一直居世界前列，其代表型产品有：

ATL-l6/2 型钻井液清洁器是有一组除砂器、一组除泥器和一台 ATL-1200 型直线振动筛组成的三级处理设备。其中除砂器用 2 个漏斗，除泥器用 16 个漏斗，处理量为 3.75 m^3/h。振动筛的筛网可选 120～325 目。

ATL-2800 型钻井液清洁器是一组除泥器（28 个漏斗）和 ATL-1200 型线性振动筛组成的两级处理设备，处理量为 3.75 m^3/h。振动筛的筛网可选 120～325 目。

LCM-2D 型钻井液清洁器是旋流器和 LCM-2D 型线性振动筛组合而成的，它的特点是筛网的面积大，处理量大。

5.6.2　国内钻井液清洁器的应用水平

（1）国内 RSD/YTS300 型号的除砂除泥一体式清洁器的工作参数摘录，见表 5.1，仅供参阅。

表 5.1 国内 RSD/YTS300 型号的除砂除泥一体式清洁器技术参数

规格型号	RSD/YTS300*2-100*16	
旋流器公称直径（mm）	ϕ100	ϕ300
旋流器数（P）	16	2
处理量（m^3/h）	200～240	200～280
分离粒度（μm）	20～100	50～150
砂泵功率（kW）	≥55 kW × 2	
工作压力（MPa）	0.25～0.35（推荐 0.2）	
振动筛型号	RSD2005-P	
运行轨迹	平动椭圆轨迹	
筛网规格（mm）	1 133 × 780 × 3（勾边平板网及波浪网） 1 053 × 700 × 3	
筛分面积（m^2）	3.52（平板筛网）5.6（波浪筛网）	
筛网目数（目）	60～360	
振　幅（mm）	A≥6（长轴）A≥3（轴短）	
处理量（L/s）	60	
减振方式	橡胶剪切弹簧	
筛箱倾角调节方式及可调角度	手动液压调节	
筛箱防护	快速防泥浆飞溅装置	
筛网安装方式	不锈钢螺栓拉紧装置	
外形尺寸（mm）	3 240 × 2 760 × 1 980	

（2）国内 GN 系列型号的除砂除泥一体式清洁器的工作参数摘录，见表 5.2，仅供参阅。

表 5.2 国内 GN 系列型号的除砂除泥一体式清洁器技术参数

型　号	GNPF703	GNZJ633	GNZJ852	GNZJ832	GNTJ60
处理量	120～270 m^3/h 528～1 180 GPM	120～240 m^3/h 528～1 056 GPM	60～240 m^3/h 264～1 056 GPM	60～180 m^3/h 264～792 GPM	≤60 m/h ≤264 GPM
旋流除泥器	4″（8～20 个）	4″（10～16 个）	4″（4～12 个）	4″（4～10 个）	4″（≤4 个）
旋流除砂器	10″（1～3 个）	10″（1～2 个）	10″（1～2 个）	10″（1～2 个）	8″（1 个）
进液管通径（mm）	125～150	125～150	100～125	100～125	75～100
排液管通径（mm）	200	200	150～200	150～200	125～150
匹配砂泵（kW）	45～55	45～55	30～45	30～45	15～30
底流筛型号	GNPS703	GNZS633	GNZS852	GNZS832	GNTS60
振动轨迹	直线型或平动椭圆型				
底流筛电机（kW）	1.2×3.6	2×1.5	2×1.5	2×1.2	0.4
筛网面积（m^3）	2.2	2.4	2.1	1.8	1.0
筛网数量（panel）	3	3	2	2	1
备　注	旋流器数量决定处理量,旋流器数量和大小的定制； 4″旋流除泥器=15～20 m^3/h，10″旋流除砂器=90～120 m^3/h				

5.7　钻井液清洁器使用原则

井场第一次使用钻井液清洁器处理加重钻井液，应该将清洁器关闭。第一个循环周期会清除大量的重晶石。实际上，这表明钻井液罐没有垂直安装。钻井液枪将钻井液从添加或吸入部分反抽加入到清除罐中。符合 API 标准的重晶石仍有一大部分会被 200 目的筛子(74 μm)清除。如果重晶石能够通过钻头喷嘴，那么这些重晶石就会分散开，也就不会被筛子除去。

由于钻井液密度降低，需要加入多于正常加量的重晶石来维持密度，当固相（重晶石或钻屑）从钻井液中清除后，钻井液密度就会下降。实际上，无论这些固相是钻屑还是重晶石，去除所有大于 74 μm 的固相，对于减少钻井事故是非常有用的。因为这些固相会形成不致密的泥饼，导致卡钻。钻井液清洁器去除固相的情形与离心机处理加重钻井液或底流相似。虽然看上去会除去很多的重晶石，但是测试表明，事实不是这样的。

通过前面论述可知，API 规定重晶石中可以有 3%重量的重晶石大于 74 μm。45 吨重晶石中，就有 1.4 吨的重晶石被 API 200 目的筛子给过滤掉。因为这个原因，加料隔舱中的钻井液不能从上流循环，主振动筛也会除去大部分尺寸大于 API 200 目的重晶石。重晶石的作用就不会很明显，因为钻井液的质量通常决定于振动筛清除物的质量。

钻井液清洁器就像振动筛一样能连续处理钻井液。钻井液清洁器的筛网可以阻止较大的钻屑颗粒进入钻井液体系中。偶尔停止操作该设备也能使固相留在钻井液体系中。这些较大的固相被研磨成较小尺寸时，就更难清除了。离心机可以除去加重钻井液中这些较小的固相，但是它不能处理所有的钻井流体。如果连续使用钻井液清洁器，就能在较大固相被磨碎之前把固相清除掉。

钻井液清洁器安装在地面罐上方，它的位置和除泥器相同，它们常常是同种固控设备。对于非加重钻井液，只需使用水力旋流器。当加入加重材料时，就需在钻井液清洁器下放一台细目筛。

新的钻机，特别是在海上作业的钻机，配备许多直线和平动椭圆运动振动筛。表层和中间井段下完套管后，只需少数的振动筛来处理小井眼产生的较低流量的钻井液。对一些钻机进行改良，将 20 个 100 mm（4 in）的水力旋流器安装在其中一台主振动筛上，管汇上安装一个阀门，振动筛就变为钻井液清洁器了。当钻进更小井眼时，振动筛配以合理的管件布置就可当做钻井液清洁器使用。

钻井液通过钻井液清洁器，其密度会降低，因而需要更多的重晶石来维持钻井液密度。因为钻井液清洁器主要用于清除比重晶石粒径大的钻屑。固相被清除后（无论是重晶石还是钻屑），钻井液密度都会降低。为了维持钻井液密度，就需要加入更多的重晶石来补偿清除的钻屑。总的来说，除去大于 74 μm 的固相有利于降低钻井事故。

钻井液流过钻井液清洁筛过快或筛面的物质太干燥都会影响固相清除效率。重晶石可能会和其他固相凝结成块而被一起除去。钻井液（来自除泥器溢流）轻微喷射钻井液清洁筛，可有效提高固相清除效率，并避免浪费大量的重晶石。同时，引导底流排放到地面罐充分搅拌的隔舱，以免重晶石沉淀。

和主振动筛一样，钻井液清洁器应连续处理钻井液。钻井液清洁筛除去体系中大钻屑。钻井液清洁器或水力旋流器，如果只运行一段时间，固相就会残留在钻井液体系中。钻井液经喷嘴喷出，颗粒一旦研细，形成小尺寸颗粒便更难除去，对钻井液体系破坏也更大。离心机可除去这些细小颗粒，但是离心机并不能处理所有的钻井流体。固相研细之前，钻井液清洁器可有效除去固相，无论钻井液何时循环都必须使用钻井液清洁器。

5.8 钻井液清洁器的使用及保养

1. 使用方法

正确安装和使用多功能旋流清洁器可以有效地去除钻井液中有害固相,控制钻井液黏度，回收有用液相，对延长清洁器的寿命，减轻现场工人劳动强度具有重要意义。

(1) 将多功能旋流清洁器安装于振动筛后，置于1号或2号钻井液罐之上。

(2) 进入清洁器的钻井液必须是经过振动筛处理后的钻井液。

(3) 接通电源，电机启动后务必注意电机旋转方向应与皮带护罩外标记方向一致。

(4) 首先空运转振动筛，检查是否正常，如发现异常响声，应及时停机检修。

(5) 绷紧筛网。首先予张紧筛网，压紧张紧螺栓，用手试压筛网，手感各处松紧适度即可，然后试运转2～3 min，此时筛网与胶条不应有脱离现象，然后再适当压紧各螺栓，检查各张紧弹簧，其长度应基本相同。

(6) 筛网使用中，如需清除筛网积砂，勿用铁锹等硬物划擦筛网，以免筛网损坏。

(7) 每班至少用水冲洗筛面一次（特别是在钻井液黏度高时），否则滞留在筛面上的黏滞物及细砂可能堵住网孔影响筛网的正常使用。

(8) 清洁器停用时应先停砂泵，使振动筛空运转3～5 min，并及时用水冲洗筛面保持清洁，再停振动筛。

(9) 每天定时给激振器轴承加注黄油一次，以防轴承因缺油而早期损坏。

(10) 吊装及运输中，切勿将硬物置于筛面或用脚踩踏。

(11) 防止杂物进入旋流器，以防堵塞旋流器工作流道和破坏旋流器。

(12) 泄流槽及振动筛下底板要经常用水冲洗以防槽底积垢。

(13) 筛网目数的选择。要根据地层情况和钻井液性能选用不同目数的筛网，钻井液黏度高、含砂量大选择目数较少的筛网，反之选择目数较高的。钻井液在筛面的流长比为70%左右的筛网，可充分发挥振动筛的作用，有利于筛网排屑，提高筛网使用寿命。

(14) 使用清洁器时，应先启动旋流器下方的细目振动筛再开启砂泵；关闭清洁器时，应先关闭砂泵，再关闭细目振动筛。

(15) 各排出管使用方法：

① 溢流管的使用。在砂泵供液压力等于额定压力时，微闭溢流管上的阀门，使溢流管上的压力表值为0.01～0.03 MPa，底流口即可大量去除钻井液中的砂子和粗泥。当砂泵供液压力低于额定压力时，调节溢流管上的阀门，使溢流管上的压力表值为0.02～0.05 MPa，底流口即可恢复正常工作。

② 底流口的使用。底流口的正常使用状态是带压“伞状”湿底排砂。

2. 保养维护

(1) 一般累计运行 500 h 应进行中修，主要内容是润滑各转动部分，张紧各紧固件并更换部分失效零件。

(2) 累计运行 4 000 h 应进行大修，主要内容是全面检修清洁器，更换锥筒，检查电机和电器绝缘性，润滑或张紧各相关部分，并进行涂漆防腐处理等工作。

第 6 章 除气器

6.1 气侵及其危害

6.1.1 气侵的形成

气侵是指气体侵入钻井液中而使钻井液性能变坏的过程。钻井液形成气侵过程主要是有两个途径：一个是由于钻开了气层，天然气经各种环节侵入钻井液；另外，在钻井液进行固相处理的过程中也可能导致空气侵入钻井液，其中第一种途径是气侵的主要成因。当钻进气层时，随着气层岩石的破碎，岩石孔隙中含有的气体侵入钻井液，尤其钻到大裂缝或溶洞气藏时，有可能出现置换性的大量气体突然侵入钻井液。而且，气层中的气体会通过钻井液（含泥饼）向井内扩散。特别当井底压力小于地层压力时，井下处于较大的欠平衡状态，气体会由气层以气态或溶解气状态大量地流入或侵入钻井液。当钻井液返回地面时，压力减小，被溶解的气体膨胀为大小不等的气泡面存在于钻井液中，这种含有气体的钻井液称为气侵钻井液。

钻井液中的气体会严重影响固相控制设备的工作特性。比较典型的是固控中的气侵将引起振动筛筛网“筛糊”、砂泵供给旋流除砂器以及离心机的输出量减少。同时，由于气体有压缩和膨胀的特性，气体侵入钻井液后，在井底时因受上部液柱的压力，气体体积很小，随着钻井液循环上返，气体上升速度越来越大，气体所受液柱压力也会逐渐减小，气体体积就逐渐膨胀增大，特别是接近地面时气体膨胀就很快增大。因此，即使返到地面的钻井液气侵很厉害，形成很多气泡，密度降低很多，但钻井液柱压力减小的绝对值仍是很小的。即使地面气侵钻井液密度只有原钻井液密度的一半，钻井液柱压力减小值也未超过 0.4 MPa。但是，在钻井过程中，若不采取有效的除气措施，就会反复将气侵钻井液泵入井内，使钻井液气侵的程度更加严重，造成井底压力不断降低，就有出现“井涌”或“井喷”的危险，如图 6.1 所示。为避免这种情况发生，就需要进行有效的地面除气工作，常用除气设备有除气器和液气分离器。

液气分离和除气操作其实工作的目标是一致的，都是把钻井液中侵入的各种气体分离出去，但各自清除分离的范围不一样。液气分离是指分离 3～25 mm 直径的气泡，而除气是指分离 0～3 mm 直径的气泡，由此，所用的方法和分离设备有所不同。并且，除气器的进口管线一定要安装在第二个罐（紧靠沉砂罐）的搅拌器之后，这样可以利用搅拌器将 4～

25 mm 大直径气泡除去，以方便除气器的吸入，同时也可避免水力旋流器用的离心砂泵发生自锁。

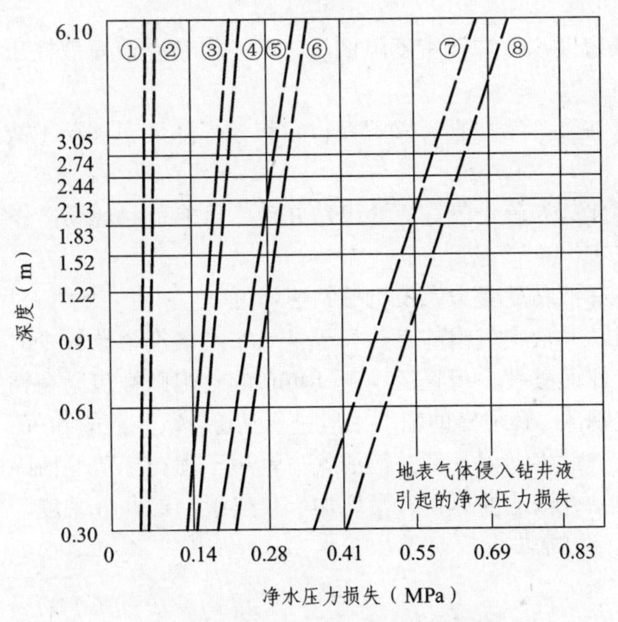

图 6.1　气侵所引起的井底压力损失

①—10%的气侵，钻井液密度由 1.20 g/cm³ 降至 1.09 g/cm³；②—25%的气侵，钻井液密度由 1.20 g/cm³ 降至 0.9 g/cm³；③—25%的气侵，钻井液密度由 1.20 g/cm³ 降至 0.9 g/cm³；④—钻井液密度由 2.16 g/cm³ 降至 1.62 g/cm³；⑤—33.3%的气侵，钻井液密度由 1.20 g/cm³ 降至 0.79 g/cm³；⑥—钻井液密度由 2.16 g/cm³ 降至 1.44 g/cm³；⑦—50%的气侵，钻井液密度由 1.20 g/cm³ 降至 0.60 g/cm³；⑧—钻井液密度由 2.16 g/cm³ 降至 1.08 g/cm³

6.1.2　气侵的特点及危害

1. 气侵的特点

（1）气侵的钻井液在不同深度的密度是不同的。

（2）气侵钻井液接近地面时其密度才变得很小，所以即使地面钻井液气侵厉害，密度降低很多，但井底钻井液柱压力减少并不大。这时不能再以地面气侵钻井液密度乘以井深来计算液柱压力。

（3）由于抽汲或长时间停止循环（如因换钻头、修泵或电测等），井底积聚有相当数量的天然气形成的气柱，上升膨胀时可能导致钻井液外溢。

（4）钻井液气侵后而井又关闭时，由于密度差的缘故，天然气会滑脱上升，最后积聚在井口。若井筒和井口装置无渗漏，则滑脱上升的天然气不会膨胀，体积不会变化，但上升过程中，井口压力会逐渐增加。当气体升至井口时，钻井液柱上增加了一个与溢流在井底相同的压力，同时作用于井筒，而井口则作用有原来溢流在井底时的压力，此时，有可能形成过高的井底压力和井口压力。为了避免出现这种情况，气侵钻井液循环出井时，要允许气体膨胀，释放部分压力，同时不要让井眼长时间关井而不循环。

（5）在关井时气体上升而不膨胀的情况下，地层压力不等于井口压力加钻井液柱压力，因此，不能用这个压力来计算所需钻井液密度。

2. 气侵的危害

（1）降低钻井液密度。钻井液密度降低后，若井内钻井液净液柱压力低于地层压力，可能会引起井涌或井喷。

（2）使砂泵、灌注泵、钻井泵吸入不良，容积效率降低，甚至不能正常工作，引起设备振动。

（3）部分有毒气体（如硫化氢等）逸出钻井液，可能引起现场操作人员中毒。

（4）可能引起火灾。

（5）气侵后，钻井液黏度变大，使机械钻速降低。

一般情况下，当钻井液中气泡的直径大于 4 mm 且气泡个数较少时，在钻井液罐内能在浮力作用下上浮至液面而破裂，但直径小于 1 mm 的气泡则被包紧在钻井液内部，形成让钻井液密度下降的气侵现象，必须借助辅助手段进行清除。钻井液的除气工作本不属固控范围，但由于有上述特点及其危害，侵入钻井液的气体也属于固控环节要清除的对象。如果钻井液存在着气侵现象，而钻井液池的体积并没增加，仅仅引起钻井液密度降低，在井底压力也未明显降低的情况下通常都需要除气环节。

6.2 处理气侵的常用方法及原理

6.2.1 常用方法

1. 循环钻井液除气法

此法是借助机械设备在地面不断循环钻井液，使气泡有机会浮在液面并逸出，此法只能除去较大气泡。对直径小于 1 mm 的小气泡，特别是高黏度钻井液中的气泡，循环除气的作用较小。使用这种方法除气时，为达到一定的除气效果，所需时间也较长，这是钻井工艺所不允许的。

2. 化学除气法

就是往气侵钻井液中加入化学除泡剂来除气，这种方法只适用于清除钻井液自身起泡的情况（即钻井液自身起化学反应而生成气泡的情况）。用化学药剂除气，需要混合和起反应的时间，因此所需时间也较长，成本较高。对外部侵入的气体，其除气作用不太。

3. 机械除气法

借助于各种机械设备 ——用除气器将侵入钻井液中的气体除去。此法适用于各种气侵钻井液的除气，是本书介绍的重点。机械式除气器可分为常压式、真空式和离心式三类；也有将除气器分为常压式、真空式两类的。常压式除气器是用离心泵驱使钻井液流向常压除气罐的除气装置；真空式除气器是在一定真空度下，将气侵钻井液吸入真空罐进行除气的机械装置；离心式除气器是将气侵钻井液置于离心力场中进行气液分离的装置。

6.2.2 基本原理

处理气侵的常用的基本原理包括以下方面：

1. 重力分离

重力分离由物质间密度的差异、液柱的高度、气泡的大小以及液体内部的流动阻力所决定。简单的钻井液罐或者压裂罐就是一个重力分离器，它能储存液体、固相以及气体直到它们自然分离为止。气体上升并从罐顶逸出，油从别的流体中分离并漂浮到液体上部。当油漫过溢水口或者罐的内置挡板后就被抽走，钻井液以及别的流体（例如盐水）就在罐的底部附近被清除。固相沉降在底部并且留在那儿或者被搅混到液体中去，然后用常规固相控制设备清除，重力分离是用于油-水分离罐以及密闭式承压分离器的最主要的方法。

2. 离心分离

钻井液通过切向送进圆形容器或者送进旋转的圆柱体容器而被旋转。油、气、水以及固相颗粒被旋转流体的离心力所产生的人为重力分离，这种方法被用于很多开式或者 West Texas 分离器上，而渐开线螺旋常用于一些密闭式承压系统，由它来产生重力分离。

3. 撞击、折流和喷洒分离

撞击、折流、喷洒分离是使钻井液以较高的流速撞向折流板，从而分离气体。可以对溢流管或者排屑管排出的钻井液直接进行分离，也可以用泵提高钻井液流速后再进行分离。

4. 平行板和薄膜分离

平行板或者薄膜分离是针对钻井液中的气体的。钻井液在平行板上像薄膜一样平铺展开，使得气体更容易逸出。在平行板分离器中，含有气体的钻井液在两个平行板间被施加压力，使得气泡扭曲变形有助于其破裂，这在商业除雾消泡操作中很普遍。而薄膜分离是让钻井液以薄膜形式在平板上流动，使得气泡膨胀然后破裂，这种薄膜处理在绝大多数真空除气装置中采用。

5. 真空分离

真空除气装置是用来分离混入钻井液中的气体，它使用降低压力（局部真空）来促使气泡膨胀和破裂。这种方法常用在除气装置中以清除混入钻井液中的气体。

6.3 气侵钻井液中的气泡特性

除气器除气过程是使侵入钻井液中的气泡快速到达液体表面并破裂溢出的过程，要想达到理想的除气效果，必须了解气泡在钻井液中的相关特性。

6.3.1 气泡快速上升到液体表面的方法

（1）经过气泡在重力场及浮力场中的受力分析可以得出气泡上升速度为：

$$u_1=\frac{d_1^2\left(\rho_1-\rho_m\right)g}{18\mu} \tag{6.1}$$

式中 u_1——气泡运动速度；

μ——钻井液黏性系数；

d_1——气泡直径；

ρ_1——气体密度；

ρ_m——钻井液密度。

由上式可知，当气体和钻井液密度一定时，气泡上升运动的速度决定于气泡直径的大小。气泡大，上升速度快；气泡小，则上升速度慢。如图 6.2 所示，主要是小于 1 mm 以下的小气泡不易上升。

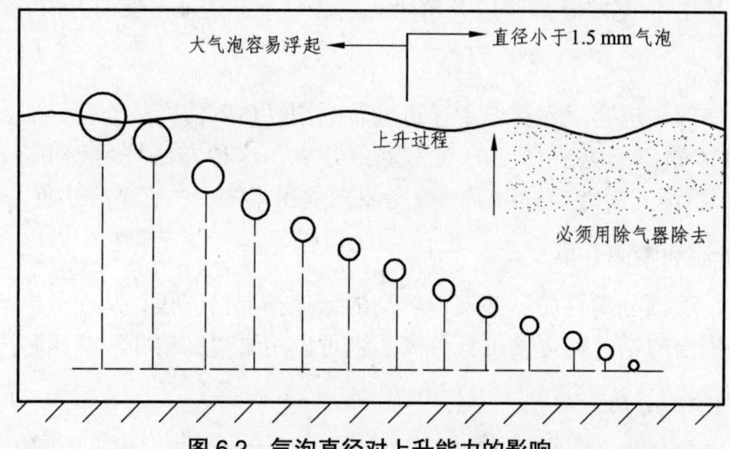

图 6.2 气泡直径对上升能力的影响

由于上述原因，各种除气器的作用之一就是要造成紊流状态，帮助小气泡有机会而且快速升到液面，如图 6.3 所示。

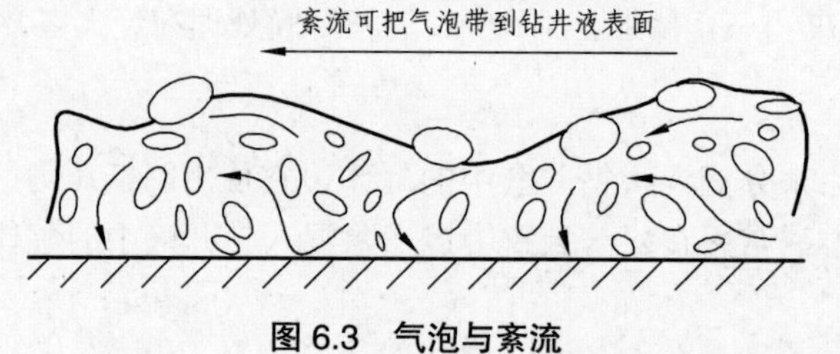

图 6.3 气泡与紊流

（2）钻井液经振动筛处理后，流入沉砂罐中。沉砂罐较深，不利于气泡快速地上升到液面。因此某些除气器创造一种条件，使液体层变薄，有利于气体快速到达液体表面。

（3）帮助气体膨胀。

大气泡在钻井液中受到的浮力大，足以克服各种阻力面快速上升到液面，小气泡上升比较慢。为此，某些除气器自身改进，让气泡的体积变大。假设此变化过程在近似等温的条件下进行。根据波义耳-马路略特定律有：

$$P_iV_i=\text{常数} \tag{6.2}$$

式中 P_i——气泡压力；

V_i——气泡体积。

若将常压下的气侵钻井液置于真空环境下，即降低压力，气泡的体积就能变大。例如：气泡由一个大气压力降低到 500 mmHg 高的压力时，其体积增大为 1.52 倍，上升速度增加到 1.52 倍。真空度越高气泡体积越大。气泡在真空条件下的上升能力见图 6.4，这就是各种型式的真空式除气器的工作原理。

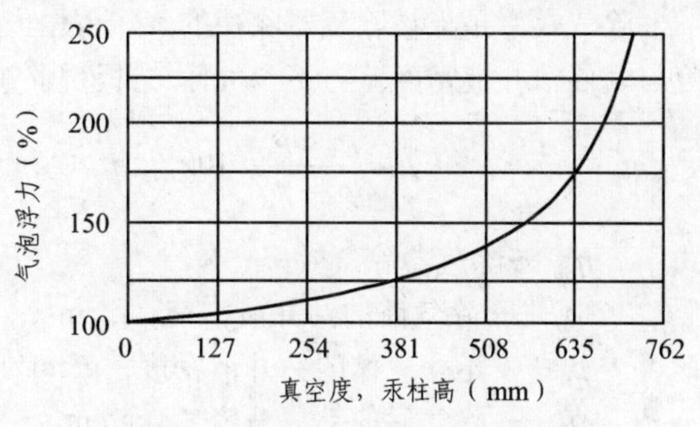

图 6.4　气泡浮力与真空度关系曲线

此外，前面曾指出，钻井液槽中，下部的气泡不容易上升到液面，不仅如此，下部的气泡受到的钻井液柱的压力也大，因此，使液体层变薄不仅有利于气泡到达液面，而且也减小了气泡受到的钻井液压力，其体积也将变大，加速气泡到达液面。

（4）利用离心力场，加速气泡运动。

气侵钻井液在离心力场中运动时（即旋转运动），液体和气泡都受到离心力的作用，气泡是向中心运动。气体能加速向旋转中心运动，如果靠近中心部分有液气界面，那么气体就能加速到达液面，这就是离心式除气器的原理。

6.3.2　气泡的破裂和逸出

液体表面上的每个质点，因受邻近质点分子引力的作用，而被拉向液体内部。因此液体的表面好像是一层张紧的薄膜，呈收缩趋势。薄膜（液体自由表面）单位长度的拉力称为表面张力，用符号 σ 表示。σ 的数值随温度（随温度增加而减小）、表面接触情况而变化。当温度为 20 °C 对，钻井液的表面张力大致范围为 $0.0725 < \sigma < 0.1$ N/m，这是一个很小的数值。

当气泡到达液体表面时，受到液体表面张力的阻拦，同时使该处液体自由表面薄膜变成凸形。此种情况下，包围气泡的液体表面张力除受大气压力作用外。还受到表面张力合力引起的液体附加压力，在等温的情况下，附加压力气泡半径的增大而减小，并且附加压力的方向是指向气泡内部的。

要使气泡进入到大气中，气泡内部压力必须大于附加压力，为了满足上述条件，有以下途径：

（1）将气泡置于真空环境下，使附加压力小于大气的压力。此时气泡内部压力减小，有利于气泡破裂。

（2）增大气泡半径可减小附加压力，从而使气泡内部压力减小。前述的各种增大气泡体积的方法不仅有利于气泡快速到达液面，也有利于气泡破裂。

（3）施加外力，将气泡挤破。一部分除气器使钻井液高速撞击挡扳的目的之一就是试图挤破一部分气泡。

6.4　除气效率及处理量的衡定

任何一种除气器都能取得一定的除气效果，但衡量除气效果的标准目前尚未取得一致的看法，处理能力和初期效率是目前选择除气器的主要参照。国内外生产的各类除气器的处理量均指钻井液单位时间内通过除气器的数量，以 m^3/h 计算，在正常情况下，多数为 120～300 m^3/h。但由于结构上的不同，除气效率存在着差异。

除气效率是指被除气器除掉的气体占侵入钻井液的气体总量的百分数，也等于钻井液密度与气侵钻井液密度差与不含气体钻井液同气体钻井液密度差之比，具体计算方法如下：

$$\eta=\frac{\rho_a-\rho_g}{\rho_0-\rho_g}\times 100\% \tag{6.3}$$

式中　η——除气器除气效率，%；

ρ_a——除气前的钻井液密度，g/cm^3；

ρ_0——不含气体的钻井液密度，g/cm^3。

ρ_g——除气后的钻井液密度，g/cm^3。

只要结构合理，黏度正常，一般除气效率均可达到 80%～95%。

6.5　除气器的典型结构及分类

除气器是使气泡迅速运动至钻井液表面并将其除去的专门设备，使用除气器是除掉气侵钻井液中气体最有效的方法。除气器分为两大类：真空式和常压式；根据真空形成方式又可分为喷射抽空和真空泵抽空两种。

6.5.1　常压式除气器

常压除气器都是通过各种不同形式的泵将气侵钻井液注入除气罐，使钻井液冲击罐壁，形成薄层紊流，导致气液分离。最早期的常压式除气器是 Derrick 公司的产品，它主要由自由通风式离心泵和喷射罐组成，其结构原理如图 6.5 所示，现已发展至 DE-ACD 1500 型，它不需真空泵机组。工作时，气侵钻井液由靠近泵上部的进口流入离心泵叶轮，然后被泵送到喷射罐。在罐内，可调的盘形阀与立管端面之间的间隙很小，因此，钻井液通过阀口时，流速增大，形成紊流薄膜，并撞击喷射室的侧壁，促使气泡升到表面破裂，并从顶部的排气口逸出。钻井液在重力作用下经排浆槽排向储液罐。与此同时，由于泵轮的旋转，吸入室中靠近转轴附近的钻井液压力低于部分气体。特别是大气泡在该处就被分离出来，沿泵轴向上运动排入大气，如图 6.6 所示。两处排出的气体，也可用抽风机输送到远离井场的地方排出。

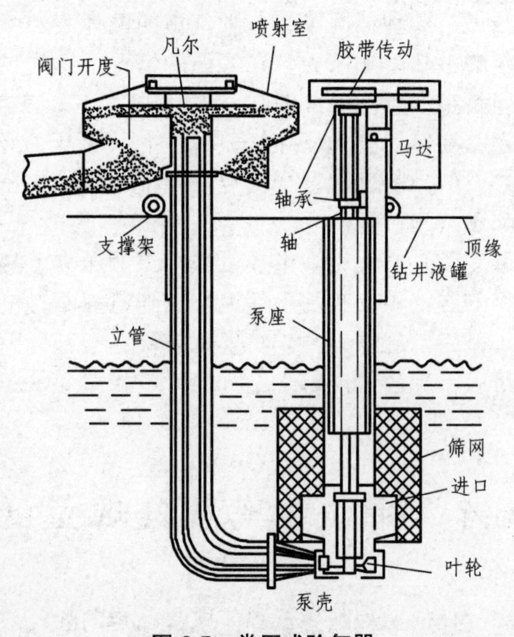

图 6.5　常压式除气器

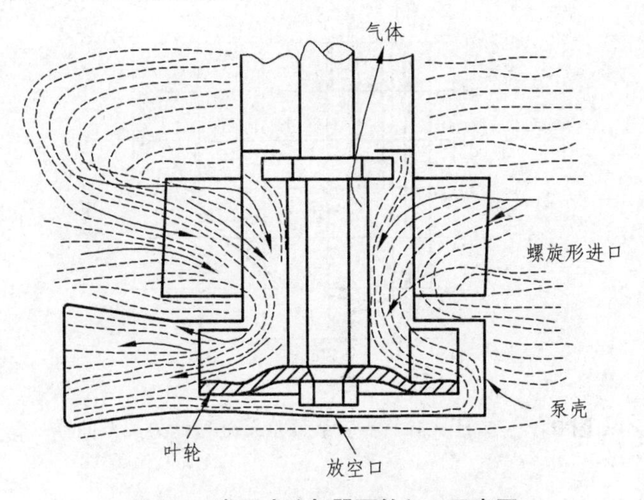

图 6.6 常压式除气器泵轮入口示意图

常压式除气器通常安装在除气罐的顶部，沉入式泵将气侵的钻井液通过蝶形阀注入除气罐。在除气罐中钻井液以很大的冲击力甩向罐的内壁，使滞留在钻井液中的气泡排出。气体经钻井液池液面排空处理，钻井液则排入下一级钻井液罐中。

6.5.2 离心式除气器

离心式常压除气器已将泵与分离罐合二为一，有的结构还附有一排气涡轮，形成一定的真空来加强除气效果，如图 6.7 所示。其外部主体结构呈圆柱形，工作时主筒插入气侵钻井液中。电动机通过胶带轮传动装置驱动筒中的主轴及叶轮旋转，气侵钻井液从主筒下端经过滤器进入除气主筒。叶轮驱动钻井液作旋转运动，在离心力场作用下，钻井液在主筒内形成涡流，钻井液中的液相和固相被甩向主筒内壁，而气体向中心扩散，在主筒中心形成气柱。由于涡流作用，分离后的钻井液沿主筒内壁旋转向上运动，以约 25 mm 厚的环形流螺旋状进入排出腔。由于排出腔过流面积大，并从排出腔排出，主筒形成的气柱沿主筒中心区域旋转向排出腔，进入排气墙上部，并从进入排除腔的钻井液流速降低排气口排走，在排出腔和排气区之间有一块挡泥板，防止钻液窜入排气区。

常压式除气器的处理能力与安装深度（即阀座顶端至钻井液液面的距离）、阀门开度和钻井液密度有关，如图 6.8 所示。

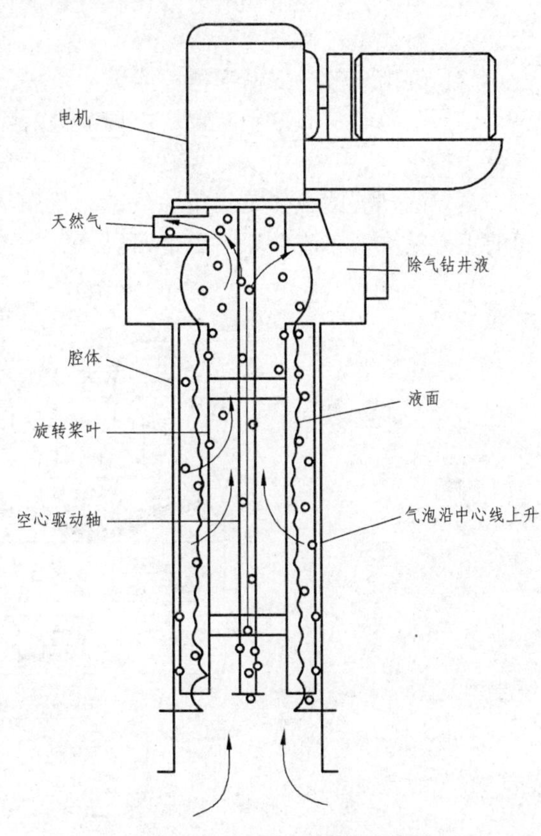

图 6.7 离心式常压除气器

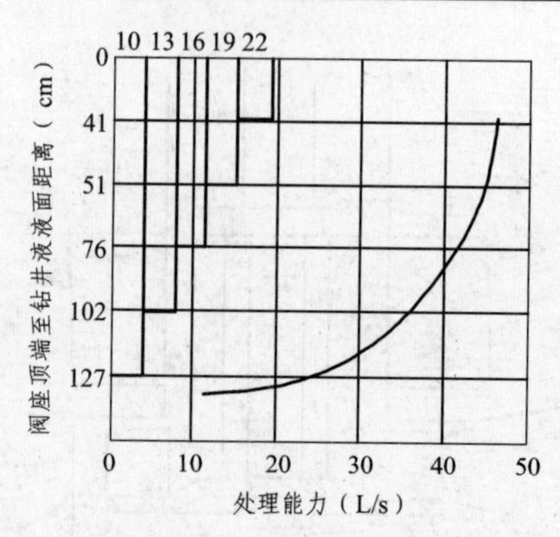

图 6.8 常压式除气器安装深度及处理能力关系曲线

6.5.3 真空式除气器

真空式除气器利用真空泵或者喷射式抽空装置使除气罐内部形成一定的真空。循环罐中的气侵钻井液就会在真空压差下被吸入除气罐内。真空环境下，钻井液表面的压力低于大气压，从而降低了小气泡升至液面所需的压力。例如，压力由 1 个大气压降至 500 mmHg 时，气泡体积会增大 50%，从而增大了浮力，较迅速地升至液面而破裂清除。无论何种真空除气器，其结构共性主要有三点，并围绕三个特征的改进形成了不同系列的产品。

（1）有一个真空泵或喷射泵使除气罐保持适度的真空，从而将气侵钻井液吸入罐内，气液分离，将天然气排向大气。

（2）罐内一般设置槽形挡板或锥形伞板，使钻井液分离成薄层以使气体逸出。

（3）配备有液面控制装置，以调节进入除气室的钻井液流量，使除气室既不会溢流、也不至于抽空。

真空除气器的主体是真空除气罐，见图 6.9。其内部结构的上半部是除气室，正对进浆口的下方是锥形布流伞。下面是四层辐射状阻流板，每层由十六块叶片组成，其结构类似于

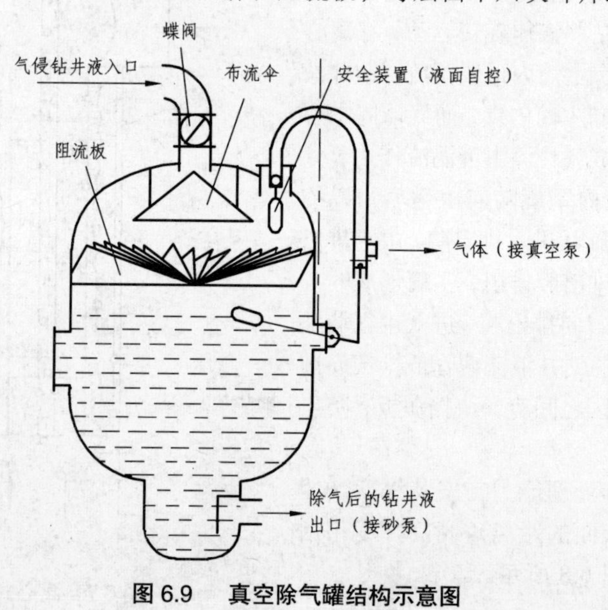

图 6.9 真空除气罐结构示意图

悬吊式电风扇叶片，相邻两组阻流板的倾斜方向相反。这种结构的阻流板对提高除气效率有重要作用，下半部是储液室，除过气的钻井液由储液室底部的出口被砂泵排到钻井液循环系统中。为了保证储液室内液面有足够的高度，除气罐内装了液面自动调节装置。同时除气罐上还装了安全装置，以防调节装置失灵时，罐内的钻井液被抽到真空泵中去。液面自动调节装置由浮子、枢轴、连杆与球面阀（液面调节器）组成。浮子装在罐内，球面阀装在罐外的抽气管路上，两者通过连杆及枢轴结合为一体。当罐内无钻井液时，浮子在自重作用下处于最低位置，球面阀关闭，使抽气管路与大气隔绝。

图 6.10 为 ZCQ 型真空式除气器工作流程图，另有一种真空罐卧式安装的真空式除气器，其工作原理与 ZCQ 型基本相同。

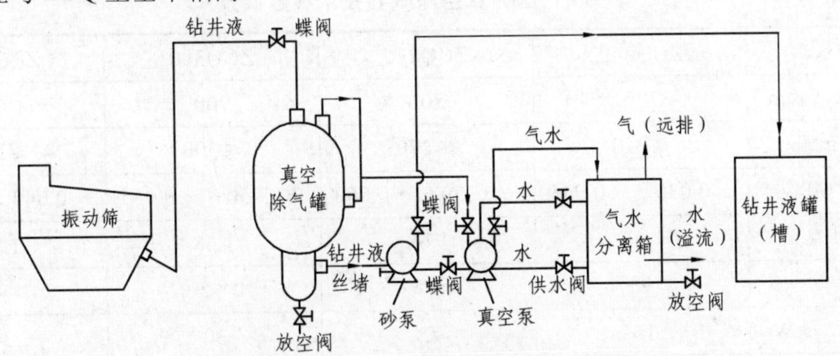

图 6.10　ZCQ 真空式除气器工作流程图

工作时，真空泵将除气罐内抽到一定真空度，钻井液在压差作用下从钻井液罐中将钻井液吸入除气罐。除气后的钻井液落入罐内下部储液室。随着储液室内液面的升高，浮子逐渐浮起。当液面升到足够高度时，浮子向上运动，并通过杠杆将球面阀开启，抽气管线随即与大气相通，使除气罐内的真空度下降，因而真空罐的钻井液流量相应减小。与此同时，砂泵从真空罐底部将除气后的钻井液抽出，罐内液面也就随着下降，这就可避免内液面过高淹没阻流片导致除气效率降低。当罐内液面降低到一定高度时，下落的浮子通过杠杆又将球面阀关闭，使抽气管线与大气隔绝，这时由于真空泵仍在不停地运转，罐内真空度重新增高，入罐的钻井液量随之增加，罐内液面又逐渐上升。这就可避免液面过低而造成砂泵吸不上钻井液。如此往复，罐内液面高度就被自动调节在一个合适的范围内，从而保证除气器能连续正常工作。当液面自动调节装置失灵时，液面可能上升到顶部。此时顶部的浮子随液面上升，使上部安全阀门关闭，堵死连接真空泵的抽气管，从而避免钻井液被抽入到真空泵，起到了安全保险作用。

6.5.4　油田除气器技术参数水平

目前，油田用真空除气器的技术特征是均利用真空泵的抽吸使钻井液进入真空罐内，并利用其使气体被抽出真空罐外，真空泵在此起了两种不同的作用。同时真空泵（水环式）在工作过程中，始终处于等温状态下，适用于易燃易爆的气体抽吸，安全可靠；钻井液通过转子的窗口高速射向四壁，钻井液中的气泡破碎彻底，除气效果好；主电机偏置，整机重心降低；采用皮带传动，避免了减速机构的复杂化；气液分离器的应用，不会造成液与气同时被排出，使排气管始终畅通。另外，还可循环向真空泵内供水，节约了用水；吸入管插入钻井液罐内，在钻井液无气侵的情况下，可作为大功率的搅拌器使用。

真空除气器的工作流程是首先利用真空泵的抽吸作用，在真空罐内造成负压区，钻井液在大气压的作用下，通过吸入管进入转子的空心轴，再由空心轴四周的窗口，呈喷射状甩向罐壁，由于碰撞及分离轮的作用，使钻井液分离成薄层，侵入钻井液中的气泡破碎，气体逸出，通过真空泵的抽吸及气液分离器的分离，气体由分离器排往安全地带，钻井液则由叶轮排出罐外。由于主电机先行启动，与电机相连的叶轮呈高速旋转状态，所以钻井液只能从吸入管进入罐内，不会从排液管被吸入。

表 6.1　国内真空除气器技术参数摘录

型　号	ZCQ240	ZCQ270	ZCQ300	ZCQ360
主体罐直径（mm）	700	800	900	1 000
处理量（m^3/h）	≤240	≤270	≤300	≤360
真空度（MPa）	－0.030～－0.045	－0.030～－0.050	－0.030～－0.055	－0.040～－0.065
传动比真空度	1.68	1.68	1.68	1.72
除气效率	≥95%	≥95%	≥95%	≥95%
主电机功率（kW）	15	22	30	37
真空泵功率（kW）	2.2	3	4	7.5
叶轮转速（r/min）	860	870	876	880
外形尺寸	1 750×860×1 500	2 000×1 000×1 670	2 250×1 330×1 650	2 400×1 500×1 850
重量（kg）	1 100	1 350	1 650	1 800

6.5.5　除气器的使用注意事项

（1）常压式除气器排放钻井液时应与下一级钻井液罐的顶部平行，以迫使大气泡破裂。对于低密度、低剪切力的钻井液，这些装置的使用范围会受到一定的限制。

（2）真空除气器应将钻井液排入低于钻井液液面的下游罐,气体排放管线应使气体至少能直接向上排放到液体表面。

（3）由于一部分钻井液从下游罐回流到除气器吸入罐的同时，一部分钻井液又会从除气器吸入罐均匀溢流进入下游罐中。所以除气器的处理量要大于沉砂罐或振动筛进入吸入罐的容量。可以通过测量进入和流出除气器钻井液的密度，以确定气体是否被清除。

（4）排气管的尾部应安置在安全区域，并与井口和地面废水池保持一定的安全距离。给排气管安上阀门并将其分成两股支流，这样就能使气体总是在地面废水池和井口的下风处点燃。

需要提醒的是：一些有毒气体比空气重（如硫化氢），会聚集在低位地区，所以靠近排放气管或在排放气管附近工作时要小心谨慎。同样，由于硫化氢比空气重会下沉，(因而将其简单地排放在钻井装置上部（如井架顶部）很不安全)。

（5）真空除气器启动前，应将排液管及吸入管的末端同时浸入钻井液中，否则，将无法工作。

(6) 真空除气器排气管进气口处应加装过滤网（40～60 目），以防颗粒状物体进入泵内。

(7) 启动前，先将真空泵供水管线上的球阀打开，(亦可拆掉真空泵的供水管线，改用软管供水）再拧开气液分离器上的丝堵，给其充水，待水从溢流口溢出时停止，并旋上丝堵。最后，用手或管钳转动联轴器数周，以确认泵内没有卡住或其他损坏现象，再行启动。

(8) 真空除气器启动前，应先搞清电机的旋转方向，真空泵及主电机皮带护罩上均标有方向箭头标记，应与其方向一致，绝对禁止反向运转。

(9) 使用完毕后必须将泵及分离器内的水放掉。

6.5.6　真空除气器的常见故障原因及排除方法（见表 6.2）

表 6.2　真空除气器的常见故障原因及排除方法

故障现象	原因分析	排除方法
真空度太低或为零	(1) 真空泵内水没有水或水不够； (2) 真空罐或真空管线密封不好； (3) 吸入管或排出管口没有浸入钻井液中	(1)向泵内注水,调整向泵内注水的球阀； (2) 紧固螺栓或检查真空管线的密封性能； (3) 将其浸入钻井液中
启动后有异样声音或强烈振动	(1) 真空泵内进入固体颗粒； (2) 真空罐内进入异物	(1) 打开泵头清洗，如果有损坏应更换； (2) 打开法兰堵板清除或打开底盖清除

6.6　液气分离器

钻井液液气分离器也是气侵钻井液除气的专用设备，属常压除气范畴，基于常压除气原理，不过它是处理气侵钻井液的初级脱气设备，与除气器的主要区别在于它主要用于清除环空钻井液喷出来的直径≥3 mm 的大气泡。大气泡是指大部分充满井眼环空某段的钻井液的膨胀性气体，其直径大约为 3～25 mm。这些大气泡引起井涌，甚至喷出转盘表面。另外，液气分离器主要是靠重力冲撞作用来实现液气分离的，而除气器是采用真空、紊流、离心等原理，除气器的处理气体量比液气分离器少得多，但是清除气体更彻底。通常经液气分离器处理后的钻井液中还会有小气泡，通过振动筛后，需进入除气器再进行常规除气。

液气分离器可以直接从旋转防喷器处进液，也可以从节流管汇外进液。液气分离器按压力分常压式和压力自控式两种。在过去的 50 年里，它们已经从简单的开式罐发展到复杂的密闭和加压式容器。一般液气分离器是与节流管汇和电子点火装置配套使用的，用于脱离钻井液中的游离气体，可应用于欠平衡钻井液和含硫化氢气体的钻井液处理。

6.6.1　液气分离器的类型

常用的液气分离器有两种类型：

1. 封底式

除气罐底部封闭，封底式液气分离器如图 6.11 所示。钻井液通过一根 U 形管线回到循环罐内。除气罐内钻井液面的高度，可通过 U 管的高度增减来控制。

2. 开底式

如图 6.12 所示，分离器罐无底，下半部潜入钻井液中。罐内的液面依靠底部潜入深度来控制，这种分离器在国外俗称“穷孩子”，说明其简易性。

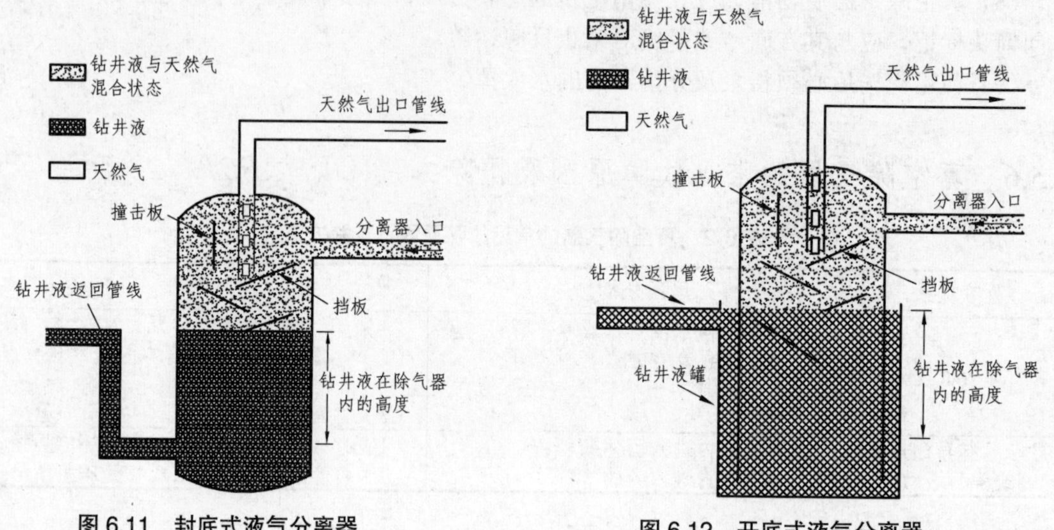

图 6.11 封底式液气分离器　　图 6.12 开底式液气分离器

最简单、最可靠的液气分离器是封底式的。开底式分离器次之，因为它的钻井液柱高度受到循环罐内液面高度的限制。液气分离器的工作压力等于游离气体由排出管排出时的摩擦阻力。分离器内始终保持一定高度的液面（钻井液柱高），如果上述摩擦阻力大于分离器内钻井液柱的静水压力，将造成“短路”，未经分离的气侵钻井液就会直接排入钻井液循环罐内。分离器产生“短路”一般是在气侵钻井液中出现大量气体（峰值）的条件下发生的。这表明分离器处理能力不足。

6.6.2 液气分离原理

液气分离器的基本原理都是相同的。开底式的基本结构是一个底部敞开（或有一个直径较大的排出口）的立式钢质圆筒，如图 6.13 所示，筒的一侧有一个钻井液入口，顶端是气体排出口。筒体是一个直径为 355～610 mm（或者更大一些）的钢质圆筒。当钻井液从井口返出后，经阻气管汇流进入出气筒的入口管，入口管随阻气管直径而定。例如：阻气管直径为 50 mm，则入口管直径为 100 mm，而液气分离器的排气管应为 150 mm。若圆筒直径是 1 000 mm，则排气口直径应为 200 mm。液气分离器圆筒内有许多挡板，排列形状各不相同。其作用是承受钻井液的冲击，有助于形成紊流，使钻井液层变薄，以促使气泡与液体分离、破裂、逸出。排气管线应接至远离井场的地方，以便将分离出的气体引向远处。应注意的是排气管内的阻力必须很小，以确保管线回压很小。

液气分离流程如图 6.14 所示，从井口返出的气侵钻井液经阻气管汇后，以很高的速度沿分离器进液口切线进入分离器内，顺内壁落在专门设计的一系列内挡板上，液体与钢板撞击后，通过碰撞、增大暴露表面积后继续向下流动，一部分气泡在撞击后破裂，其余的气泡与液体一起形成紊流和薄膜。由于液气分离圆筒与大气相通，因而气侵钻井液压力降低到几乎等于大气压力，在紊流和薄膜中的气体便迅速膨胀并逸出液面。液气分离后钻井液从下部流入钻井液罐循环罐内，分离出的游离气通过罐顶的气体出口排走，排气管长度由现场确定及配备，并引到安全处。

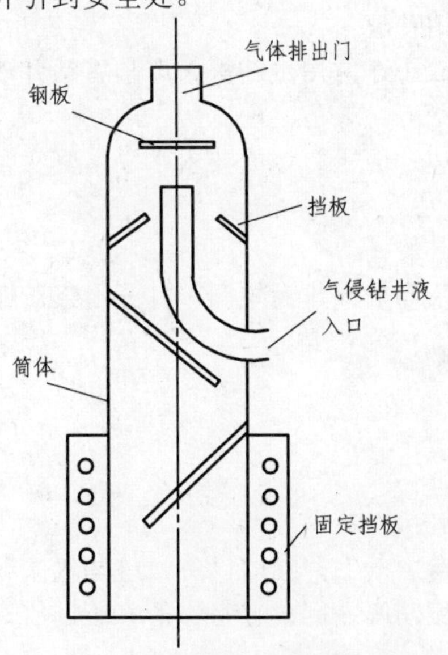

图 6.13　开底式液气分离器示意图

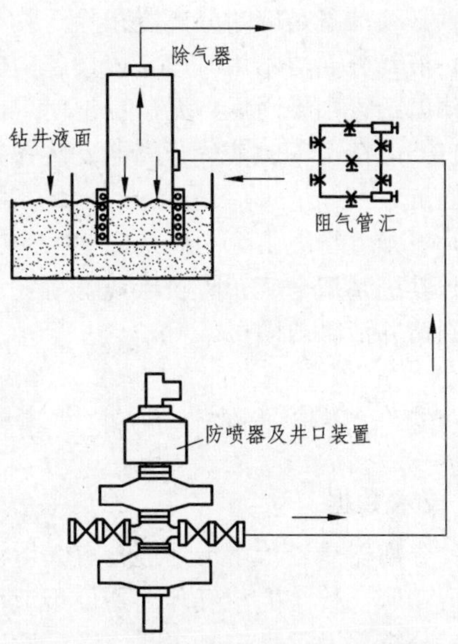

图 6.14　开底式液气分离器流程图

6.6.3　油田液气分离器的技术参数（见表 6.3）

目前，油田用液气分离器采用底部排液排污设计，并以此来控制工作液面高低，以保证分离器内液位恒定，同时解决了罐内积砂问题；罐内设有气体分离专用通道，气体排空通畅，提高了气体的处理效果；采用离心分离、物理冲击分离、真空分离等多项分离技术相结合，确保了气体分离效果；供液管各弯角处均安装有缓冲装置并加装了可更换耐冲击挡板，可根据磨损情况进行定期检查更换，延长了设备的使用寿命；防硫型液气分离器整体采用特种材料进行制造和处理，可完全防止气体中的硫化氢对设备的损坏。

表 6.3　国内液气分离器器技术参数摘录

型号	ZYQ800	ZYQ1000	ZYQ1200
分离器主体（mm）	800	100	1 200
处理量（m^3/h）	180 ~ 260	240 ~ 320	260 ~ 380
进液管	5″	5″	5″
出液管	6″	8″	10″
排气管	8″	8″	5″
重量（kg）	1 600	2 000	2 000
外形尺寸（mm）	1 900×1 900×5 700	2 000×2 000×5 860	2 200×2 200×6 634

6.6.4 液气分离器的应用原则

（1）钻井液与气体分离所需时间取决于钻井液的性能，比如钻井液黏度大，那么分离就困难而且消耗时间长。

（2）必须准备足够的分离器和除气装置来处理钻井液。

（3）液气分离器不用时应将该设备内的钻井液放干净并用水冲洗，严禁将钻井液存放在分离器体内，否则干固后将无法正常使用。

（4）一般情况下，液气分离器安装在钻井液罐边地面上，地面要求水平、坚实，并预置地脚螺栓坑。

（5）将排气管线引至距离井口 60～80 m 处。

（6）其进浆口与旋转防喷器或节流管汇连接时，需关闭排污蝶阀，打开出浆口蝶阀，用管线接到钻井液罐内即可。

6.6.5 液气分离器的使用注意事项

1. 技术数据

液气分离器是设计用于处理含有大量溶解气或自由气钻井液的设备，这些气体在大气压条件下会膨胀。传统的液气分离器位于节流管汇和振动筛之间，它有一条直接排放气体的管线。液气分离器通常只安装在节流管汇后面使用。

液气分离器应满足下列要求：

（1）根据实践经验，选择的液气分离器的处理量必须 5 倍于设计循环量。

（2）液气分离器进口管线内径应等于或大于节流管汇排出管线的内径。

（3）液气分离器钻井液排出管线的内径应不小于进口管线的内径，钻井液直接排放到振动筛进口管汇或钻井液储备罐。

（4）排气管线的直径应为 200 mm（8 in）或更大。

（5）气体排出管线上不应安装阀门。

带班队长指导液气分离器的所有作业，并决定什么时候通过液气分离器的钻井液直接返回到振动筛。

2. 设备和工具检查

（1）分离器的气体排出管线必须固定牢固。

（2）寒冷天气时，如果液气分离器底部安装了清洁阀，为了防止液体冻结堵塞液气分离器，应打开该阀。

（3）按厂家提供的说明书或服务要求清洁和维修液气分离器。

3. HSE 提示和预防措施（见表 6.4）

表 6.4 HSE 提示和预防措施

作业	HSE 提示	预防措施
通过液气分离器分离气浸钻井液	气体排放到其他地方	（1）通过节流管汇循环排气时，保留尽可能多的钻井液量是很重要的（即溢流排入钻井液罐）； （2）通过液气分离器循环前，确保钻井液罐之间的平衡阀已关闭； （3）为了最大程度地密闭钻井液系统，不要使用除砂器和除泥器。需要时，应专人值班，观察钻井液液面/钻井液的密封情况

4. 准备工作

(1) 确保节流管汇到液气分离器之间的管线畅通无阻。

(2) 当液气分离器的开口端安装在钻井液罐的底部时，确保它不被沉积物堵塞。

5. 实施（用于循环出受浸钻井液）

(1) 在发生溢流关井后，完成压井计算和压井方案的同时，循环排出受浸钻井液的节流管汇已经连接好，液气分离器也已经连接处于待命状态。

(2) 如果液气分离器安装了清洁阀和U形管排泄阀，在使用时，一定要把它们关闭。

(3) 检查排出管线的安全固定绳或链。

(4) 确保钻井液录井装置气体取样器固定牢固。

(5) 打开节流管汇通向液气分离器的阀门。

(6) 井控程序启动后，从环空返出的钻井液将通过节流管汇，然后进入液气分离器，分离器分离出的气体排放出去，分离器排出的钻井液直接返回到振动筛。

(7) 作业期间，连续监视液气分离器和检测返回到振动筛罐的钻井液。

(8) 压井成功后，打开防喷器，关闭从节流管汇通向液气分离器的阀门。

(9) 打开液气分离器清洁阀，将所有岩屑排放到排污池。

(10) 如果使用的是U形管分离器，打开U形管排泄阀并用水冲洗，将所有固体排放到排污池。

(11) 清洁、冲洗和检查所有管汇、管线和阀门，并按照钻井设计中软关井或硬关井的要求重新布置节流管汇和液气分离器的工作状态。

6. 关 闭

按厂家规定清洁和维修液气分离器。

第 7 章 离心机

7.1 概 述

在离心机和水力旋流器投入石油钻井固控使用之前，能控制钻井液固相含量的方法只有振动筛和稀释。因此，不能被振动筛清除的小颗粒，只能通过稀释来控制其固相含量。在使用加重钻井液钻井过程中，一旦固相含量达到其最大容限，只要钻屑继续地进入钻井液，就需要持续不断地补充清水以控制钻井液的黏度，同时还要加入重晶石控制钻井液的密度，由此，会产生大量过剩的钻井液，处理过程成本昂贵。

为了解决上述问题，卧式螺旋卸料沉降离心机开始用于固控系统，并逐渐成为重要的固控设备。离心机运转时，它的转鼓高速旋转，钻井液通过砂泵泵入转鼓，由于受到很大的离心力作用，提高了悬浮固相的沉淀速度和分离效率，钻井液得以实现快速地固液分离。在目前水平的固控流程中，钻井液离心机常作为最后一级处理设备。振动筛和水力旋流器用于分离和除去大的钻屑，离心机用于分离和除去更小的颗粒或超细颗粒（钻屑和重晶石），这是离心机与振动筛和水力旋流器最大的不同。

7.1.1 离心机结构及原理

1．离心机的主要结构

在钻井过程中，离心机通过将钻井液分离成高密度和低密度两部分，以此来调节钻井液性能。分离是通过加速沉降过程实现的，钻井液通过高速旋转的转鼓后，由于离心力作用将较重的颗粒甩到转鼓内壁上，同时螺旋输送器把这些颗粒输送到底流排出口，经过处理的钻井液分成两部分：较重的部分称为底流，较轻的部分称为溢流。

图 7.1 所示为天津开发区兰顿油田服务有限公司生产的 LW520-BP 型离心机结构图，其结构组成及功用如下。

（1）进液管。一根装有阀门的空心管。该管通过端面法兰与转鼓端面固定，垂直于进料方向还设有两个支管，以方便离心机清洗。

（2）转鼓。转鼓由一个空心直段圆柱体和空心锥段圆锥体组成。它通过轴承支撑在机座上，在离心机工作过程中钻井液在该容器中分离为液相和固相。

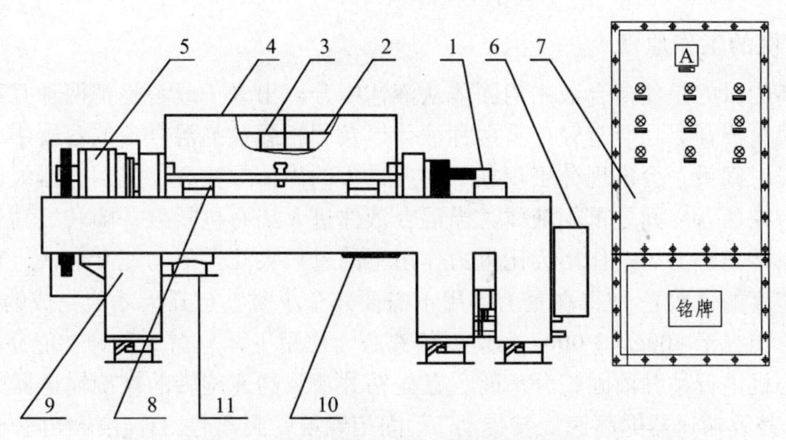

图 7.1 LW520-BP 型离心机结构图

1—进液管系统；2—转鼓；3—螺旋推进器；4—机罩；5—差速器；6—主电机
7—控制系统；8—机座；9—机架；10—排渣斜斗；11—排液斗

（3）螺旋推进器。螺旋推进器是离心机中在一个空心的圆柱体上焊有特定导程的螺旋推进器叶片的机构，通过轴承支撑装配在转鼓中。在离心机工作过程中螺旋推进器将离心分离的固相连续不断地从转鼓中推出来，通过排渣斜斗排出。

（4）机罩。机罩是离心机的防护装置及分离后的液相和固相的收集装置，该装置通过螺栓固定在机座上。在离心机工作过程中将高速旋转的转鼓密闭在其内部，并同时对分离后的固相和液相进行收集。

（5）差速器。差速器是一个二级行星齿轮减速机构，该机构通过螺钉连接并固定在离心机转鼓上，在离心机工作过程中为离心机的螺旋推进器和转鼓提供合适的差转速。

（6）主电机。主电机是一台功率为 75 kW 的防爆电机，主电机为设备的旋转提供动力。

（7）控制系统。控制系统为设备提供必需的电力并对离心机的运行、停止及故障提供相应的功能，控制系统主要由主电源联锁装置，电源“通电”指示器，电子显示电流表、电压表，离心机和泵的“开/关”按钮、急停按钮，离心机和泵“运行”指示器，警报“停止”和“复位”按钮，温度检测仪表、振动检测仪表，联锁装置还能在离心机主轴承温度过高、振动烈度过大时自动跳闸将泵关闭。声光报警装置在跳闸时发出警报，并且控制柜底部的铃亦同时报警。

（8）机座。机座是整个设备的支撑机构，该机构主要通过螺栓连接的方式将差速器、螺旋推进器、转鼓、机罩和电机等按一定的关系固定在其上，从而实现设备的所需功能。

（9）机架。机架是为了适应钻井的需要而特殊设计的架子，可以直接与甲板焊接牢固，方便固相、液相管道布置。

（10）排渣斜斗。固定在机架上，利用软连接管与机罩固相排渣口相连，方便固相排料。

（11）排液斗。优质不锈钢制作，与离心机机罩液相排出口相连，方便液相排料。

主要工作特征：离心机转鼓及同轴安装于转鼓内的螺旋输送器，由于螺旋输送器上的刮板（叶片）与转鼓内壁之间有一定间隙，所以它俩可相对转旋转。工作时，转鼓与螺旋输送器同向高速旋转，但两者存在 0.6%～3%的转差率（即两者转数之差与转鼓转数之比），也即螺旋输送器比转鼓慢 0.6%～3%（它表示转鼓每转 100 转，螺旋输送器将沉渣推送了 0.6%～3%转），由此形成卸料排渣过程。

2. 离心机的工作原理

离心分离的目的是使混合液中的固体从液体中分离出来，或者是把两种互不相溶且密度不同的混合液分离开。在装有轻、重两种液体以及固相颗粒的混合液的容器中，由于重力作用，静置一段时间后，会出现分层现象，密度最大的固体颗粒会下沉到容器最底部，最上面为轻相液体，在两者之间是重相液体。当混合液体进入离心机转鼓并随转鼓高速旋转后，这个分层过程由于离心力场的作用会比重力作用下的过程大几千倍的速度加快进行（分离因数就是重力加速度的倍数），使得在重力作用下需要几个小时甚至几天才能完成的分离过程，在离心机产生的相当于400*g*～3 000*g* 加速度的离心力作用下，只需几秒钟就能完成。

当用离心机进行钻井液固相分离时，首先钻井液从高速旋转的螺旋输送器的空心轴进入转鼓内，在转鼓及输送器的高速旋转带动下，固相颗粒受到离心力作用沿径向向转鼓壁运动，并沉于离心机的转鼓壁上，小颗粒及液相则在里层。转鼓内壁和螺旋卸料器外壁之间的液圈范围（又叫沉淀池）称为沉降区。分离后的钻井液从转鼓大端（或圆柱端）侧壁上的溢流口流出。螺旋输送器的叶片则将沉降的颗粒推向脱水区，最后从转鼓小端上的排渣口排出。在脱水区内，颗粒受离心挤压和离心过滤作用，挤出所存储的自由水，排出的颗粒仅带吸附水，因而排出的沉渣是比较干的。图 7.2 所示为锥状转鼓离心机工作原理图。

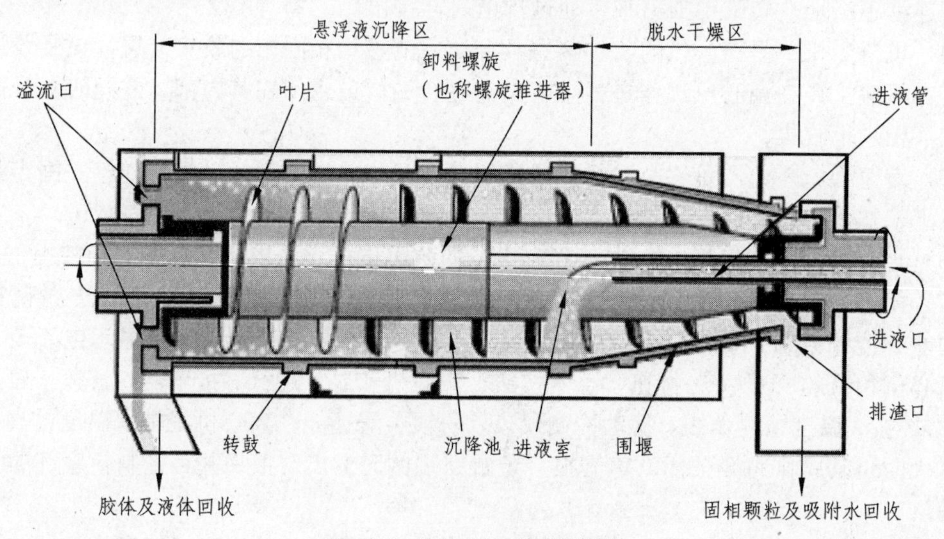

图 7.2 离心机工作原理图

7.1.2 离心机的分类

钻井液离心机是针对石油钻井液的特点，将钻井液中固相颗粒和液相在转鼓内利用离心分离原理完成分离过程的设备。其分离因数的大小决定着分离的性能，分离因数大的离心机可以从钻井液中分离出更细的颗粒，所以石油钻井用钻井液离心机根据分离因数来分类，通常可分为三种类型：

1. 低速离心机

低速离心机也称为“重晶石回收型离心机”。它的分离因数为 500～700，转速范围一般为1 600～1 800 r/min。对于低密度固相（比如泥质钻屑），它的分离点为6～10 μm，对于高密度固相（比如重晶石），分离点为4～7 μm，这种离心机主要用来回收重晶石。

2. 中速离心机

中速离心机的分离因数为700～1 200，转速范围一般为1 800～2 200 r/min，可分离5～7 μm的固相颗粒，主要用于清除钻井液中的有害固相，控制钻井液密度和黏度，这是目前井队使用最多的离心机，一般分离因数控制在800左右。

3. 高速离心机

高速离心机的分离因数为1 200～2 100，转速范围2 200～3 000 r/min左右或者更高，分离点为 2～5 μm，一般用于清除低密度钻井液中的有害固相，控制钻井液黏度，一般与低速离心机串联使用组成双机系统。在此系统中，低速离心机放在第一级，它分离出的重晶石排回钻井液罐中以回收重晶石，它排出的液体先排入一个缓冲罐中，再用泵把缓冲罐中的液体送入高速离心机中，高速离心机分离出的固体排出罐外，液体回到循环系统中，采用“两机”系统既可以有效清除有害固相，又可以防止大量浪费重晶石，已获得国内外钻井行业的普遍认可和采用。

7.2 离心力场的基本特征

7.2.1 离心力及分离因数

质量为m的固相颗粒在离心机转鼓内绕轴线旋转时，若固相颗粒的回转半径为r，则固相颗粒受到的离心力F_c为：

$$F_c = mr\omega^2 = \frac{mr\pi^2 n^2}{900} \approx \frac{mrn^2}{100} \tag{7.1}$$

式中 ω——旋转角速度，rad/s；

n——转速，r/min。

在离心力场中，通常用分离因数F_r来衡量离心力场的大小，分离因数F_r是固相颗粒所受离心力与其重力$G=mg$之比，即：

$$F_r = \frac{F_c}{G} = \frac{r\omega^2}{g} \tag{7.2}$$

由式（7.2）可知，分离因数可用离心加速度与重力加速的比值来表示。分离因数F_r越大，则固相颗粒所受离心力F_c也越大，因此分离因数表征着离心机分离能力的大小，它是转鼓中离心力场强弱的标志。F_r越大，离心机分离能力就越大，脱水效果越好。但同时也会增加功率消耗、磨损及转鼓壁上的应力。

在式（7.1）、（7.2）中，r为变量，即随固相颗粒所处位置不同，其所受离心力F_c及分离因数F_r也不同，通常以转鼓内壁处的分离因数作为离心机的分离因数，即：

$$F_{rb}=\frac{F_c}{G}=\frac{r\omega^2}{g} \tag{7.3}$$

式中 r——转鼓内壁半径；

ω——转鼓旋转角速度，rad/s。

对固相颗粒小、分散度大、液相黏度大的难分离悬浮液，应采用分离因数大的离心机。用于处理钻井液的离心机其转鼓转数范围为 1 600～3 250 r/min，分离因数对应范围在 510～2 100 或更高。例如，兰顿生产的 LW533-BP 大流量离心机，转速可达 3 200 r/min，转鼓直径×长度＝533×1 865 mm，转速可借助变频器实现连续可调，分离因数最高可达 3 050，用于分离 2～5 μm 以上的固相微粒。

7.2.2 哥氏力

分析固相颗粒在离心机转鼓内的运动可知，颗粒还要随转鼓的旋转而旋转（牵连运动）。同时，在离心力作用下，固相颗粒也沿径向运动。根据理论力学得知，固相颗粒存在哥氏加速度，并受到哥氏力的作用。哥氏力在离心力场中的存在，对固相颗粒的运动有影响。但由于其运算复杂，在具体的工程应用中，常忽略不计。

7.2.3 离心机内液面的形状

取一垂直安装的转鼓，其内装有液体，如图 7.3 所示。转鼓绕其对称轴转动时，鼓内流体（包括固相颗粒）受到离心力作用而抛向鼓壁，使液面中部凹陷下去，边缘部分上升。若在表面任取一点 A，受离心力及重力作用，其合力方向与液面垂直。

当转鼓转速很高，流体靠拢鼓壁，以致转鼓中部没有液体，如图 7.4 所示。

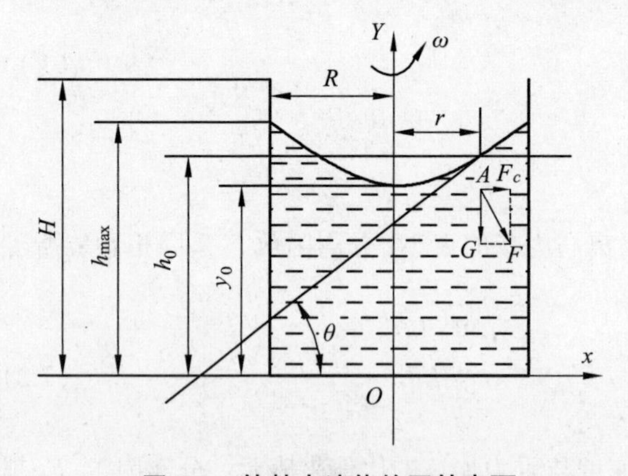

图 7.3 转鼓内液体的回转表面

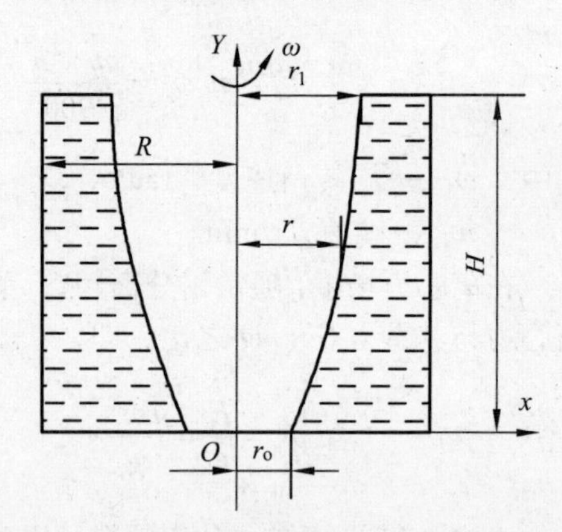

图 7.4 高速回转时转鼓内流体分布情况

高速旋转状态下，转鼓内液面的分布规律表达式，取不同的液体表面半径，可求得相应的 y 坐标值。

$$y=\frac{\omega^2}{2g}(r^2-r_0^2) \tag{7.4}$$

例如，取 $r=r_1$，得相应的 $y=H$，式（7.4）变为：

$$H=\frac{\omega^2}{2g}(r_1^2-r_o^2)$$

由上式解出 r_1，即：

$$r_1=\sqrt{r_o^2+\frac{2gH}{\omega^2}} \tag{7.5}$$

由式（7.5）可得知，因为 H 为定值，当 ω 足够大，则 $\omega^2 \gg 2gH$，上式根号内第二项接近于零。故得 $r_1=r_o$，实际上，ω 足够大时，r_o 也相应变大，转鼓内流体表面变为与转鼓表面近乎平行的同心圆柱面。在这种状态下，由于离心力大大超过重力，因此，在设计时可不计重力。离心机的转鼓轴线可以任意布置，既可以垂直布置，也可以水平（或倾斜）布置，均不影响转鼓中的液体、固相颗粒层的分布。转鼓轴线位置主要取决于结构合理和操作使用上的方便。

7.2.4 离心力场中的液体压力

离心力场中的液压力大小及其分布对离心力沉降分离无影响。但该参数是离心机转鼓强度设计的重要依据之一。

仍取图 7.4 的情况，设转鼓内液体的旋转角速度为 ω_o，液体各层向无相对运动。在液体中取一单位体积的液体，在任一瞬时，该单位体积液体的位置可用 r,y,θ 三个坐标确定。该三个方向上液压力的变化可按欧拉运动方程式表示如下：

$$\left.\begin{aligned}&-\frac{\partial p}{\partial r}+\rho\omega^2 r=0\\&-\frac{\partial p}{\partial y}+\rho g=0\\&-\frac{\partial p}{\partial \theta}\cdot\frac{1}{r}=0\end{aligned}\right\} \tag{7.6}$$

式中，$\dfrac{\partial p}{\partial \theta}=0$，说明液压力 p 沿周向无变化，这是回转液体的轴对称性质所决定的。

式（7.6）中，ρg 为常量，即液压力 p 沿 y 轴方向的压力变化为液柱静压力。由于转鼓高度较小，并且 $r\omega^2 \gg g$，故液压力沿 y 方向的变化可忽略不计。

在转鼓壁处，$r=R$ 时其所受的液体压力最大，即：

$$p_R=\frac{1}{2}\rho\omega^2(R^2-r_o^2) \tag{7.7}$$

若 $r=r_o$，则转鼓内液面自由表面处的液压力为零。

因此，转鼓内液体的液压力沿半径的变化是从液面的表面（自由液面）的零值到转鼓壁的最大值，工业上用的高速离心机，其转鼓壁所受的液压力可高达 5～6 MPa。

7.3 离心力场中的沉降分离过程

7.3.1 离心力场中固相颗粒在液体中的自由沉降速度

由于钻井工艺过程的连续性，要求用于固相控制的离心机的分离过程能连续进料、分离、排液及沉渣，螺旋式沉降离心机适合连续作业工况。

固相颗粒的沉降过程可能有两种情况。

(1) 固相浓度超过一定极限而且两相分散性较均匀（颗粒分布区域较窄），可能出现集团沉降（又称干涉沉降）现象，沉降固相与其上面澄清液相之间有明显的分界线。

(2) 固相浓度低于此极限时，粗细粒子的沉降速度各不相同，不出现上述明显的分界线，称为自由沉降。

钻井液在离心机转鼓内进行离心沉降分离的过程与重力沉降过程相同，也存在自由沉降与干涉沉降两种不同的过程及层流、过渡流、湍流三种不同流型。为简化起见，在离心机的沉降区域内，通常按层流流型考虑。

在离心力场中，认为钻井液中固相颗粒各以自己不同的速度沉降；处于自由沉降状态。离心力场中固相颗粒的自由沉降速度为：

$$V_{\mathrm{o}}=\frac{d^2(\rho_{\mathrm{s}}-\rho_{\mathrm{m}})g}{18\mu}\cdot\frac{r\omega^2}{g}=V_{\mathrm{r}}\cdot F_{\mathrm{r}} \tag{7.8}$$

式中 V_{r} ——钻井液中固相颗粒径向自由沉降速度；

F_{r} ——分离因数。

由式（7.8）可以看出离心力场中固相颗粒在液体中的沉降规律：

① 固相颗粒的沉降方向沿离心力作用方向，即径向沉降；

② 沉降速度随颗粒所处位置的回转半径增大而增大；

③ 离心沉降速度较重力沉降速度大得多，对层流而言，大 F_{r} 倍，由于 F_{r} 可达数百到数千（用于钻井液的离心机），因此离心沉降设备与重力沉降设置相比，装置尺寸小，分离效果好。

从公式中可以清楚地看出，在低黏度溶液中颗粒沉降速度较快，重颗粒比轻颗粒沉降速度较快。使用斯托克斯公式时单位必须一致，每个变量独立求值，如颗粒尺寸、颗粒密度和流体密度以及流体黏度。

颗粒的质量取决于其尺寸和密度。然而此处有一个技术上的区别，重量与质量本质上是相同的概念。斯托克斯定律表明在一定黏度和密度下，沉降速率直接取决于颗粒的质量。

7.3.2 影响离心沉降速度的因素

1. 颗粒为非球形的影响

式（7.8）在导出时，还假设了固相颗粒为球形。实际上钻屑颗粒为非球形。颗粒在液体中的运动阻力与其截面积和表面积有关。对同体积颗粒而言，球形颗粒表面积的横截面积最小，在液体中的运动阻力最小。非球形颗粒在液体中的运动阻力较大，因而在离心力场中的沉降速度较之球形颗粒慢。

2. 固相含量的影响

钻井液一般含有两类固相颗粒：① 膨润土和钻屑，两者的密度都较低，其密度在 2.6 g/cm³ 左右。② 加重剂，通常为重晶石，密度大约 4.2 g/cm³。如果所有的固相颗粒都是同一个尺寸，离心机就可以把加重剂从低密度固相中分离出来，这是因为重晶石颗粒的密度较大，质量比低密度固相颗粒较大。当然钻井液是只含有不同尺寸颗粒的浆体。加重的钻井液一般同时含有这两类固相颗粒，这些颗粒既有小到在清水中也不能沉降的胶体微粒，也有粒径为 70 μm 或更大粒径的颗粒。因此，离心机不能将所有重晶石从低密度固相中分离出来。如果离心机使用合理，就能将较大粒径的重晶石从细颗粒中分离出来，也能将较大的低密度颗粒从小颗粒中分离出来。如果不能正确认识到这一重要事实，就会导致离心机的错误使用。

斯托克斯定律表明，当重晶石和低密度固相颗粒具有相同质量时，它们的最终沉降速度也是相等的。在低密度固相颗粒体积比重晶石多约 50%时，沉降速度就相等。进一步可推得，如果离心机分离重晶石的 d_{50} 分离粒度为 4 μm，那么分离低密度固相颗粒的分离粒度就为 6 μm。也就是说，大多数大于 4 μm 的重晶石颗粒和大于 6 μm 的低密度颗粒都将被输送到底流，较小的颗粒则保留在离心轻钻井液中。

如前所述，当固相含量达一定值时，将出现干涉沉降现象。固相颗粒的沉降速度将随固相含量的增加而迅速下降。此外固相颗粒的表面特性、固相之间是否相互作用、液相的 pH 值等对固相颗粒的沉降均有影响，还有一些其他影响沉降的因素。

考虑上述因素后，钻井液中固相颗粒的沉降速度将比按上述自由沉降公式的计算值小。

7.3.3　离心沉降分离的极限

在一定离心力场下，当固相颗粒小到某一固定尺寸而不能被分离时，称为离心沉降分离极限，这个颗粒尺寸称为极限颗粒直径 d_2。离心力越大，则 d_2 越小，极限颗粒直径按下式计算，即：

$$d_2 = 1.734\left(\frac{T}{\Delta\rho\omega^2 r}\right)^{\frac{1}{4}} \tag{7.9}$$

式中　T——绝对温度，K；

$\Delta\rho$——固液相密度差，$\Delta\rho = (\rho_s - \rho_m)$ g/cm³；

ω——转鼓回转角速度，rad/s；

r——回转半径，cm。

在工业生产中，用沉降式离心机来分离高分散性的悬浮液时，可根据分离要求所定的最小颗粒直径，按式（7.9）来确定所需要的最小分离因数，进而选定机型。根据式（7.9），最小分离因数为：

$$F_r = \frac{9T}{g d_1^4 \Delta\rho} \tag{7.10}$$

7.3.4 离心机的分离粒度

固相分离状况通常用分离粒度来描述。分离粒度是某一颗粒的直径值，该粒度值所对应的百分率即为注入钻井液中此粒径颗粒被分离出去的量。如果分离百分率没有给定，通常认为是 50%。例如，如果离心机除去 50%的 100 μm 的固相颗粒，而仍有 50%的此粒径的颗粒留在钻井液中，那么 d_{50} 分离粒度就为 $d_{50}=100$ μm。如果除去 90%的 120 μm 的颗粒，则 d_{90} 分离粒度就为 $d_{90}=120$ μm。通常说一台离心机能分离 3～7 μm 的钻屑，实际上是指离心机的分离粒度 d_{50} 的范围——溢流，沉渣中各占 50%的该种颗粒粒度。

离心机是根据固相的密度和尺寸进行分离的。例如，离心机对重晶石的分离范围是 2～4 μm，但对钻屑则不一样。重晶石的密度为 4.2 g/cm³，钻屑固相密度为 2.6 g/cm³，根据重晶石的分离粒度范围 2～4 μm，可按下式计算离心机分离钻屑的分离粒度范围，即：

$$\sqrt{\frac{\rho_{重晶石}-\rho_{水}}{\rho_{钻屑}-\rho_{水}}}\times d_{50,重晶石}=d_{50,钻屑}$$

代入数值有：

$$\sqrt{\frac{4.2-1}{2.6-1}}\times(2\sim4)=2.8\sim5.7\ (\mu m)$$

即离心机分离钻屑固相的分离点范围为 2.8～5.7 μm。

如上所述，离心机的分离点并不那么精确，它决定于离心机本身的处理能力及调节是否得当。对一定的离心机，只要调节适当，就能提供所需要的分离或分离点。

根据入口钻井液中的固相进入溢流的量（%），可作出离心机分离特性曲线，如图 7.5 所示。

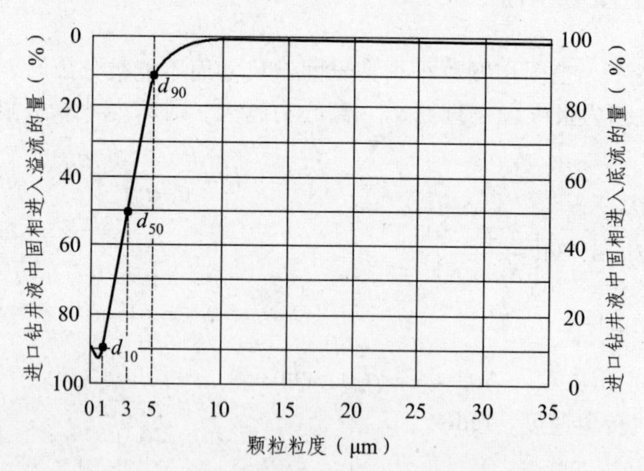

图 7.5 钻井液离心机分离特性曲线

从图上 50%点作水平线与分离曲线相交，再从交点作垂线与横坐标相交，该点的读数 3 μm，即离心机在该工况下的分离粒度。

如果一台离心机调整不当或过载，曲线的倾角将变化，如图 7.6 所示。由图可知，此时的分离粒度为 20 μm。

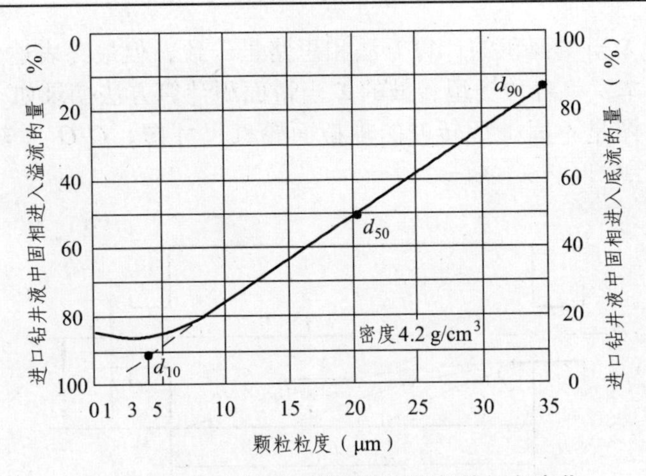

图 7.6　调节不当或过载运转而引起的倾角变化

7.4　螺旋沉降离心机的处理能力

7.4.1　Σ理论

Σ理论是安布勒于 1952 年提出，用于计算沉降离心机处理能力。该理论认为液体在鼓内按“活塞式”流动特性流动，即在整个流动断面内的流速为常量，由于处理量公式简单，概念明确，至今沿用。

钻井液进入离心机转鼓后，液相沿转鼓轴向流动至溢流口流出鼓外。其中的固相颗粒随液体轴向流动的同时，在离心力作用下还沿径向沉降，较细颗粒由于沉降速度过慢，沉降到鼓壁的时间较长。如果进浆量过大，轴向流速过快，使较细颗粒在转鼓内的停留时间过短，则细小颗粒随液流溢出鼓外而不能被分离。因此，沉降离心机的处理能力应理解为所需分离的最小颗粒在鼓内，而不致随分离液带出鼓外的最大液流量。因此，分离因数一定的同一台离心机，对性质不同的钻井液或同一性质的钻井液在不同的分离要求下，其处理能力也将不同。

沉降离心机的处理能力取决于流体的轴向流速和颗粒的离心沉降速度。对液体在转鼓内的轴向流动问题有不同的理论，因而沉降离心机处理量的计算方法也不同，这里仅介绍按 Σ 理论计算处理量的公式。

$$Q = v_r \Sigma \ \ (\mathrm{m^3/s}) \tag{7.11}$$

式中　v_r ——在离心力场中钻井液固相颗粒的沉降速度，由公式 2.9 或 7.8 即可得；

Σ ——当量沉降面积（单位：m^2），又称为离心机的生产能力指数，根据离心机转鼓的形状不一样，计算公式不同，但推导思路一致。

7.4.2　处理能力计算

要想基于 Σ 理论计算出离心机的处理量，首先要正确计算 Σ 当量面积。根据离心机不同的转鼓形状，Σ 当量面积的计算方法和思路虽一致，但最终表达公式有所不同。为了方便读者参阅，本章将各种类型转鼓的 Σ 当量面积计算方法摘录如下：

其中，下面各图是不同类型转鼓的轴截面轮廓尺寸图；O-O 是转鼓的回转轴线；$h=r_2-r_1$，表示液层深度；$\lambda=h/r_2$

（1）柱形转鼓。

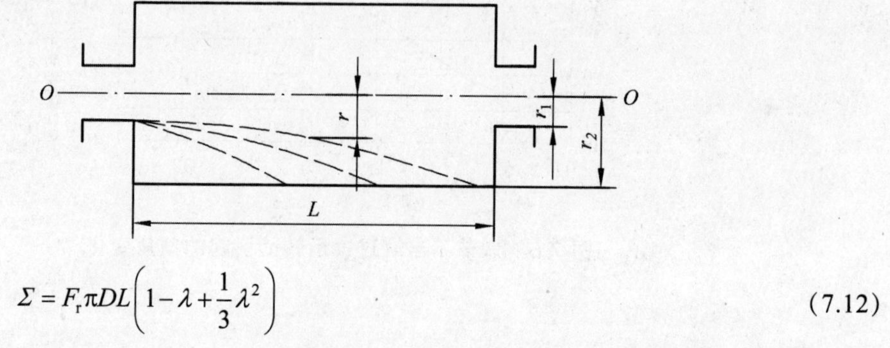

$$\Sigma = F_{\mathrm{r}}\pi DL\left(1-\lambda+\frac{1}{3}\lambda^2\right) \tag{7.12}$$

（2）锥形转鼓。

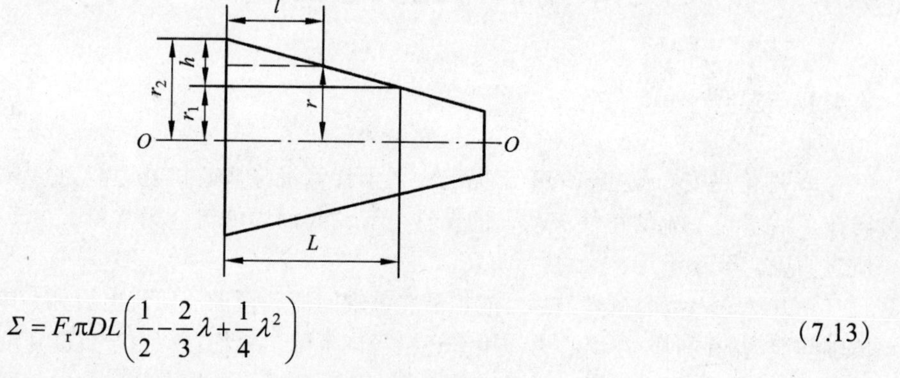

$$\Sigma = F_{\mathrm{r}}\pi DL\left(\frac{1}{2}-\frac{2}{3}\lambda+\frac{1}{4}\lambda^2\right) \tag{7.13}$$

（3）柱锥形转鼓（目前钻井液离心机常用型转鼓）。

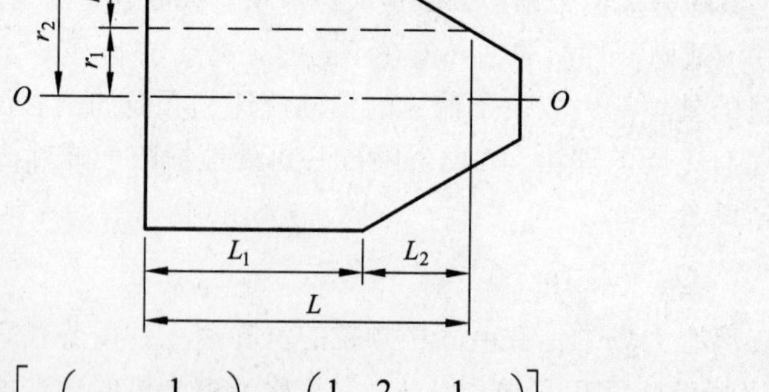

$$\Sigma = F_{\mathrm{r}}\pi D\left[L_1\left(1-\lambda+\frac{1}{3}\lambda^2\right)+L_2\left(\frac{1}{2}-\frac{2}{3}\lambda+\frac{1}{4}\lambda^2\right)\right] \tag{7.14}$$

按 Σ 理论计算的处理能力比实际的大，主要由以下几方面的原因引起。

① 在导出公式时，液体的轴向流速是按“活塞式”流态处理，实际上不是。

② 进出口的面积（溢流口、沉渣口面积）及形状影响流动。

③ 螺旋叶片占据了部分液池容积。

④ 螺旋搅动的影响。

实际进行计算时，常用以下公式：

$$Q = GV_r\Sigma \ \ (m^3/s) \tag{7.15}$$

式中　G——修正系数。

对螺旋卸料沉降离心机，G 为：

$$G = 16.64\left(\frac{\Delta\rho}{\rho}\right)^{0.325\,9} \times \left(\frac{d_e}{L}\right)^{0.357\,4} \tag{7.16}$$

式中　$\Delta\rho$——固液相密度差，$\Delta\rho = \rho_s - \rho_m$；

ρ_s——固相密度；

ρ_m——液相密度；

L——沉降区长度；

d_e——固相颗粒当量直径。

对非球形固相颗粒当量直径 d_e 按下式计算，即：

$$d_e = \sqrt{\frac{6V_s}{\sqrt{\pi A}}}$$

式中　V_s——固相颗粒体积；

A——固相颗粒的表面积。

7.5　离心机典型装置

7.5.1　螺旋卸料沉降离心机

卧式螺旋卸料沉降离心机的主要结构如图 7.7 所示。在机壳内有两个同心安装在主轴承上的回转部件，外面是转鼓，内面是具有螺旋叶片的输送器。电动机通过三角皮带轮带动转鼓旋转，转鼓通过左轴承处与行星差速器的外壳相连接，经差速器的输出轴带动螺旋输送器与转鼓作同向转动，但转速不同，存在一个转差率。

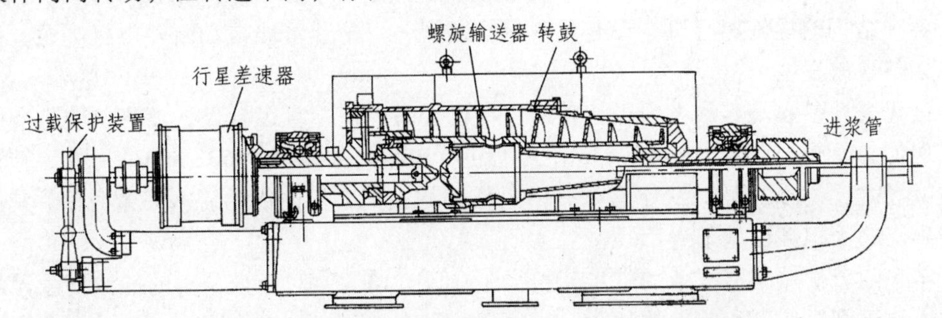

图 7.7　卧式螺旋卸料沉降离心机装配结构示意图

7.5.2 螺旋沉降离心机的主要构件

1. 转 鼓

转鼓一般由转鼓筒体和大小端盖（包括液位调节装置）组成，转鼓筒体锥形部分易磨损，为减少这种磨损，在沿线上加焊有若干筋条，如图 7.8 所示。

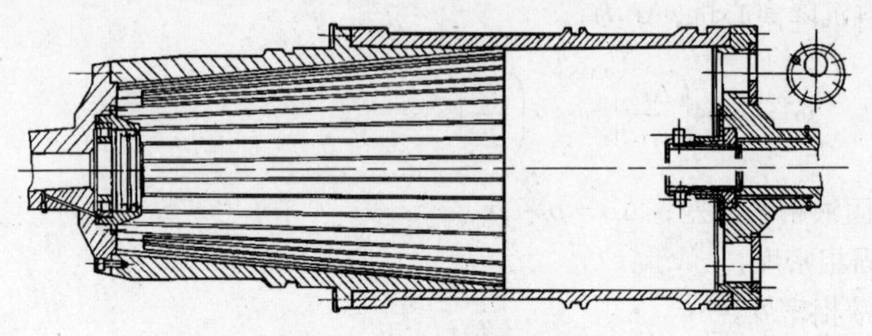

图 7.8　转鼓结构示意图

在转鼓大端上有一个枢轴，以便支承在主轴承上，枢轴通过法兰与转鼓连接。端盖上开有溢流口，另一端有小端盖与小端连接并支承在轴承上。

转鼓大端的溢流口位置可调，由此控制液池的不同深度，它对离心机的生产能力和澄清度有较大影响，应根据不同的工艺要求加以调节。转鼓溢流端溢流口分布情况如图 7.9 所示。

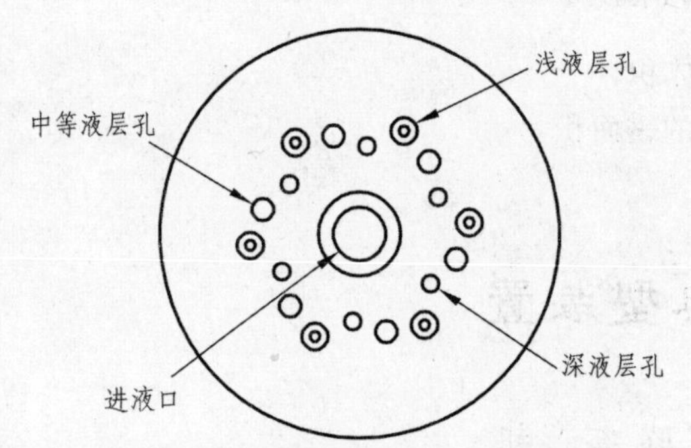

图 7.9　转鼓溢流端溢流嘴分布情况

调节溢流口的方法各式各样，常用一溢流挡板安装在不同位置上来达到调节液池深度。当要求增大沉降水池深度时，就将浅液层、中等液层孔堵掉，此时钻井液在沉降区水池的停留时间延长，分离效率提高。但水池加深后，脱水区相对缩短，将导致泥饼含水量上升。螺旋输送器由差速器的输出轴带动，当沉降的负荷过多或螺旋叶片被卡住时，差速器将被损坏。为此，各种结构的螺旋离心机均设有过载保护装置，保护装置能自动断开电机电源，并停止进料，以防事故发生。

转鼓代表性参数是其最大内径，转鼓内径已经系列化，直径越大，离心机的生产能力就越大。例如，兰顿公司生产的 LW533 型离心机，表示转鼓内径为 533 mm。另外，转鼓长度和转鼓直径之比（长径比），决定着钻井液悬浮颗粒在离心机内部的脱水停留时间，其比值越大，分离出的固相颗粒越干燥。

近年来随着机械制造技术的进步，长径比在逐渐增大，对于难分离的低浓度悬浮液的产量主要取决于圆周速度和转鼓的长径比。由于长径比大于 4，制造困难，而且需要同时增大直径，但增大直径将影响离心机工作时的动平衡等相关特性，所以，对难分离的悬浮液，最合理的是在小直径条件下提高长径比，只有在不能保证产量条件下，才增加转鼓直径。

2. 螺旋推料器

螺旋推料器由螺旋叶片、内筒、加料隔仓和左右轴颈等组成，如图7.10所示。

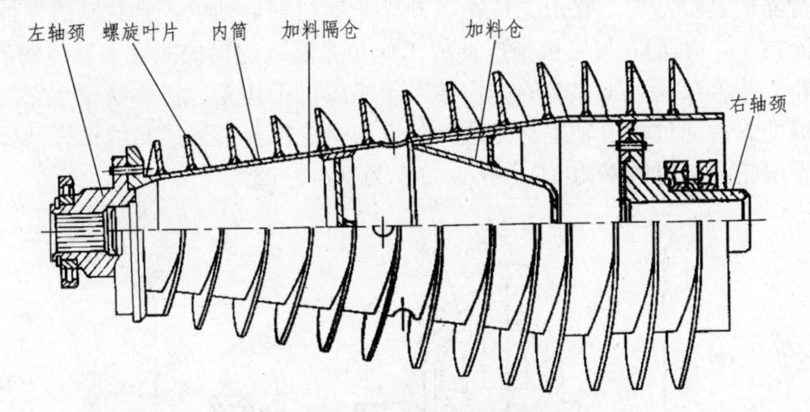

图7.10　螺旋输送器

螺旋叶片表面要采取防耐磨措施，例如，喷涂耐磨合金、耐磨塑料等。

3. 过载保护装置

离心机的主电机提供了分离功率，同时还供给螺旋输送器功率。当输送的沉砂量超过行星差速器的极限能力，或金属异物落入转鼓内卡住螺旋时，就可能破坏行星差速器。为防止螺旋和差速器被破坏，离心机均设有专门的过载保护装置。过载保护装置有机械式、机械液压式、电控机械式与电器过载保护装置等，其中，尤其以机械式用得最多。

4. 离心机的传动装置

现代离心机的传动装置都广泛地采用了行星齿轮传动装置（见图7.11)，并且以渐开线行星齿轮差速器为主，其中以2K-H应用最多。

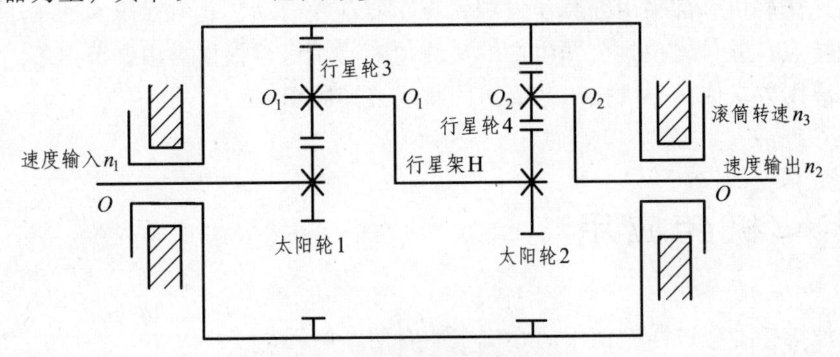

图7.11　行星齿轮传动装置

行星轮系由中心轮、行星轮和行星架组成。在图7.11所示的行星齿轮传动装置中，齿轮1和2为太阳轮，H为行星架，齿轮3、4为行星轮。行星轮一方面绕自身的几何轴线O_1O_2旋转（自转)，同时又随行星架H绕固定几何轴线OO回转（公转)。此行星齿轮中若有一个中心轮固定，其自由度为1，则为行星轮系；若中心轮均不固定，其自由度为2，则为差动轮系。

5. 液力耦合器

为了有效地控制离心机的过载，并使其平稳启动，运转或满足调速要求，因此，在离心机的传动系统中，已广泛采用了液力耦合器。

液力耦合器是一种液力传动装置，它是利用液体动压力来传递功率和扭矩的。图 7.12 所示为液力耦合器的基本结构。它由工作轮、外壳、输出轴、轴承、密封圈等零件组成。在壳体充有工作液体（矿物油）。与电机轴连接的工作轮将输入的机械能变成液体的动能，相当于离心泵工作轮，俗称泵轮。工作轮的作用相当于水轮机工作轮，俗称涡轮。它将工作液的动能还原为机械能，并通过输出轴驱动负载。外壳与泵轮相连，形成容纳工作液体的容器。涡轮的转速低于泵轮，相对滑率为 3%～4%，效率为 96%～98%。

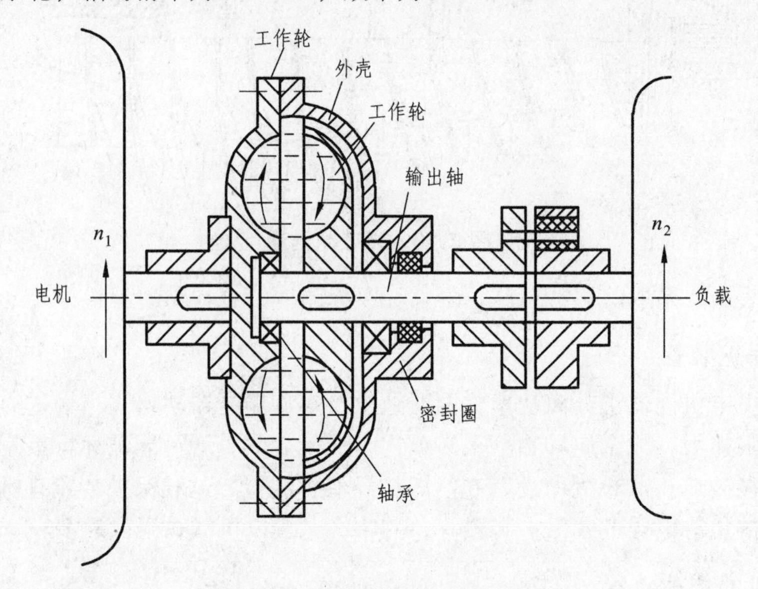

图 7.12　液力耦合器的基本结构

但随着转鼓转速的提高，液力耦合器已经不能满足高速离心机的启动要求，因此兰顿公司生产的高速离心机全部采用变频器控制，真正实现软启动，具有对电网冲击小，智能化程度高的性能特点。并且，兰顿公司生产的大流量离心机可以根据需求调节出不同的转速，产生不同的分离因数，使离心机按工艺要求回收或去掉固相。

7.6　离心机的应用

在钻井液维护处理过程中使用离心机主要有两个原因：

(1) 选择性的分离加重钻井液中的胶体颗粒和超细颗粒，以提高钻井液的流动性能。

(2) 清除非加重钻井液中的微小颗粒。

用离心机除去这些可增加黏度和动切力的超细颗粒（重晶石和钻屑），同时也回收到更多有价值的大尺寸加重固相。如果不使用离心机，为了减少超细颗粒浓度，不得不废弃所有钻井液，即使钻井液中包含大量有价值的加重固相。

需要注意的是，钻井液清洁器和离心机都能从加重钻井液中清除钻屑并回收大部分重晶石。但是，这两种设备清除颗粒的粒度范围有所不同。从宏观来看，钻井液清洁器清除的钻屑颗粒密度晶石颗粒大，而离心机清除的钻屑颗粒密度晶石的颗粒小。它们的作用可以互相补充，对于密度大于 1.80 g/cm^3 的加重钻井液，最好两种设备同时用。离心机还常用于处理非加重钻井液以清除粒径很小的钻屑颗粒，以及对旋流器的底流进行二次分离，回收液相，排出钻屑。

7.6.1　控制加重钻井液黏度

控制加重钻井液黏度是通过除去加重钻井液中能引起高黏度的泥质及胶体颗粒来实现的。因此，由离心机分离过的含有超细颗粒的钻井液送入存储罐中存放，而从沉渣口排出的重晶石被送回钻井液循环体系再利用，因此，离心机的分离粒度不应太低。图 7.13 所示为离心机处理加重钻井液的流程图。

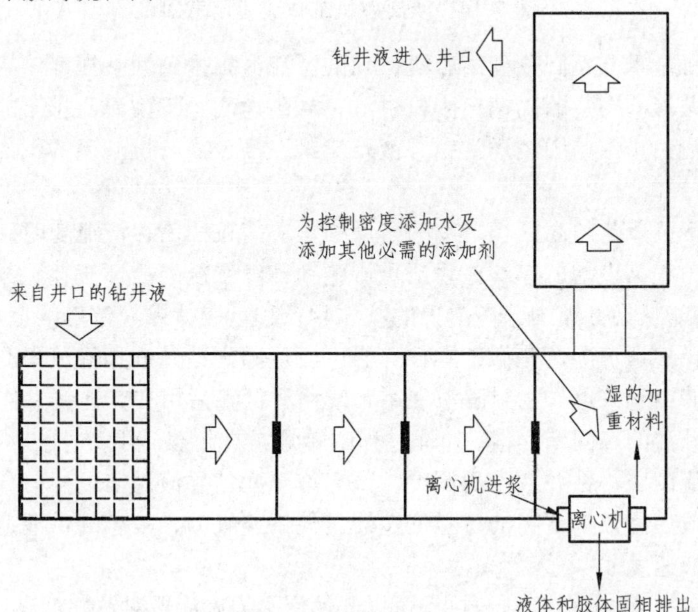

图 7.13　离心机处理加重钻井液的流程示意图

此项工艺中，使用离心机并不能将钻屑和重晶石完全分离。即在回收的重晶石中也含有颗粒较大的低密度钻屑；同样，在溢流的钻井液中既含有低密度的细微固相，又含有很细的和无用的重晶石颗粒。

由于被排放而储存不用的钻井液中有膨润土及处理剂，还有无用的重晶石细微粒。因此，向钻井液补充新鲜液体时，应补充膨润土和处理剂，为保持钻井液密度，还应补充相应的重晶石。

7.6.2　处理加重油基钻井液或油包水乳化钻井液

加重油基钻井液和加重油包水乳化钻井液中的一些重晶石和钻屑变成了亲水性固相，这些固相可能影响钻井液的流变性能。此种情况下既要回收重晶石，又要回收昂贵的液相和化学处理剂。为了实现这双重目的，通常采用双离心机进行工作，其工作流程如图 7.14 所示。

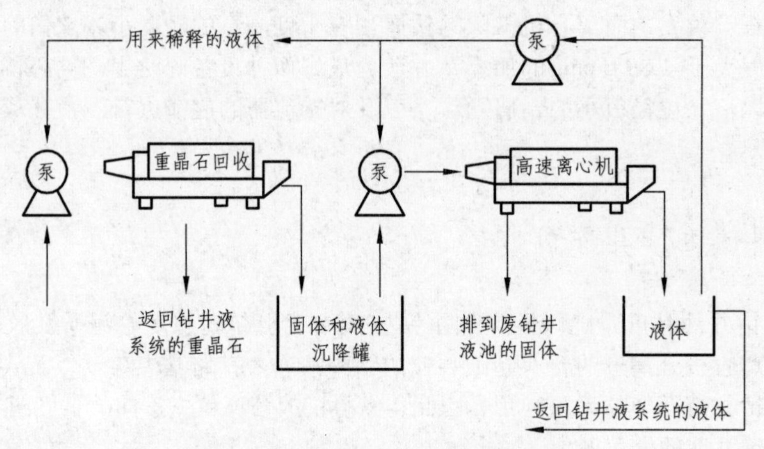

图 7.14　双离心机工作流程示意图

左边的离心机是重晶石回收型离心机，它的溢流液相排到钻井液存储罐中，再从钻井液存储罐中抽取钻井液向右边的高速离心机供液，从高速离心机溢流口排出的清洁液相返回钻井液系统，从沉渣口排出的固相送到钻井液存储罐，高速离心机溢流的一部分也可作为左边离心机进浆液的稀释液。

加重钻井液不可避免的高固相之间的研磨，颗粒的粒径因存渣池随时间变小而导致滤饼质量下降，动切力和黏度增加，这些将严重影响钻井液系统的循环压耗，气侵脱气及钻井速度。粒径太小而不能从钻井液中分离出去的胶体颗粒和近胶体颗粒浓度的增加导致上述问题，离心机可用来选择性地清除这些微细颗粒。当底流返回到钻井液和溢流中时，分离出来的液体和微细颗粒，储存起来可作为封隔液使用，或稀释调整后用在其他钻井作业中或废弃。

由于加重钻井液的高固相含量，处理过程中转矩常常超载。可以通过以下途径减少扭矩：调整转鼓大端溢流口减小钻井液液面深度，并允许一些钻井液溢出以便与分离出来的固相相混合；减小转速或使用效率更高的行星差速器；使用连续的，较小的供液速度，而不推荐采用间断的较高供液速度。

对于高密度钻井液，在处理过程中，可以先使用水力旋流器对钻井液进行处理，然后将溢流注入到离心机中（同时底流返回到钻井液系统），这样就能降低离心机的固相负荷。钻井液体系在任何情况下都含有粗颗粒，清除这些粗颗粒，减轻了离心机的负荷，从而提高了胶体颗粒和近胶体颗粒的清除效率。

7.6.3　处理非加重钻井液

处理非加重的低固相钻井液，离心分离方法同样有效。而且通常需要大处理量型离心机，每小时至少能处理 30～50 m^3 的钻井液。离心机将钻井液分离为溢流和底流两部分，底流中含大量无用固相排到废浆池中，而贵重的液相再返回到钻井液循环系统中。

为了将淡水基钻井液的密度控制在 1.05 g/cm^3 左右，体系中每进入 0.16 m^3 钻屑就需要加入 4.39 m^3 的稀释液。对于密度为 1.08 g/cm^3 的海水基钻井液，体系中每进入 0.16 m^3 钻屑就需要加入 5.96 m^3 的稀释液。无论使用何种钻井液，配制或废弃大量钻井液都十分昂贵。最经济的方法是去除钻井液中的有害固相，而不是通过稀释来降低它们的浓度。

对非加重的钻井液来说，因为固相含量低，离心机转矩几乎不是问题。因此，可以加大离心力和沉降池深度以最大程度地清除固相。在固相分离中沉降时间是主要因素之一，由于钻井液注入速度最大化将减少沉降时间，所以最大注入速度往往达不到最好的分离效果。为此最有效的稀释液和钻井液总的注入速度不能超过 0.95 m^3/min。为了将底流漏斗黏度控制在 37～39 s/L，必须对注入液进行稀释。这样就可以将钻井液在低剪切速率条件下的黏度控制在较低水平，从而更有利于固相分离。为了保证钻井液实际处理能力达到循环体系中的钻井液体积的 25%，往往要求多台离心机同时工作。如果使用多台离心机，则它们必须是平行使用而不是串联使用，并遵循以下原则：

（1）用大容量离心机处理非加重钻井液，离心机应位于所有其他固控设备的下游，它的主要任务是除去小于其他设备分离粒度的颗粒。如果没有这种设备，保留在钻井液中的固相就只能通过冲稀法或替换法解决，使用离心机后，可降低冲稀（或替换）的处理费用。

（2）由于推料螺旋在转鼓小端的挤压作用，大多数自由水被挤掉，留在颗粒表面的主要是吸附水，因此离心机是唯一能够从分离的固相颗粒上清除自由水的固控装置，它可将液相损失降到最小程度，所以推荐在下列情况下用于处理非加重钻井液：① 钻井液的液相很贵（如油基钻井液；缺水地区的水基钻井液等）；② 钻井液处理成本很高；③ 对环境保护很严。上述情况下，除砂器、除泥器及钻井液清洁器底流都不应废弃，而是用管道输送到小储备罐。在小储备罐中，加入循环系统的钻井液作为稀释液，然后把这些稀释后的混合液泵入离心机。离心机排除有害固相，并将昂贵的液相回收到钻井液循环系统中，如图 7.15 所示。

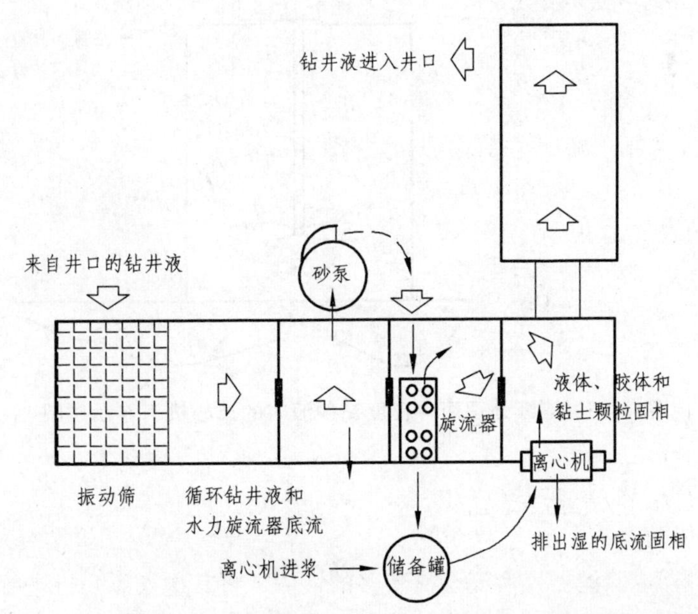

图 7.15　离心机用于处理旋流器底流的流程示意图

理想的非加重钻井液固相含量相对较低，所以颗粒的粒径不是考虑的主要因素，如果当钻屑浓度需要控制在较低水平，那么就需要进行大量稀释以补偿钻屑进入钻井液而提高的浓度。这时使用离心机的主要目的是为了清除钻屑。离心机分离底流可以除去大量的不能被分离的钻屑颗粒，这极大地减少了稀释需求量和钻井废弃物数量。

7.6.4 回收钻井液中的重晶石

对加重钻井液进行离心分离时，粗颗粒（重晶石及低密度固相）进入底流，而细颗粒（膨润土及低密度固相）则进入溢流。溢流的分离，即对已处理钻井液和稀释液中较细颗粒的分离，这样可以降低增黏颗粒的浓度，降低固控设备故障率，减少稀释需求。

首先明确一个理念，即离心机与钻井液振动筛和水力旋流器一样，都是固相清除设备。在钻井过程中，对加重钻井液进行离心分离是替代稀释进行降黏的方法，而不是从废弃液中将重晶石进行回收的方法。它同时也可以除去钻井液中的胶体颗粒和超微细颗粒，以改善钻井液性能。

在很多情况下，井队从开钻到完钻都用离心机，并取得了最佳效益。因为很多井队在开钻后的很长一段时间内使用低密度钻井液钻井，进入易塌或高压层之前才对钻井液进行加重，因此，一口井钻井周期内的离心机实际上完成了双重任务。对于非加重钻井液主要是清除大固相颗粒并除黏，而对于加重钻井液则是回收加重材料。如图 7.16 所示，在离心机的底流安装一个可调倒流滑板，即可完成转换角色这一工作。

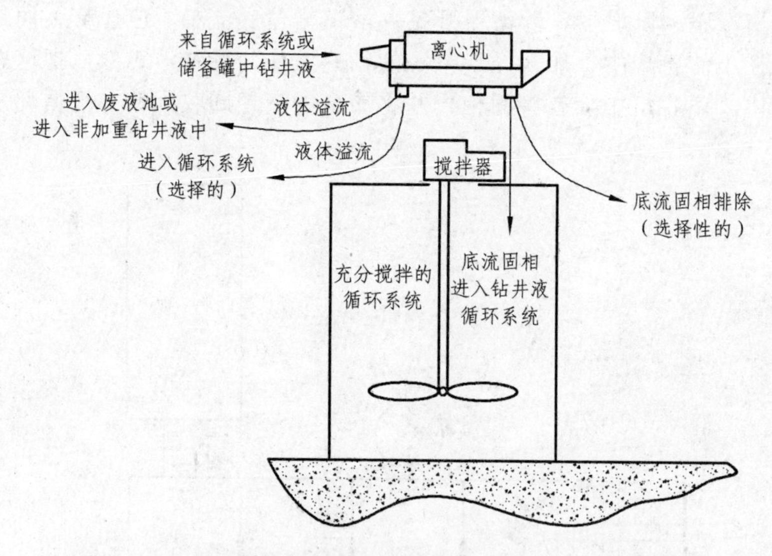

图 7.16 连续处理两种密度钻井液时的离心机工作示意图

7.6.5 处理水力旋流器底流

旋流器（除砂器、除泥器）底流含有较多的液体，将其送入离心机进行脱水分离，离心机分离出的固体被排入废浆池，分离出的液体返回循环罐内或送入高速离心机再作进一步澄清使用。用这一方法来回收储浆池中的水也是有效的。

7.7　离心机主要技术参数的选择及其影响

螺旋沉降离心机的技术参数是根据分离过程的工况要求和经济效益原则、综合权衡各种因素进行选择的，其技术参数包括：

（1）结构参数：转鼓内径 D，转鼓总长度 L，转鼓半锥角 α，转鼓溢流口处直径 D_1，推料的螺距 S（或升角 β），螺旋母线与垂直于转轴截面的夹角 θ，如图 7.17 所示。

（2）操作参数：转鼓的转速 n，或转鼓转速 ω_b 及推料螺旋转速 ω_a，转鼓与螺旋的转数差 Δn。

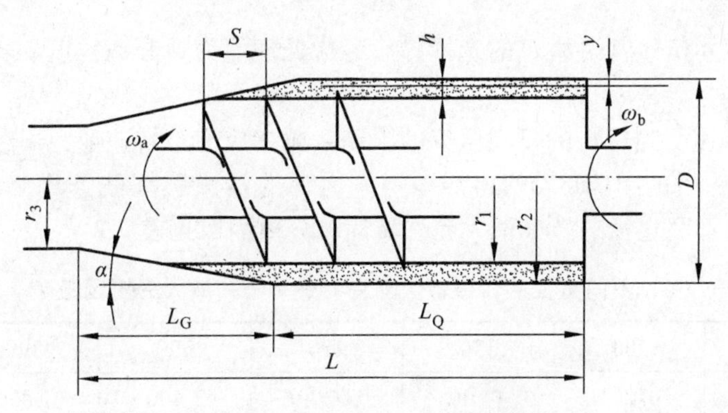

图 7.17　钻井液离心机结构参数

7.7.1　转鼓直径和长度及形状

（1）转鼓直径 D。

在其他条件不变的情况下，离心机的生产能力大致与 D^3 成正比。根据直径 D 的大小，国内外的离心机都已系列化。我国规定的系列直径为 200、450、600、800、1 000 mm。国外离心机的系列直径尺寸是 6、8、10、16、20、25、30、40 in。表 7.1 列出了螺旋沉降离心机的处理量范围和转鼓直径的关系。由于处理量受许多因素的限制，因此，表内所列资料仅供参考。

表 7.1　螺旋沉降离心机的处理量范围

系列		200	350	400	600	800	1 000
处理能力	Q（m^3/h）	0.1 ~ 1.5	1.5 ~ 4	4 ~ 10	10 ~ 30	—	—
	G（t/h）	0.1 ~ 0.3	0.3 ~ 1	0.75 ~ 3	1.5 ~ 4	2 ~ 6	5 ~ 10

由公式 7.1 可知，当离心力相等时，转鼓直径越大，则转速越低。固相粒子在转鼓内停留时间越长，这样可使较细的固相颗粒在离心力作用下有充分的时间沉到转鼓壁上，进而经由螺旋推料器排出。

（2）转鼓长度 L。转鼓的长度一般是按长径比 (L/D) 来确定的，对于难分离的物料，长径比取 3～4。转鼓长度大，离心机中的沉淀池的容积就大，固相的停留时间就越长，所以分离效果就好。但长径比由于受制造工艺及动平衡条件等限制，不能随便取值，对于难分离的悬浮液，最合理的方法是在小直径条件下提高长径比。

（3）转鼓形状。转鼓形状有圆锥形和柱锥形两种基本结构。在转鼓直径和长度一定时，柱锥形能提供更大的内部沉降空间。使固相颗粒在转鼓内的停留时间更长，分离能力更强。它与锥形转鼓相比，一是在处理量不变的条件下，能保持较低的分离粒度；二是处理量加大而固相分离粒度不变。正是基于上述原因，钻井液处理所用离心机都采用柱锥形转鼓。

7.7.2 转速 n 和分离因数 F_r

（1）转鼓转速 n 和分离因数 F_r 的选择，应考虑处理能力、分离粒度、转鼓的强度和功率消耗等综合因素。

转鼓的最高转速受到材料的机械强度的限制。鼓壁应力与转速或圆周线速度的二次方成正比。对于一般常用的 1Crl8Ni9Ti 不锈钢，允许的最大圆周线速度为 60～75 m/s。由 1Crl8Ni9Ti 制成的不同直径的转鼓最大允许转速和分离因数见表 7.2。

表 7.2 不同直径的转鼓最大允许转速 n_{max} 和最大分离因数 F_{rmax}

D（mm）	200	350	450	600	800	1 000
n_{max}（r/min）	720	4 100	3 200	2 400	1 800	1 400
F_{rmax}	570	3 300	2 550	1 900	1 400	1 150

（2）分离因数大小的选择，主要取决于钻井液中固相颗粒的分离难易程度。对于低密度钻井液，粒度细的固相颗粒一般选用较高的分离因数。工业用螺旋沉降离心机宜用于分离的固相粒子的重力沉降速度 $v_o > 1\times10^{-6}$ m/s 的悬浮液。分离因数的选择范围见表 7.3。

表 7.3 分离因数的选择范围

粒子重力沉降速度（m/s）	$>1\times10^{-4}$	$>1\times10^{-4}$~1×10^{-5}	$>1\times10^{-5}$~1×10^{-6}
分离因数范围	<1 500	1 500 ~ 2 500	2 500 ~ 6 000

功率消耗随分离因数的提高而增大，同时也加剧了转鼓和螺旋的磨损，缩短了使用寿命，增加了维修和操作成本。因此，在满足处理量和分离要求的前提下，应尽可能采用低的分离因数。

对于难分离的钻井液，如黏度较高并且处理量要求较大时，一般选用小直径（$D < 600$ mm）、高分离因数（$F_r > 3\,000$）和大长径比 ($L/D > 3$) 的机型。

7.7.3 转鼓与螺旋输送器速差 Δn

转鼓上的沉砂是依靠转鼓与螺旋推料器来输送的。增大速度差可以增大螺旋推料器相对于转鼓的转速。并可以提高处理量，但同时也会引起对沉淀池的搅动，鼓壁上的滤饼含水量升高，分离效率下降，同时使螺旋和转鼓磨损严重。美国固控设备公司生产的钻井液离心机所选用的行星齿轮传动比一般为 80∶1，即转鼓每转动 80 圈，螺旋输送器少转一圈。例如，转鼓转速为 1 600 r/min，采用 80∶1 的行星齿轮减速器，螺旋输送器便以 1 580 r/min 旋转，即比转鼓少转 20 r/min。

7.7.4　柱锥形转鼓沉降区参数的选择

沉降区参数包括：沉降区长度上 L_Q，液层深度 h，转鼓半锥角 α。

液层深度 h 和转鼓半锥角 α 对钻井液的处理能力 Q 有影响。Q 随 α 和 K_σ 变化，如图 7.18 所示，Q 与 K_σ 成下列关系

$$Q = v_o \sum K_\sigma$$

由图 7.18 可以看出，$\alpha = 6°$，即锥角较小时，锥筒段沉降区长度 L_Q 相对较长，影响较大，K_σ 随 K_o 的增大而减少；α 值超过 $10°$ 后，柱筒段影响突出，K_σ 值随 K_o 增大而增大。一般工业用离心机的 K_o 值在 0.7～0.9 内选取。

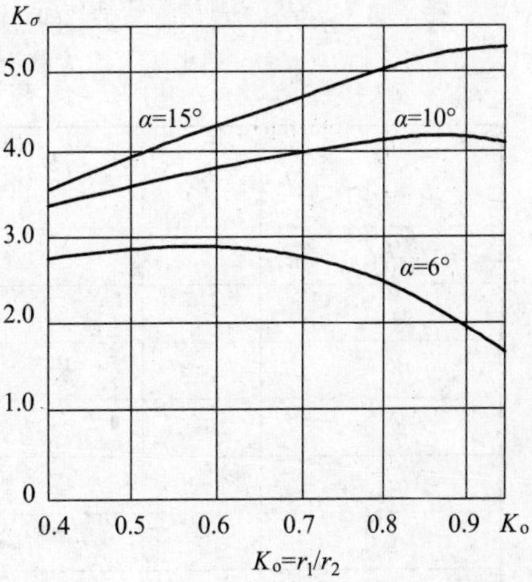

图 7.18　处理量与 α 和 K_o 的关系曲线

7.7.5　脱水区参数的选择

与脱水区操作状况有关的参数包括：α，β（或螺距 S），θ，L_G，Δn。这些参数与螺旋转矩 M、轴向力 F_a、输渣功率 N、输渣砂效率 E_p、渣停留时间 t、磨损程度有关，现分述如下：

（1）螺旋叶片母线与垂直夹角的选择。

根据理论研究，为减小转矩 M 和磨损程度，一般工业用螺旋沉降离心机，绝大多数均选用螺旋叶片母线垂直于转鼓母线，即 $\theta = \alpha$ 的结构。

（2）螺旋转矩 M 和输渣功率 N 与 α，β 和 K_o（或 L_G）的关系。

脱水区长度 L_G 一定时，在沉渣与转鼓之间的摩擦系数 f_1 和沉渣与螺旋之间的摩擦系数 f_2 不变的条件下，功率消耗随 α 增大而增大，但幅度不大；随 β 值的增大而减小，特别是 $\beta = 2°$ ～ $3°$范围内影响更大。转鼓加筋条后（为减少磨损），f_1 变成固相颗粒的内摩擦系数，f_1 变大，可使输渣功率成倍增加。输出功率随 α 角增大而下降，随 K_o 增大而增大，随 β 的增加而下降。

（3）轴向力 F_a 与 $\alpha, \beta, K_o, f_1, f_2$ 的关系。

其变化规律与输出功率一致。

（4）螺旋与转鼓的磨损性与 α, β, f_1, f_2 的关系。

转鼓与推料螺旋磨损程度，主要取决于物料性质，及转鼓和螺旋所选用的材料。工业上，离心机的 $\beta < 10°$，此时螺旋的磨损程度较转鼓严重得多，转鼓加上纵向筋条后，螺旋的磨损更要加剧。

（5）沉渣输出效率 E_p 与 α, β, f_1, f_2 的关系。

螺旋沉降离心机在生产使用中，会出现沉渣打滑堵塞而停止出料的故障，除操作不当外，

结构参数（α,β）选择不合理，螺旋叶片粗糙（f_2值过大）或鼓壁光滑（f_1值过小)，也容易造成堵塞现象。α和f_2值越小，则要求的不堵塞的升角β越小。对于细滑物料，为保证输砂顺畅，最好选用较小的α和β角；为了保证正常工作，E_p应大于85%。如要采用较大的α角，则应选用较小的β角，但β角小于4°时，螺旋受力磨损情况将恶化。

（6）沉渣在脱水区的停留时间t与$\Delta n,\alpha,\beta,K_o$的关系。

经理论研究，当f_1,f_2和K_o（r_1/r_2）一定时，t随$\Delta n,\alpha,\beta$值的增加，随K_o的下降而减少。为保证停留时间t，Δn必须随α,β和液层深度h值的增大而减少。沉渣脱水时间一般不宜少于5 s，最好能到8 s，但Δn太小时，M将增大，离心机的工作条件将会恶化。

综上所述，各种性能参数的要求见表7.4。

表7.4 各种性能参数的要求

性能 \ 参数	L_Q	L_G	α	β	K_o	n	Δn
Q,E_T ↑	长		大		小	高	低
G ↑				大			高
W_o ↓		长	大	大	大	高	低
t ↑		长	小	小	大		低
M,F_a ↓		短	大	大	小	低	高
N ↓		短	大	大	小	低	
T ↓		短	小	大	小	低	
E_p,δ_1 ↑			小	小			

注：E_T为分离效率；G为离心机湿渣生产能力（kg/s）；W_o为沉渣含水率（%）；δ_1为沉渣沿壁滑动方向与转鼓轴线的径向平面间的夹角。

7.8 钻井液离心机发展现状与水平

20世纪50年代初期，国外开始将高速螺旋沉降离心机应用到石油钻井中。它安装在水力旋流器之后用来分离旋流器不能分离的细小颗粒。

低速离心机在固控系统中的主要用途是将钻井液体系中的重晶石等加重固相颗粒甩出钻井液并加以回收利用，以便控制钻井液密度，其经济效益对于稀释钻井液来控制钻井液密度的方法是非常明显的；而高速离心机的处理量较中低速离心机而言，处理量小了5倍左右（1.5～6 m/h），而且能处理的固相颗粒相对较细，分离含较高固相浓度的钻井液就成问题，所以必须和低速离心机搭配使用。但是高速离心机的固相处理范围正好是影响钻井液黏度的固相范围（1～10 μm），所以对于深井降低钻井液的切力，提高井身质量，防止井下事故，高速离心机的效果很好。实验证明，高低速离心机应用于钻井液固相控制不但可控制钻井液密度和固相含量增加，而且在需要时，还可降低钻井液密度和黏度。

目前陆地油田高速离心机的普及率很低，一直沿用以前的钻井设备流程，采用的离心机大都属于中低速离心机。海上油田高速离心机的普及率很高，设备的性能都走在石油行业的前列。

7.8.1　钻井液离心机发展趋势

离心机的发展趋势是高转速、大容量、高可靠性和操作自动化。高转速是指离心机的滚筒转速达到 2 500 r/min 以上，分离因数高达 1 200～3 000，以能除去更加细微的颗粒，分离点可低达 2～5 μm。大容量是指在现有的离心机容量上继续加大，当容量≥40～50 m^3，以能快速除去钻井液中的有害固相。此外，无论是国产离心机还是进口离心机，都存在如何使离心机关键零部件更耐磨耐腐蚀的问题。

目前，国外加强了离心机处理量和离心机的转速的研究，增大离心机的分离因数，离心机的材料多用不锈钢，增加耐腐蚀性。为了增加离心机的处理量，提高分离效果，在很多细节上都做了修改和创新。

很多国产离心机除砂效果不理想，原因在于其分离因数小，很多国内厂家生产的离心机分离因数 F_r 多在 500～1 000 内，适用于淡水钻井液。离心机整体振动大，原因主要有两点：

（1）滚筒内的固相没有清洗干净，有部分残留沉渣，破坏了动平衡；

（2）轴承磨损，滚筒运转不平衡；离心机处理量普遍达不到设计要求，寿命也普遍低于厂家认定的寿命。

从现场反映的情况看，迫切需要一种大排量、变频调速离心机，以便既能用于加重钻井液，又能用于非加重钻井液的处理。这种离心机可以定义为全能离心机。天津开发区兰顿油田服务有限公司自主研发生产的 LW533-BP 离心机就是全能型离心机，整个系统变频控制，转速可调，最高转速可达 3 000 r/min 以上，作为高速离心机使用时分离因数 F_r 可达 3 050，作为大流量离心机使用时最大处理量为 100 m^3/h。

7.8.2　LW533-BP 型离心机

LW533-BP 型离心机满足了国内固控系统的高端需求，应用变频调速系统，真正软启动，转速无级可调，可根据工艺选择转速，同时对设备运行的各个参数实时监控，确保设备运行安全可靠。该离心机一机多能，最大处理量可达 100 m^3/h，最大分离因数 F_{rmax} 可达 3 050，可用于处理 2～5 μm 的微细固相，技术性能达到国际同类产品的先进水平。

LW533-BP 型离心机性能特点：

（1）适应性好。

LW533-BP 型离心机在设计上充分考虑石油钻井工艺固控技术对离心机提出的各种特殊要求，对主要功能部件实行专用性、可调性等优化设计。

（2）自动化程度高。

LW533-BP 型离心机的进料、分离、卸料等工序在高速运转下能连续自动进行，设备控制可根据用户要求与微机进行联机，实现工艺的自动化控制。

（3）操作环境好。

LW533-BP 型离心机对钻井液的分离在完全封闭的条件下进行，对操作现场无任何污染，能保持生产环境的整洁卫生。

(4) 耐腐蚀性能强。

LW533-BP 型离心机的转鼓、螺旋推进器、机壳等与物料接触的部件均采用优质不锈钢制造，具备充分的耐腐蚀和锈蚀能力。如有需要，也可以根据用户要求改用其他材料。

(5) 耐磨损性能好。

根据使用环境的要求，本机的螺旋推进器叶片采用堆焊硬质合金或镶嵌硬质合金片等国际先进耐磨工艺，大大提高了螺旋推进器的使用寿命。

(6) 工艺响应性好。

LW533-BP 型离心机采用变频技术实现主机平稳启动，转速的无级可调和模糊智能控制可对工艺波动进行自动适应。

(7) 主电机为防爆配置，且与同类型相比较，具有低能耗的特点。

(8) 运转平稳。

实施旋转零件精密动平衡和整机工作转速加载动平衡，卧螺离心机振动烈度按公司标准为 5 mm/s 以下，远低于 JB/T 502—2004《螺旋推进器卸料沉降离心机》规定的 7.1 mm/s。

(9) 安全保护装置齐全可靠。

LW533-BP 型离心机在两端主轴承处安装温度传感器和振动传感器，设备在工作过程中温度和振动变化异常或超过极限时，会激活电气保护系统，防止机器损坏或造成事故。电控柜本身也设置有保护机制，有效保证机器的安全使用。

LW533-BP 型离心机主要技术性能参数见表 7.5。

表 7.5 LW533–BP 型离心机主要技术性能参数

名称		单位	参数
工作介质	石油钻井液		
	固相粒度	μm	
	总固相含量	%（m/m）	
	钻井液密度	g/cm³	
	进料温度	°C	≤90
转鼓内径		mm	533
最高转速		r/min	3 200（最高）
最大分离因数		G	3 050（最大）
推荐工作转速		r/min	按用户的工艺需求
差速器减速比			59：1
设备噪音		dB	≤90
分离参数	处理量	m³/h	100（水）
	工艺分离点区间	μm	2～15

续表 7.5

名　称		单位	参数
主电机	型号		定制
	功率	kW	90
	转速	r/min	2 950
	电机隔爆等级		ExdⅡBT4
	防护等级		IP56
	绝缘等级		F
主机重量		kg	5 500
防爆控制柜重量		kg	300
防爆控制柜外形尺寸（高×宽×深）		mm	1 800×1 100×600
设备外形尺寸（长×宽×高）		mm	4 500×1 400×1 700

注：表中未给出的参数由用户根据实际工作情况确定。

7.9　钻井液离心机的正确安装、操作及维护

7.9.1　离心机的安装

离心机的安装位置应便于排放底流和回收溢流。对于目前水平的钻井液固控流程而言，通常以除泥器和钻井液清除器处理液的存储罐作为离心机的吸入罐，而且回收溢流的存储罐必须配有搅拌器。在用离心机进行加重钻井液重晶石回收的时候，离心分离的底流需要回注到钻井液循环系统中，由于底流通常含液量少且不易流动，很难再与钻井液相混合，所以搅拌器的功用显得尤为重要，也就是说，回收重晶石底流的钻井液罐必须配备搅拌装置。如果分离的底流准备经过斜槽后废弃，则斜槽的倾斜角度至少为42°，以方便废弃物的流动。

有些人认为串联使用离心机是一种有效的处理方式，这对于处理非加重钻井液是可行的，但对于分离加重钻井液而言则是行不通的。因为对加重钻井液进行离心分离的目的是为了去除钻井液中的胶体颗粒和近胶体颗粒，而不是为了分离钻屑。用串联安装的离心机组处理加重钻井液时，理想的步骤是第一步回收重晶石，第二步丢弃钻屑并将处理过的钻井液回注到循环体系中。但由于离心机不能将钻屑从重晶石中分离出去，第二步也不能从钻井液中将最细的钻屑和重晶石分离出去。在第一步中，含有较大颗粒（重晶石和低密度固体）的底流被回注到循环系统中。然后含有较小颗粒（重晶石和低密度固体）和液体的溢流则进入到另外一台具有更大离心力和更小分离粒度的离心机中。在这一阶段，底流所放废弃、含有微细颗粒和大部分有害固相的溢流却被回注到了循环系统中。具体而言，假设第一步和第二步对重晶石的分离粒度分别为 8 μm 和 4 μm。大多数 4～8 μm 的重晶石和 6～12 μm 的低密度固体被去除。除去的重晶石完全在可接受的尺寸范围内，但清除它并没有多少益处。虽然在低密

度颗粒变成有害固相之前将其除去是有益的，但这并不能弥补重晶石的损失。

权威的专家一直建议不要串联使用离心机处理加重钻井液，他们强调这个过程会降低钻井液的质量。在许多情况下使用多重离心机，确实可以取得良好的经济效果。但必须指出，使用多重离心机的目的是为了增加处理钻井液的能力，并且必须是平行运行而不是串联运行的。

7.9.2 离心机的操作

1. 使用原则

用离心机处理钻井液，如前所述用途有很多种，如果使用得当，其经济效益是相当可观的。比如可以降低钻井液配制的费用，减少钻井液材料的运输费用及同时减少钻井过程中的压差卡钻等。但必须指出，只有使用得当才可以获得上述效益。比如，当使用非水基钻井液钻进时，液相黏度对温度特别敏感，而且黏度是影响沉降的重要因素之一，高黏度的钻井液将使离心机离心效率大大降低，所以对油基钻井液，其黏度更高，常用加热方法降黏，加热温度在 32 °C 及以上才能有好的效果。当用离心机分离水基钻井液时，有用的膨润土会随着钻屑一起排出，因而也需要及时补充。一般离心机超出正常处理水平时，每小时加入一袋或两袋膨润土将有助于加强钻井液失水和造泥饼的性能。

离心机和其他固控设备一起使用时，必须对离心机的使用进行监测。排出液的体积和组成应该天天检验，以确定分离出的低密度和高密度固相颗粒的体积近似。偶尔也应对离心机的供液、底流和溢流的颗粒粒径进行分析。稀释转鼓中的钻井液可以降低黏度，也可提高离心机的分离效率。一般需对输入离心机转鼓内的钻井液用清水适当稀释，但稀释过度，将使沉降速度增加，而与沉降时间的减少不成比例，一般钻井液的漏斗黏度降至 35～37 s 内为宜。但不用变化稀释流速（一般为 0.38～0.50 L/s），离心机的转速也很少需要调节。

2. 维护方法

（1）通常，钻井液在离心机正常的通过时间为 10～80 s，一般为 30～50 s。

（2）在实际使用中，离心机的处理能力常以进料速度来表示。其进料速度取决于两方面原因。

① 进料中可分离固相的体积含量或自由液体和胶体含量。

② 离心机排出液体或沉渣的能力。这就是说，对低固相含量的钻井液，离心机的进料速度受液体排除能力限制，对高固相含量钻井液，离心机进料速度受排渣能力限制。

离心机的排液能力可通过改变溢流孔个数来调节，而排渣孔通常是不可调的。为了能分离出更细的颗粒，必须降低进料速度及固相含量，使液体在沉降区内呈现层流状态，并保持细颗粒分离所需停留时间。

（3）加入的稀释液及进入的钻井液都应计重，以保持进入离心机的钻井液有适当黏度，获得较好的分离效果。

（4）转鼓转速的调整，应由有经验的操作人员来进行，力求效果最好，避免负荷过大损坏齿轮。

（5）离心机启动前，由于机内液体、固相颗粒未能排尽，而且沉向一边，启动时，不平衡质量将引起振动或将螺旋叶片卡住；停机过程中，机内液、固相质量的均匀分布遭破坏，也将引起振动。因此，停、开机时，都易引发事故，应减少启、停机次数。

3. 操作注意事项

(1) 在没有安装皮带护罩时，不得开动离心机。

(2) 开机前，用手旋转转鼓以确定它能否自由旋转。

(3) 离心机开机前，先打开注入泵或注入稀释液。

(4) 注意厂商推荐的注入速度和稀释速度，并且在待处理钻井液进入离心机前，就要使离心机达到所规定的转速。

(5) 如果出现异常的噪音或振动，就不要继续使用。

(6) 不要给离心机过量供液，避免造成“塞满”现象，具体表现为：

· 安全转矩离合器经常脱开；
· 离心机快速堵塞；
· 溢流浆中含有“过量”的加重剂；
· 从离心机排出的是湿固相。

(7) 加重的高黏度钻井液需要低的进液速度和高的冲稀速度。

(8) 保证在离心机入口处和重晶石浆返回罐内可以进行搅动。

(9) 关机时，先切断注入的钻井液，再停止稀释，最后关机。

7.10　常见故障分析与故障排除

离心机出现故障的原因虽然多种多样，但有些故障是经常出现的或带有规律性的，比较容易解决，常见故障见表7.6。

表7.6　常见故障表

故障现象	可能的原因	排除方法
机器或电机无法启动，不能调速	(1) 电网无电。 (2) 电源呈单相或两相。 (3) 电机损坏。 (4) 变频器设定升速时间太短。 (5) 变频器损坏。 (6) 转鼓与螺旋推进器堵料	(1) 检查电源供电情况。 (2) 检查保险丝熔芯是否接触。 (3) 检修或更换电机。 (4) 重新设定升速时间。 (5) 检查或更换变频器。 (6) 消除转鼓和螺旋推进器内的积料
两主轴承温度太高	(1) 轴承加油量太多。 (2) 油路不通。 (3) 轴承损坏	(1) 可停加油脂1~2天，低速或中速跑合一段时间。 (2) 疏通油路，重新更换油脂。 (3) 更换轴承
负载运行时两主轴承振动剧烈	(1) 转鼓与螺旋推进器内积料（未清洗干净）。 (2) 主轴承或螺旋推进器支撑轴承损坏。	(1) 反复用清水冲洗干净，拆下差速轮皮带，固定转鼓，反向转动差速轮，排尽剩渣。

续表 7.6

故障现象	可能的原因	排除方法
负载运行时两主轴承振动剧烈	（3）主机或电机底脚螺栓松动。 （4）进料管与离心机刚性连接。 （5）维修装配时转鼓刻线未对准、错位或螺旋推进器严重损坏。 （6）转鼓动平衡破坏	（2）停机检修，更换轴承。 （3）拧紧松动螺栓。 （4）按本说明书要求使用柔性连接。 （5）重新对准刻线，修补螺旋推进器。 （6）复校转鼓动平衡
空车电流过高（大于 18 A）	（1）电压过低。 （2）皮带太紧。 （3）差速器或主轴承和螺旋推进器轴承损坏。 （4）旋转件与机壳碰擦。 （5）转鼓与螺旋推进器内积料	（1）电压低于 365 V。 （2）适当调松。 （3）停机检查，更换损坏件。 （4）停机检查，排除故障。 （5）反复用清水冲洗干净，拆下差速轮皮带，固定转鼓，反相转动差速轮，排尽剩渣
差速器严重发热	（1）差速器内断油。 （2）差速器轴承损坏或零件损坏	（1）检查油位并加油。 （2）更换轴承或损坏零件
进料时机器振动剧烈	（1）进料不均匀有冲击，或进料量过大。 （2）螺旋推进器严重磨损或转鼓内积料。 （3）三角皮带太松打滑而引起转鼓与螺旋推进器同步运转，造成内部积料。 （4）出液管道太细，不顺畅，造成罩壳内积液与转鼓发生搅拌摩擦。 （5）主轴承或螺旋推进器支撑轴承损坏	（1）均匀进料，减少脉冲，或减少进料量。 （2）排除积料，如螺旋推进器严重磨损，修补螺旋推进器，并做动平衡校正（同空车）。 （3）清除转鼓内剩积物（同空车），调整皮带松紧。 （4）加粗出液管道，疏通管道，减少出液背压。 （5）停机更换轴承
工作电流超过 120 A	（1）进料量太大或进料不均匀有冲击。 （2）出料管道太细或不顺畅	（1）应立即关闭进料阀。 （2）加粗出液管道，疏通管道，减少出液背压
加料后不出固相沉渣	（1）浓度太低或进料量太小，固相没很好充满转鼓与螺旋推进器间隙。 （2）进料管道堵塞。 （3）主机转向相反。 （4）皮带太松，转鼓与螺旋推进器同步运转。 （5）差速器损坏。 （6）物料固相太细或物料固相太黏	（1）通常 10 min 内不出料属正常现象。 （2）疏通管道。 （3）按规定转向旋转。 （4）调紧皮带。 （5）检修差速器。 （6）提高分离因数或加大差转速，或重新进行工艺参数调整

第 8 章

离心砂泵

8.1　概　述

离心泵属于典型的叶片式机械，在石油矿场上应用广泛，主要用于输送原油、向地层注水、井下采油以及作为往复泵的灌注泵和固控设备的供液泵等。离心泵之所以应用广泛，是由于它具有体积小、质量小、流量大、使用安装简便等一系列优点。

离心砂泵是离心泵中的一种特殊类型，油田现场常简称为砂泵，本书也简称砂泵。它在钻井液固相控制系统中有着非常重要的作用，主要用来抽取具有一定黏度并且含有固体颗粒的钻井液，是钻井液固相控制设备中的除砂器、除泥器、旋流配浆装置的动力源。由于砂泵的介质为钻井液，而钻井液是一种含有大量固相粒子和各种化学添加剂的悬浮液，因此要求砂泵的叶轮和蜗壳材料具有足够的耐磨性和耐腐蚀性,砂泵的叶轮多为开式。为了防止固相颗粒对泵的磨损，可在泵内衬橡胶。

砂泵的工作环境极为恶劣，长时间泵送含有大量具有一定研磨作用的含砂液体，因此，要求轴端的密封非常可靠，将高压水注入泵轴的滑动部位，可以防泥沙进入滑动部位。同时，由于介质不但有研磨性，而且有一定的腐蚀性，内部的密封也常受到损坏，影响寿命和泵效，因此要求能较方便地调整叶轮与前护板的间隙，减少泵内泄漏。并且作为水力旋流器的动力源，砂泵的流量和压力特性与水力旋流器的匹配十分重要。否则，水力旋流器将不能正常工作。正是砂泵特有的工作特性决定了一般的水泵是不能代替砂泵使用的，并且在选用时还要注意若干问题。

基于砂泵是离心泵类型的一种，其基本结构特点、工作原理和水力学特性与离心泵一脉相承，所以为了更好地介绍和理解砂泵的工作情况，本文先着重介绍离心泵的相关知识。

8.1.1　离心泵的基本构成

图 8.1 所示为离心泵装置示意图，其基本部件是旋转的叶轮和固定的泵壳。叶轮与泵轴相连，叶轮上有若干弯曲的叶片，当泵轴由外界的动力带动时，叶轮便在泵壳内旋转。液体由入口沿轴向垂直地进入叶轮中央，在叶片之间通过而进入泵壳，最后从泵的切线出口排出。

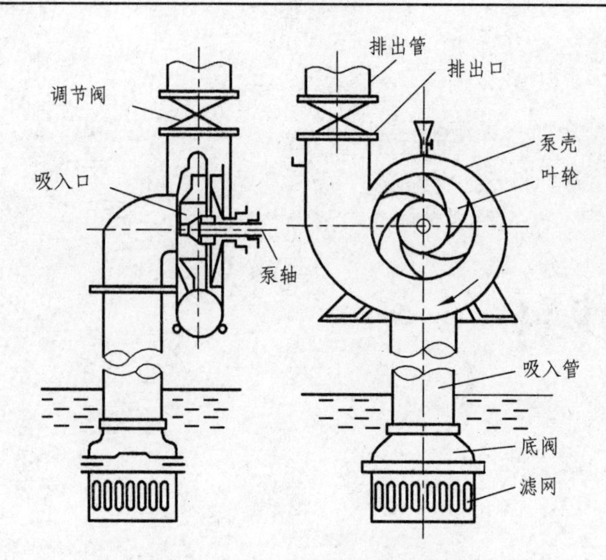

图 8.1　离心泵的装置示意图

1. 叶轮与泵壳

离心泵的叶轮与泵壳，如图 8.2 所示。叶轮是离心泵的心脏部件。普通离心泵的叶轮如图 8.3 所示，叶轮有开式、半开式与闭式三种。

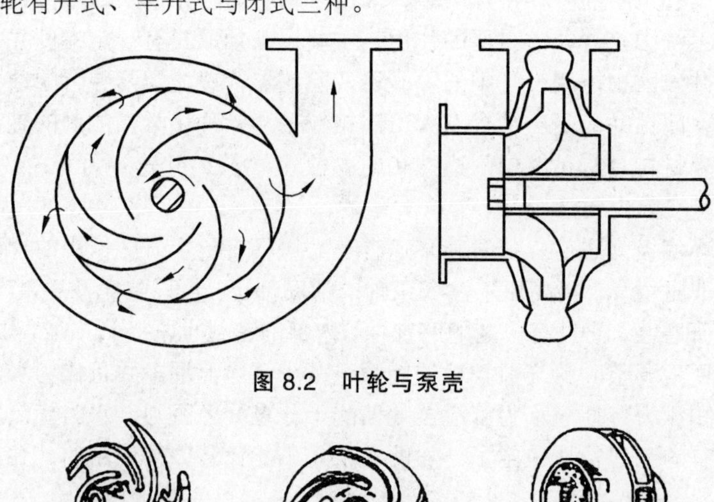

图 8.2　叶轮与泵壳

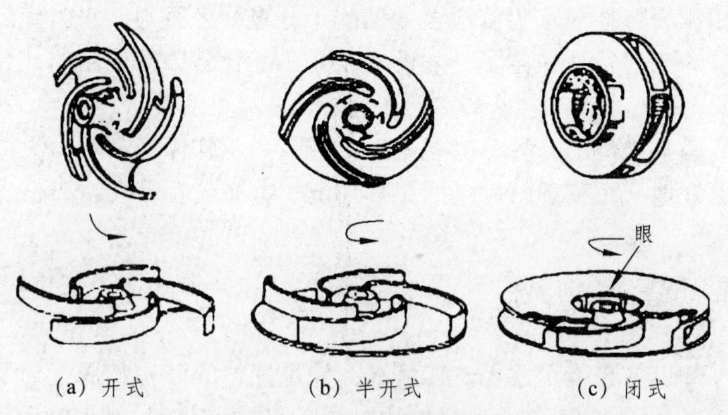

图 8.3　离心泵叶轮种类

离心泵的叶轮没有前、后盖板，轮叶完全外露，称为开式，如图 8.3（a）所示；只有后盖板，称为半开式，如图 8.3（b）所示。它们用于输送浆料、黏性大或有固相颗粒悬浮物的液体时，不易堵塞，但液体在叶片间运动时易发生倒流，故效率也较低。有前后盖板的叶轮称为闭式叶轮，如图 8.3（c）所示。砂泵采用的是开式叶轮。

泵壳就是泵体的外壳，它包围旋转的叶轮，并设有与叶轮垂直的液体入口和切线出口。泵壳在叶轮四周形成一个截面面积逐步扩大的蜗牛壳形通道，故常称为蜗壳。叶轮在壳内旋转的方向是顺着蜗壳形通道逐渐扩大的方向（即按叶轮旋转的方向来说，叶片是向后弯的）。越接近出口，壳内所接受的液体量越大，所以通道的截面面积必须逐渐增大。更为重要的是，以高速从叶轮四周抛出的液体在通道内逐渐降低速度，使一大部分动能转变为静压能，既提高了流体的出口压力，又减少了液体因流速过大而引起的泵体内部的能量损耗。因此，泵壳既是泵的外壳，汇集液体，它本身又是一个能量转换装置。

2. 轴封装置

离心泵常用的轴封装置有填料密封和机械密封两种，如图 8.4 所示。轴封装置保证离心泵正常、高效地运转。离心泵工作时，泵轴旋转而壳不动，其间的环隙如果不加以密封或密封不好，则外界的空气会渗入叶轮中心的低压区，使泵的流量、效率下降。严重时流量为零，产生气缚。通常，可以采用机械密封或填料密封来实现轴与壳之间的密封。

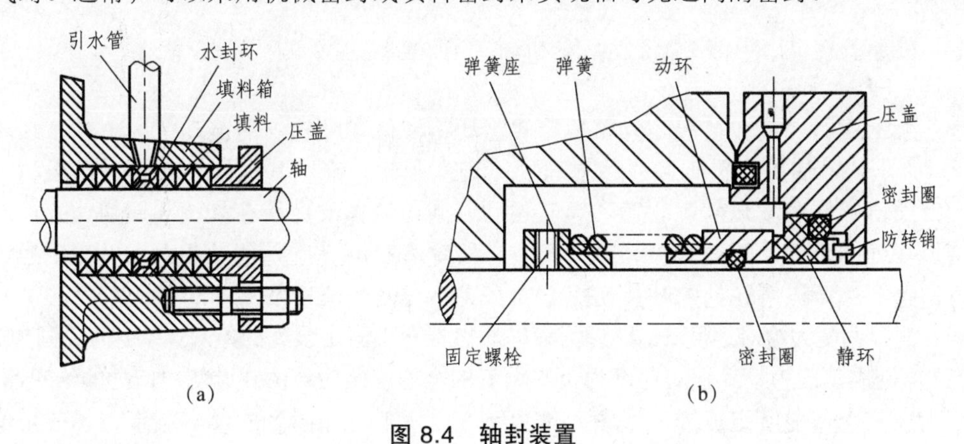

图 8.4 轴封装置

填料一般用浸油或涂有石墨的石棉绳。机械密封主要是靠装在轴上的动环与固定在泵壳上的静环之间端面相互贴紧而达到密封的目的。

8.1.2 离心泵的工作原理

离心泵开动前，泵中先灌满所输送的液体；开动后，叶轮旋转，产生离心力。液体从叶轮中心被抛向叶轮外周，动能增加，并以很高的速度流入泵壳，在壳内减速，使大部分的动能转换为压力能，然后从排出口排到排出管。

叶轮内的液体被抛出后，叶轮中心处形成真空。泵的吸入管路一端与叶轮中心处相通，另一端则浸没在被输送的液体内，在液面压力（常为大气压）与泵内压力（负压）的压差作用下，液体便经吸入管路进入泵内，填补了被排出液体的位置。只要叶轮不停地转动，离心泵便不断地吸入和排出液体。由此可见，离心泵之所以能输送液体，主要是依靠高速旋转的叶轮所产生的离心力。

离心泵开动时，如果泵内和吸入管路内没有充满液体，它便没有抽吸液体的能力，这是因为空气的密度比液体小得多，叶轮旋转所产生的离心力不足以产生吸上液体所需要的真空度，这种因泵壳内存在气体而导致吸不上液体的现象，称为气缚。为防止气缚现象的产生，离心泵启动前要用液体将泵内空间灌满，这一操作称为灌泵。为防止灌入泵壳内的液体因重力流入低位槽内，在泵吸入管路的入口处装有止逆阀（底阀）；如果泵的位置低于槽内液面，则启动时无需灌泵。

8.2 离心泵的理论基础

离心泵的压头是表征离心泵做功能力的一个重要的性能参数，其值与泵的构造、尺寸、叶轮转速、所输送的液体流量等有关。离心泵的压头应当与完成一定输送任务的管路系统所要求提供的能量适应。

8.2.1 离心泵内液体的流动分析

离心泵工作时，液体一起随叶轮做旋转运动，液体在叶轮内的流动状况十分复杂。如图8.5（a）所示，液体质点沿轴向以绝对速度c_0进入叶轮，在叶片入口处转为径向运动，此时液体一方面以圆周速度u_1随叶轮旋转，其运动方向与流体质点所在处的圆周切线方向一致，大小与所在处的半径及转速有关；另一方面以相对速度ω_1在叶片间做相对于叶轮的运动，其运动方向是液体质点所在处的叶片切线方向，大小与液体流量及流动的形状有关。

两者的合速度为绝对速度c_1，此即为液体质点相对于固定泵壳的绝对运动速度。同样，在叶片出口处、圆周速度为u_2，相对速度为ω_2，两者的合速度即为液体在叶轮出口处的绝对速度c_2。

由上述三个速度所组成的矢量图，称为速度三角形。如图8.5（b）所示，α表示绝对速度与圆周速度两矢量之间的夹角，β表示相对速度与圆周速度反方向延长线的夹角，一般称为流动角。

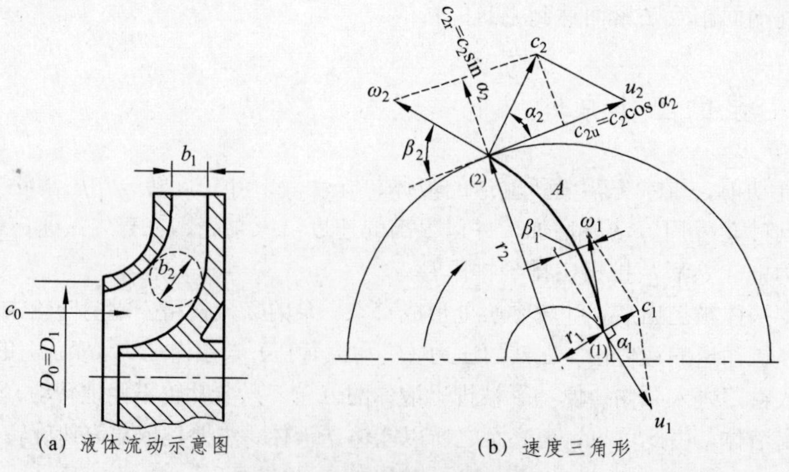

（a）液体流动示意图　（b）速度三角形

图 8.5 液体在叶轮中的流动

8.2.2 离心泵的基本方程

扬程是指单位重量流体经离心泵作用后获得的能量。泵的扬程大小取决于泵的结构（如叶轮直径的大小，叶片的弯曲情况等）、转速。

离心泵的基本方程从理论上表达了泵的扬程与其结构尺寸、转速及流量等因素之间的关系，是用于计算离心泵理论扬程的基本公式（欧拉方程），即：

$$H_{T\infty}=\frac{1}{g}u_2c_{2u\infty} \tag{8.1}$$

式中 $H_{T\infty}$ ——泵的理论扬程，m。

该式表明：离心泵理论扬程与出口圆周速度（或叶轮外径 D_2 及转速 n）、出口绝对速度的用向分量 c_{2u} （或 α_2 及 β_2 ）有关。在基本能量方程式中，未包含液体物理性质的参数（如密度、黏度等），这说明基本能量方程式适用于任何性质的液体，说明与输送的液体无关。当叶轮的外径 D_2 越大，转速 n 越高，以及 β_2 越大，α_2 越小时，离心泵给出的理论扬程也越大。

8.2.3 离心泵的主要工作参数

反映离心泵主要工作性能的参数有流量、扬程、转速、轴功率、效率、比转数等。一般标记在离心泵的铭牌上，其含义综述如下。

1. 流量 Q

离心泵的流量即为离心泵的输送液体能力，是指单位时间内所输送的液体体积。体积流量 Q 与质量流量 G 之间的关系为 $G=\gamma Q$ 。γ 为液体的重度。

泵的流量取决于泵的结构尺寸（主要为叶轮的直径与叶片的宽度）和转速等。操作时，泵实际所能输送的液体量还与管路阻力及所需压力有关。

2. 扬程 H

离心泵的扬程又称为泵的压头，是单位重量的液体通过泵时所获得的总能量，也叫全扬程，通俗的说是泵将水扬高的程度，其单位是 m。

前面给出的离心泵的理论扬程 $H_{T\infty}$ ，是在理想情况下离心泵所能提供的最大压头，而实际压头 H 小于理论扬程 $H_{T\infty}$ ，两者的差称为压头损失（其实质为能量损失），造成压头损失的原因有以下三个方面：

(1) 叶片间的环流（或称涡流）。

由于叶片数目并非无限多，流体沿着叶片间形成的流体通道往前流动时，因为不断接受离心力做功而静压力不断增大，在此情况下，流体的流动方向与压力增大的方向相反（这与流体在管线内流动的情况相反），在逆压力梯度作用下，液体不是全部严格顺叶片间的流体通道往前流动，有些流体会倒流回一定距离，然后再往前流动，造成环流现象，导致能量损失，这种损失占总能量损失的主要部分，如图 8.6 所示。环流压头损失只与叶片数，流体黏度等有关，与流量几乎无关。在图 8.6 中表现为环流能量损失带宽度在不同流量下几乎相等。

（2）阻力损失。

对于实际流体，黏度不为零，因而流动过程中必有阻力存在，造成一部分压头损失。阻力损失随着流量的增大而增大，如图 8.6 所示。

（3）冲击损失。

液体以绝对速度 c_2 离开叶轮周边冲入蜗壳四周流动的液流中，其冲击作用产生涡流并造成压头损失，实际流量偏离设计流量越大，造成损失也越大。如图 8.6 所示，当流量在设计流量附近时，其冲击损失较小，流量大于和小于设计流量都使冲击损失增大。

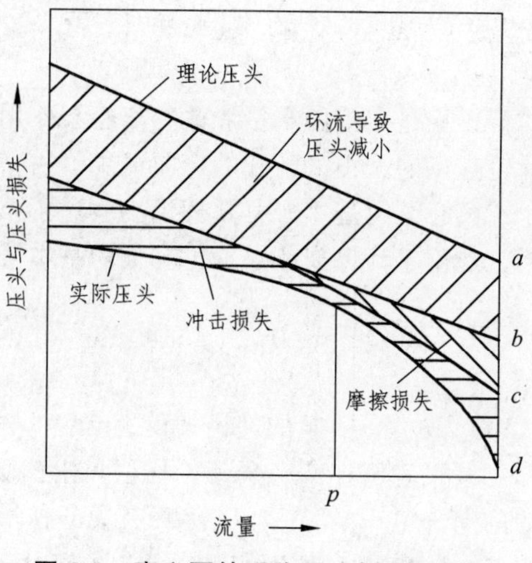

图 8.6　离心泵的理论压头与实际压头

3．效率 η

离心泵在输送液体过程中对液体做功是通过泵轴转动带动叶轮转动，由叶轮施加给液体实现的，而泵轴转动所需的能量由电机提供。由于存在各种能量损失，电机提供给泵轴的能量不能全部被所输送的液体获得。

通常用效率来反映能量损失的大小，离心泵的能量损失包括下述三项。

（1）容积损失。

容积损失是指离心泵液体泄漏所造成的损失。由于液体泄漏，一部分已获得能量的高压液体流失，造成了能量损失。容积损失主要与泵的结构及液体在进出口处的压力差有关。

通常，为了防止旋转的叶轮与固定的蜗壳之间发生摩擦，必须结出一定间隙。这样较高压力的液体由间隙内回到低压，形成内循环。同时，为了平衡叶轮的推力，有的泵在叶轮盖板上开有平衡孔，如图 8.7 所示，平衡板的泄漏也要造成容积损失。容积损失效率大约在 5%～10%内。

为了减少容积损失，应尽量减小侧板间隙。例如，对于单级离心泵。当间隙由 0.5 mm 减少到 0.3 mm 时，泵的效率大约能提高 4%～4.5%。

（2）机械损失。

由于泵轴与轴承之间，泵轴与填料密封之间以及叶轮盖板外表面与液体之间产生摩擦而引起的能量损失称为机械损失。具体而言，机械损失包括轴封摩擦损失和轴承摩擦损失，在旋转过程中两个侧板与液体的摩擦损失。在一般情况下，机械损失的效率在 10%以下。

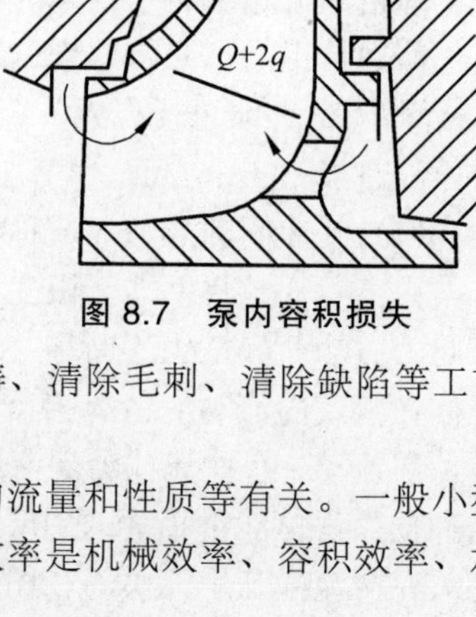

图 8.7　泵内容积损失

（3）水力损失。

水力损失表述的是 $H_{i\infty}$ 与 H 的差别，包括环流损失、摩擦阻力损失、冲击损失。为了减少水力损失，叶轮采用了精铸、清除毛刺、清除缺陷等工艺方法。

离心泵的效率与泵的类型、尺寸、制造精密程度、液体的流量和性质等有关。一般小型离心泵的效率为 50%～70%，大型泵可高达 90%。泵的总体效率是机械效率、容积效率、水力效率三项的乘积。一个较好的泵，效率可以在 75%～85%。

4．有效功率 N_e 和轴功率 N

有效功率是指离心泵实际传给液体的功率，即液体获得实际压头 H 所需的功率，即：

$$N_e = HQ\rho g \tag{8.2}$$

轴功率是指电机提供给泵轴的功率，即：

$$N = \frac{N_e}{\eta} = \frac{QH\rho g}{\eta} = \frac{QH\rho}{102\eta} \tag{8.3}$$

5．转速 n

泵的转速 n 是指泵轴每分钟的转数。离心泵的转速是个重要参数，用 n 表示，单位为 r/min。

6．比转速 n_s

比转速又称为离心泵的相似准则，即一批结构类型相同的泵（又称相似泵），无论其尺寸大小如何，离心泵工作时，总可以找到一个能反映 n、Q、H 三个之间存在一个固定关系的表达式，即：

$$n_s = 3.65\frac{Q^{1/2}}{H^{3/4}} \tag{8.4}$$

目前，离心泵的比转速有往高值发展的趋势，因为提高比转速能减小泵的尺寸，结构更紧凑，成本更低廉。

7．摩阻损失

当液体进入管中与管子内径、阀、动力元件等接触时，在管子内部阻止流体运动的力或者由于湍流或拖延而导致的水头损失。

8.3　离心泵的性能曲线及应用特性

8.3.1　离心泵的性能曲线

离心泵的性能曲线是指由实验测定的 Q、H、N、η 等数据绘制而成的一组曲线，离心泵的一般特性曲线如图 8.8（a）所示。离心泵的特性曲线图由泵的制造厂家提供，图 8.8（b）所示为制造厂家提供的一组离心泵特性曲线，在现场上可供选泵操作时的参考。

不同型号泵的特性曲线不同，但均有以下三条曲线：

① H-Q 线：表示扬程和流量的关系；

② N-Q 线：表示泵轴功率和流量的关系；

③ η-Q 线：表示泵的效率和流量的关系。

离心泵的特性曲线均在一定转速下测定，故特性曲线图应标记出转速 n 值。离心泵特性曲线上的效率最高点称为设计工况点，泵在该点对应的压头和流量下工作最为经济。离心泵铭牌上标出的性能参数即为最高效率点上的工况参数。

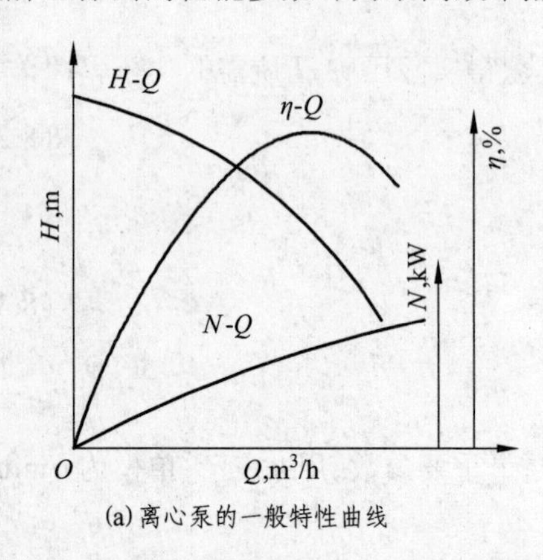

(a) 离心泵的一般特性曲线

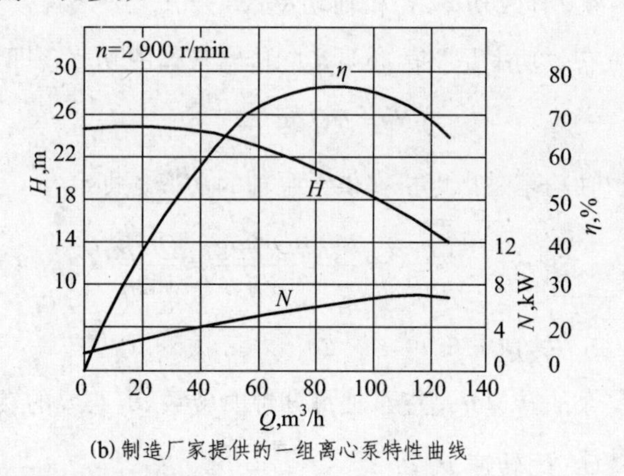

(b) 制造厂家提供的一组离心泵特性曲线

图 8.8 离心泵的特性曲线

离心泵的性能曲线可作为选择泵的依据。确定泵的类型后，再依据流量和压头选泵。

8.3.2 影响离心泵性能的主要因素

1. 液体物理性质对性能曲线的影响

厂商所提供的特性曲线是以清水作为工作介质测定的，当输送其他液体时，要考虑液体黏度和密度的影响。

（1）黏度。当输送液体的黏度大于实验条件下水的黏度时，泵体内的能量损失增大的流量、压头减小，效率下降，轴功率增大。

（2）密度。离心泵的体积流量及压头与液体密度无关，功率则随密度的增大而增加。

2. 离心泵的转速对性能曲线的影响

当液体黏度不大，泵的效率不变时，流量、压头、轴功率与转速可近似用下式计算，即：

$$\left.\begin{aligned}\frac{Q_2}{Q_1}&=\frac{n_2}{n_1}\\\frac{H_2}{H_1}&=\left(\frac{n_2}{n_1}\right)^2\\\frac{N_2}{N_1}&=\left(\frac{n_2}{n_1}\right)^3\end{aligned}\right\}\tag{8.5}$$

式中 Q_1、H_1、N_1 ——离心泵转速为 n_1 时的流量、扬程和功率；

Q_2、H_2、N_2 ——离心泵转速为 n_2 时的流量、扬程和功率。

式（8.5）称为比例定律。当转速变化小于 20%时，可认为效率不变，用式（8.5）进行计算误差不大。

若在转速为 n_1 的特性曲线上多选几个点，利用比例定律算出转速为 n_2 时相应的数据，并将结果标绘在坐标纸上，就可以得到转速为n_2时的特性曲线。

3. 叶轮直径对性能曲线的影响

当泵的转速一定时，其扬程、流量与叶轮直径有关。离心泵参数与叶轮直径的关系为：

$$\left.\begin{aligned}\frac{Q_2}{Q_1}&=\frac{D_2}{D_1}\\ \frac{H_2}{H_1}&=\left(\frac{D_2}{D_1}\right)^2\\ \frac{N_2}{N_1}&=\left(\frac{D_2}{D_1}\right)^3\end{aligned}\right\} \tag{8.6}$$

式中　Q_1、H_1、N_1 ——离心泵转速为D_1时的流量、扬程和功率；

Q_2、H_2、N_2 ——离心泵转速为D_2时的流量、扬程和功率。

当离心泵的流量不能满足要求时，可以用切割叶轮外径的方法调节流量，所以又称为切割定律。

8.3.3　离心泵的工作点与流量调节

1. 离心泵的工作点

当离心泵安装在特定的管路系统中工作时，实际工作压头和流量不仅与泵本身的性能有关，还与管路的特性有关，由两者共同决定。管路特性曲线用方程$H_e = A + BQ_e^2$表示，离心泵H-Q性能曲线与管路曲线的交点称为离心泵在管路上的工作点，如图8.9所示。该点所对应的流量和压头既能满足管路系统的要求，又是离心泵所提供的流量和扬程。

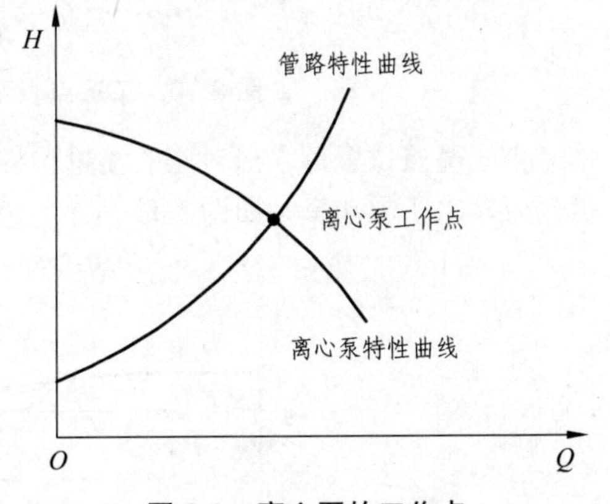

图8.9　离心泵的工作点

2. 离心泵的流量调节

当泵的工作点所提供的流量不能满足新条件下所需要的流量时，应设法改变泵工作点的位置，即需要进行流量调节，流量调节的方法如下：

(1) 在离心泵出口管路上装一个调节阀，改变阀门开度，即改变管路特性曲线。阀门开大，工作点远离纵轴；阀门关小，工作点靠近纵轴。

这种调节方法的优点是操作简便、灵活。其缺点是阀门关小时，管路的阻力增大，能量损失增大，从而使泵不能在最高效率区域内工作，是不经济的。用改变阀门开度的方法来调节流量多用在流量调节幅度大小、而经常需要调节的场合。

(2) 改变泵的转速，即改变泵的特性曲线。用变转速调节流量是比较经济的，因为它没有节流引起的能量损失。但是，这要求使用能改变转速的原动机来驱动，如采用直流电机、双速电机、汽轮机、在泵与固定转速的电机间加液力耦合联轴器、在电机供电线路中安装变频器、改变电机转速等。

(3) 车削叶轮外径，车削叶轮外径可以改变泵的特性曲线，使泵的工作点发生变化，但车削叶轮外径后无法复原，故适用于需要长期进行流星调节的情况，且叶轮的切削量不宜太大，否则将会造成离心泵的效率下降。

8.3.4 砂泵的电功率及影响因素

从厂家所提供的性能曲线上，根据工况点容易得到所需功率，但在泵送加重钻井液时肯定功率要增大，电机过载是常见的现象。

图 8.10 所示为不同的两个工况点下的泵所需的功率。*A* 点的左下角为一矩形，其面积等于工况点的扬程乘工况点的流量，其值为泵的输出功率。工况点 *B* 左下角面积较大，因此输入的功率更大。

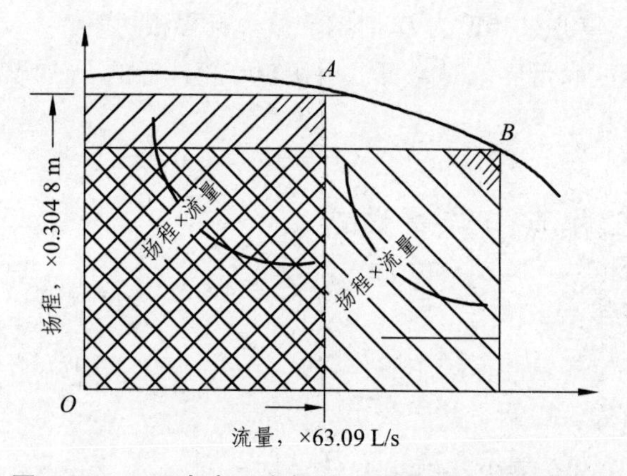

图 8.10 工况点表示出扬程、流量与输水所需功率

由工况点位置可求出对应的流量和扬程。离工况点最近的功率曲线有两条，通过估算可得到泵输水所需功率，如图 8.11 所示。

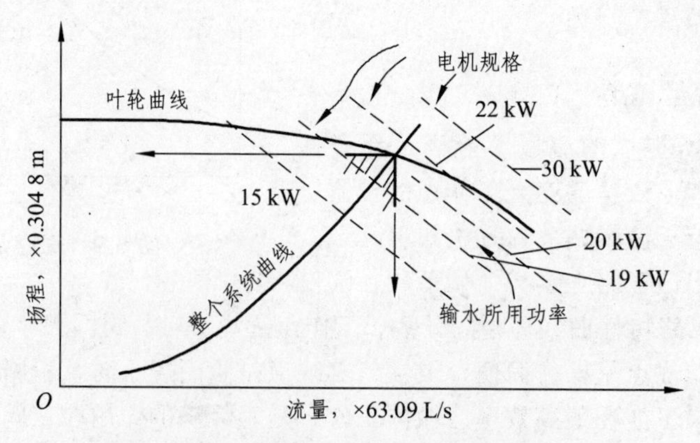

图 8.11 不同工况点下的泵所需的功率

影响功率变化的一些重要因素如下：

(1) 流量增加、功率增大。

增加设备投入（如增加水力旋流器的投入或多启动几个开钻井液搅拌枪），流量会增加，工况点向右移动，所需功率增加，如图 8.12 所示。

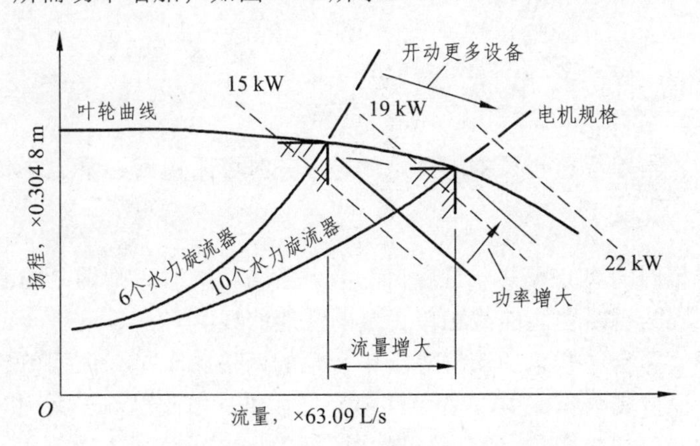

图 8.12　增加设备、流量增加、功率增大

(2) 叶轮转速增加、功率增大。

转速增加，扬程会增加；扬程增加，流量则会增大；流量增加，工况点右移，功率增加。

(3) 叶轮直径增加、功率增大。

增加叶轮直径（如更换大直径叶轮），流量和扬程均会提高，因此功率也会增加，如图 8.13 所示。

泵磨损后相当于叶轮减小，因而流量、扬程和功率均有所下降，如图 8.14 所示。

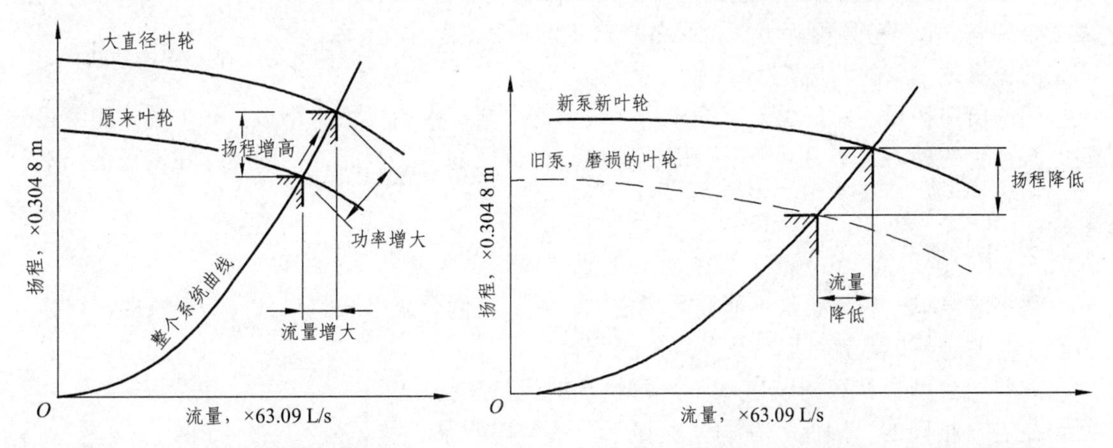

图 8.13　叶轮直径增加，流量、扬程和功率也增加

图 8.14　叶轮和泵壳磨损使泵流量、扬程和功率降低

(4) 空管路时的电机功率增加。

电机启动后，通过性能曲线不难发现，如果泵排出阀打开泵的出口就不能完全建压，而只有克服沿程管道损失时的压力，并且流量会逐渐增大，这时轴功率也会逐渐增大，最终会导致电机超载。因此，启动时应关闭排出阀，启动后再慢慢打开排出阀。

(5) 钻井液密度增大、功率增加。

输出水功率是在密度为 1 g/cm^3 下的功率，如果输送钻井液，则应乘钻井液密度，即：输水功率×钻井液密度＝输出水功率。

因此，砂泵的功率应根据固控装备所处理的钻井液最大密度来选择；或者电机选得大一些，以确保在最大的加重钻井液条件下也不致过载。

8.3.5 离心泵的并联和串联

在实际生产中，当单台离心泵不能满足输送任务时可采用离心泵的并联或串联工作。

1. 并 联

若将两台型号相同的离心泵并联且各自的吸入管路相同时，则两泵的流量和扬程必须各自相同，即具有相同的管路性能曲线和单台泵的性能曲线。

在同一扬程下，两台并联泵的流量等于单台泵的两倍。于是，依据单台泵性能曲线Ⅰ上的一系列坐标点，保持其纵坐标 H 不变，使横坐标加倍，由此得到一系列对应的坐标点，并可绘出两台泵并联操作的坐标点,就可以得到并联泵的特性曲线Ⅱ，如图 8.15 所示。并联泵的操作流量和扬程可由合成特性曲线与管路曲线的工作点来决定。由图 8.14 可见，由于流量增大，管路的阻力也增大。

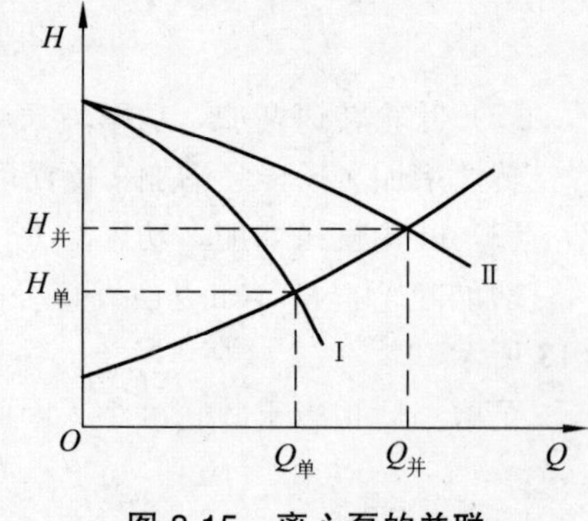

图 8.15 离心泵的并联

并联操作可以用在离心泵中。如果需要较大流量和低扬程，并且要求流量大于单一泵所能产生的流量，有时就用两个并联的离心泵来满足要求。两个泵各自独立地吸入，然后注入同一管线中，以达到同样的总动扬程。如果两个泵相同，出口总扬程等于两个泵各自产生的扬程，而产生的流量是单泵的两倍。然而，两个离心泵不能产生完全相同的出口扬程，并且由于磨损作用，其中一个泵产生的扬程将小于另一个泵。能力强一些的泵产生的动力大于另一个泵，因此迫使流体流回弱泵。因此，并联操作在现场上并不经常采用。

2. 串 联

很多时候单一的离心泵不能满足所需的扬程。将两个泵串联起来，前一个泵的出口作为后一个泵的进料口，就可以得到所需的扬程。

如将两台型号相同的泵串联，则每台泵的流量和扬程也是各自相同的，因此，在同一流量下，两台串联泵的扬程为单台泵的两倍。于是，据单台泵特性曲线Ⅰ上一系列坐标点，保持其横坐标 Q 不变。使纵坐标 H 加倍，由此得到一系列对应点，并可绘出两台串联泵的合成特性曲线Ⅲ，如图 8.16 所示。同样，串联泵的工作点也由管路特性曲线与泵的合成特性曲线的交点来决定。这种配置常用在极长的排放管线中。当泵联合使用时，不要超过法兰盘的安全工作极限是非常重要的，另外，并不需要将串联泵安装得很近。

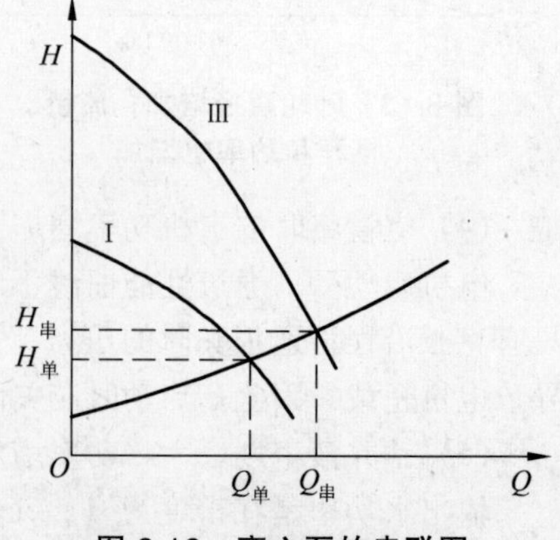

图 8.16 离心泵的串联图

3. 二重性

生产中究竟采用何种组合方式比较经济、合理，决定于管路特性曲线的形状。对于管路特性曲线较平坦的低阻力管路，采用并联组合，可获得比串联组合高的流量和扬程；相反，对于管路特性曲线较陡的高阻力管路，采用串联组合，可获得比并联组合高的流量和扬程，如图 8.17 所示。

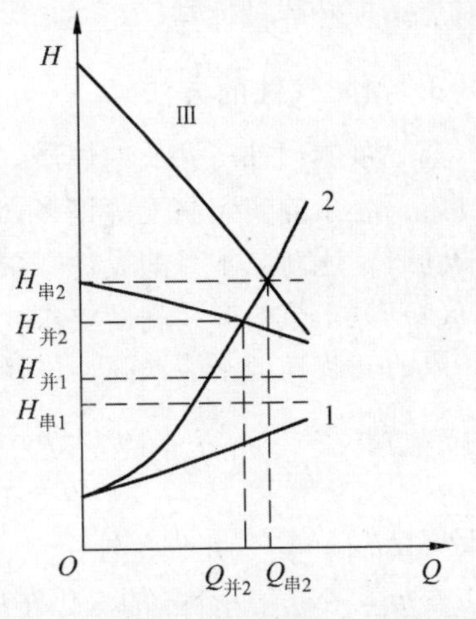

图 8.17　不同管路的串联、并联比较

在油田井场，两个泵可以并联使用，但是一次只能操作一个泵，因此就会出现一个主泵和一个备用泵。两个泵被安装在各自排放管线上，用一个阀门分离，以阻止一个泵抽取另一个泵内的流体。这种联合应用被广泛接受，尤其在关键环节处，效果更为明显。

8.3.6　离心泵的气蚀现象与预防

1. 气蚀现象

当离心泵叶轮入口处的液体压力低于输送温度下液体的汽化压力时，液体就开始汽化。同时，原来溶于液体中的其他气体（如空气）也可能逸出。此时，液体中有大量的小气泡形成，这种现象称为空化。由汽化和溶解气逸出而形成的小气泡随液体在叶轮流道内一起流动，当压力逐渐升高时，气泡在周围液体压力的挤压下将会溃灭，重新凝结。当气泡溃灭，重新凝结时，气体所占体积迅速减小，在流道内形成空穴。这时，空穴周围的液体便以极快的速度向空穴冲来，使液体质点与金属表面相互撞击，这种由空穴产生的撞击称为水力冲击。气泡越大，溃灭时形成的空穴就越大，水力冲击就越强。

实践证明：这种水力冲击速度快，频率高（每秒可达上万次）；有时气泡内还夹杂某些活泼性气体（如氧气），它们在凝结时放出热量，使局部温度升高。这一方面可使叶轮表面因疲劳而剥落；另一方面，由于温差电化的形成，对金属造成电化学腐蚀，加快了泵叶轮等金属构件的破坏速度。离心泵的上述这种现象称为气蚀现象。

2. 气蚀对离心泵工作的影响

(1) 引起噪声和振动。

气蚀使泵产生噪声，对泵的破坏作用比其他任何事故都快。如进口管路的压力不太高，旋转的叶轮就会形成气泡，在高压区被压缩并产生破裂，水流窜入发出“噼啪”声。同时有许多气泡破裂，打在金属表面上则产生非常高的压力冲击波、泵内壁金属的晶粒结构会出现疏松而剥落。

气泡溃灭时，液体质点互相撞击，产生各种频率的噪声，有时可听到“噼噼啪啪”的爆破声，同时伴有机器的振动。在这种情况下，泵就不能继续工作了。

(2) 引起泵工作参数的下降。

当泵气蚀现象较严重时，泵叶轮内的大量气泡将阻塞叶轮流道，使泵内液体流动的连续性遭到破坏，泵的流量、扬程和效率等参数均会明显下降，严重时会出现“抽空”断流现象，这种情况下，泵也不能继续工作了。

（3）引起泵叶轮的破坏。

当泵发生气蚀时，由于机械剥蚀和化学腐蚀的共同作用，叶轮会出现鱼鳞状等破坏，严重时会出现叶片被蚀穿。

3. 预防气蚀的方法

离心泵的气蚀与介质的性质、输送温度、吸入管线的长度及直径、吸入管线局部部件的多少、离心泵的安装高度等诸多因素有关。为防止气蚀的发生，要求降低输送温度、正确操作的同时，还对泵本身的设计、泵进口管线的设计以及泵的安装高度等方面提出以下要求。

（1）关于泵的安装高度要求：

泵的安装高度不能太高，用$[H_{g1}]$表示离心泵的允许安装高度，它可以由下式求得：

$$[H_{g1}] = \frac{p_A - p_V}{\rho g} - h_{A-S} - [\Delta h_r] \tag{8.7}$$

式中 $[\Delta h_r]$ ——泵允许气蚀余量，由泵产品样本给出；

p_V ——输送介质的汽化压力，由相关资料查出；

h_{A-S} ——吸入罐液面在泵吸入口全部流动阻力损失。

（2）关于泵的机构要求：

① 进口端直径大，则流量大，易发生气蚀；

② 叶轮进口处叶片外形的角度与进口液体流线吻合时，有助于避免气蚀；

③ 宽叶轮不易发生气蚀；

④ 低转速泵不易发生气蚀。

（3）关于管路的设计要求：

好的管路设计，可以减少吸入管路的阻力损失。

① 每台泵都有单独的进口管线；

② 管径小、长度短、管线少则减少气蚀几率；

③ 采用灌注式进液可避免气蚀；

④ 管内固体沉淀可能产生气蚀。

（4）泵的操作要求：

① 泵运转时，进口阀必须全开；

② 流量低时不易气蚀；

③ 泵安装的高度越高，越易产生气蚀；

④ 钻井液温度高，可能产生气蚀；

⑤ 钻井液密度高，可能产生气蚀；

⑥ 滤网堵塞易产生气蚀；

⑦ 钻井液面太低，易产生气蚀。

8.4 典型砂泵的结构

国内生产有 DWSB-150 型砂泵，PS 型砂泵，AH 型矿渣浆泵等，因功能和效率不同因而结构也各不相同。图 8.18 所示为 DWSB-150 型砂泵的结构示意图。

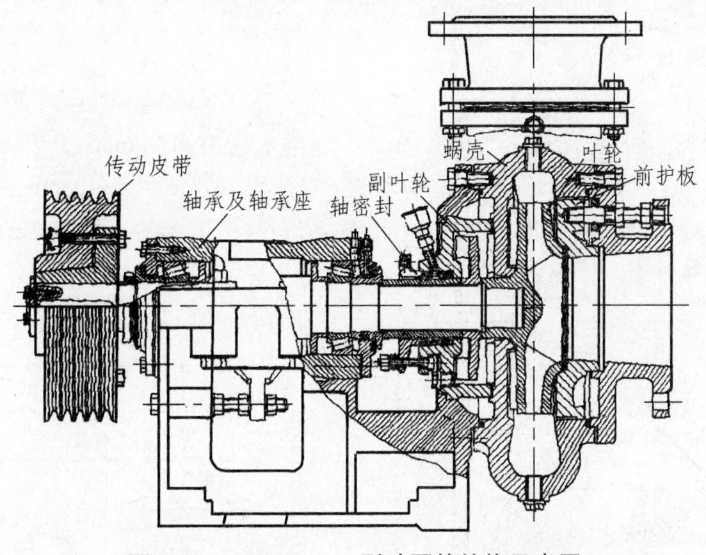

图 8.18　DWSB-150 型砂泵的结构示意图

8.4.1　叶轮结构

DWSB-150 型砂泵和钻井泵的罐注泵等均是采用半开式叶轮；PS 型砂泵，AH 型渣浆泵则采用了闭式叶轮。

大量现场应用表明：半开式砂泵叶轮最易磨损的部位为叶片出口处。由于闭式叶轮出口强度大，磨损比较均匀；同时，当磨损造成吸入端侧盖板与前侧之间的间隙增大时，泵的性能较稳定。因此，在 DWSB-150 型砂泵中采用了封闭式叶轮，如图 8.19 所示。

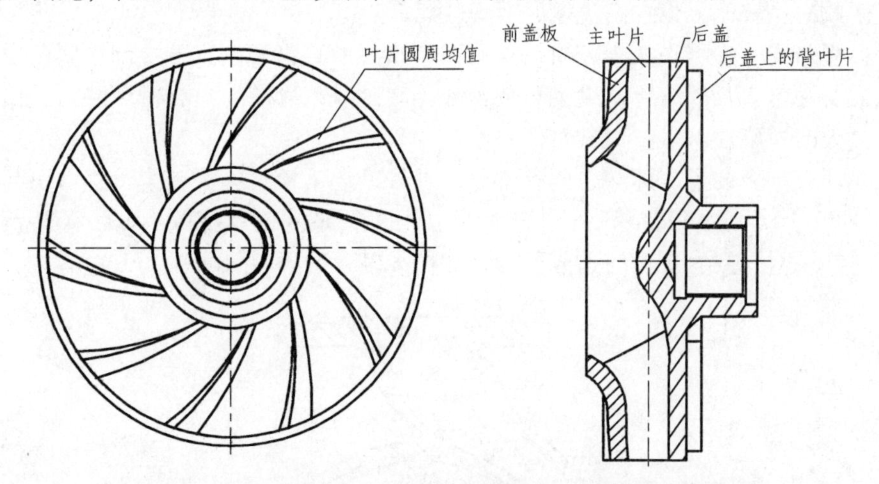

图 8.19　DWSB-150 型砂泵的叶轮结构（封闭式）示意图

由于常规叶轮后盖与后护板之间存在着强制旋涡区，在轴封处造成高压，引起轴向力不平衡。在叶轮的后盖板上增设了背叶片，它不但可以增加液流的速度，还可以减少泵内泄漏，有利于提高容积效率，其承受了叶轮与后护板之间的严重磨损。增加这些叶片要消耗一定的功率，但有利于提高泵的扬程和减少泄漏量。

8.4.2 泵壳结构

ϕ125×ϕ150圆壳泵（出口直径为ϕ125 mm，进口直径为ϕ150 mm），用ϕ305 mm叶轮就可以获得断流扬程 53.34 m，而蜗壳泵要获得同样的扬程需要使用ϕ340 mm的叶轮。更为重要的是两者的效率变化也相差很大，图 8.20 和图 8.21 给出了两对不同类型的泵在扬程大致相同的情况下的效率对比。

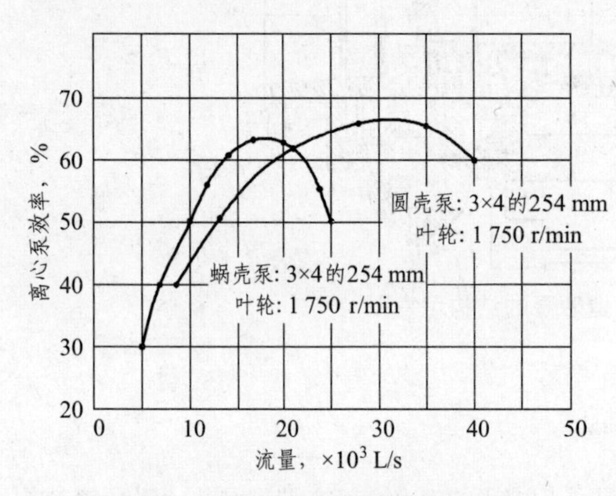

图 8.20 圆壳泵与蜗壳泵的效率对比

图 8.21 较大圆壳泵与较小蜗壳泵的效率对比

对于任一给定的工况点，高效率意味着所耗功率较低。由图 8.20 和图 8.21 可以看出，蜗壳泵在低流量区有较高的效率，虽然能较早达到高峰值，但很快就下降了；而圆形泵壳效率升得更高一些，而且大量区间更大一些。这是因为在圆壳泵中，环形流道较大、叶轮较宽。在低流量区效率虽较低，但在高流量区效率较高。

在进口管路安装过程中，蜗壳泵需要有三倍直径的直管长度直接接到进口法兰盘上，而圆壳泵只需要两倍直径的直管长度就可使液体均匀地进入叶轮，这样圆壳泵对进口的不稳定流体具有更大的适应性。

蜗壳泵还有一个弱点，那就是隔舌部分的冲蚀问题。流量太大或太小都将引起严重的冲蚀，如图 8.22（a）所示。在隔舌长度较短的情况下，泵效稍有提高，而且效率-流量曲线更为平缓，这样泵对外载有更大的适应能力，如图 8.22（b）所示。

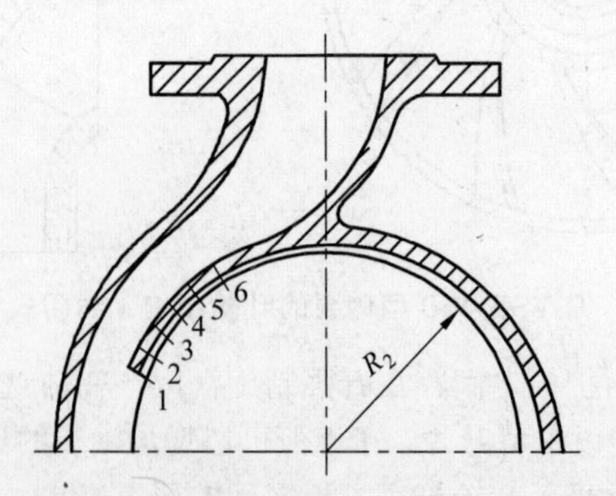

（a）隔舌长度对泵性能和效率的影响-隔舌长度

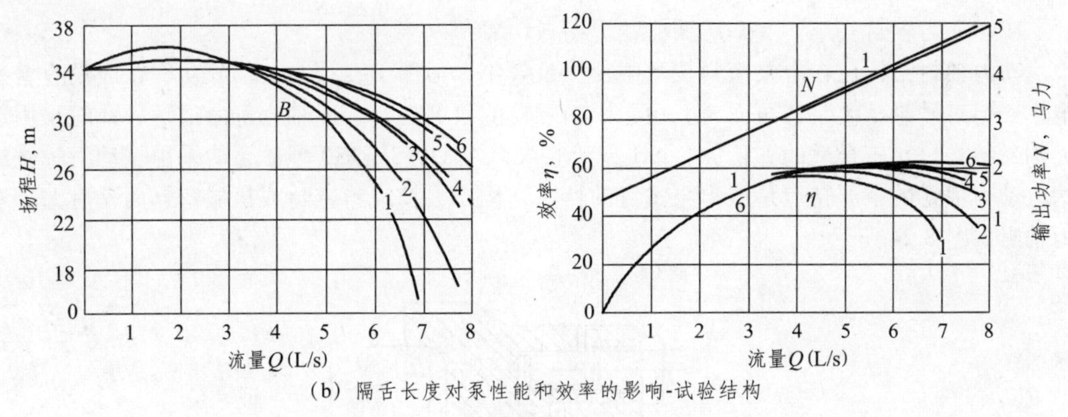

(b) 隔舌长度对泵性能和效率的影响-试验结构

图 8.22

因此，从美国引进的砂泵有不少是圆壳。由于叶轮与泵壳之间间隙大，因此砂泵不易堵塞，这是圆壳砂泵的另一个优点。

采用蜗壳也有许多优点。近年来，比转速较低的泵（指比转速小于 90，其特点是流量小，扬程高）也非常倾向于采用蜗壳。这是由于采用蜗壳的泵，在流最变化较大的情况下，效率在很大范围内下降平缓。随着蜗壳设计新的进步，低比转速下也能获得较高效率。

有关资料表明，蜗壳宽度一定时，蜗壳内的流线应成对数螺线。因此、普通蜗壳的过水面积是由隔舌开始，绕着叶轮的周围逐渐扩大的。蜗壳的实际作用，是将叶轮流出的液体以尽量小的损失收集起来、送进扩散管。

8.4.3　砂泵的轴结构

由于在砂泵中所密封的液体含有大量研磨性固相颗粒，因此泄漏的可能性及密封寿命都大大低于普通水泵。现场应用较成功的两种轴封结构为柔性石墨与碳素纤维填料轴封和动力轴封。

(1) 柔性石墨与碳素纤维填料轴封。

柔性石墨石与碳素纤维混合组成密封的填料轴封，如图 8.23 所示，比使用其密封元件要好。柔性石墨与碳素纤维混合组成的密封装置具有柔软、弹性、耐密、耐腐蚀、摩擦系数低，自润滑性能好等优点，可以做到无泄漏，使用寿命一般可达 1～2 年。

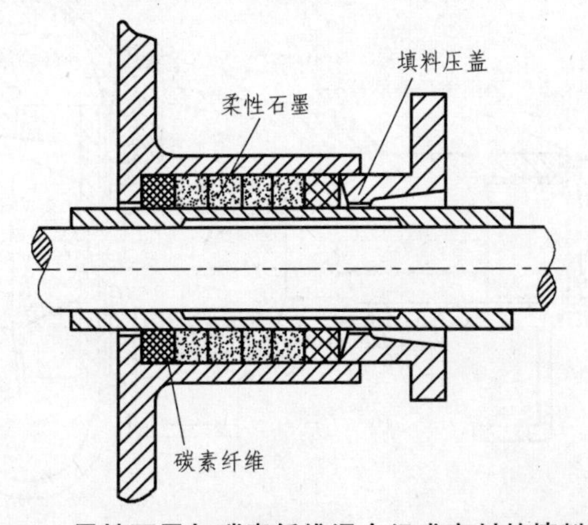

图 8.23　柔性石墨与碳素纤维混合组成密封的填料轴封

（2）动力轴封。

动力轴封结构已在水泵密封技术中使用过多年，但由于要损失一部分功率，而没有普遍推广。但对砂泵、矿浆渣泵而言，由于固相颗粒的研磨性，一般轴密寿命很短，此时采用动力轴封结构是比较合适的。例如，AH 型矿浆泵以及 DWSB-150 型砂泵均采用了动力轴密结构。动力轴封的主要特点是依靠泵本身的特殊结构，去掉填料密封或机械密封而无泄漏。动力轴封如图 8.24 所示。

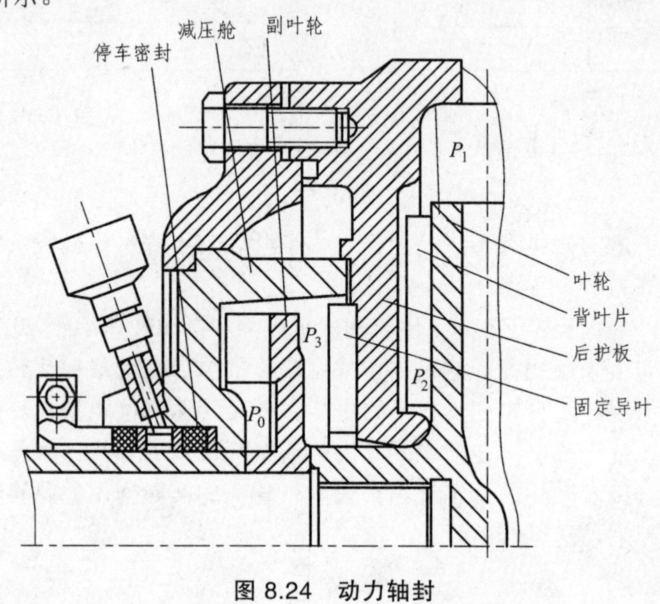

图 8.24 动力轴封

8.4.4 砂泵的前护板与叶轮间隙的调整结构

前护板与叶轮之间的间隙不能过大，否则引起很大内泄漏，使效率和流量下降，尤其对砂泵间隙磨大更为严重。为此，大量采用泵轴带着叶轮进行轴向调整，但调整很不方便，如图 8.25 所示。

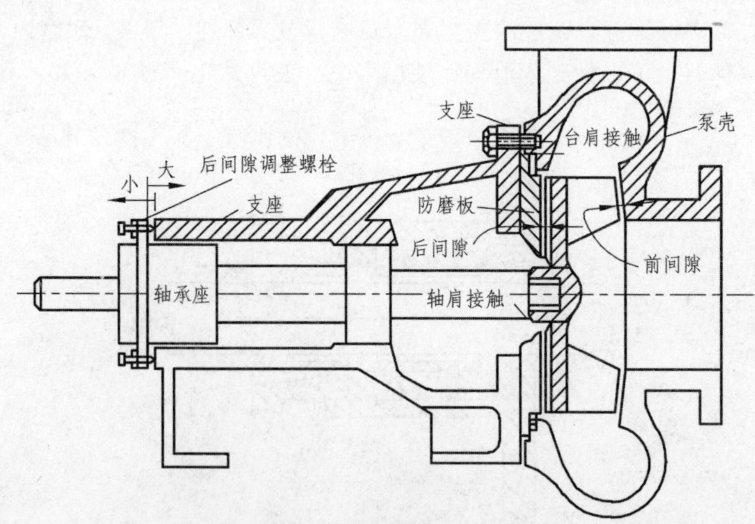

图 8.25 移动泵轴调整叶轮间隙

DWSB-150 型砂泵采用了前护板与叶轮间隙微调机构，如图 8.26 所示。由于间隙调整方便，泵的效率可以始终保持在较高的区间。

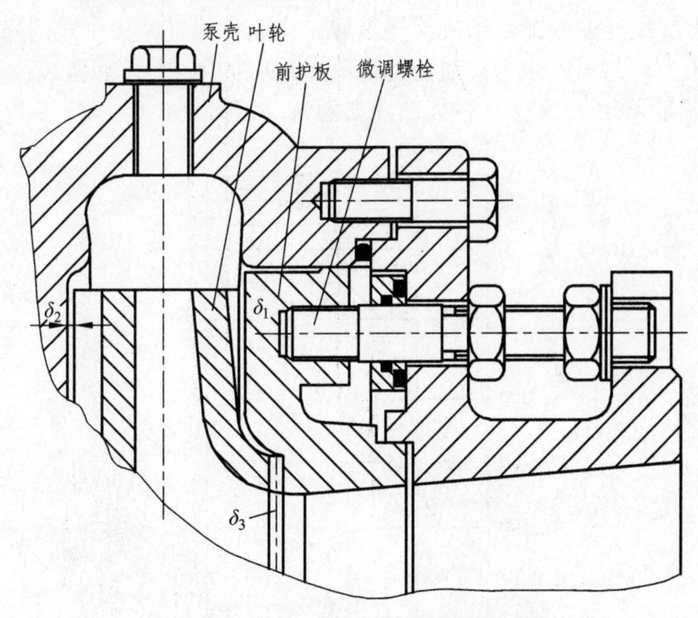

图 8.26　前护板与叶轮间隙微调机构

8.4.5　砂泵的材料

砂泵输送的介质含有固相，为延长使用寿命，主要零部件均采用球墨铸铁 QT60-2；同时运用等温热处理工艺，使主要过流部件的硬度达 45 HRC。

8.5　离心砂泵与水力旋流器的匹配

许多因素都会影响离心泵的性能，在选择泵时必须予以考虑。在钻井平台设计时，人们经常认为离心泵是一个低耗产品，不用进行太多的工程考虑。许多时候离心泵的选择和订购是基于钻井平台上已经存在的成套的设备，这些会导致很严重的问题，因为每个钻井平台有不同的工作条件和管线设计；并且离心泵常常用来给精细设备进料，如果离心泵选择不合适，它们和其他的设备的工作效果都会受到影响。合理地选择、设计和安装离心泵能直接提高效率并减少钻井平台运行的费用。

根据材料、结构、尺寸和设计参数等不同，离心泵分许多种类。通常，选择离心泵应最大限度地满足特定的需要，只有掌握了组合系统的整体特性才能对离心泵进行精确的选择。获取诸如工作温度、管线尺寸、装配高度、流体性质、水头压力等参数是十分必要的。如果没有权衡综合好这些参数，其结果可能会出现泵及其工作系统的失效，或造成过多能耗。

8.5.1 水力旋流器性能组合曲线

离心泵与水力旋流器的匹配是指旋流器最佳工作点（流量、扬程）刚好落在泵性能曲线效率较高的曲线段上。每一种水力旋流器都可测出相应的 *Q-H* 性能曲线，例如国产的 6 个 ϕ200 组合的旋流除砂器组，其 *Q-H* 性能曲线如图 8.28 所示。

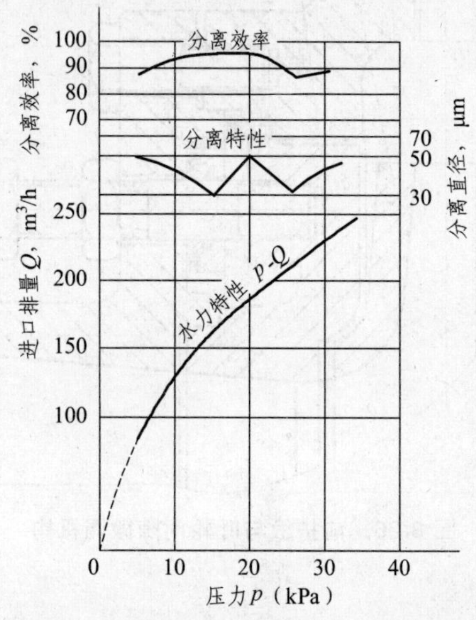

图 8.27 ϕ200 旋流除砂器的 *Q-H* 性能曲线

如果除砂器（或除泥器）已测得单个锥筒的 *Q-H* 曲线，可以通过作图方法获得一组旋流器的性能曲线。图 8.28 所示为是 4 个 ϕ150 水力旋流器的流量曲线，图 8.29 所示为 10 个 ϕ100 水力旋流器的流量曲线。

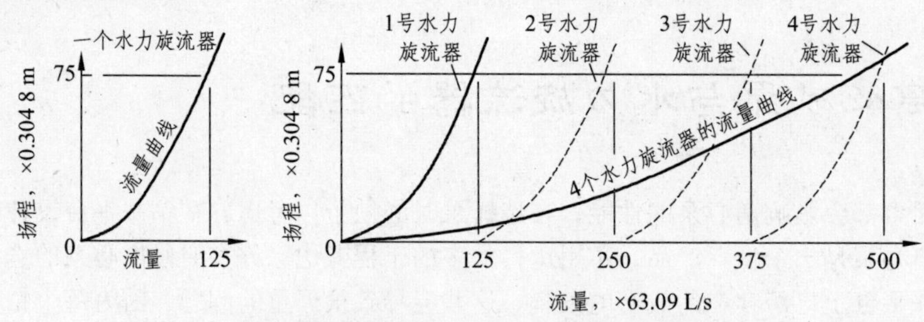

图 8.28 4 个 ϕ150 水力旋流器的流量曲线

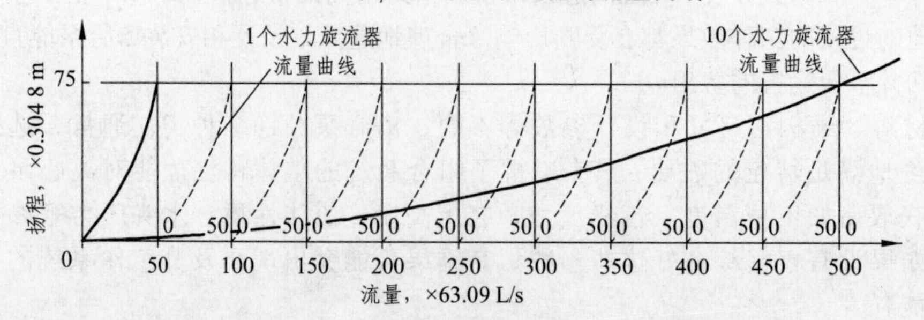

图 8.29 10 个 ϕ100 水力旋流器的流量曲线

8.5.2 匹配方法的实例分析

$6\times\phi200$旋流器的 Q-H 曲线，只能说明其水力学性能，除砂效果的最佳参数只有一个区间。现将图 8.29 所示的曲线作在 DWSB-150 型砂泵的 Q-H 图上，如图 8.30 所示，结果得到交点，其上的流量 $Q=64$ L/s，扬程为 $H=30$ m。根据实验，$6\times\phi200$ 除砂器的最佳工作参数为 $Q=51.03\sim65.76$ L/s，$H=21.1\sim35.1$ m。由此可见，$6\times\phi200$ 旋流器与 DWSB-150 型是匹配的，此时泵的效率为 65%左右，是可以接受的。

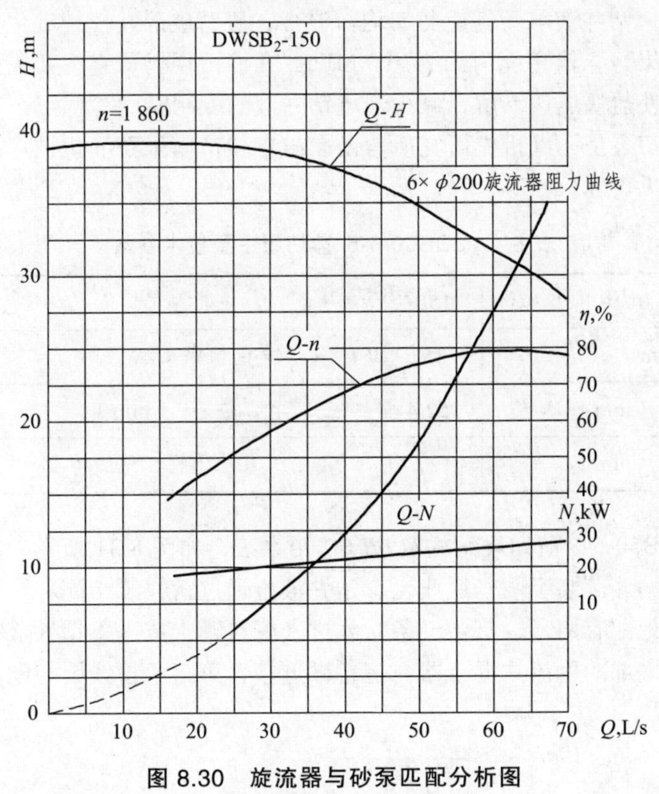

图 8.30 旋流器与砂泵匹配分析图

8.6 固控用离心泵发展水平与现状

8.6.1 剪切泵

剪切泵是在现有离心泵理论的基础上，通过改进发展起来的一种新型、高效的离心泵，是在固控设备配套系统中快速配置和处理钻井液所设计的设备，主要用途是在配制钻井液时，用于剪切聚合物黏土（钻井液药品），它能够有效混合、充分水化钻井液中所加物料，节省钻井液材料的使用，缩短钻井液配置时间，为钻井过程提供良好的钻井液性能。剪切泵输送的是含有磨砺性细小颗粒的钻井液，工况十分恶劣，当剪切泵的轴封泄漏时，不仅会导致泵效降低和钻井液浪费，还会造成严重的环境污染。因此，高效、可靠的密封质量是保证剪切泵正常连续及安全运行的关键。

黏土颗粒在水中的分散和水化程度取决于水中电解质含量、时间、温度、表面可置换阳离子的数量和浓度，在其他条件相同的的情况下。剪切泵可大大提高黏土颗粒的水化程度，使聚合物尽快剪切稀释、水化，可节约膨润土 30%以上。钻井液中使用的高分子聚合物的分子量较高，直接加入不易水化，因此对高分子聚合物需要预剪切。剪切泵能提供很高的剪切效率，可使聚合物尽快剪切稀释、水化，加快聚合物的稀释，水化进程。

剪切泵是在电机的高速运转下，钻井液在转子与定子十分狭窄间隙高速运动，在机械运动和离心力的作用，钻井液承受高速剪切均匀混合，研磨破碎、搅拌乳化等；该设备输送能力强，混合乳化效果好，输送能力约为 0.3 MPa。在油田现场，它主要应用于钻井过程中聚合物的剪切，可以使盐块迅速溶解，减少现场钻井液的配制时间等优点。

JQB50-6-5 剪切泵是江汉机械研究所与山东省青州市南张石油机械厂共同研制开发的产品。主要技术参数见表 8.1。

表 8.1 JQB50-6-5 剪切泵主要技术参数

额定排量（m^3/h）	150	电机型号	YB250M-4
扬程（m）	35	电机功率（kW）	55
吸入口直径（mm）	152.4	电机转速（r/min）	1 480
排出口直径（mm）	127	泵叶轮增速比	1：1.54

结构组成：JQB50-6-5 剪切泵结构及水合作用系统，如图 8.31 所示。剪切泵总成、配套电机、射流式混合漏斗等装于同一底座上，钻井液枪通过管线装于配料罐中；泵的吸入口与配料罐连通；出口处配有四通，其中一条管线进入配料罐中或进入钻井液循环系统，另一条管线通过混合漏斗底部的射流式混合器与配料罐连接，第三条管线则与配料罐上的特制旋转钻井液枪连接。

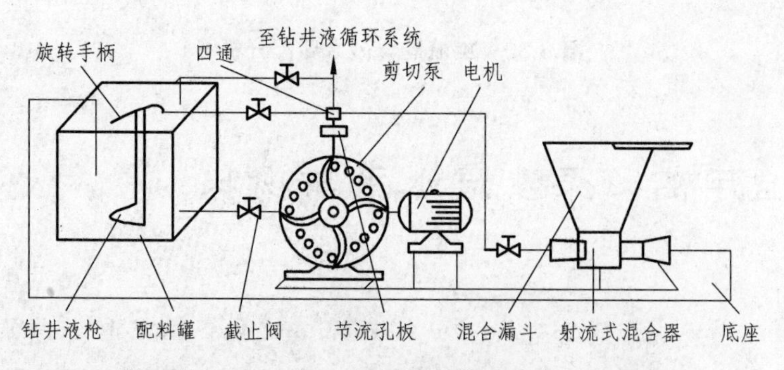

图 8.31 JQB50-6-5 剪切泵结构及水合作用系统

结构特点：此泵为单级单吸悬臂式离心泵，由其导叶式及离心叶片式组合叶轮和剪切盘提供剪切作用。由防爆电机经窄 V 带驱动胶带轮，带动组合叶轮高速旋转。特殊结构的液力端将吸入的流体通过叶轮喷嘴和流道高速冲击剪切盘，使之快速剪切，从而完成对液体的快速强力搅拌。

8.6.2　DWSB-150 型砂泵

DWSB-150 型砂泵适用于输送磨蚀性带有悬浮颗粒的钻井液，可以与 2×250 或 2×300 旋流除砂器匹配使用，进一步降低钻井液中的含砂量，DWSB-150 型砂泵外形如图 8.32 所示。

该泵采用动力密封和轴密封符合密封，并采用新的密封材料及结构，密封可靠，使用寿命长，维修少。间隙微调机构可减少泵的内泄漏，提高容积效率，调整间隙非常方便。主要技术参数见表 8.2。

图 8.32　剪切泵

图 8.33　离心式砂泵

表 8.2　DWSB-150 型砂泵主要技术参数

型号	流量（m^3/h）	扬程（m）	转速（r/min）	效率（%）	密度（g/cm^3）	电机功率（kW）	重量（kg）
DWSB1-150	157.5	34.6	1 860	65.1	≤1.4	37	350
DWSB2-150	202.5	32.9	1 860	75.6	>1.4～1.7	45	350

8.6.3　SB 系列砂泵

SB 系列砂泵是为除砂器、除泥器、射流混浆装置提供动力的配套设备，也可作为钻井液泵辅助灌浆的灌注泵和井口的补给泵。SB 系列卧式砂泵的设计采用了副叶轮，它使泵的密封更加可靠。泵的密封采用骨架油封加油浸石棉加矩形橡胶圈密封，使密封的维护更加方便。SB 系列卧式砂泵采用双向脂润滑轴承，可以保证较长时间正常运转。根据需要，泵也可以采用机油润滑轴承。

表 8.3　国内 SB 系列砂泵技术参数摘录

型号	电机功率（kW）	流量（m^3/h）	扬程（m）	效率（%）	轴功率	汽蚀余量	电制（Hz）
SB8x6-14	75	320	40	65	53.63	5	50
SB8x6-12		355	43	66	59.5	4.8	60
SB8x6-13	55	290	33	64	40.7	5.5	50
SB6x5-12		196 m^3/h	48 m	61%	42	3	60

续表 8.3

型号	电机功率（kW）	流量（m^3/h）	扬程（m）	效率（%）	轴功率	汽蚀余量	电制（Hz）
SB6x5-13	45	180	34	60	27.8	3	50
SB5x4-14		149	61	58	42.7	4.6	60
SB6x5-12	37	160	30	60	22	3	50
SB5x4-12		112	45	58	23.7	4.6	60
SB6x5-11	30	200	21	62	18.5	2.5	50
SB5x4-11		112	37	57	19.8	4.6	60
SB5x4-12	22	90	30	56	13.1	4.5	50
SB5x4-10		105	30	57	15.1	4.2	60
SB5x4-11	18.5	90	24	56	10.5	4.5	50
SB4x3-12		55	46	48	14.4	4	60
SB4x3-13	15	50	40	48	11.3	4.5	50
SB4x3-11		54	35	47	10.9	4	60
SB4x3-12	11	45	30	47	7.8	4	50
SB3x2-12		28	45	40	8.6	3.1	60
SB3x2-12	7.5	45	24	46	6.4	4	50
SB3x2-11		25	35	41	5.8	3.1	60
SB3x2-11	5.5	20	23	39	3.2	3	50

8.7 离心砂泵的正确安装、选用及维护

8.7.1 砂泵的选用原则

砂泵的选用应满足以下几个原则：

（1）必须满足生产工艺提出的流量、扬程及输送流体性质的要求。

（2）离心泵应有良好的吸入性能及可靠的密封。

（3）离心泵应具有较宽的高效工作区，以使在流量调节时仍能保持其运行的经济性。

（4）在基本性能满足的前提下，所选离心泵应结构紧凑、成本低。

（5）其他特殊要求，如防爆、抗腐蚀等。

8.7.2 砂泵的选用方法和步骤

（1）列出基础数据。

根据工艺条件，详细列出基础数据，包括介质的物理性质（如密度、黏度、饱和蒸汽压、腐蚀等）、操作条件（如操作温度、泵进出口两侧罐内压力或管内压力、处理量等）以及泵所

在的位置情况（如环境温度、海拔高度、装置情况及排出时设备内液面至泵中心线的垂直高度和管线当量长度等）。

（2）估算泵的流量和扬程。

当工艺设计中给出最小流量、正常流量和最大流量时，选泵可直接采用最大流量，若只给出输送的正常流量 Q_p，则应采用适当的安全系数估算泵的流量，一般取 $Q=（1.05\sim1.10）Q_p$。当工艺设计中给出所需最大扬程时，可直接采用；若需要估算扬程时，应先画出泵装置的立体流程图，表明离心泵在流程中的位置、高程、距离、管线长度及管阀件数量等确定泵的扬程比，一般取 $H=（1.05\sim1.15）H_p$。

（3）选择泵的类型及型号。

先根据被输送介质的性质确定泵的类型，再根据工艺要求的流量和扬程（参考泵类产品样本）选择泵的型号。

（4）校核泵的性能。

在实际生产过程中，为了保证泵正常运转，防止气蚀发生，要根据工艺流程要求对泵进行性能校核。不能满足要求时，必须另选其他泵，或变更泵的位置或采取其他措施。

（5）计算泵的轴功率和驱动机功率。

根据输送介质及工作点参数 Q,H,μ,n，可以求出泵的轴功率，选用驱动机的功率时应考虑10%～15%储备功率。

8.7.3 离心砂泵及管线安装

1．吸入管的安装与推荐

（1）选择合适的吸入管直径并有足够的有效净吸入扬程。

吸入和排出管线尺寸应合理，越短越实用。入口管直径应较小，以便保持正常流量下使钻井液流速达到 1.2～2.1 m 以上。表 8.4 列出了进口管直径与流量的关系。一般情况下，砂泵采用灌注式吸入，建议灌注扬程在 3 m 以上，以确保砂泵有良好的吸入性能。

表 8.4 进口管直径与流量的关系

直径（mm）	推荐流量范围（L/s）
76	6～11.4
89	8.2～15.1
102	10～20.2
127	16.4～31.5
152	22.7～44.2
178	41～75.7
254	63～126.2

（2）必须考虑沉没深度和吸入管形状。

沉没深度是吸入管入口在液面以下的深度。如果没有足够的沉没深度，从液面扩展到吸入管入口会形成空气涡流，这会把空气引入系统，导致涡流或泵的气锁。沉没深度要求随流体速度变化而变化，流体速度由流量和管子直径确定。

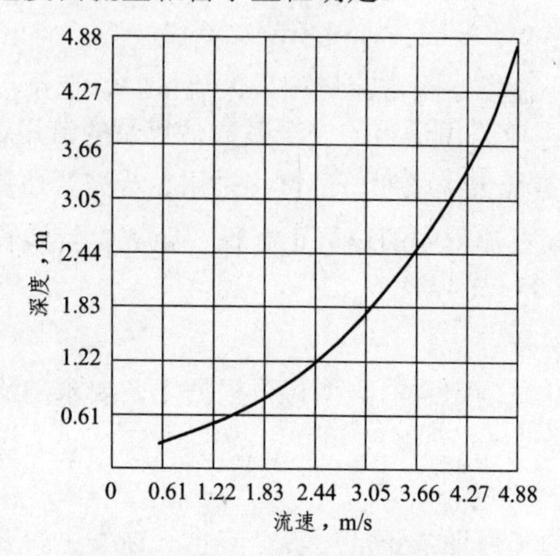

图 8.34 沉入深度与流速的关系

（3）吸入管应向上倾斜。

吸入管应向上倾斜可阻止吸入管中进入空气。在吸入管上装一个平滑的阀，可以使泵的维修和检查单独进行。如果吸入软管套在硬管内，要保证软管不能被压扁。实际吸入管连接如图 8.35 所示，吸入管建议的连接如图 8.36 所示。

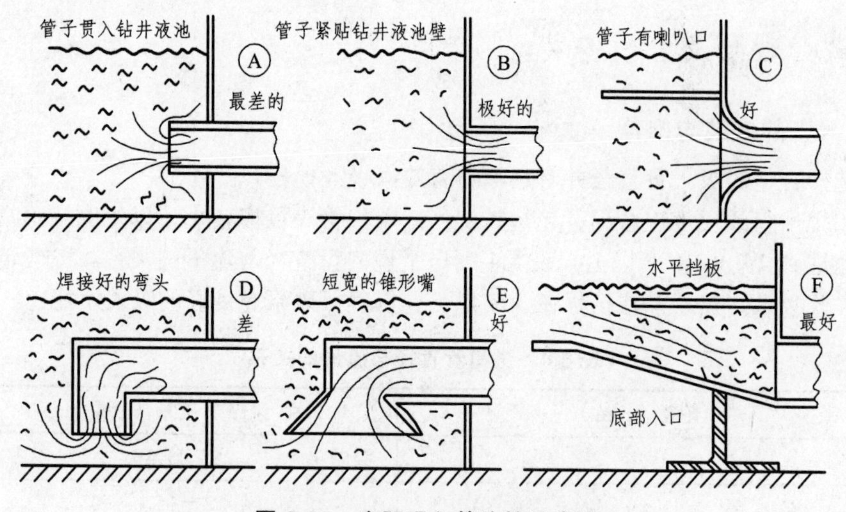

图 8.35 实际吸入管连接示意图

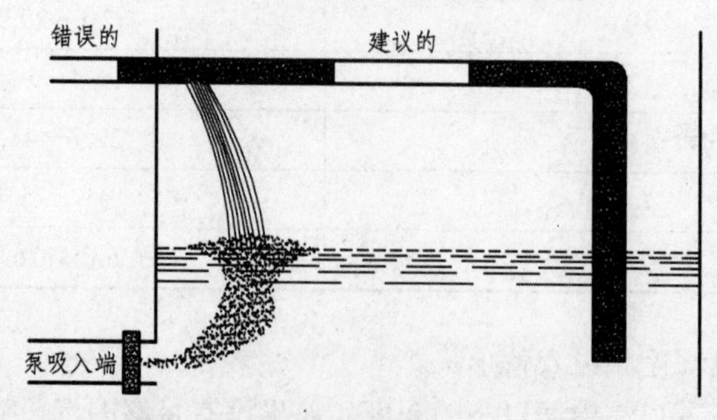

图 8.36 吸入管建议的连接示意图

如果将泵的进口直接与循环罐连接，如图 8.37 所示，这时应在入口上方罐壁上安装挡气平板。并且大小应大于吸入管截面积 10 倍以上。在罐内钻井液面较低的情况下，在进口管路进口处可能形成涡流，如图 8.38 所示。在进口的上方安装挡气平板，就不会形成涡流而吸入空气了。

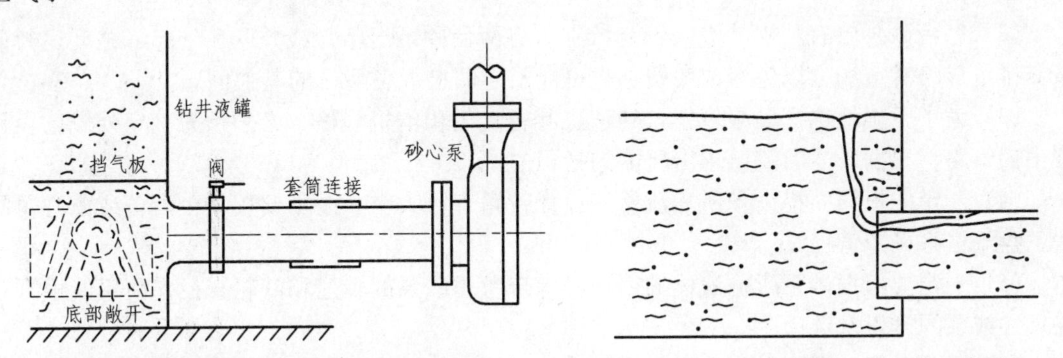

图 8.37　砂泵吸入口上方安装防气平板　　图 8.38　旋涡中的空气进入进口管示意图

(4) 进口管路安装过滤器。

进口管路上安装的过滤器剖面示意图如图 8.39 所示。

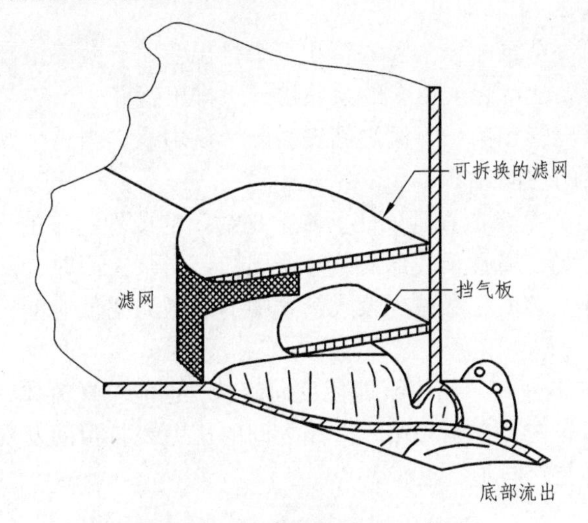

图 8.39　过滤器的剖面示意图

建议在吸入管线上安装一个滤网，使大的固体和残渣留在外边。过滤器的滤网面积要足够大，通过的流速大约 0.2 m/s 左右。滤网眼要小一些，而且整个滤清器要便于清洗，方便安装。过滤器面积与进口管径的关系见表 8.5。

表 8.5　过滤器面积与进口管径的关系

管径（mm）	过滤网面积（m^2）
4	0.155
6	0.348
8	0.619
10	0.968

2. 砂泵的安装

(1) 认真掌握综合选择砂泵规格、转速、叶轮直径的方法，或请专业技术人员完成。未经专业技术人员的检查或建议，决不要改变叶轮直径，也决不能在现场车削叶轮，否则会破坏泵的平衡。

(2) 每台砂泵应有独立的吸入管路特别要将两台砂泵出口管线并联在一起，并联运行砂泵其排量只略有增加，以免造成浪费，也可能引起固控设备运行的其他问题。

(3) 为了正确地选择砂泵规格、转速、叶轮直径和电机规格，必须预先确定外载，设计好出口管路，根据所需的流量求出所需的扬程。

(4) 一定要根据固控设备所需流量来设计管路直径大小，而不要按某台设备或离心泵的法兰盘规格来确定管径。

(5) 一定要根据砂泵所输液体的用途，综合考虑砂泵的转速和叶轮直径，而不能根据管路尺寸或泵的排量来选择。

(6) 安装砂泵，泵上有一个充满液体的吸入管，吸入管里应有足够深的液体以防止旋涡和气锁。在吸入管上不需要或不推荐安装底部阀。

(7) 务必使电机有足够的功率，以满足按最大流量输送最大钻井液密度的要求。填料压紧要适度，每分钟泄漏 2～4 滴即可。

(8) 当不用管汇而每个泵配一个吸入管和一个排出管时，效率最高；不要让两个吸入泵共用一个吸入管，也不要让两台或更多的泵共用一条排出管。

(9) 建议在泵的排出管和第一个阀之间安装一个压力表，当这个阀关闭时，这个压力表读数可以诊断、评价泵的性能。

(10) 一些情况下，砂泵常放在地面上，其下是封闭的或埋起来的容器。如果砂泵在吸入管的上部工作，那么需要在离心泵底部安装一个阀门。当泵关闭时，底部的阀作为检测阀可以防止吸入管线被排干。必须注意减少吸入管线中的细微的空气泄漏，因为绝对压力会低于大气压力。

(11) 确定叶轮的转向正确。离心泵即使反向旋转，也能泵送流体，但这时离心泵产生的压头要比正常工作时低。安装在泵和第一个阀之间的压力表将帮助发现这个错误，转换控制面板上的两根接线可改变转向。

8.7.4 砂泵的操作及保养

(1) 砂泵与容积式活塞泵、柱塞泵不同，在一定流量下，其扬程是恒定的。砂泵的扬程，也不随钻井液密度的变化而变化。

(2) 砂泵应选用较低的转速来降低泵叶轮和泵壳的磨损。

(3) 在同一条管线上，绝不允许同时打开两台砂泵；也决不允许空气或其他气体进入砂泵进口管线。

(4) 砂泵进口处应按规定安装滤清器，并要经常清洗。

(5) 绝不能采用关小进口阀的方法来调整泵的流量或压力，否则会造成泵的气蚀损坏。

(6) 若要减少某台固控设备流量、不能用打开出口管线旁通阀的方法，这样既浪费电力，又会使电机过载。这时只能关闭某些旋流器。

(7) 泵在管路空载启动时，出口管的阀门应处在关闭状态。特别要注意，关闭状态下只能运行 1～2 min 以下，否则泵内液体很快就能沸腾。然后将出管上阀门逐渐打开，泵平稳运行后才算完成启动工作。

(8) 根据厂家说明书要求，对泵的轴承要定期注入润滑脂或润滑油。如系稀油润滑每年要更换 3～5 次。

(9) 不要限制泵吸入端的流量。泵吸入管供应不足会导致空化作用，对泵会造成损坏。

(10) 启动电机驱动式砂泵时，应让泵与工作设备之间的排出阀门稍微开启。一旦泵达到正常转速，慢慢将这个阀完全打开。这样做会减少电机的启动载荷以及其他设备如压力表和旋流除砂器的振动。交替启动方法是在启动之前将阀完全关闭，启动后立即把阀慢慢打开，以防止过热和破坏泵的密封性。

8.7.5　离心泵常见故障与处理方法

(1) 泵泄漏严重的故障及处理方法见表 8.6。

表 8.6　泵泄漏严重的故障及处理方法

故障发生的原因	故障排除的方法
填料太松或密封件损坏	压紧填料或更换密封件
泵轴与驱动轴线不一致，轴弯曲	调整对正轴线、维修校正泵轴
运动部分不平衡引起振动	检查转子并清除
密封件安装不当或密封液压力不当	正确安装密封件及设置合适的密封液压力

(2) 泵不输出液体、处理量不够的故障及处理方法见表 8.7。

表 8.7　泵不输出液体、处理量不够的故障及处理方法

故障发生原因	故障排除方法
泵壳或吸气管内残留有空气、管路漏气	从排气阀排气或重新灌泵，拧紧漏气处
泵或管路内有杂物堵塞	检查并清除
泵的转速不符或旋转方向不对	按要求匹配转速或改变驱动机的旋转方向
液体在泵或吸入管内汽化	减少吸入管路阻力，降低输送温度或正压进泵
泵的扬程不够	减少排出系统阻力，按液体密度、黏度进行换算
密封环磨损过多或密封件安装不当	更换密封环或重新安装密封件

(3) 泵发生振动、噪声的故障及处理方法见表 8.8。

表 8.8 泵发生振动、噪声的故障及处理方法

故障发生原因	故障排除方法
泵壳或吸入管内留有空气	从排气阀排气或重新灌泵
液体在泵或吸入管内汽化	减少吸入管路阻力，降低输送温度或正压进泵
泵的排量过小，出现喘振	增大流量或安装旁通循环管
泵轴与驱动机轴线不一致，轴弯曲	调整对正轴线，维修校正泵轴
轴承或密封环磨损过多形成转子偏心	更换轴承，密封环，校正轴线
轴承箱内油过多或太脏	按油位计规定加油或更换新油
泵或管路内有杂物堵塞	检查并清除

（4）泵或轴承过热的故障及处理方法见表 8.9。

表 8.9 泵或轴承过热的故障及处理方法

故障发生原因	故障排除方法
泵的排量过小，出现喘振	增大流量或安装旁通循环管
泵轴与原动机轴线不一致，轴弯曲	调整对正轴线，维修校正泵轴
轴承或密封环磨损过多形成转子偏心	更换轴承、密封环并校正轴线
密封件安装不当或密封液压力不当	正确安装密封件及设置合适的密封液压力
轴承箱内油过多或太脏	按油位计规定加油或更换新油

第 9 章

钻井液搅拌与配浆装置

地面钻井液系统的作用是使钻井液在被泵入井眼前进行维护处理，这可以通过有效使用固控设备清除不需要的固相来实现，同时尽可能多地回收、再利用钻井液。固相清除后，接下来是化学添加剂与钻井液材料快速完全地混合等相关维护工作。钻井液经过充分地搅拌对固相清除和维护工作来说是十分必要的。大部分钻井液都必须通过用搅拌设备来悬浮地面罐中的固相，使钻井液成分保持均匀。能达到这种目的的设备有两种：机械搅拌器和钻井液枪。钻井液枪属于水力搅拌设备。在钻井液固控系统中目前普遍使用这两种方式。

搅拌器用来悬浮固相颗粒、充分混合钻井液材料，并且通过地面系统使钻井液保持均质的混合物状态。为了达到这些要求，搅拌器需要在钻井液罐中产生一个向上的速度，并且这个速度要大于悬浮固相颗粒的沉降速度。这就需要有足够的剪切和搅拌来溶解、润湿和分散钻井液添加剂，钻井液的混入能力将有助于保持钻井液的黏度。

9.1　机械搅拌器

机械搅拌器被广泛应用于钻井液的地面罐体中。机械搅拌器由驱动电机、齿轮减速器（也称为变速箱）、变速箱输出轴和叶轮等部分组成。合适的机械搅拌器不仅可以使所有的固相颗粒悬浮均匀，如果剪切作用适当，整个系统钻井液性能将保持一致，而且还能节约动力。

大部分机械搅拌器通过电机驱动，这些驱动电机必须具备防爆功能，并且能够水平安装（见图 9.1）或垂直安装（见图 9.2）。电机间接连接或直接安装到齿轮减速器上，进而通过齿轮减速器来驱动叶轮轴，叶轮则安装在离容器底部固定距离的轴上。

图 9.1　电机水平安装

图 9.2　电机垂直安装

9.1.1 机械式搅拌器的分类

机械式搅拌器的分类按流体流动形态分为轴向流搅拌器、径向流搅拌器、混合流搅拌器；按叶轮的结构分为平叶、折叶、螺旋面叶；按用途分低黏流体用流搅拌器和高黏流体用流搅拌器。代表型的机械式搅拌器主要有：

1. 浆式搅拌器

叶片用扁钢制成，焊接或用螺栓固定在轮毂上，叶片数是 2、3 或 4 片，叶片形式可分为平直叶式和折叶式两种。浆式搅拌器主要用于流体的循环，由于在同样排量下，折叶式比平直叶式的功耗少、故轴流桨叶使用较多。所谓轴流式桨叶，是指桨叶的主要排液方向与搅拌轴平行。桨式搅拌器也可用于高黏度流体的搅拌，促进流体的上下交换，代替价格高的螺带式叶轮。桨式搅拌器的转速一般为 20～100 r/min，最高黏度为 20 Pa · s。

图 9.3 桨式叶片及布局

2. 推进式搅拌器

常用于低黏度流体中，标准推进式搅拌器有三瓣叶片，其螺距与桨直径 d 相等。推进式搅拌器搅拌时流体的湍流程度不高，但循环量大推进式搅拌器结构简单制造方便，适用用于黏度低、流量大的场合，循环性能好剪切作用不大，属于循环型搅拌器。推进式搅拌器的直径较小，d/D=1/4～1/3，叶端速度一般为 7～10 m/s，最高可达 15 m/s。

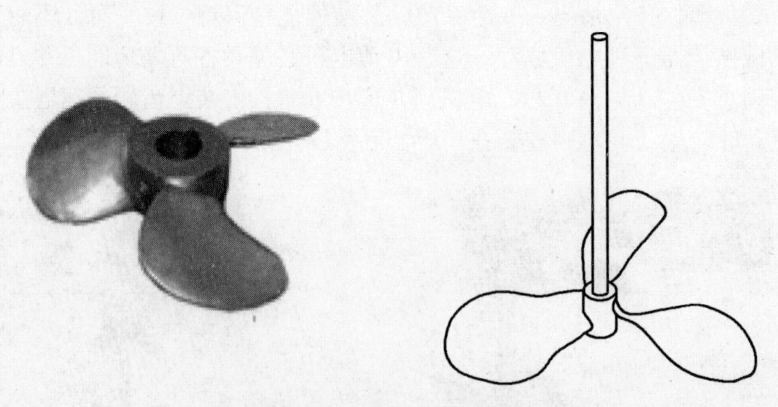

图 9.4 推进式叶片及布局

3. 涡轮式搅拌器

涡轮式搅拌器属于低黏流体用流搅拌器，是钻井液搅拌环节中最常用的搅拌器类型，能有效完成几乎所有的搅拌操作，并能处理黏度范围很广的流体。涡轮式搅拌器可分为开式和盘式两种。开式有平直叶、斜叶、弯叶等；盘式有圆盘平直叶、圆盘斜叶、圆盘弯叶等。开式涡轮常用的叶片数为 2 叶和 4 叶；盘式以 6 片最常见。涡轮式搅拌器有较大的剪切力，可使流体微团分散得很细，适用于低黏度到中等黏度流体的混合、液-液分散、液-固悬浮。平直叶片剪切作用较大，属剪切型搅拌器。弯叶是指叶片朝着流动方向弯曲，可降低功率消耗，适用于含有易碎固体颗粒的流体搅拌。

折叶圆盘蜗轮搅拌器

直叶圆盘蜗轮搅拌器

凹叶圆盘蜗轮搅拌器

图 9.5　涡轮式叶片及布局

9.1.2　机械式搅拌器的构成

机械式搅拌器一般由电机、传动装置（减速器）、搅拌轴和搅拌叶轮组成，如图 9.1 和 9.2 所示。机械式搅拌器在 5.5 kW 以下均采用摆线减速器，机械式搅拌器适用于石油钻井液的搅拌，结构紧凑、占地面积小；7.5 kW 以上钻井液钻井液搅拌器采用蜗轮蜗杆式减速传动，具有传递扭矩大、运转平稳、工作可靠等优点。常用钻井液搅拌器型号为 JBQ5.5、JBQ7.5、JBQ11 和 JBQ15。

1. 叶　轮

叶轮又称为涡轮，是将机械能转化为流体动能的零件。叶轮构造会决定叶轮的功能，一般不同储液罐的几何形状，会根据经验和习惯来选择不同样式的叶轮。较为合理的方法是由搅拌目的和形成的流态为依据来进行选择的。由于涡轮式的对流循环能力、湍流扩散和剪切力都较强，因此得到了最广泛的应用。

叶轮设计的流向可大概分为径向流和轴向流两类。叶轮可能少到只有两个叶片，但用在油田钻井液中的叶轮通常有 4 个或更多的叶片。为满足经济性和钻井液特性的要求，叶片材料通常是不锈钢或碳钢的；叶片也可以是平叶的、折叶的或者是螺旋叶的，如图 9.6 所示。叶片可以被焊在一个中心圆盘上，或者用螺栓连接在一个带有圆孔的平板上，这个平板被固定在圆盘或者连接器上，开启式涡轮大多数叶片是在开有安装槽的轮毂上焊接而成，对于批量生产的开启式蜗轮，叶轮多采用铸造方法，如图 9.7 所示。

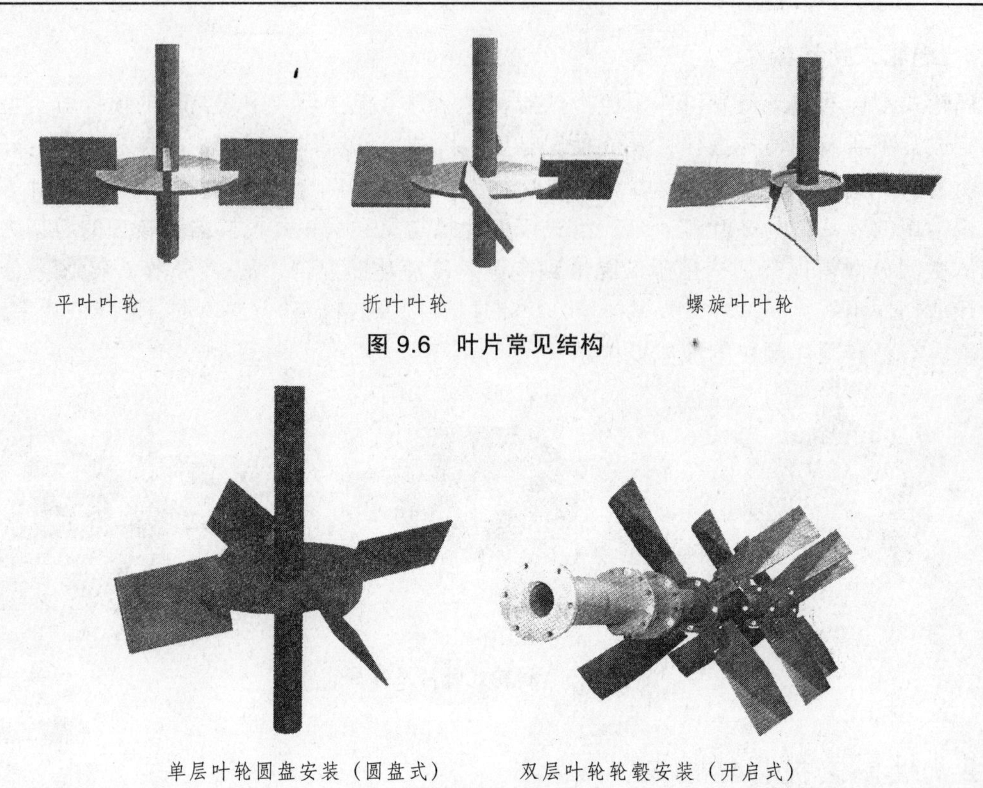

平叶叶轮　　折叶叶轮　　螺旋叶叶轮

图 9.6　叶片常见结构

单层叶轮圆盘安装（圆盘式）　　双层叶轮轮毂安装（开启式）

图 9.7　叶轮常见安装方法

（1）径向流叶轮。

当垂直安装叶轮片时将发生径向流，叶轮片与搅拌器的实心轴在一条直线上，如图 9.8 所示。在径向流中，叶轮在罐中主要以水平的、循环的方式搅动流体。在理想情况下，流体一旦接触罐壁就会向上运动并且始终在罐中保持均匀悬浮。当单独使用时，径向流叶轮应当被安放在罐底部附近，最好离罐底小于 30 cm。为了使罐顶部和底部都混合均匀，罐深度一般限制在大约 1.83 m 的范围之内。径向流叶轮安装稍高，将产生两个液体运动区域。若一个在叶轮上面，一个在叶轮下面，将导致有不同的搅拌效率，这种情况不利搅拌，因此，应将叶轮安装在实心轴上的经过水力学严格计算后的适当位置。

（2）轴向流叶轮。

叶轮的叶片向着箱底的方向有一定的倾角，最典型的是与垂直方向成 45°～60°，它以轴向流运动为主，如图 9.9 所示。叶片的旋转运动也促进流体做轴向流运动。轴向流叶轮从罐的顶部沿着叶轮轴吸入并推出（泵出）流体，流向罐底，然后沿底部到罐壁一侧，罐壁可驱使流体向上运动并到达罐体表面，在这里就完成了一次循环，然后又重新开始。当单独使用时，这些叶轮安装在距离底部 2/3～3/4 叶轮直径处。由于叶轮的旋转，流体仍然在罐中以径向流形式运动。绝大多数情况下，径向运动和轴向运动的结合使流体更加完全地混合。当钻井液罐深度超过 1.83 m，就需要另外一些型号的轴向流叶轮，并且要求每个实心轴上有两个或两个以上的叶轮。

由于大多数轴向流叶轮都有一个固定的叶片倾角，这样就使得叶片末梢流动更多，更少流向中心，这类叶轮泵输出量要少些，但剪切力更大。

图 9.8　径向流

图 9.9　轴向流

（3）螺旋面叶轮。

配置有可变螺距的叶轮称为等高线叶轮或螺旋面叶轮，它同时促使径向流和轴向流类型达到一个更高或更低的程度。与传统的单面叶片相比，叶轮的倾度和倾角决定了叶轮较小的切应力，这种叶轮最典型的特征是它传递给流体的剪切力更小，所以为了弄清剪切力的准确大小，就必须了解钻井液罐的用途。

从叶轮的安装方式上来说，如果为了使固相颗粒悬浮的作业通常以开启式涡轮最好。由于没有中间圆盘部分，不会阻碍桨叶上下方液相混合。弯叶开启涡轮的排出性能好，对固-液相悬浮也很适合。采用折叶浆、折叶开启涡轮、推进式都有轴向流，所以可以不用挡板。目前在国内外石油固控设备中，最常用的搅拌器叶轮只有两种，一种是开启式涡轮，一种是圆盘涡轮，很少再选用浆式和推进式，而开启涡轮式中用得最多的是平直叶片。在圆盘涡轮式中，平直片、折叶片和后弯叶片都有采用。由于开启式涡轮即使没有挡板也具有强烈的上下对流作用，因此，在较先进的钻井液搅拌器中得到了广泛的应用。

但不管使用什么型号的搅拌器和叶轮，每个配件的尺寸都非常重要，一旦罐体的尺寸确定，就可以计算出叶轮直径和对应的功率需求。如果钻进使用的钻井液最大密度不清楚，一般以密度为 2.4 g/cm^3 的液体为基准，这样就可以提供足够的安全系数，能充分搅拌任何液体而不至于电机超负荷工作，大部分油田搅拌器的转速在 50～90 r/min 不等。同时，叶轮应当安装在罐底部 8～15 cm 的位置。如果叶轮所处位置离底部太远，流体将不能彻底扫掠钻井液罐底部，因而产生死角。死角不仅减少钻井液的可用体积，从而减少有效的循环体积，而且还使重晶石或者其他有用固相颗粒沉淀，增加钻井液的成本。

2. 传动机构

搅拌器传动机构主要由电机、减速装置、联轴器及搅拌轴组成。在固控装备中最常用的钻井液搅拌器的形式并不多。图 9.10 所示为蜗轮蜗杆直接传动，图 9.11 所示为蜗轮蜗杆皮带传动。蜗轮蜗杆传动机构简单、传动比大、可靠性高，在钻井液搅拌器中应用最为普遍。并且国外几乎是采用蜗轮蜗杆直接传动。而蜗轮蜗杆皮带传动，虽然体积较大，但具有挠性传动的特征，对保护电机过载很有好处，因此，国内早期应用较普遍。

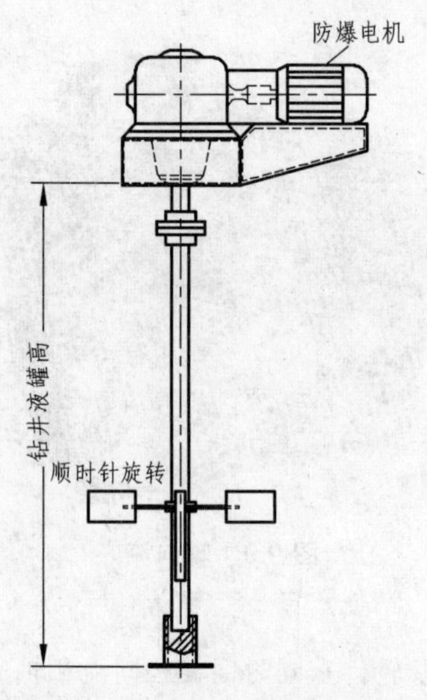

图 9.10　蜗轮蜗杆直接传动

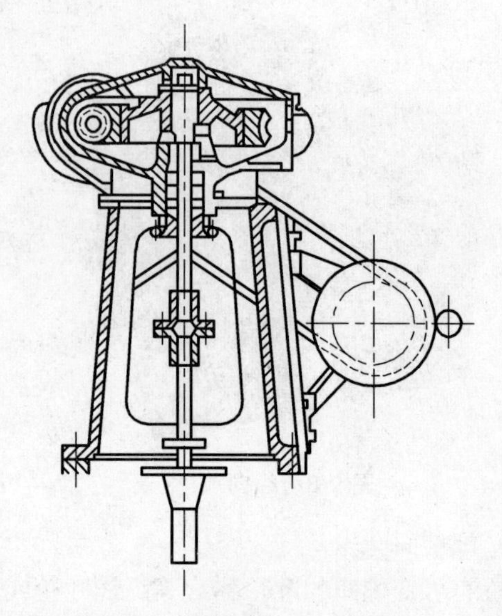

图 9.11　蜗轮蜗杆皮带传动

3. 搅拌轴结构

搅拌轴是可以升降的传动结构，严格地说，在钻井过程中，搅拌器是不允许停机的。实际工作中由于诸多原因，往往达不到这一要求。搅拌器停转后，由于罐内沉砂，桨叶片可能埋在沉砂中，再一次启动十分困难。常出现叶片被憋断、电机烧损的现象。为了解决这一问题，油田通常采用搅拌轴可以升降的搅拌器，如图 9.12 所示。停止运转后，可将叶轮提起一定高度，一般为 400～500 mm，重新开机时再将叶轮逐渐下放到正常位置。

搅拌轴常分为实心轴和空心轴两类，其中碳素钢轴是最常用的。实心轴一般直接连接在减速器输出轴上，通常采用刚性连接。底部有一个已加工的键槽，可以在一定范围内调节叶轮安装的高度，当容器的深度超过 1.83 m 时，就需要在底部安装末端稳定筒了。

空心钢轴特别适用于较深的罐体，它们可以与法兰或螺栓连接在一起，大部分空心轴都使用螺旋叶轮，这些叶轮被螺栓连接在预定的位置上。由材料力学的知识可知，在相同的横截面面积条件下，空心轴更能够抗弯曲，并且空心轴对临界速度(轴由于弯曲在负载启动时产生的振动）的影响不大。

可升降搅拌轴由传递扭矩的空心轴及嵌在空心轴内可调升降的方螺纹轴组成。装有搅拌叶轮的轴通过联轴器与升降轴联结，传递扭矩既可应用方孔，也可使用滑动花键，由于钻井液搅拌器转速低，通常使用方孔即可。

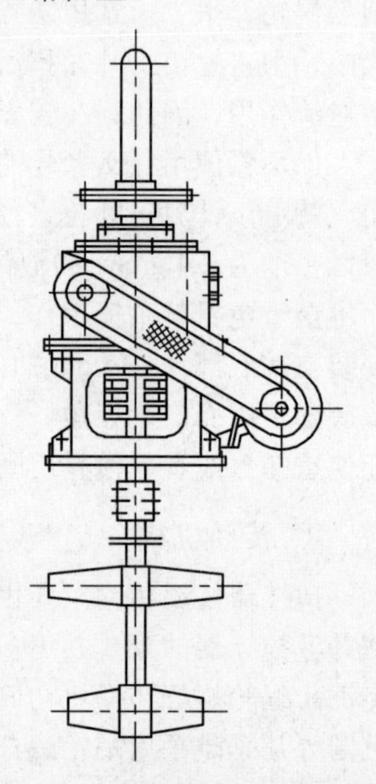

图 9.12　叶轮可升降的搅拌器

4. 结构的密封问题

搅拌器可靠的密封是一个重要的问题。由于搅拌轴密封引起的漏油，不但大量浪费油料，而且污染了钻井液。旋转轴密封分为机械密封和填料密封，钻井液搅拌器的轴属于低转速、低压力，较适用的仍是填料密封，因为它具有结构简单，易于维修，可靠性高等优点。

(1) 自封式密封。

根据长期现场使用的经验来看，将水龙头冲管 V 形盘根结构移植过来是非常可靠的。密封盘根由耐油胶和夹胶尼龙帘线组成，一般 3～4 组已足够。密封盘根形状尺寸国家已有标准。

搅拌轴 V 形密封结构如图 9.13 所示，填补密封如图 9.14 所示。

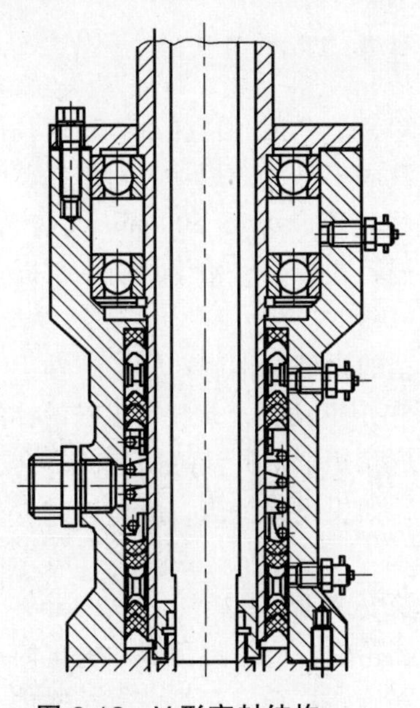

图 9.13　V 形密封结构

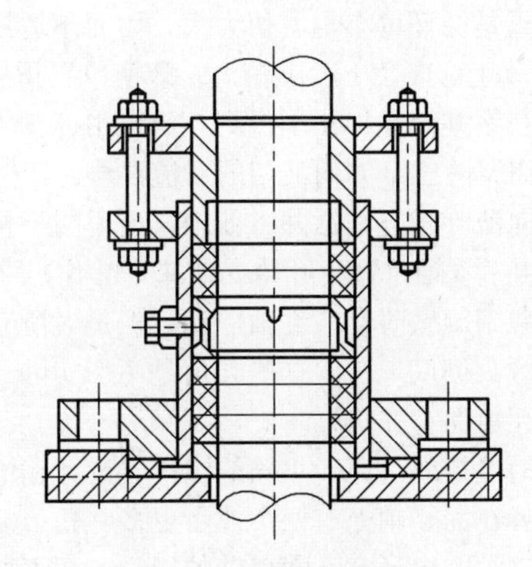

图 9.14　填料密封

(2) 填料密封。

填料密封是一种早期转轴密封结构，由于结构简单，在搅拌器中时有采用。填料密封的原理与自封式盘根不同，它是靠压盖压力作用下，压紧填料密封盒中的填料，对搅拌轴表面产生径向压力。由于填料中含有润滑剂，因此在搅拌轴上产生一层液膜，它既润滑了搅拌轴，又能阻止设备中的润滑油漏出来。

9.1.3　搅拌参数选择及叶轮安装

钻井液搅拌器是一种专用搅拌器，一般情况下不能简单地将化工、石油炼制、食品等工业中使用的搅拌器搬过来。现场经验表明，在选择及安装搅拌器时要特别注意以下几点：

1. 转　速

由于不希望钻屑在搅拌过程中更进一步被粉碎，因此所用搅拌器的转速不宜过高，应尽量选择 50～60 r/min，对于超过 60 r/min 的搅拌器，建议使用者持谨慎态度。

2. 功　率

根据对钻井液搅拌器运转功率的实际测定来看，搅拌器实际输出功率不超过 2 kW。目前市场上有 7.5 kW 和 5 kW 两种电机驱动的搅拌器，其设计参数选择的依据是在叶轮因停机被沉砂埋住后仍能启动，但实际上通常出现不是烧损电机就是折断叶片的情况。通常将叶轮在停转后应能提升一定高度，这时沉砂对其的影响就很小了。

3. 搅拌轴的密封

现场经验表明：由于工作条件十分恶劣，钻井液搅拌器轴不宜使用端面密封，一般的填料密封也很难适应。目前较为成功的是采用多组V形盘根，它具有自封性能和自我补偿能力，长期不保养、不调整也不会产生润滑油泄漏问题。

4. 叶轮选择及安装

如前所述，搅拌叶轮多种多样，由水力学原理可知，一个桨叶直径小、转速高的搅拌器工作效果是循环量小、剪切力大，因而不适用于钻井液固相悬浮的用途。对于钻井液悬浮搅拌而言，叶轮直径一般应较大，即使单层搅拌桨叶直径也不应小于 500 mm。其次，涡轮式叶轮已在钻井液搅拌器中得到广泛应用，其中开启式涡轮式最好，由于没有中部圆盘部分，不会阻碍桨叶上下方向液相的对流混合。

径向流叶轮与在钻井工业中所使用的一样，是典型的由低碳钢制造的，在轴上垂直安装着矩形叶片（通常每个叶轮3或4个叶片）。在正方形和矩形钻井液罐里，正确设计的径向流在流体碰到罐壁时会产生轴向流，但是对所有的正方形和矩形钻井液罐而言，都会有一些死角和盲区。彻底地清除这些死角是不切实际的，但是，如果设计适当，就可以减少死角，从而忽略死角的存在。

好的搅拌效果源于正确的搅拌器设计和恰当的叶轮安装。当在较深（≥2.4 m）的钻井液罐中或者在同一轴上有两个或者更多叶轮，罐底部的叶轮轴都应当被固定。稳定筒一般是短管，足够大的内径容下搅拌轴的同时，而不妨碍搅拌器旋转。稳定筒管内有一些排水孔，垂直焊接到一个体积很小的平面钢盘上，平板则固定在罐底，或者稳定筒被直接焊接在罐底。稳定筒将限制轴承侧向载荷过大，能够延长减速器输出轴和油封的寿命，在这种情况下对防止旋转轴变弯也是很有帮助的。

由于轴向流叶轮在罐体中所处的位置较高，因此必须保持较高的液面来阻止液体形成漩涡（见图9.15）和防止钻井液中包裹空气。如果轴向流叶轮安装得太低，容器底部会受到冲刷，导致容器底部的磨蚀严重。不恰当叶轮安装的另一个结果会使表面流体不能有效搅拌，液体的均质性很差。

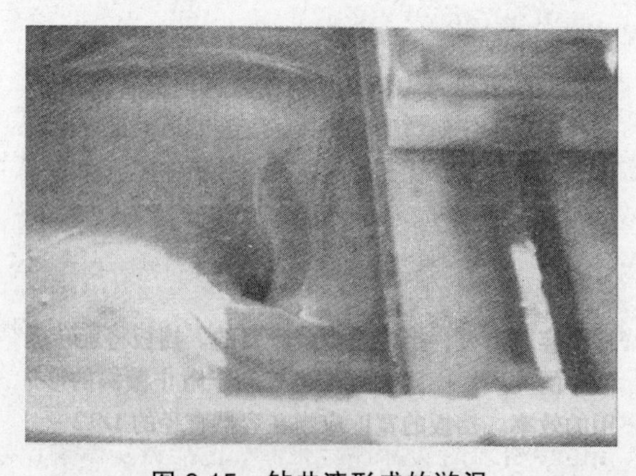

图 9.15 钻井液形成的漩涡

可变倾角叶轮（螺旋面或可变面叶轮）不同于平板和轴向流叶轮，其叶轮面上含有多个接触角。与轴向或径向流叶轮相比，可变倾角叶轮驱动相同数量的流体需要的功率更小。可变倾角叶轮通常用在超大体积的罐体中，因为当流体通过接触叶片表面时能给予更有效的运动，而剪切力传递较小。

钻井液循环系统中，有些环节的某些罐内需要剪切力，而有些罐内则不需要。当处理一些新配制的钻井液或者加重钻井液或者稀释胶体时，剪切力可以加速这一混合过程，并使之均匀。而大容量存储罐，则不需要强剪切力，螺旋面型叶轮的另外一个好处是排出一定量流体所需功率更小，因此它最适合不需强剪切力的罐。但无论是径向、轴向或者是波面叶轮，叶轮的安装位置和参数设计都极其重要。所以，组装前一定要询问并清楚生产制造厂家所有组件的设计参数和安装位置。

9.1.4 机械搅拌器的优缺点

1. 优 点

(1) 各种齿轮箱和叶轮组合可以适应大多数的需要；

(2) 在又深又大的容器中效率高；

(3) 能根据需要设计产生合适的剪切力；

(4) 暴露更多流体与大气接触，帮助冷却钻井液。

2. 缺 点

(1) 不能混合不同容器中的钻井液，也不能在两个容器之间转移钻井液；

(2) 大多数情况下需要电力供应；

(3) 可能存在盲区（死角或死点）；

(4) 可能要求安装隔板。

9.1.5 机械搅拌器的安装和操作

1. 安装注意事项

(1) 安装时应水平起吊搅拌器并平稳地放置在要安装的位置，找正后旋紧机座固定螺栓。

(2) 刚性联轴器螺栓必须加装弹簧垫并紧固可靠。

2. 使 用

(1) 起动前应观察叶片的旋转方向是否与搅拌器所指示的方向一致。

(2) 搅拌器运转中应无异响、卡滞、温度过高等异常情况出现。否则应停机检查，排除故障。

(3) 应定期检查窄 V 带的松紧程度，皮带过松过紧都是不适宜的。检查方法：在胶带的跨度中点垂直于胶带作用 100 N 力时，胶带的下垂度为 8 mm。并要求两带轮端面不齐度≤3 mm，超过该值时应将电机固定螺栓及顶丝拧松，调整至符合要求，然后再将固定螺栓及顶丝旋紧。

3. 润　滑

（1）减速器输出轴上下轴承为脂（黄油）润滑，输入轴的轴承及齿轮为油润滑。

（2）注意减速器油面高度应保持在视油窗的中部位置，工作时应经常补足润滑油及润滑脂。

（3）减速器建议使用工业齿轮油。当现场不能满足时，也可使用其他黏度适当的润滑油。

（4）每连续运转半个月应给输出轴上轴承加注黄油 100 g，每连续运转一个月应更换一次润滑油。

9.2　钻井液枪

钻井液枪属于水力搅拌设备，它的作用是依靠枪体喷嘴产生的高速液流，冲击钻井液贮罐底沉积的固相使其悬浮。同时，当搅拌器停机一段时间后，沉积的固相埋没叶轮而需要重新启用时，钻井液枪工作可消除搅拌器启动时的部分阻力矩，这就为搅拌器正常工作提供了可靠保证。

固控系统中钻井液的存储容器，目前国内外均采用长方形结构的钻井液循环罐，因为这样结构的安装及运输都很方便。此外，用这种结构的循环罐，无论搅拌器有多高效，大罐内仍将出现少量的死角。为解决这一问题，国外在大罐内安装带有喷嘴的低压水力搅拌管线，而国内则采用安装于罐顶的钻井液枪来搅拌那些死角。罐内安装水力搅拌管线，可以消除机械搅拌器无法搅拌到的死区，但由于罐内安装了大量水力搅拌管线，不仅可能破坏搅拌器造成的对流流态，增大搅拌器的功率，而且对清理沉砂很不方便。钻井液枪分高压和低压两种类型。高压钻井液枪排量小、压力大，一般由钻井泵供给液体压力等级 4～6 MPa；低压钻井液枪压力小、排量大，一般由砂泵供给液体压力等级 0.2～0.3 MPa。不管是高压还是低压钻井液枪都是液体通过一个喷嘴产生高速流来达到搅拌钻井液的目的，配置多少应根据所需搅拌器数量来决定。

当钻井液枪安装在固控设备（如离心机，旋流除砂器）的隔舱上时，就有可能出现泵中液体携带固相情况。液体携带固相（特别是砂）连续循环将导致泵元件和钻井液枪喷嘴的快速磨损。生产厂家用抗磨损的塑料制成喷嘴衬垫，来增加设备的寿命和降低更换的成本。如果需要更换的部件没有被及时更换，搅拌效率就会降低。

9.2.1　钻井液枪的结构

钻井液枪从结构上可分为固定式和自转式两大类。

（1）固定式钻井液枪类似于罐内带喷嘴的水力搅拌管线，不同的是这种钻井液枪安装在离大罐底部 200 mm 的两个对角上，喷嘴方向平行于循环罐的纵向罐壁。这样即可形成罐内钻井液层旋转，而在高度方向则由射流效应来保证钻井液的对流，如图 9.16 所示。

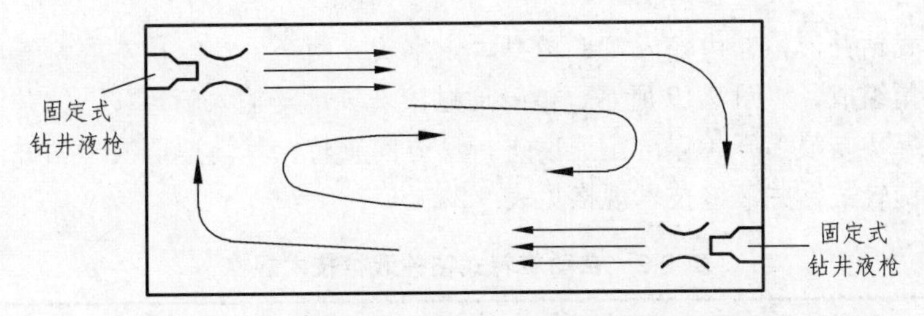

图 9.16　固定式钻井液枪安装示意图及钻井液对流

射流管是文丘里管，在管线一端装有喷嘴，如图 9.17 所示。高速液体由喷嘴排出时根据文丘里效应，液体通过管道狭窄部分后，会导致流速增加，同时静压力降低，所以在喷嘴排出口附近产生低压区，低压将射流管周围的液体吸进喷射液中，这一点非常类似于喷射式混合器。

(2) 旋转式钻井液枪又分人工调节和自动旋转两种。人工调节的钻井液枪有两个铰链，由输入管、壳体、喷枪和可换喷嘴组成，如图 9.18 所示。

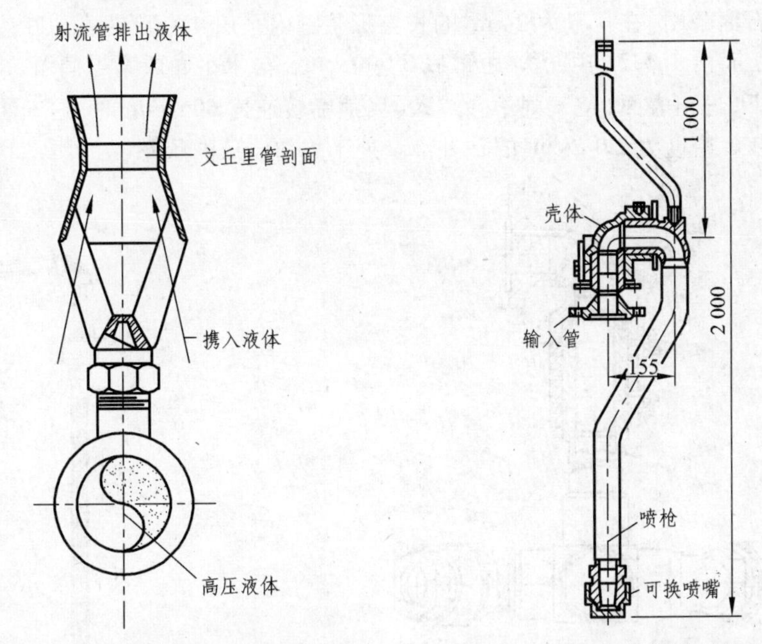

图 9.17　射流管及工作原理示意图　　图 9.18　人工调节旋转式钻井液枪

装有喷嘴的喷枪，依靠两副铰链，可在两个相互垂直的平面内回转而喷向任何方向。操作者握住手柄旋转喷枪，即可让喷嘴对准任何方向。喷枪吸入管装于壳体内，用橡胶密封圈密封，同时使用钢球定位，以防止轴的移动。为防止喷射的反作用力使喷枪旋转，还装有带固定销的圆盘，确保操作者能将喷枪固定在任何位置上。人工调节旋转式钻井液枪技术规格见表 9.1。

表 9.1　人工调节旋转式钻井液枪技术规格

工作压力（MPa）	4
可换喷嘴直径（mm）	16 /20 /30 /40
工作压力下相应排量（L/s）	15.5 /24 /54 /92

自动旋转式钻井液枪，由输入管、枪身、十字头、两个带螺纹接头的弯管、可换式喷嘴和两个外套螺帽组成，如图 9.19 所示。枪身通过滚珠轴承与输入管连接，钻井液通过输入管后，枪身、十字头与喷嘴开始以一定速度进行反方向旋转，其转速取决于钻井液压力、密度和黏度。自动旋转式钻井液枪技术规格见表 9.2。

表 9.2　自动旋转式钻井液枪技术规格

最高工作压力（MPa）	4.0
可换式喷嘴直径（mm）	20 /25 /30 /40
旋转弯管回转直径（mm）	480
高度（mm）	1 777
质量（kg）	38

法国的某石油公司，在容量为 24 m^3 的长方形浆罐内采用 4 个自转式钻井液枪，如图 9.20 所示，每个枪上有两个 ϕ32 的喷嘴，距罐底 3 000 mm，与水平面成某一倾角，以使在罐底形成紊流的作用下，逸出表面，空气则不会渗入。当喷嘴转速为 60 r/min 时，这一装置可在 3 min 内使静止三昼夜、密度为 2.0 g/cm^3 的钻井液全处于均匀一致的状态。

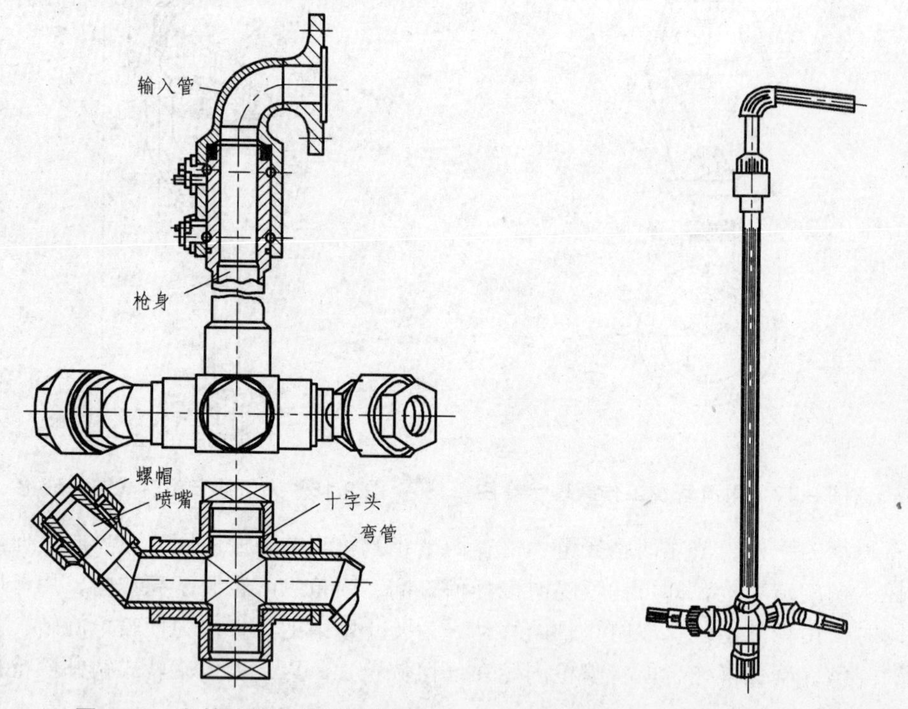

图 9.19　自转式钻井液枪结构图　　　　图 9.20　自转式钻井液枪外观图

钻井液枪的使用有一定的局限性，钻井液枪是机械搅拌装置的辅助工具，只在机械搅拌装置解决不了的钻井液固相悬浮问题中使用。根据研究资料表明，钻井液枪有效作用深度只有 1.5～2.7 m，其大小与钻井液密度、黏度和喷嘴速度有关。安装在罐顶的活动钻井液枪需要随时调整，有些死角仍难消除，同时钻井液中已经沉淀的固相，经钻井液枪喷射后容易成块，堵塞了牙轮钻头喷嘴或造成钻井泵的损坏，这些缺点限制了钻井液枪的使用范围。

9.2.2　高压钻井液枪

国外典型的高压枪的额定值为 20～40 MPa，需要专用厚壁管线连接。钻井液枪喷嘴直径为 6.4～18.4 mm。液体压力来自钻井泵（容积式活塞泵）高压系统，一定要用厚壁管和接头，但喷嘴尺寸相对较小，属于高压低流量系统，它通过喷嘴产生的高速流体冲洗来起到搅拌的作用。

9.2.3　低压钻井液枪

低压钻井液枪正常工作时通常需要大约 23 m 的压头，喷嘴尺寸为 12.7～25.4 mm。离心泵通过标准壁管线对喷嘴加压，低压系统不需要专门的厚壁管线连接。但变流速、大直径管可以用于防止过大的摩阻损失，喷嘴也比高压的大。当大量的液体通过喷嘴进入钻井液罐时，钻井液随之被搅拌。通过喷嘴后，流体具有一定速度，从而提供剪切力，被称为高流量低压力系统。不管是哪类系统，无论在经济上还是作用上，都应尽可能避免喷嘴进浆管路过度弯曲和过长，特别对低压系统来说，这点对于设备的有效运行来说也至关重要。

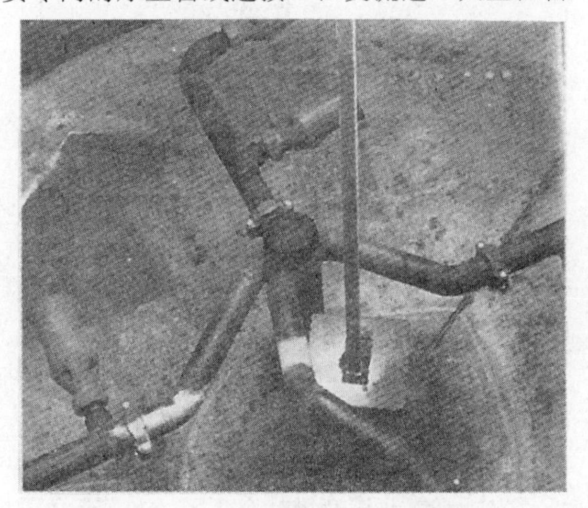

图 9.21　多喷射钻井液枪（固定式）

由伯努力原理可知，喷嘴尺寸和进料压力决定着流体以多大速度通过喷嘴。同时较多流体通过喷嘴，速度大，产生的剪切力也越大。图 9.21 所示多喷嘴结构用在加压系统上，能获得常规喷嘴 4 倍的液体流量，因而可以很好地完成混合和扩散钻井液作用。喷射器在围绕喷嘴释放的区域产生低压区，在喷射器周围很快吸入并且包裹流体，这与混合漏斗的作用很相似。两种流体在漏斗部分混合，以比喷嘴稍高的速度流进储罐。从喷射器出来的高速流体既可以来自存储罐也可以来自其他地方（如混合和配浆罐）。

9.2.4　钻井液枪的安装

钻井液枪通常安装在离储罐底部大约 15 cm 处，并且有一个能调节方向、搅拌死点的 360° 的水龙头。由于没有足够的机械搅拌，也可能由于一些管路或机械事故，死点容易产生在直角形的罐体中。

低压喷嘴有效直径为 1.52～2.74 m，由钻井液的密度、黏度和喷嘴速度确定，喷嘴尺寸和进料压力确定了多少液体将以多大速度通过喷嘴。高压液体高速地离开喷嘴，在喷嘴处压头转化为速度。单位时间内越多的钻井液通过喷嘴，得到的速度越大，因而产生的剪切力也越大。钻井液枪在规定的工况下运转时，必须能够对钻井液进行辅助均匀的混合，并保证直径不小于 2 m 的罐底圆形区域内不应有沉淀物,同时各密封处及结合处不允许有渗漏的现象。

钻井液枪装配时应保证转动轴灵活无卡阻现象，所有螺纹应拧紧并装放松垫片；各喷嘴应均匀对称分布，喷嘴形状应相同，质量相等；当钻井液罐深度大于或等于 2.4 m 或陆地钻机在罐整体搬迁时，应对钻井液枪进行有效的支撑和扶正；各润滑部位要按规定要求定期加注润滑油。

9.2.5 钻井液枪系统的参数

因为大部分系统都使用低压钻井液枪，离心泵和管道系统的正确选择就显得十分重要。这部分具体理论及方法在前面已经详细讨论过，这里就不再赘述。应当强调的是，对于一个低压系统来说，要使它正常工作，必须考虑以下几点：

（1）喷嘴的大小和型号；

（2）弯头、三通、阀门和渐缩管的数量；

（3）管子长度；

（4）所使用管子的尺寸。

这些参数都是非常重要的，在选择泵之前，每个参数的影响都必须计算好。在大部分系统中，流体经过喷嘴时会损失由泵所传递的大部分总压头，而且排出管线长度、管子直径和管件都需要合适的泵和电机。为了达到通过喷嘴后的给定流速，需要一个特定的总压头来克服系统的摩擦力。

图 9.22 给出了在不同压头下各种尺寸的理想喷嘴的流量。如果使用渐缩管或异径管，排出能力会下降。管子越长、接头的数目越多、管子直径越小，需要的总压头就越大，一般的规则是：

（1）流体速度应维持在 1.52 m/s（避免固相颗粒沉淀）～3.05 m/s（避免管子过度冲刷侵蚀）之间；

（2）管件和接头应尽可能的少；

（3）管线尽可能的短。

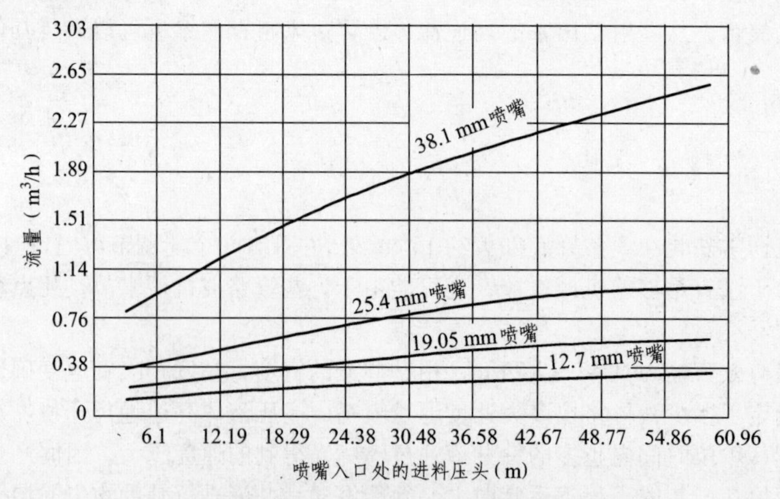

图 9.22 不同压头下各种尺寸的理想喷嘴的流量

9.2.6　钻井液枪的优缺点

钻井液枪可以用来搅拌盲区，辅助机械搅拌器工作。圆形的容器基本上可以消除这些盲区，但需要钻井液枪和它们的支持构件（泵、管线、阀门等）构成一个合理的罐体系统。

1. 优　点

（1）钻井液枪比机械搅拌器的投入费用低；

（2）在能满足足够泵功率的前提下可以使用钻井泵；

（3）流动可以集中于某一特定区域来降低或消除盲区；

（4）重量轻于机械搅拌器（泵和管子除外）；

（5）可以提高剪切率；

（6）可以用于转移和混合罐体与隔舱之间的钻井液。

2. 缺　点

（1）如果单独使用钻井液枪系统搅拌，将需要许多支钻井液枪，泵和管子的花费较大；

（2）表面高压喷嘴会使钻井液充气；

（3）喷嘴磨损会导致高速流动，需要更大的功率，如果喷嘴不及时更换，可能导致电机超载；

（4）如果固相颗粒已经沉淀，钻井液枪直接射向沉淀物，沉淀物块可能堵塞泵、锥形罩或者离心机；

（5）对固控设备容量和相关构件的要求增加。

9.3　钻井液混浆器

当需要配制或增加钻井液总量以改变钻井液密度、黏度、失水等特性时，都需要将钻井液材料（膨润土，重晶石粉等）和相应的化学添加剂（聚合物等）投入循环罐中，若直接投入会造成钻井液材料和化学添加剂大量沉淀或成团聚状，不能获得分散、均匀的钻井液。特别是在可能发生井喷的紧急状况下，需要在短时间内均匀地混合配制大量的加重材料，所以必须用辅助设备来完成，即钻井液混浆装置。混浆装置是与石油钻井固控系统配套使用的一种设备，用它来满足钻井固控系统钻井液的加重和配制。按其工作原理来分，有射流式混浆器和旋流式混浆器。

9.3.1　射流式混浆器的结构及原理

射流式混浆器通常由一台砂泵和一台射流式混合漏斗用管汇阀门连接安装在一个底座上组成的单射流混浆装置，或由两台泵和两台混浆漏斗组成的双射流装置。

射流式混浆器与固井所用水泥混合漏斗无论在结构上或原理上均类似。一种油田常用的低压钻井液漏斗装置如图 9.23 所示。这种钻井液漏斗主要由喷嘴、混合室、文丘里管及加料漏斗及蝶阀组成。

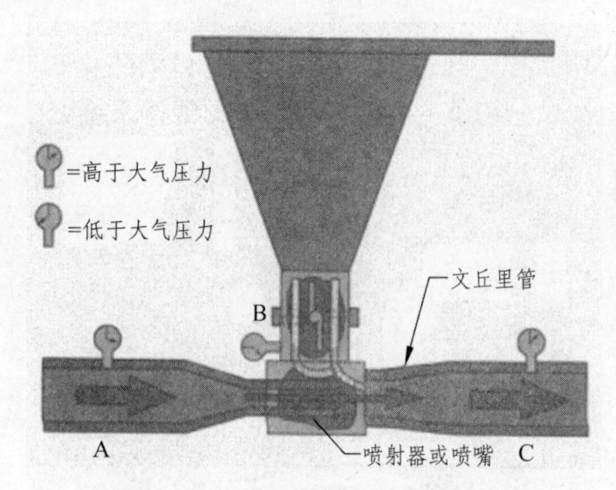

图 9.23 射流式混浆器内部结构图

图 9.24 射流式混浆器外观

文丘里管是一根按一定曲面逐渐扩张的空心管，它的主要作用是增加液体在管内的剪切力，以便物料更好地进行分散和提高混合后液体的压头，以便进入循环罐。由于文丘里管里面的剪切作用，减少了膨润土形成黏度的时间（降黏），对其他的钻井液添加剂，也可得到类似的结果。文丘里管实际上利用了“流得快，压力低；流得慢，压力高”的伯努利效应。

钻井液漏斗使用文丘里管有以下两个原因：

（1）增加对钻井液的剪切作用，增加物料的分散效果。

（2）当钻井液回到钻井液系统时，可获得一些压头帮助向上游或下游流动钻井液，从而进入罐内充分混合。

在低压钻井液漏斗中喷嘴的压力面流速大约是 3.05 m/s。承压管线的尺寸通常从 152～51 mm 依次降低，喷嘴的流速随之依次增大，但压力依次降低。喷嘴喷出的高速流体穿过喷射器喷嘴和文丘里管之间的开口，在混合室（或三通管）中产生了一个局部真空区域，三通管内的低压区与重力一起作用，则把漏斗中的物质吸进三通管和液流之中。高速流动的液体把钻井液添加剂润湿并分散到液体流中，这样减少了固相颗粒结块情况。

有些生产厂家在漏斗和喷射器之间安装了一个预混合润湿室，同时改装喷射器装置；安装在喷射器上游的三通管把部分液体引入预搅拌室，在室内旋转并逐渐在预混合室壁上形成旋涡，在旋涡中心的低压区吸引钻井液材料进入中心，向下进入喷射器；气举管用一个圆形的喷嘴，它有一个横截面为星形的进料区域，这种设计的喷射器优势是通过旋涡运动来搅拌液体使其混合更充分，如图 9.25 所示。

图 9.25 带有预混合室的钻井液漏斗

9.3.2　影响射流式混浆器性能的主要因素

影响射流式混浆器性能的因素有以下几个方面:

(1) 混合漏斗水力沿程损失要尽量减小，否则处理量可能大大下降。

(2) 喷嘴距文丘里管的间隙要合适，最佳效率时距离在 32～90 mm，一般情况下不要大于 90 mm，否则重晶石的加料速度会显著降低，如图 9.26 所示。

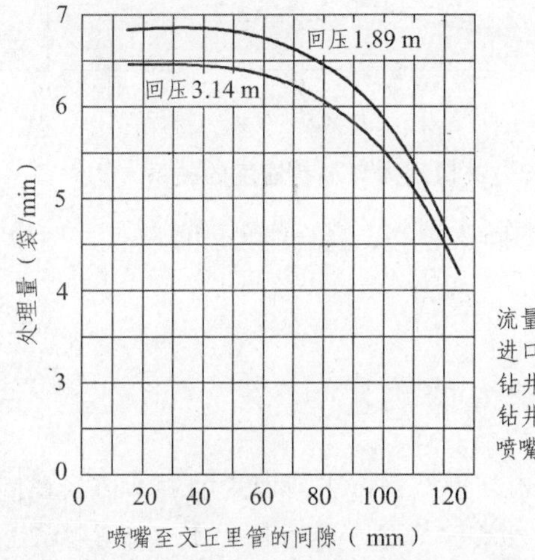

图 9.26　系统回压和喷嘴至文丘里管的间隙对加料速度的影响

(3) 出口管的回压要适中，过大的回压将降低混合漏斗的处理量。例如，当喷嘴出口直径为 50 mm，喷嘴至文丘里管的间隙为 90 mm，混合漏斗的工作压头为 21～23 m 时，在回压值未达到进口压力的 50%之前，混合室具有很高的真空度，而回压值接近进口压力 50%时，真空度几乎为零，钻井液开始在漏斗中回流。系统回压对混合室内真空压力的影响如图 9.27 所示。

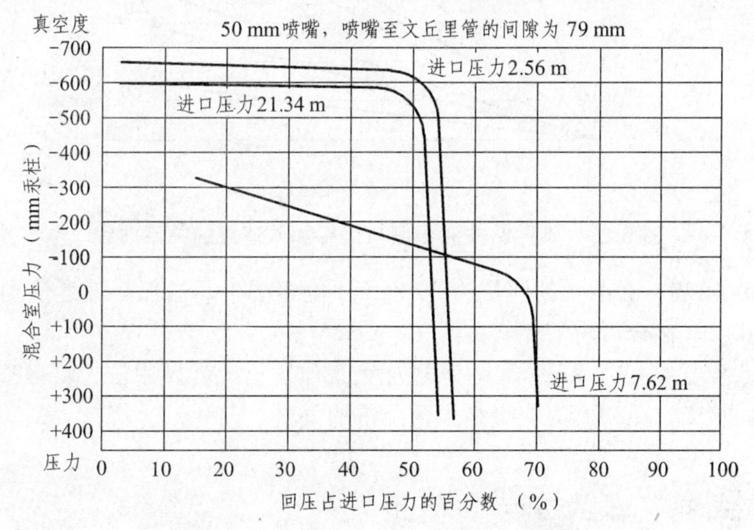

图 9.27　系统回压对混合室压力的影响

(4) 进口压力越高，混合漏斗的处理量越大，如图 9.28 所示，图中每袋重晶石质量为 45 kg。

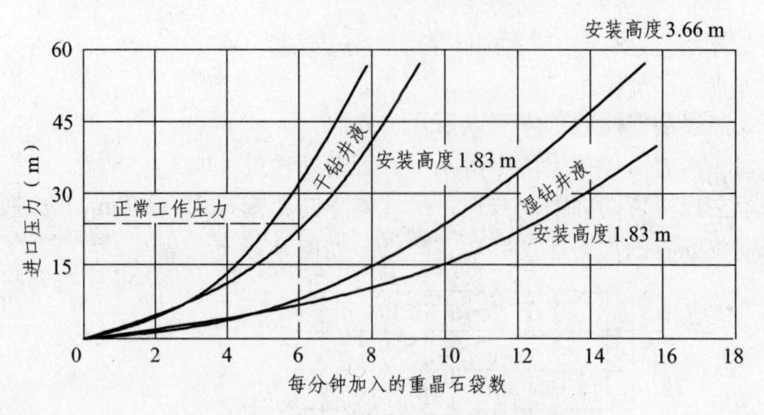

图 9.28　进口压力与加料速度的关系

（5）混合器漏斗安装得越高，即回压越高，混合能力就要降低。例如，安装高度由 1.8 m 提高到 3.66 m 时，处理量下降 17%。

9.3.3　射流式混浆器处理能力的确定

通过大量的试验数据，可得出不同混合密度下所要求的漏斗流量与固相加入速度之间的关系曲线，如图 9.29 所示。图中虚线表示其处于标准压力下（压头为 20.5 m）。

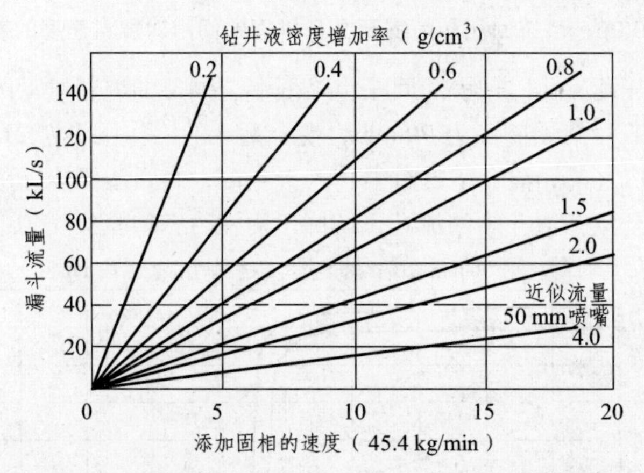

图 9.29　不同钻井液密度与固相加入速度的关系曲线

使用 51 mm 喷嘴，在漏斗的流量为 37.85 L/s 的情况下，当加料速度达到每分钟 8 袋重晶石（每袋 45 kg），混合后的液体密度为 1.8 g/cm^3。

一般来说，若要加大处理量，可以通过加大工作压力或者换用较大喷嘴来实现，并且有试验表明，增大喷嘴直径和入口流量是更为经济的办法。

9.3.4　射流式混浆器的安装和使用

与所有设备一样，射流式混浆器和相关设备必须被正确地选择、校准和合理地安装，才能获得理想的工作性能。

（1）要满足现场配浆要求。一般要求混合漏斗处理量不得小于 150 m^3/h。对于那些循环罐较大，机泵组功率大的特殊井，也可选用 300 m^3/h 配浆能力的混合漏斗。为保证压井需要，建议每个井队配备一套备用混合漏斗，备用漏斗在多数情况下采用并联方式接入系统。

一旦钻井液漏斗确定后，泵、电机、进料管线和排出管线必须合理地设计，使之在推荐的压头下有合适的流速。例如，假设严格要求在 23 m 压头下钻井液漏斗的排量 2 082 L/min 被选择后，首先应按照设备的使用说明来选材进料和排出管线尺寸，所有管线和连接处在流量为 2 082 L/min 时的摩擦水头损失都要被确定，因此应对漏斗添加 23 m 的压头；下一步是选择能在要求的总压头下提供 2 082 L/min 的泵和叶轮，当泵选择后，适应钻井液密度的电机的型号就可以确定。如果不知道可用最大的钻井液密度，推荐以密度 2.4 g/cm^3 的钻井液为计算基准。

（2）尽量减少进出口管线的沿程阻力，因而要管线短而粗、弯头圆滑。喷射漏斗配备相应的文丘里管可以提高处理能力，加快固相扩散和防止结块。

射流式混浆器的进料和排出管线应尽可能的短，这是经济原因（即更少的动力和管件，更小的泵）以及运行条件决定的。下游管道的回压对于机器正常工作是非常有害的，回压对漏斗性能的影响如图 9.30 所示。当使用适合 79 mm 开口的 51 mm 喷嘴时，回压达到进口压力的 50%时，在 21～23 m 的工作压力下会有很强的真空度，此时钻井液可以回流到射流式混浆器。很明显，下游压力必须低于进口压力的 50%，系统应当依此选择。对添加速率有更明显影响的因素是在喷嘴口之间的开口和文丘里管之间的关系。

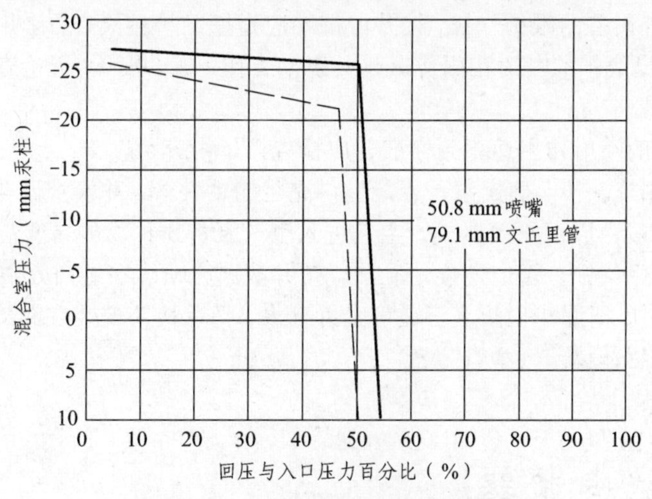

图 9.30　回压对混浆器性能的影响

（3）加强维修保养，在大多数情况下，回压均不得大于输入压力的 20%。

安装设备的另一个重要考虑是要求钻井液提升的高度。如果排出物要进入不同甲板的罐体或一个很高的罐体和漏斗，混合速率就会减小。当高度从 1.83～3.66 m 时，重晶石添加速率就会减小 17%。如果升高要求很高，泵的能力不够，混合能力将大大降低。

从前面的论述中可知，射流式混浆器能高效地工作，但射流式混浆器安装不合理，将会产生很多问题。低添加速率会导致钻井时间增加和处理钻井液系统工作时间增加。如果射流式混浆器的排放物进入到没有合适搅拌装置的罐体，即使漏斗很好地分散和润湿了物质，也同样会使大量的固相颗粒沉淀。如果能正确地选择、安装和调试加料系统，整个系统维护的工作量将会降低，钻井液成本随之也会减少，钻井液处理系统工作时间也随之减少。

9.3.5 射流式混浆器的保养

（1）为了使射流式混浆器的安装和使用更有效率，应注意以下几个问题：

① 选择适合钻井液系统的射流式混浆器。通常，对大多数钻井设备来说，一个漏斗就足够了，如果钻井液循环排量大于 4 550 L/min，那么考虑使用一个容量为 4 550 L/min 的漏斗。通常，添加化学物质的速率对大多数工作来说，2 270～3 030 L/min 就足够了。

② 保持管线与漏斗间的距离尽可能的短而直。选择泵和电机要基于系统要求的压头和流速。在所有工作中，文丘里管都能很好地发挥作用，尤其是当系统回压会降低钻井液漏斗工作效率时，文丘里管允许流体在垂直方向上移动到比漏斗更高的高度。许多情况下，漏斗被放在水平方向上，而下游管道则放在等于或高于钻井液罐顶的高度。

③ 使用新的、干净的配件减少摩擦损失。每次工作之后用干净的液体冲洗整个系统，防止钻井液变干后堵塞系统。特别应注意清洁漏斗的进口，防止钻井液固相颗粒胶结，否则下一次使用漏斗时，运行状况会很不理想。

④ 工作台要安装固定到漏斗附近以便支撑成袋的材料。工作台应有一个较合适的高度 0.9～1.1 m，以使工作人员能用最小的体力轻松地添加材料。有动力辅助的小车和袋子处理机可以用来提高添加速度并减轻工作人员的劳动量。

⑤ 和其他钻井设备的维护一样，钻井液漏斗应定期维护和检查。钻井液漏斗一般都是简单、容易操作，但已磨损的喷嘴和阀将影响其正常工作。每 30～60 天检查一次，最好备用一个喷嘴、阀和套管刷。

（2）如果喷嘴的喷射作用达不到标准，应检查以下内容：

① 在正常排出压头下，确定泵是否能提供充足的钻井液，并检查漏斗上游的压力表。泵排出的体积降低一般由以下原因造成：空气进入空气泵密封；物体堵塞管道；叶轮的磨损；气体或空气使泵发生气锁；管道连接处泄漏；钻井液填充喷嘴在进口处限制了混合区域。

② 设备关闭后，把漏斗和阀从三通管上拆下来，把活接头安装在漏斗上游，检查确定是否有磨蚀或是否有物体堵塞气举管。

9.4 旋流式混浆器

旋流混浆器是用来给钻井液加重晶石、加黏土、加药品的设备。通过它旋流混合的作用，很快使这些添加剂溶于钻井液中，并混合均匀。它主要有加料台、蝶阀、上筒体、下筒体等组成。旋流混浆器的进口与一台离心式砂泵连接，当需要加重或配浆时，启动离心式砂泵，被泵输送的钻井液由进口进入下筒，并在筒内形成旋流，与从加料口加入的物料混合后一起上升进入上筒，进一步混合后下行，最后混合均匀的钻井液从出口排出。

旋转混合器是一种新型混合器，它由加料漏斗、蝶形闸阀、混合筒、流量表、旋流蜗壳及大排量砂泵组成，其结构示意图如图 9.31 所示，外形如图 9.32 所示。

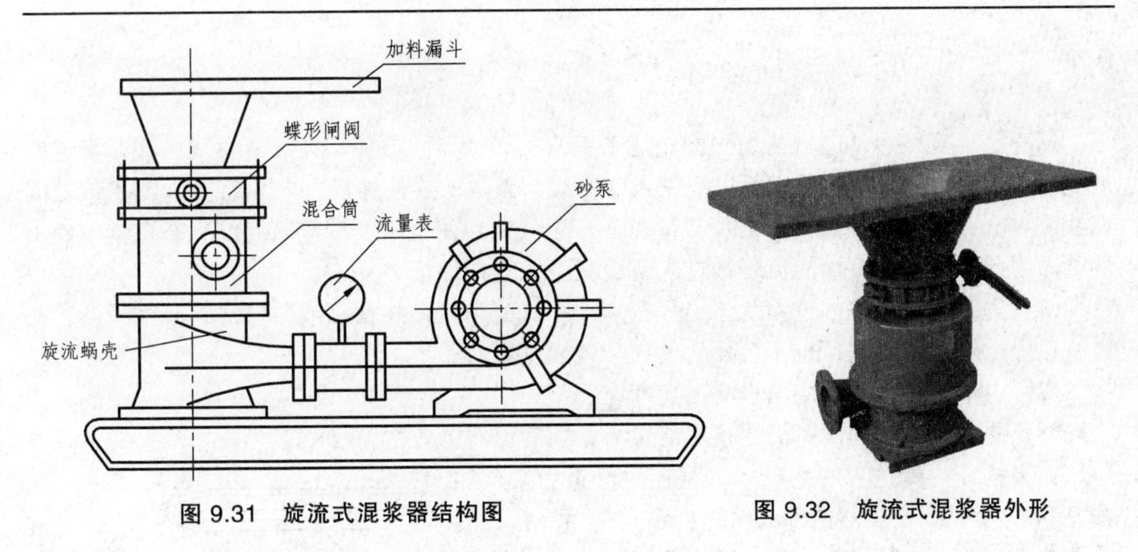

图 9.31　旋流式混浆器结构图　　图 9.32　旋流式混浆器外形

9.4.1　旋流式混浆器基本原理

砂泵将需混合的液体沿切线方向泵入旋流蜗壳，蜗壳内高速旋转的液体产生真空，将混合物料吸入并与高速旋转的液流混合后进入混合筒，在混合筒内腔小，高速旋转的液流进一步将物料与液体充分混合，然后进入外腔，再沿切线方向排出，完成一个周期的混合过程。旋流混合器的内部结构如图 9.33 所示。

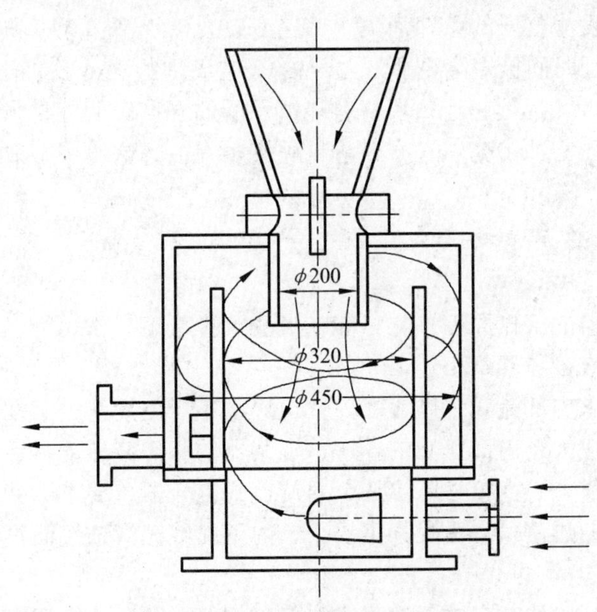

图 9.33　旋流式混浆器原理图

该类型混浆器具有以下特征：有效混合时间长，混合效果更好；加料口径大，不易堵塞，加料速度快；对物料适应性强，运用范围广；不会延长时间停用而发生固相沉积堵塞等现象。

9.4.2 旋流蜗壳的设计

蜗壳是将直线运动的液流变为圆周运动液流的转换器，要使钻井液由发线运动非常流畅地变成高速旋转的圆周运动，要求蜗壳入口曲线与圆弧的连接处没有“拐点”，即要求该处的切线应重合。任何“拐点”的出现，都可能产生气蚀作用，破坏旋流的流线状态，影响使用性能。因此，要求钻井液能流畅地进入旋流状态，需要保证：

(1) 进入旋流状态的过渡状态沿程损失要小（光滑过渡将使旋流器内部的流线平顺，在内壁边界上不产生漩涡，也不会发生气穴和气蚀现象）；

(2) 内壁曲线光滑连接而没有拐点存在；

(3) 曲率中心在同侧。沿程损失能量小，则旋流器的效率高。

如果蜗壳内壁边界发生气穴，将产生严重后果。如图 9.34 所示，蜗壳虽然内部光滑，也不存在拐点，但旋流器曲率中心不在同侧。由于液体的不可压缩性，在图示“鼓泡”处，要改变流动方向。沿着“鼓泡”继续向前流动时，由于流线集中，流速逐渐增大，压强逐渐减少。当压强小于蒸汽压力 p_0 时，在“鼓泡”的前方就有气体集聚，形成气穴。气穴发生后，气穴区的压强就不会再降低，这是由于气穴的出现破坏了水流的连续性，从而不再遵循伯努利定律。当气穴中的气体被带到下游压强较大的区域时，发生气穴的条件消失了，气泡破裂、溃灭。气泡溃灭的过程时间极短（约千分之一秒），它周围的水迅猛地补充其空间，产生的冲击压强可达到 689 MPa，远远超过一般材料能够承受的强度。所以，当气穴溃灭发生在旋流壳体壁上时，强大的压力冲击壳壁，导致材料破坏、剥蚀，这就是所谓气蚀或空蚀现象。

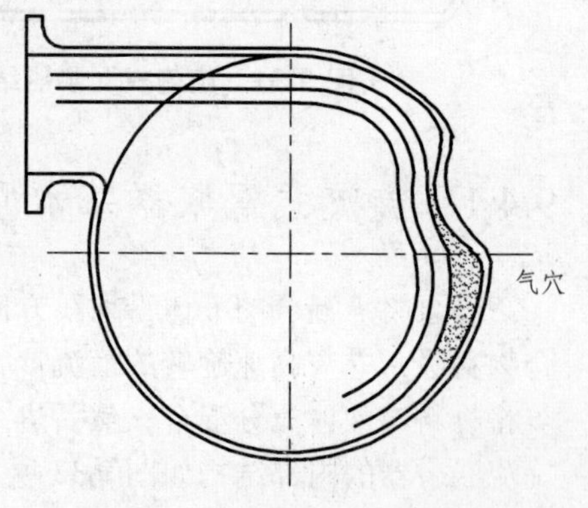

图 9.34 曲率中心不同侧的蜗壳

9.4.3 旋流式混浆器的性能

根据旋流式混浆器的工作原理，它只能在低压大排量下工作。为了保持旋流液体的稳定性和减少摩阻，最好直接与砂泵相连。

旋流式混浆器要求内部流线平顺，在内壁边界上不产生旋涡，不发生气穴和气蚀现象；旋流式混浆器回压不应大于出口压力的 30%；混浆器的阀门应转动灵活密封可靠；各卡箍、法兰连接处应密封可靠，各连接处无渗漏；对旋流式混合器，要求钻井液能顺畅地进入旋流状态。进入旋流状态的过渡状态沿程损失要小，内壁曲线光滑连接而没有拐点存在，曲率中心在同侧。

旋流式混浆器在某些性能方面与旋流式混浆器相似，回压不能过大，一般低于出口压力的 30%左右。例如，钻井液密度为 1.2 g/cm^3，黏度为 50 s 时，进口压力不低于 0.18 MPa，则能工作。过大的回压不但减少了配浆速度，个别情况下由配料漏斗处将出现返浆，表 9.3 列入了 ϕ450 mm 的旋流配液混合器性能。对于 ϕ450 mm 的旋流器，需配 45 kW 的电机，排量为 150 m^3/h，最大工作压力为 0.35 MPa 的砂泵，每小时大约可配密度为 1.6 g/cm^3、黏度 200 s 的钻井液约 130 m^3/h。由于旋流混合器没有喷嘴，因此还可用来混合堵漏材料。

表 9.3　ϕ450 mm 旋流混合器性能

钻井液性能		进浆压力（MPa）	出口液上升高度（m）	工作状况	备注
密度（g/cm^3）	黏度（s）				
1.2	60	0.25	>4	正常	排量为 130 m^3/h
1.2	100	0.26	>4		
1.2	200	0.28	>4		
1.4	200	0.29	>4		
1.5	200	0.30	>4		
1.6	200	0.31	>4		

9.5　钻井液搅拌器与配浆器发展水平

钻井液搅拌器是钻井液净化配套系统的一部分，为了保持钻井液的均匀性并使固相颗粒悬浮，而对钻井液进行连续可靠的搅拌。搅拌器的减速器采用阿基米德圆柱蜗杆传动，蜗杆在左侧，电机与减速器及减速器输出轴与搅拌轴间用靠背轮式联轴器连接。

1. JBQ 钻井液机械搅拌器技术参数摘录（见表 9.4）

表 9.4　JBQ 钻井液机械搅拌器技术参数

搅拌器型号	JBQ5.5	JBQ7.5	JBQ11	JBQ15
电机功率	5.5 kW(7.5hp)	7.5 kW(10hp)	11 kW(15hp)	15 kW(20hp)
轴长度	根据钻井液罐的深度来确定			
叶轮类型	双层或单层叶轮			
叶轮直径	根据钻井液罐内直径来确定			
备注	叶轮转速 60 r/min 或 72 r/min；带轴稳定；防爆电机			

2. SLH 系列射流混浆装置技术参数摘录（见表 9.5）

表 9.5　SLH 系列射流混浆装置技术参数

型　号	SLH150-50	SLH150-40	SLH150-30	SLH100
匹配砂泵	SB8×6-13(55 kW)	SB6×5-13(45 kW)	SB5×4-14(37 kW)	SB4X3-11(15 kW)
处理量	240 m^3/h (1 056 GPM)	180 m^3/h (792 GPM)	120 m^3/h (528 GPM)	60 m^3/h (264 GPM)
工作压力（MPa）	0.25 ~ 0.40	0.25 ~ 0.40	0.25 ~ 0.40	0.25 ~ 0.40
进口通径（mm）	150	150	150	100
底流嘴通径（mm）	50	40	30	30
漏斗尺寸（mm）	750 × 750	750 × 750	600 × 600	500 × 500
配料速度（kg/min）	≤100	≤80	≤60	≤40
配液密度（g/cm^3）	≤2.8	≤2.8	≤2.8	≤1.5
配液黏度（Pa·s）	≤120	≤120	≤120	≤60

3. XLH-250 旋流混浆器技术参数摘录

（1）进液压力：0.25～0.6 MPa。

（2）出口回压：≤0.04 MPa。

（3）处 理 量：200～240 m^3/h。

（4）进出口直径：150 mm。

（5）重量：520 kg。

（6）外形尺寸：1 500 mm×700 mm×1 090 mm。

第 10 章

钻井液固相控制系统的合理匹配

10.1　合理匹配的意义

钻井液固控系统的合理匹配就是将各种型号、各种规格的固控设备在固控流程中的合理应用，这种流程既能够满足钻井工艺对钻井液净化的要求，又能取得最好的经济效益。固控设备的合理匹配不仅要求每台设备应具备可靠性和先进性，而且还要求整个系统要具备全面性、合理性、先进性以及对某地区的良好适应性等若干方面问题。

由于钻井地区和地层不同，钻井液中固相颗粒的分布规律也就有差异，因此，根据本地区钻井液中固相颗粒的分布情况和钻井作业对钻井液性能的要求不同。采用不同类型的净化设备及流程，让每一台设备在担负的清除粒度范围内都能发挥出最好的性能，并把钻井液中的固相含量控制在合理的范围之内，这才是固控设备最合理匹配的真正含义。当然以上必须以最优经济原则为出发点，具体地说应该包括三个方面。

(1) 整个固控系统中所有设备的性能应与钻井液中的固相分布状况相适应；每台设备都合理地分配在它所能担负固相颗粒清除的最佳区域，使每台设备都能充分发挥效益，这是固控系统设计的主要依据。

(2) 分离设备（包括振动筛、除砂器、除泥器、离心机和砂泵）的处理能力应与系统的整个钻井液循环量（即钻井泵最大工作流量）相匹配。一般要求除砂器和除泥器的处理量应大于钻井液循环系统总循环量的 25%，而且要求第二、三级的处理能力分别大于一、二级设备的处理能力，使一部分处理过的钻井液能回流，再经过一次处理，以保证净化充分。

(3) 砂泵的排量应与水力旋流器和离心机的工作能力相匹配。

10.2　固相控制系统合理匹配的依据

10.2.1　钻井液的固相含量及粒度分布

钻井液的固相含量及粒度范围分布是固控系统合理匹配的基本依据。图 10.1 所示为加重钻井液中固相粒度分布及其含量百分比的曲线图。曲线 I 表示使用长齿钻头钻进坚固地层时，钻井液固相粒度分布及含量；曲线Ⅱ表示在特殊的岩性地层慢速钻进时，钻井液固相粒度分布及含量；曲线Ⅲ是 API 标准重晶石的粒度分布及含量。从图 10.1 可以清楚地看出：地层岩性、钻头类型和钻井参数不同，钻井液中的固相含量及其粒度分布也不一样。那么如何根据钻井液中的固相含量及粒度分布选择合适的固控设备，首先看曲线Ⅰ，这是一条非加重钻井液固相粒度分布及含量曲线。可将这条曲线分为四个区间来分析：如果在粒度 540～800 μm 区间选用 30 目振动筛；在 140～540 μm 区间选用 100 目振动筛；在 40～140 μm 区间选用除砂器，7～40 μm 区间选用除泥器；余下部分选用离心机。上述的匹配无论是各种设备所能分离固相粒度范围，还是各种设备的处理能力，都与钻井液固相的含量和粒度分布情况相适应，工作负荷也比较均衡。

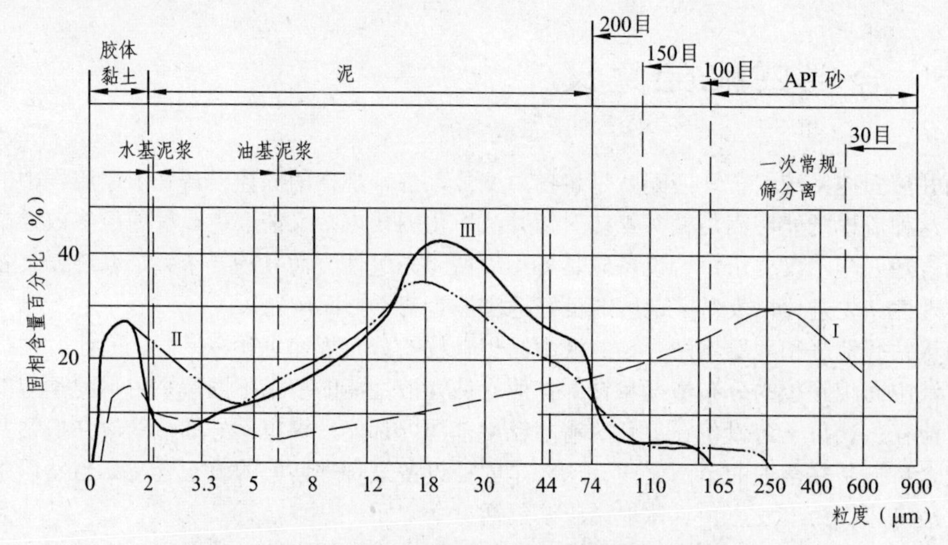

图 10.1　加重钻井液中固相粒度分布及其含量百分比

假如把 100 目细网振动筛去掉，将会出现什么问题呢？从图 10.1 可以看出：粒度分布曲线Ⅰ的高峰区间为 40～540 μm，这部分颗粒都由除砂器来清除，必然会造成除砂器过载，影响其工作性能，这样的匹配是不合理的。

如果在 100 目细筛后面配置 ϕ150 除砂器，它分离临界粒度的范围是 15～52 μm。由曲线Ⅰ可知，15～140 μm 的固相颗粒都由 ϕ150 除砂器清除，必然会过载，因此，应选用更大尺寸的除砂器。

再看曲线Ⅱ，也是一条非加重钻井液固相含量及粒度分布曲线，与曲线Ⅰ比较，固相粒度分布及其含量就不同了。大于 250 μm 的颗粒极少，而小于 74 μm 的颗粒占了绝大部分。

如果依然采用曲线Ⅰ的固控设备匹配方案，显然 30 目振动筛不起作用；100 目细网振动筛也只担负一点点清除任务；若在 40～250 μm 选用除砂器，在 7～40 μm 选用除泥器，余下部分选用离心机清除，这种匹配就比较经济合理。

最后，如果曲线Ⅲ是一条加重钻井液固相粒度分布曲线，那么固控设备的匹配与前两者的区别更大。由图知曲线Ⅲ的高峰区间是 7～74 μm，但是不能选用除泥器分离这部分颗粒，因为将有大量昂贵的重晶石被清除掉，为此改用钻井液清洁器或离心机来回收重晶石和化学处理剂，这样匹配就合理了。

通过分析图 10.1 中的三条粒度分布曲线，充分说明固控设备的匹配，必须根据钻井液固相含量及其粒度分布情况选择相应的固控设备，才能发挥效益。目前国内、外生产的固控设备已经系列化，如振动筛网目数从 40～350 目，旋流器从 ϕ50 mm ～ ϕ350 mm，甚至出现 ϕ600 mm 等多种规格，其目的就是为在不同地区、不同地层岩性及不同钻井液类型等条件下钻井时，合理地选用固控设备。从目前固控设备发展水平来说，还不能期待用一种固控设备的匹配方案可以满足任何地区钻井的要求。

10.2.2　钻井液类型及性能

钻井液类型及性能、固控设备处理能力及系统整体布局也是固控系统匹配的依据，如上述加重钻井液和非加重钻井液在除泥器和钻井液清洁器的选择上是有区别的。另外，油基钻井液和水基钻井液，对固控设备的选择也不同，固控设备的处理能力及应用范围见表 10.1。

表 10.1　固控设备的处理能力及应用范围

设备名称	振动筛	除砂器	除泥器	清洁器	离心机
处理量与含流量百分比（%）	120	120～125	120～125	筛浆量 12～20	3～13 1.45 L/s
使用钻井液类型	各种类型钻井液	各种类型钻井液	非加重水基钻井液	加重钻井液	加重和非加重钻井液，多用于非加重油基钻井液
使用时间	连续				间断

钻井液性能，特别是黏度对固控设备的选择也有很大影响，比如塑性黏度过高时，对振动筛的影响是固液不易分离，筛网钢丝发生黏附钻井液的现象，使处理能力大为下降，对离心分离设备也存在固液难于分离，工作压力增高等问题。

10.2.3　固控设备处理能力

固控设备的处理能力应按最大工况来选择。从净化效果的层面上讲，钻井液工程技术人员力求在一次循环中尽量除掉全部有害固相。因为，钻井液中 API 砂（即大于 74 μm 的固相颗粒）是钻井过程中的第一有害固相。首先，它对钻井泵易损件的磨损影响较大。据有关资料介绍，材料的磨损率（即单位行程体积磨损量）与磨料颗粒直径大小有关，如图 10.2 所示，一般是随着磨粒直径的增大，磨损量也增大，达到某一粒径后磨损量增加变缓。从图上可以看出，粒径为 0～74 μm 时，磨损率随粒度增加得较快，但单位行程磨损较少；而大于 70 μm 时，磨损率增加较慢，磨损率较小，但单位行程磨损多，而且容易划伤零件。因此，力求一次分离掉钻井液中大于 74 μm 的有害固相是有道

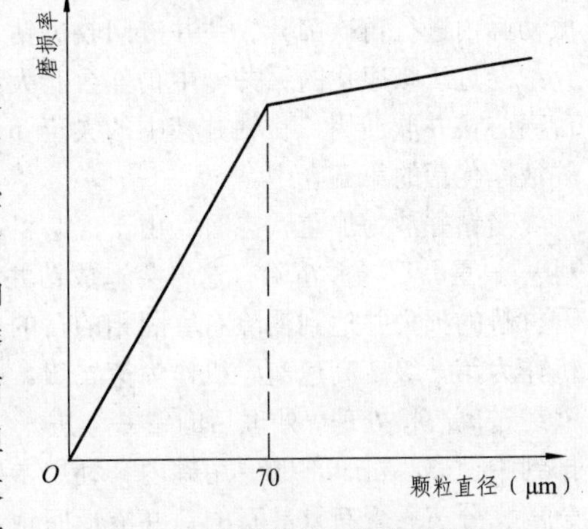

图 10.2　磨损率与颗粒直径的关系

理的。其次，由于钻屑被重复破碎而产生的机械降级作用，研磨成细粒级及其固相使钻井液性能变坏，这也要求一次清除全都有害固相，但这需要选择合适的设备处理能力。比如振动筛的处理量为钻井液循环量的 1.2 倍；除砂器和除泥器为钻井液循环量的 1.2～1.25 倍，钻井液清洁器为钻井液循环量的 10%～20%；离心机仅占循环量的一小部分。

10.2.4 固控系统整体布局

固控系统的整体布局及流程也是值得仔细考究的。因为每一种设备的工作性能和所能担负的清除任务都是固定的，相互不能代替，并且顺序不能颠倒。一般的布局和流程顺序是振动筛、除气器、除砂器（除泥器或钻井液清洁器）、离心机。

自井口返出的带有大量岩屑（有害固相）的钻井液，通过井口高架纵横钻井液槽（带有一定坡度）在重力作用下流到第一级净化设备 ——振动筛的入口，经过振动筛的筛分将较大的有害固相颗粒筛除并排走。

当钻井钻井液出现气侵时，通过振动筛得到净化的钻井液进入钻井液净化罐的沉砂罐内，利用除气器真空泵的抽吸作用，在真空罐内造成负压，钻井液在大气压的作用下进入除气器内进行分离，分理出的气体排往井架顶部放空，除气后的钻井液在排空腔转子的驱动下排进钻井液净化罐的第二仓中。在钻井液不含气体的情况下，可以将除气器作为大功率的钻井液搅拌器使用，保持净化罐内的钻井液不沉淀。

通过振动筛得到净化的钻井液进入钻井液净化罐的沉砂罐内，利用除砂砂泵将钻井液加压进入第二级净化设备 ——联合清洁器的除砂器内，利用旋流原理进行再次分离，将分离中点 $d_{50} \geqslant 70$ 的有害固相清除。除砂后的钻井液经过除砂器的溢流管线排进钻井液净化罐的第三仓中。根据钻井液净化系统的总体要求，除砂器的处理量达到正常钻井液循环量的 125%以上，使得在净化罐内的钻井液能够得到充分的反复净化，减少钻井液的含沙量。

通过除砂器得到净化的钻井液利用除泥砂泵将钻井液加压进入第三级净化设备 ——联合清洁器的除泥器内，利用旋流原理进行再次分离，将分离中点 $d_{50}=36\ \mu m$ 以上的有害固相清除。除泥后的钻井液经过除泥器的溢流管线排进钻井液净化罐的第四仓中。

除砂器和除泥器排出的底流中含有一定的钻井液，二者的底流汇合后进入联合清洁器的振动筛内进行再次筛分，钻井液回收进钻井液罐，砂泥排出。

经过三级净化的钻井液中仍然含有大量的有害固相，当钻井液为非加重状态时，利用两台离心机并联使用，将钻井液中的大于 5 μm 的有害固相进行清除，处理后的钻井液排进钻井液净化罐的第五仓中。

当钻井液为加重状态时，由于离心机不但会将有害固相清除，还会将钻井液中的加重材料 ——重晶石一并清除，这将会造成钻井液比重很快降低，加重材料大量流失，为了避免加重材料的损失并达到清除有害固相的目的，需要利用两台离心机串联使用，即：将中速离心机作为第一级，高速离心机作为第二级。中速离心机的供液泵自钻井液罐中提出的加重钻井液经过离心机处理，处理后的钻井液进入钻井液净化罐中，排出的底流（含有大量的重晶石）排到中速离心机下部的专用罐内，利用专用的供浆泵将其泵入第二级高速离心机内进行再次分离，分离后含有重晶石的钻井液返回钻井液净化罐内，保持钻井液的性能稳定；分理出的有害固相排出系统之外，达到了净化并保持钻井液性能稳定的目的。平台配的五级钻井液净化系统设备能够保证平台在各种情况下，满足钻井液处理的要求。

电机功率、砂泵的压力和排量匹配恰当与否，也将影响固控设备工作性能的正常发挥。同时，钻井液固控系统还应配备合适的钻井液搅拌器，钻井液枪以及其他辅助设备，包括沉淀罐、钻井液添加剂罐、吸浆罐和恰当的连接管汇，以适应化学、稀释、沉淀等处理方法的需要。

在某种情况下，尽管某些固控设备的性能非常突出，但必须在固控系统若干设备中互相正确、合理匹配之后，才能获得最佳的经济效果。即使是最完善的除砂器、除泥器联合处理系统，如果只能处理一部分而不是全部钻井液，也不会在钻井作业中收到显著的经济效果。

10.3 循环系统

钻井液泵在灌注泵的帮助下从钻井液仓中抽吸经过净化的钻井液，钻井液经交流变频驱动的钻井液泵加压后排出，通过泵仓阀门组的分配，经高压管线（双联）到达钻台立管阀门组，再通过安装在井架上的双立根、水龙带、顶部驱动装置（或水龙头）、钻杆内腔到达井下的钻头，高压钻井液对井底进行喷冲并携带固相颗粒经过钻杆和套管之间的环形空间返回井口，带有固相颗粒的钻井液由井口转盘下部喇叭口下返出，通过安装在钻台底座下部的钻井液管线到达横向钻井液槽，又经过纵向钻井液槽到达振动筛进行一级处理后进罐，经过除砂、除泥、除气、离心处理后，通过固控模块排液管汇进入钻井液仓，再经过钻井液泵的上水管线进入泵内，如此循环完成整个钻井作业钻井液循环。

循环系统还应包括钻井液自动灌注环节。为了保持井筒内的钻井液液柱压力，防止由于起钻液面下降而发生事故，平台配备了自动钻井液环节。该环节通过安装在钻台下方、横向轨道内侧的钻井液补给砂泵和灌注计量罐以及相应的管线等，在起钻过程中给井口灌注钻井液，钻井液计量罐上设置有高低位自动报警装置。可以根据灌注钻井液的数量判断井下是否发生井漏事故。

钻井设备地面流体处理系统的目的是为钻井施工过程提供充足的经过净化的钻井液，而循环系统必须要有足够的容量空间来处理吸入和平衡管汇容量之外的钻井液，这样在起、下钻时可以保证井眼随时充满钻井液以平衡井内压力。地面系统应包括 3 个环节：吸入和监测环节、加料环节和清除环节，如图 10.3 所示。

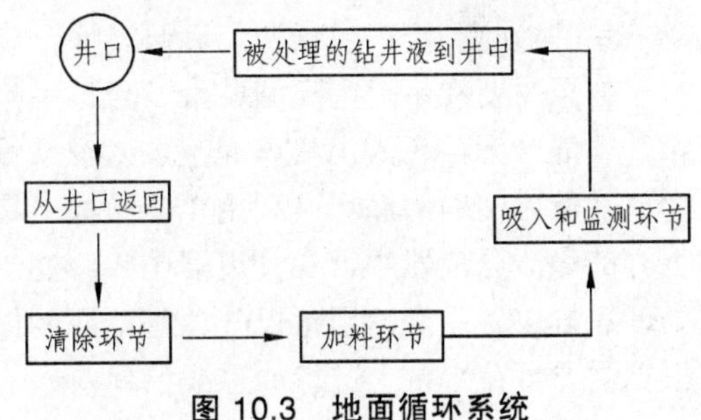

图 10.3　地面循环系统

钻井时，地面系统需要有足够的能力满足钻井液循环的需要，同时也应该考虑预储备钻井液和预处理钻井液等若干能力，并且应当按照最保险的情况来设计循环系统，一般在最大井眼、最高机械钻速的工况条件下进行相关数据计算考虑。

10.3.1 循环系统的组成

1. 吸入和监测环节

吸入和监测环节是地面系统的最后一部分。在这部分中，尽量多的地面存储和循环空间应能提供各种评价和分析过程所需要的钻井液相关数据。维护并处理好的钻井液应当优先考虑再循环利用的情况。在这个环节中，钻井液应充分被混合、调整和搅拌，并在钻井液经钻井泵泵入井口之前，应当允许有充足的滞留时间，以根据钻井需要及时调节钻井液性能，特别留意避免产生旋涡，防止空气进入钻井液。为了防止钻井泵吸入空气，吸浆罐应当安装一块垂向挡板来阻断可能由搅拌器引起的漩涡流。如果吸浆罐中钻井液液面较低，就必须采取另外的措施来阻止漩涡产生，比如在吸入管线上方添加一个平底盘来切断漩涡流。

另外，配置一个合适的钻井液搅拌系统，也可以保证钻井液在吸入罐和井中都是均匀的混合液相。一旦井涌发生，就可以根据液相的体积或井深准确地计算出井底压力。特别在井控程序中，是以控制地层压力所需的井底压力为基础的，如果井底压力不能正确地估算，在井控施工中，井眼就有可能会出现比所需压力要高的情况，这往往会有压裂地层的危险，从而产生附加的若干状况，而这些状况都是钻井过程中必须极力避免的。

2. 加料环节

加料环节是对循环处理后的钻井液性能的维护、调整和补充的必要环节。一般包括钻井液加药、钻井液加重、新钻井液配制等子环节。

(1) 钻井液加药环节。

钻井液加药流程中包括：剪切泵、加药漏斗、配药罐、加药罐等。

首先将配药罐中注入钻井水，利用剪切泵为加药漏斗提供压力水，自加药漏斗的上方加入药品，在水利的作用下混合进入配药罐内，再利用剪切泵将含药的液体泵入加药漏斗进行加药，如此反复后，利用循环过程中剪切泵的刀片叶轮将聚合物药品破碎，利用配药罐上的搅拌器将药液搅拌均匀。当需要向钻井液中加药时，利用剪切泵将配药罐中的药液注入加药罐中，根据钻井液性能要求，利用加药罐的排放阀门控制加药速度，徐徐向钻井液中加入液体药品。

(2) 钻井液配制流程。

钻井液配制流程包括两台砂泵、两台旋流混合漏斗以及相应管线等。

如果需要在平台上配钻井液，可以采用两种方式进行。一是散料配浆方式，即利用砂泵和开式混合漏斗，人工将膨润土加入混合漏斗进行配浆；二是利用平台的密闭输送系统，将存放在储罐中的膨润土（利用 1 个重晶石罐存放）利用压缩空气输送到安装在闭式混合漏斗上方的稳流分离器中，在分离器中将膨润土分离后加入混合漏斗进行配浆，空气经过除尘罐处理后排放到平台的甲板以外。基地配制好的钻井液可由钻井液注入管汇注入到钻井液仓，根据需要可在平台上进行加重或稀释。

(3) 钻井液加重流程。

当钻井过程中需要高密度的钻井液时，可以利用平台的加重系统配制。

平台设置了两套加重系统，即散料加重系统和密闭加重系统。一是散料加重方式，即利用砂泵和开式混合漏斗，人工将重晶石加入混合漏斗进行钻井液加重；二是利用平台的密闭输送系统，将存放在储罐中的重晶石利用压缩空气输送到安装在闭式混合漏斗上方的稳流分离器中，在分离器中重晶石粉分离后加入混合漏斗进行钻井液加重，空气经过除尘罐处理后排放到平台的甲板以外。

加料环节是对循环处理后的钻井液性能维护、调整和补充的必要环节。需要特别指出的是为了更方便、有助于均匀调制钻井液，在加料和吸入与测试环节建议使用钻井液枪。所有有用固相和化学添加剂在吸入及监测环节上游就应被及时加入到钻井液罐，并且在此钻井液罐中必须经过均匀搅拌，现场配制的新钻井液同时也必须通过此罐添加到系统中。至于其他来源的钻井液，应当通过振动筛等若干分离设备清除不需要的固相后再添加到钻井液循环系统中去。

3. 清除环节

从井口返回的钻井液被再次循环利用之前，需要清除不需要的钻屑和气体。因为钻屑会使钻井液性能变差，并导致相关钻井成本增加。过多的钻屑极可能引起卡钻，导致固井作业质量不好，或者引起过高的激振抽吸压力，这些压力可能会导致井漏或井控等相关问题。每口井和每种类型的钻井液对钻屑都有不同的容限。每种固控设备都是为在一定粒度范围内清除固相而设计的，如图 10.4 所示。固控设备应当按清除固相颗粒粒径由大到小的顺序来安装，通常清除的固相颗粒范围见表 10.2。

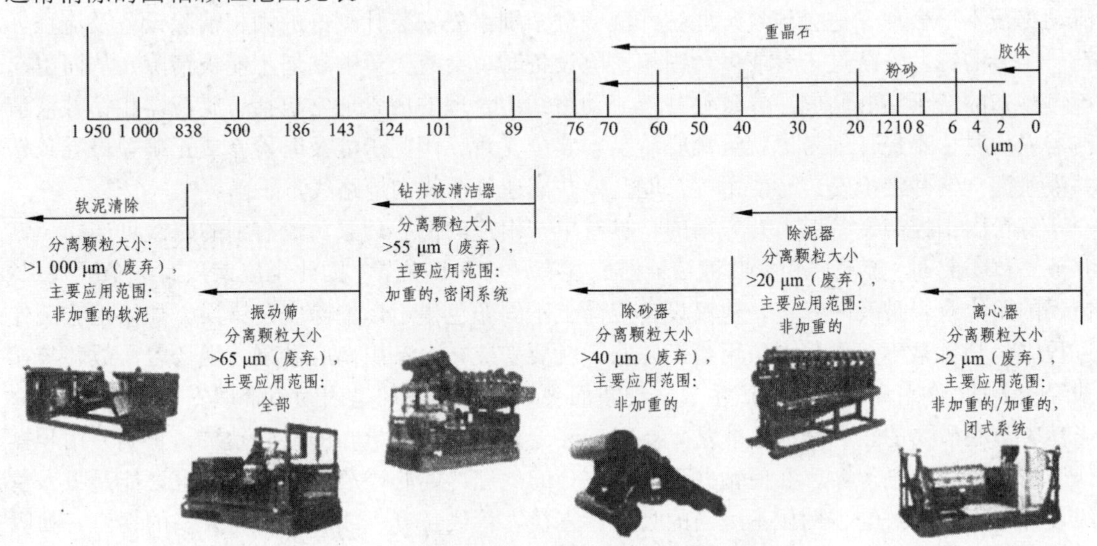

图 10.4　常用固相控制设备的固相清除范围

表 10.2　各种固控设备清除固相颗粒范围

设备名称		尺寸	清除的颗粒尺寸（μm）
振动筛		API 80 目 API 120 目 API 200 目	177 105 74
旋流器（直径）		203 mm 101 mm 76 mm	70 25 25
离心机	加重钻井液		>5
	非加重钻井液		<5

钻井液吸入罐应具备充分搅拌能力以减少固相沉淀，为旋流除砂（泥）器和离心机提供均匀的固-液相分布。旋流除砂（泥）器工作过程中合适搅拌是非常重要的。吸入罐不搅拌与

搅拌相比，效率通常会减半。未搅拌的吸入罐经常导致旋流除砂（泥）器超载和堵塞底部。当旋流除砂（泥）器超载时，清除效率会降低。如果底部被堵塞，没有固相被清除，这时清除效率为零。搅拌还有助于清除钻井液中的气体，如果有气体存在，通过将含气的钻井液搅拌至钻井液罐罐体表面，气体就有可能脱离钻井液面。

当用钻井液枪搅拌钻井液时，应特别注意钻井液枪系统的设计与安装。钻井液枪应有自己专用的吸入罐和特殊搅拌池。特别管汇连接时，更容易错误连接，从而打乱原有固相清除系统匹配和安装的初衷。

10.3.2 循环系统的组装

1. 管汇和设备安装

大多数钻井液应当按一定顺序通过固相清除设备进行处理。现场最普遍的问题是钻井液流动路线不尽合理，这会导致一些钻井液绕过个别事先安装计划好的固相清除设备及流程。当一定量的钻井液绕过一台或多台固相清除设备时，会有大量的钻屑不能被清除，从而引起不可预知的若干钻井问题。导致钻井液流动路线不合理的因素通常包括：旋流器和钻井液清洁器操作时，不经仔细考虑就给离心砂泵安装分支管；阀门未能及时检修或正确关停导致钻井液泄漏；钻井液枪安装与使用不合理；钻井液通过沉浆沟槽路线不正确。

每台固相控制设备应当有专用的、具有单一用途的离心砂泵，没有别的路线可选择。钻井液罐体安装时，旋流器和钻井液清洁器只能有一个正确位置，因此也应该只有一个吸入口。错误的路线应当被及时修正，建议设备应涂上不同颜色提示以消除安装错误。如果担心工作过程中，某台泵不起作用而采用管汇并联，就要安装一台备用离心砂泵。现场若干故障与实践经验表明，许多离心砂泵因产生气穴现象而失效的根源往往是因为不合理安装管汇造成的，当然，离心砂泵的正确操作也非常重要。安装专用的、尺寸恰当的离心砂泵，正确使用和操作，将会延长该泵寿命，并使钻井液得到充分的处理。离心砂泵的气穴现象也可能是吸入管线设计不当所导致的，例如不适当的吸入管直径、管线长度，或者管路有太多的拐弯。在吸入口端，长度在3倍管子直径的范围内，吸入管线不应当有弯曲和T字形，并且数量应该尽可能少。同时，钻井设备的吸入和排出管线应尽可能的短和直，尺寸上应当确保管内流速在1.5～3 m/s，较低的流速将会导致沉降问题；较高的流速又会在吸入口和排出管路变向处分别产生气穴现象和侵蚀作用。

2. 平衡管汇设计

绝大多数钻井液罐底部应有平衡或开口的管线。如果第一个罐是被用作沉淀罐（沉砂）或除气器的吸浆罐时，应当有一个高速流管线进入下游储存罐。高速流管线的流速应足以克服及阻止固相沉淀和充满管道，因此建议采用较大直径的管子。

另外，在固相清除和加料环节之间，有必要安装一个可调节的回流装置。比如L形可调节回流装置，该装置的底端与固相清除环节最后一个容器罐的底部相连；上端把流体排入加料环节，并能上下移动，这既能控制清除环节的液位高度，又能保证吸入环节中绝大部分的液体能够被再次循环使用。

另外管汇布置既要满足钻井工艺要求又要便于安装和维护。罐与罐之间、仓与仓之间即能隔开，又能联通（沉砂仓和药品剪切仓除外）；罐外钻井液泵和加重泵上水管线设有加强支撑杆；供液砂泵（指除砂泵与除泥泵、2 台加重泵）采用并联安装，具有互补和独立工作的功能；钻井液罐中设高压钻井液枪管线及高压管线；罐内设保温管线，每个罐内侧沿罐体长度方向下部各串联安装 2 条保温管路（采用厚壁油管），管线表面采用防腐涂层，压力级别符合相关安全标准。保温管路设置避开了清砂门和其他管线；所有罐与罐之间的连通管路均采用锤击由壬和钢管，允许罐与罐之间的管线偏差在 25～40 mm，以满足现场使用的可靠性和安全性；钻井泵、加重泵吸入管线均采用底部阀，底部阀采用新型不锈钢锥阀结构。在罐面用手轮操作，操作简便，性能可靠。

10.4　钻井液罐

钻井液罐在固控流程和钻井过程中是用来盛装钻井液的容器。主要从功能上分有计量罐、循环罐、药品罐、加重罐、沉淀罐罐、吸入罐、储备罐等。计量罐用于灌注钻井液的计量，一般罐的容量在 20 m^3 以内并有很准确的计量装置，如液位指示器等；循环罐用于盛装钻井过程中保证正常运转的循环钻井液，循环罐主要包括钻井液泵吸入罐和固控处理罐，即用于除砂、除泥器、离心机处理钻井液的罐；为了保证需要的钻井液量和达到一定的吸入高度，需要对吸入罐和固控处理罐进行多隔仓式设计，以达到充分利用钻井液和节约的目的。药品罐用于对钻井液增加药品，可以是另外的单独罐也可以是循环罐中的隔仓或小罐，小罐不大于 15 方。每套系统应该不多于 4 个这样的独立小罐。每个小罐应该能让加重泵单独处理，能让钻井液泵吸入直接参与钻井液循环；有剪切泵的系统应该为剪切泵单独配套药品罐，并能由剪切泵泵出钻井液或由钻井液泵直接吸入参与钻井液循环；加重罐用于配制加重钻井液使用，没有必要单独配套罐，但加重系统应该是能处理除尖底罐以外的全部罐才行。储备罐用于储备钻井液，并能保证钻井液泵能完全吸入。

10.4.1　钻井液罐外形

当搅拌器被安置在对称的圆形或正方形罐体上时（从上往下看）运转效果最好。同时，圆形的容器设计与正方体或长方体的容器设计相比还有以下优点：

（1）圆形罐体与中心排水管或清洗装置安装在一起，罐体更易清洁，并且需要的洗涤液比矩形或正方形罐体少；

（2）有额外的空间放置管道和泵；

（3）不需要进一步划区，因为每个容器都有它自己的分隔空间；

（4）由于圆形罐体的对称性设计，使钻井液混合更彻底，能够保证混合良好。圆形罐体中的固相颗粒可沉淀的死角要比方形的罐体少。

圆形罐体的缺点：

（1）它们不能更有效地利用空间，与矩形或方形储罐比起来，同样的容积占用的空间更多；

（2）圆形罐体需要用挡板阻止罐体自身旋转和促进液体悬浮，这样就增加了制造成本。

由于正方形或长方形容器对机械搅拌器的限制，必须使用钻井液枪。在大多数情况下，应当选择合适的机械搅拌器充分搅拌容器内部，并且应当正确地安装钻井液枪以消除盲区。

10.4.2 钻井液罐体尺寸及内部结构

恰当的搅拌器尺寸设计是建立在搅拌大量液体的基础之上的，因此，知道罐体的尺寸很有必要。在大多数情况下，除了沉砂罐，其他所有罐体都需要搅拌器。一些系统将沉砂罐转变为活动钻井液罐，这就更需要搅拌器了。考虑到许多系统都在罐体上安装了振动筛，而很少或没有为机械搅拌器留出空间，这样就会出现问题。如果在罐体的制造之前就安放一个搅拌器，就不会妨碍振动筛工作和安装，当然，也可以使用钻井液枪，它们用流体运动能量而搅拌钻井液罐，这一理论在前面章节具体讨论过。

对任何设备来说，搅拌和混合装置都必须经过适当设计和正确安装，不正确的参数设计和不正确的安装将导致设备性能变差。在建造钻井液罐时的一个重要考虑就是如何安置其内部管线系统，如果把它们安置错了，就不可能有效地进行搅拌。对于任何类型的罐体，安装管线都要考虑管线系统对罐体里流动形式有什么影响，被搅拌流体的流动路线应当不被管线或是结构支撑构件阻碍。

挡板是一长条形竖向上固定在罐壁上的板，其板宽 $W=(1/10\sim1/12)D$，数量一般为 4～6 板。罐内安装挡板的主要目的是为改变使用径向叶轮的环向或径向流态，使其产生强烈的轴向流而设立的。增设挡板后，由于阻力增大，使搅拌器功率大大增强。

有人认为对长方形钻井液循环罐来讲，罐内装挡板，对清洗罐不利。为解决对流循环可采用上层折叶式蜗轮、下层平叶式蜗轮的组合式结构，此时不装挡板也能形成强烈对流，固相充分悬浮，防止死角沉积。

1. 圆形罐挡板

对一个圆形或圆柱形容器来说，挡板是十分必要的。挡板将旋转运动转化成流态，以利于颗粒的悬浮和保持液体的均匀性，同时挡板也有利于阻止漩涡的形成。对于这两种情况，挡板都能提高能量利用的效率。挡板的宽度应当在容器直径的 1/12～1/10 的范围内，并且成 90°。挡板和离容器壁的距离越短，效率越高。挡板和容器壁之间的距离最好为直径的 1/72～1/60。

2. 方形罐挡板

设计适当的方形罐中流体与循环容器中被挡住的液体有类似的悬浮特征。方形和矩形罐的棱角能引导流体与圆形容器中挡板同样的运动。但是，随着方形罐体的长和宽比率的增加，容器远端产生空白地带的机会也随着增加。在长罐体的中点巧妙地安装挡板将会抵消这个负面效应，当比率超过 1.5∶1 时，建议使用两个或两个以上的搅拌器。

一些厂家要求在每个叶轮上都安装挡板，以便加强搅拌作用和阻止空气涡流。典型的钢盘挡板有 12～19 mm 厚、305 mm 宽，并且从容器底部延伸到搅拌叶片顶端以上至少 152 mm 处（大约 1～2 cm 厚，30 cm 宽并且向上延伸 15 cm）。4 个挡板被安装到与搅拌器轴线 90° 的位置上，罐的 4 个角连接着搅拌轴，如图 10.5 所示。

图 10.5　挡板——指向拐弯处，指示管子的错位

10.4.3　钻井液罐的分类

固控系统完整的定义是指固控设备与钻井液罐（循环罐或沉淀罐）按照固控工艺的要求所组成的一个综合系统。因此，钻井液罐是固控系统中重要的组成部分。图 10.6 是大庆 130 型钻机常用的钻井液罐的布置示意图。

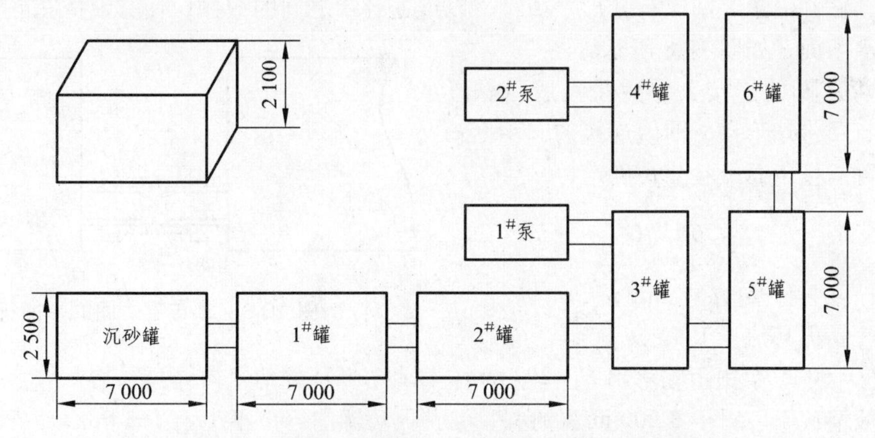

图 10.6　钻井液罐布置（大庆 130 型钻机）示意图

地面钻井液系统包括防溢罐、循环罐、储备罐、补给罐、搅拌器、泵、电机、固相和气体清除装置、混合和剪切装置以及相连接的管线。钻井液罐是储存、配置、沉淀、循环和处理钻井液用的容积罐。其容量应等于或略大于钻井过程中钻井液的最大循环量，并应有足够的储备能力。可以制成几个独立的罐，也可以在一个罐内分有多个隔仓。大多数钻井液存储罐都是平底的正方形或长方形。除了沉淀罐，每个罐（或隔仓）都应该充分搅拌，因为每个处理环节都有不同的搅拌和悬浮要求。另外，每个罐开口应有足够大的表面积，满足清除进入钻井液中空气的需要。

如果实际循环速度是 2 460 L/min，那么循环罐的表面积大约是 25 m^2，罐深则是所需钻井液容量和搅拌强度的函数。一般情况下，长、宽、高尺寸相等的罐被搅拌的能力是最强的。如果不能保证长、宽、高相等，至少应该保证深度尺寸比长度或宽度大。如果是循环用罐，推荐使用锥形底部，这种情况的罐应有足够深度的吸入管，深度通常是进入吸入管线钻井液流速的函数，如图 10.7 所示，同时应安装离心砂泵吸入或泵阀，注意防止离心砂泵吸入处产生旋涡。

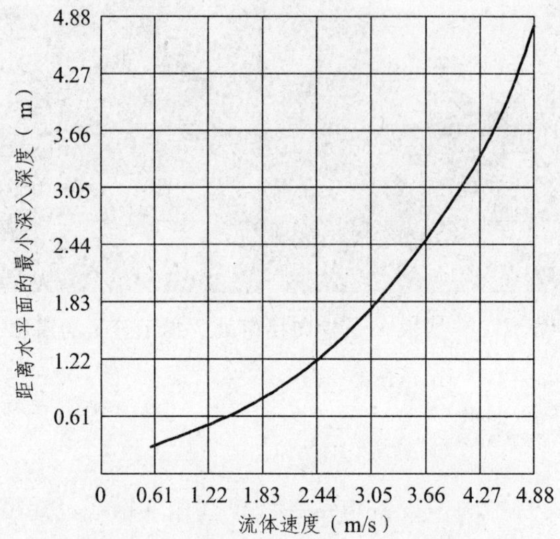

图 10.7 离心砂泵吸入口沉没曲线

另外，钻井液罐之间应有圆形平衡管，以连通各罐之间的液体，使其液体在静止状态下处于同一水平面，如图 10.8 所示。

平衡管之间的连接大多数采用胶管软连接，但也有用带球形接头的硬连接的。平衡管的尺寸，可以按下面经验公式确定：

$$D = 26.11\sqrt{Q}$$

式中 D——平衡管直径，mm；

Q——循环流量 L/s。

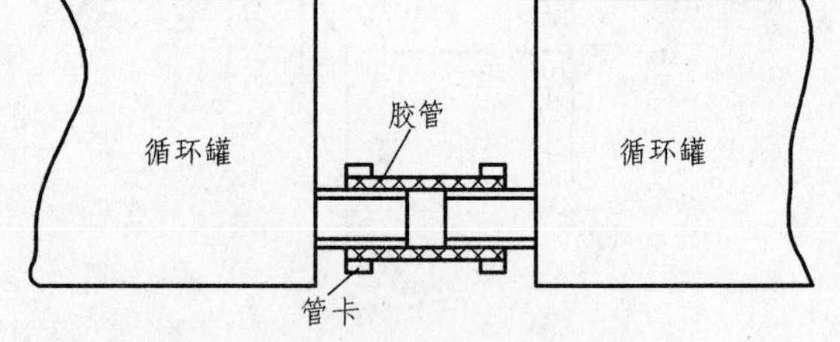

图 10.8 罐与罐之间的平衡管

例：$Q = 60$ L/s，由上式求出 $D = 202$ mm。因此，循环罐的平衡管直径均应大于 200 mm。

在一般情况下，对于 3 200 m 深的井，钻井循环罐的容量不小于 165 m^3，储备罐容量不小于 80 m^3；每一个循环罐的容积为 7×2.5×2＝35 m^3。对于 4 500 m 深的井，循环罐的容量不小于 200 m^3，储备罐的容量不小于 120 m^3；每一个循环罐的容量＝8×2.7×2.1＝45 m^3。对于 6 000～8 000 m 深的井，钻井液罐的容量不小于 270 m^3；储备罐的容量不小于 160 m^3。

这里要特别指出的是，沉砂仓开口面不能太窄，至少应保证三个振动筛并联安装的空间要求。

1．药品罐和加重罐

合理设计的钻井液系统有充足的存储和混合能力。除沉淀池外，使用了固相清除设备和脱气装置的所有隔舱都需要适当地搅拌，被用来添加和混合钻井液处理剂的装备和罐也需要合适的搅拌，如本章前半部分所述。地面钻井液系统的目的是在钻井液回到井眼之前保持原来的状态。被维护处理的那一部分钻井液，需要向钻井液系统中添加钻井液材料和化学物质。当系统体积增加或钻井液性质改变时（例如密度或黏度改变），也需要添加材料。

特别在情况紧急时，例如井控问题中，期望尽可能迅速和充分地混合钻井液材料。对于已存在的系统的能力是确定的，应当使用辅助作用的预搅拌系统，尤其是要求快速剪切时。预搅拌系统对搅合膨润土和难混合的聚合物是十分有用的。

2．吸入罐

吸入罐所有的隔舱都要求合理的搅拌。吸入罐包括罐体和隔舱，钻井泵从罐及隔舱中吸入，包括一些与之相连的泵（例如灌注泵），这些泵用来把液体转移到井中或钻井液补给罐，通常包括一个加重罐。加重罐是用来配制比常用钻井液密度更高或具有特别洗井能力的钻井液，通常 3～8 m^3 就足够了。钻井液的密度特性要求加重罐比其他任何隔舱搅拌都应更充分。对这些隔舱来说，将搅拌器和钻井液枪结合起来用是非常理想的。钻井液枪应从清洗罐中吸入，因而隔舱内的再循环使钻井液保持最好的均匀性，并且防止加重罐中的流体因与其他罐中的流体混合而稀释。

3．补给罐

钻井液补给罐是辅助系统的组成部分。补给罐应该安装有已校正好的液位标尺，用来测量流入或流出补给罐的钻井液体积。补偿钻柱体积量的钻井液通常在起下钻杆柱时被监控，以确认地层流体未进入井眼。当相当于 100 L 钻井液体积的钻柱从井眼中被取出时，就应该有 100 L 钻井液补偿进入井眼，以维持井眼中恒定的液位高度。如果钻柱体积未被补偿，流体液面就可能降低，当静水压力降低到足够低，地层流体就有可能进入到井眼，这就是井涌现象。当向井眼中下入管柱时，钻井液又回到钻井液补给罐。补给罐中多余的钻井液应该通过钻井液振动筛回到循环系统。当大颗粒固相随同钻井液从井中涌出来，绕过振动筛，就可能堵塞旋流除砂器。

现场钻井液补给罐能明显地减少诱导性井涌次数发生。早期配备有陈旧的或者老式的循环系统的钻机是利用钻井泵的冲程与冲次数来计算充填钻井液体积的，这里涉及正确估算泵的效率计算问题，而井口需要补充钻井液的体积是通过钻杆上提的位移来计算。如果钻井泵的泵效率低于估算泵效率，那么虽然缓慢但必然降低井眼中的钻井液液柱高度，从而导致静压水头的下降，一旦地层压力大于钻井液静压水头，可能诱发井涌事故发生。

补给罐和相关的设备，用于从循环系统中分离出钻井液，以便测定补给起钻作业中钻井液的排量，所以在一般条件下它不需要搅拌。

4．加重罐

加重罐安装在吸入环节，典型容积为 3～8 m^3 的小型罐。这种罐应与循环系统独立分离出来，主要用于少量特殊流体的储备。某些钻井液系统可能不止安装一个加重罐。它们都应用管汇并接入加料漏斗，便于固相和化学处理剂的添加，还用于配制更重的钻井液。为防止起下钻过程中，钻杆中的钻井液喷溅在钻台上，这些钻井液应注意在起钻之前加入。这些罐也常常用来混合化学添加剂或者配置水基钻井液。加重罐必须用管汇通过离心砂泵和主吸浆罐相连。如果在钻井液施工中有很多不同种类的钻井液需要混合同时，必须对加重罐进行适当地搅拌，特别附带使用一个或多个钻井液枪将更有利于阻止颗粒在罐底和各死角沉淀，使搅拌更均匀。

5．储备罐

储备罐一般用在海上平台钻井作业中，用来储存多余的钻井液，或者为混合、添加钻井液的过程提供临时的装储，也可用来存放其他不同类型的钻井液，以备可能紧急状况用来替换钻井过程中正在使用的钻井液，陆上钻机系统中一般不配有备用罐。

罐的容积和数量取决于平台可利用的空间和钻井平台甲板的承载能力。如果海上钻井平台需要更多的储存空间，在强度和空间允许的条件下，备用罐可安装在甲板上。另外，备用罐是否搅拌由所装储的钻井液类型决定，通常情况下，储备罐以及用来从循环系统中分离出钻井液相关的设备，都需要合适的搅拌。在设计隔舱时，优先考虑钻井液的长期储存，（如大体积的储存罐）它们不需要很强的剪切力或高的转数，充分搅拌后的钻井液对钻井过程是有利的。波面型叶轮有一个额外的好处，那就是每排出单位液体需要较小的功率，因此对于大罐储存来说是非常理想的。

6．废弃罐

用来储存和处理钻井液以及待处理的钻屑的罐或池以及安装在井场的其他一些设备，一起构成了废弃物储存系统。由于废弃的液体和固体结合，对排出罐有特殊的要求。

7．沉淀罐

沉淀罐是接收从环空井口返回待处理钻井液的第一个罐体。通常配有四个隔仓，其中两个带有搅拌器的钻井液隔仓，即除砂仓和除泥仓，两个隔仓之间宜用底部阀门连接。另外两个隔仓分别是沉砂仓和灌浆仓。灌浆仓的罐面上应有液面检测装置和离心式灌浆泵。除砂仓和除泥仓应配有直径为 75 mm 的低压钻井液枪、阀门及可转动的活接头。沉砂仓接收的是振动筛处理后的钻井液，一般应配有高压顶部钻井液枪，带 ϕ50 mm×21 MPa 的闸板阀和可转向轴节（可作 360°旋转）。

10.5 沉淀罐的正确应用

10.5.1 沉砂仓

从井口返回的钻井液通过振动筛第一级筛分处理后进入钻井液罐系统的沉淀罐沉砂仓。如果使用 80 目筛网或更粗筛网时，沉砂仓将起到至关重要的作用。沉砂仓底部应该倾斜 45°，以促进 API 砂粒级颗粒沉淀和向仓外快速排放。排放时倾斜 45°或更大角度的底部具有自洁功能。沉砂仓内不能搅拌，而应通过溢流进入下一隔仓中。通常情况下，安装适当目数的筛网，并使用线性和平动椭圆钻井液振动筛都能分离出上述级别的颗粒。由于细小的钻屑一般没有足够滞留时间来沉淀，当使用价格低廉的钻井液时，沉砂泵每 1 小时应该启动 1～2 次。目前由于超细目筛网大量应用，出于对昂贵的废物处理费用和对环境污染问题的考虑，这样的排放既不允许，同时成本也受限制。

图 10.9～图 10.11 所示为配有沉砂仓的固相清除系统，如果钻机配套固控设备中没有沉砂仓，振动筛则将使其底流直接流入除气器的吸入仓。

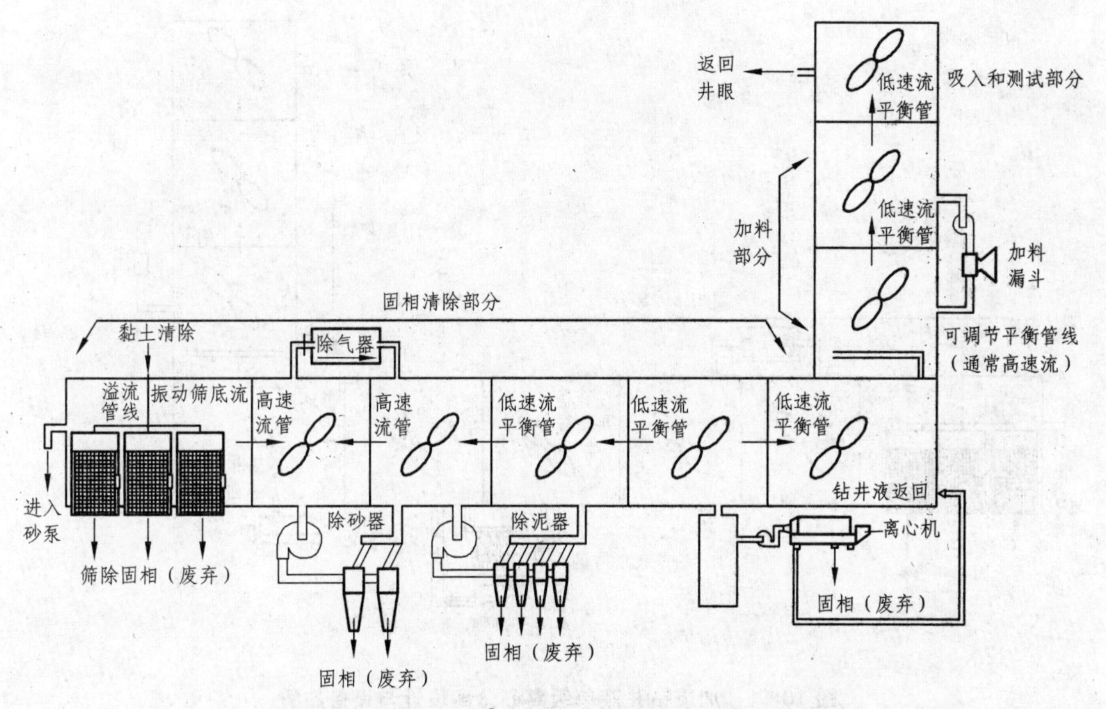

图 10.9　非加重钻井液离心分离罐体设计与设备布置

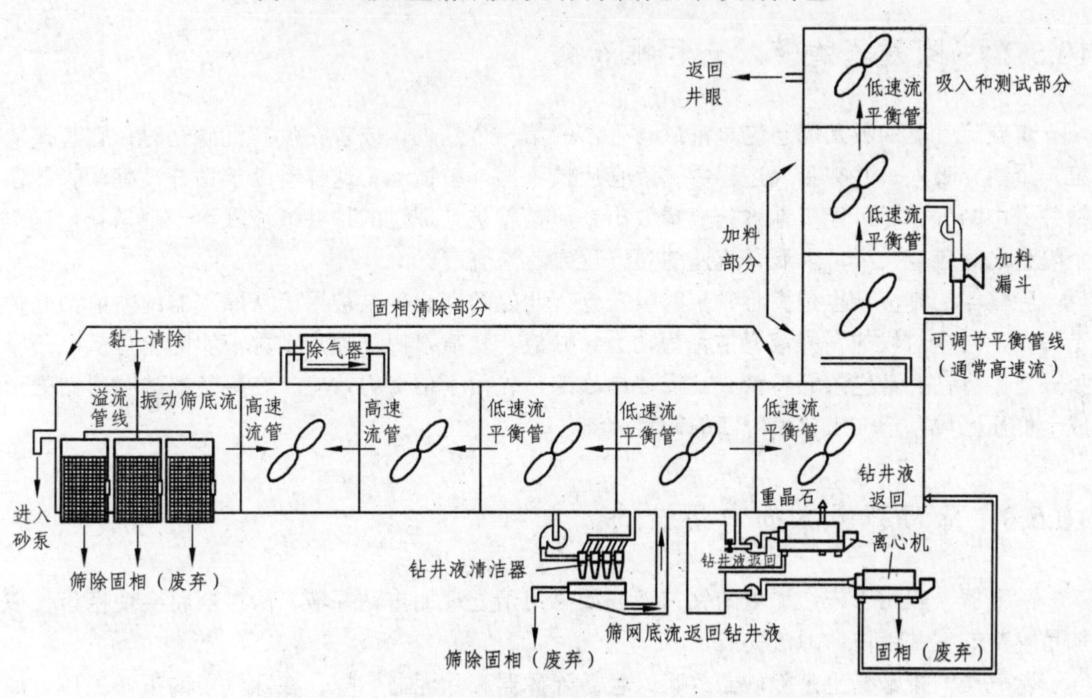

图 10.10　加重钻井液两级离心分离设计与设备布置

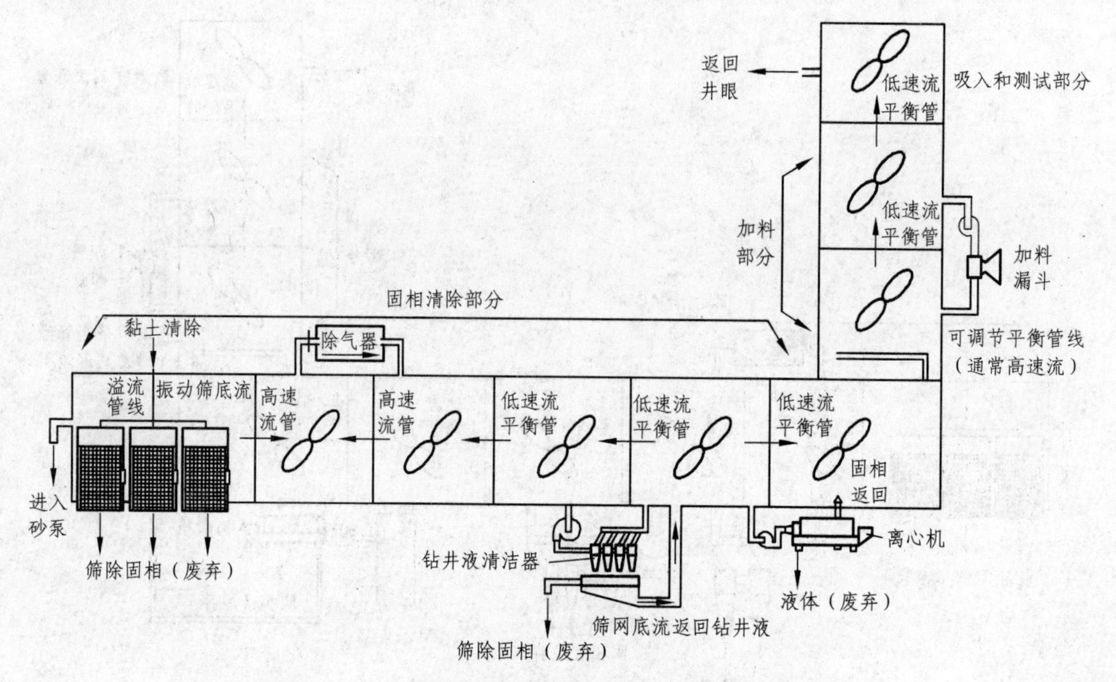

图 10.11　加重钻井液单级离心分离设计与设备布置

10.5.2　除气器的吸入仓和排液仓

真空除气器的吸入隔仓应是沉砂仓下游的第一个隔仓，或者在没有沉砂仓时，它直接从第一个隔仓吸入，并在吸入过程中，隔仓应该不停地被搅动，这样有助于钻井液翻滚，并使钻井液中的气体尽可能多地被分离释放出来。接着被处理过的钻井液流入下一个隔仓。这两个隔仓之间应有一个可承受高流速的焊接管或者溢流口。

除气器的排液仓也是离心砂泵的吸入仓，此处的离心砂泵被用于从除气器的喷射口处抽走钻井液，这时候的钻井液通常称为动力钻井液。从喷射口处抽走钻井液实际上是从除气器吸入仓中将钻井液送入卸料管线。需要指出的是，由于伯努力效应，在除气器的喷射口处形成一低压区域，造成来自喷射口的卸料回流。

10.5.3　除砂器吸入仓与溢流仓

除砂器一般用于未经加重的钻井液，如果用于处理加重钻井液，除砂器将会使携带很多加重材料的钻井液白白地流失。

除气器的排液仓也是除砂器的吸入仓。除砂器和除泥器一样，在除气器的下游工作。如果旋流除砂器的吸入仓位于除气器的上游，并且钻井液中含有天然气，那么离心砂泵的效率将降低并发生气锁，甚至不能泵出任何钻井液。另外，可能出现诱导性的气穴现象，导致离心砂泵过早磨损，这种磨损快速而且后果严重。

除砂器溢流仓（在锥形外壳处）内的流体应该流入下面的一个隔仓中，并且罐与罐之间的底回流器应该是打开的。它使得当离心锥所能处理的总流量比推荐的流量大时，流体可以通过回流器回流，这就确保了所有的钻井液都能经过除砂器总管进行除砂。

10.5.4　除泥器吸入仓和溢流仓（钻井液清洁器与调节器）

除泥器的吸入仓是除砂器的溢流仓，除泥器能清除的颗粒级别比除砂器所能清除的级别更小，所以它应置于除砂器的下游使用。除泥器的安装与操作和除砂器相同，吸入的是除砂器下游流体。两个罐之间靠底端安装有一个平衡管汇。建议除泥器处理流体量应比钻井泵的泵送量大，以便所有从井口返回的钻井液都能通过平衡管汇，保证所有的钻井液都被处理。

如果钻井液是通过钻井液枪从下游舱室中泵出的，那么这部分钻井液也必须通过除砂器进行旋流处理。对于用旋流器处理加重的钻井液，除泥器的底流必须经由一个小振动筛处理，理论上，小振动筛上的筛网只能允许加重材料通过，而阻止比加重材料粗的其他钻屑通过。

10.5.5　离心机的吸入仓与排液仓

离心机的吸入仓是除泥器的溢流仓（对于未经加重的钻井液而言）。被离心机分离清除的岩屑被废弃，然后离心处理后的溢流钻井液又回到循环系统的下一个隔仓中。

对于加重的水基钻井液，由离心机分离出来的固相主要由用于增加钻井液密度的材料组成（假设上游处理过程操作正确）。经排渣口排出的固相（滤液和泥饼）又回到循环系统中，而溢流口溢出的液相则被废弃。废液中含有微小颗粒（胶体或黏土尺寸相当），如果允许这些颗粒积累，当浓度足够高时，就会引起钻井液流变性等问题。

对于经过加重的非水基钻井液经离心机处理后，直接排放流出的液体是不可行的，这涉及环境和经济的因素。在这种条件下，可以同时使用两台离心机。第一台离心机以较低的重力沉降（通常为 600 g～900 g）运转，回收加重物质（由于密度较大而易于分离）返回到循环系统。从第一台离心机溢流出的液体一般流入储存罐，这些流体不会立刻被第二次分离，因为第二次分离是要在较高离心力作用下分离较小的固体，然后将其清除。从第二台离心机分离出来的小尺寸颗粒固相虽然一般不会引起流变性问题，但是一旦有适当的机会，它们就会研磨成更小的颗粒，从而引发流变性问题。因此，它们需要在设备能清除它们的时候必须将其清理，来自第二台离心机分离的流体又回到循环系统中。

10.6　固控系统布置方案中几种常见的错误

（1）设备处理后的钻井液被排到吸浆罐的上游罐中，如图 10.12 所示。

这个错误如图 10.12 所示的除砂器和除泥器的布置，除砂器和除泥器只处理了井中返回流量的 50%左右。有 50%的钻井液流量分别绕过了除砂器和除泥器。

注意：两台设备的反向布置比一台设备的反向布置更为不利。

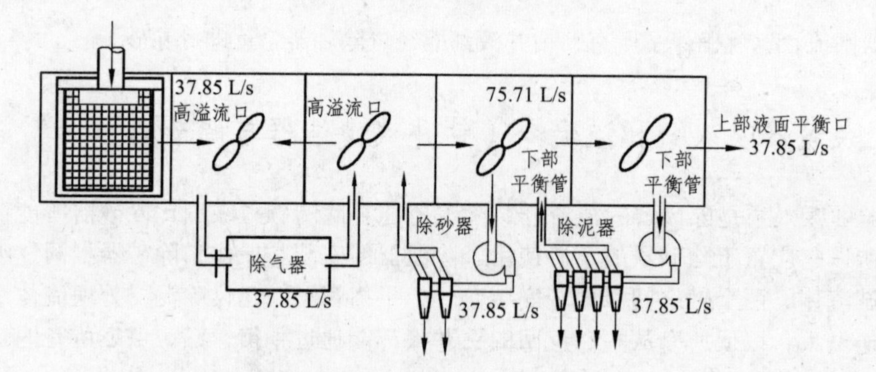

图 10.12 除砂器和除泥器的溢流进入砂泵吸入口上游罐中

(2) 离心砂泵吸入口与设备的溢流口布置在同一罐内，如图 10.13 所示。

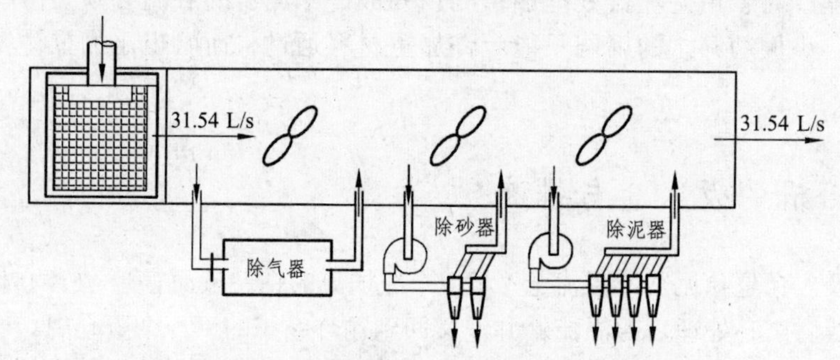

图 10.13 设备的吸入与溢流在同一罐中

这个错误是由除砂器和除泥器的错误布置导致的。如果罐里钻井液搅拌得极好，这时:

$$
\text{井内返回钻井液处理量的百分比} = \frac{\text{设备的处理量}}{\text{从上游流入设备排浆罐的流量}} \times 100\%
$$

$$
= \frac{37.85}{31.54 + 37.85} \times 100\% = 55\%
$$

如果罐内搅拌极差，钻井液有可能完全绕过固控设备，自身形成一个小回路，这时处理量的百分比几乎为零。

(3) 离心砂泵从沉砂仓中吸入钻井液，如图 10.14 所示。

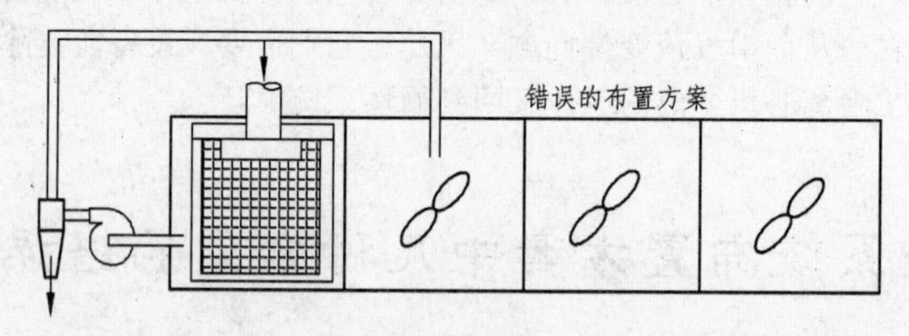

图 10.14 除砂器或除泥器从沉砂罐中吸入

沉砂仓的作用是用来沉淀固相，而不是当做吸浆仓的。如果没有固相沉淀，钻井液再流入到下一个仓中。由于固相量的增加，除气器和除砂器将被堵塞，而失去其作用。粗固相颗粒的载荷更大，则更加剧了离心砂泵的磨损。如果在钻井作业中停泵，固相颗粒则将埋住离心砂泵的吸浆口，在泵起动时可能由于产生气蚀或者由于固相颗粒堵塞而被破坏，因为除砂器的处理能力大于钻机的循环流量，沉砂仓里的液面下降，最后空气进入泵的吸浆口，其结果将使水力旋流器运转不良。

在图 10.14 中：

$$除气器的处理百分比 = \frac{37.85}{37.85 + 6.3} \times 100\% = 86\%$$

因此，14%的钻井液绕过除气器。

$$除砂器的处理百分比 = \frac{37.85}{37.85 + 56.78} \times 100\% = 40\%$$

因此，60%的钻井液绕过除砂器。

$$除泥器的处理百分比 = \frac{37.85}{37.85 + 107.3} \times 100\% = 26\%$$

因此，74%的钻井液绕过除泥器。

（4）除砂器和除泥器连到钻井液枪管线上，如图 10.15 所示。

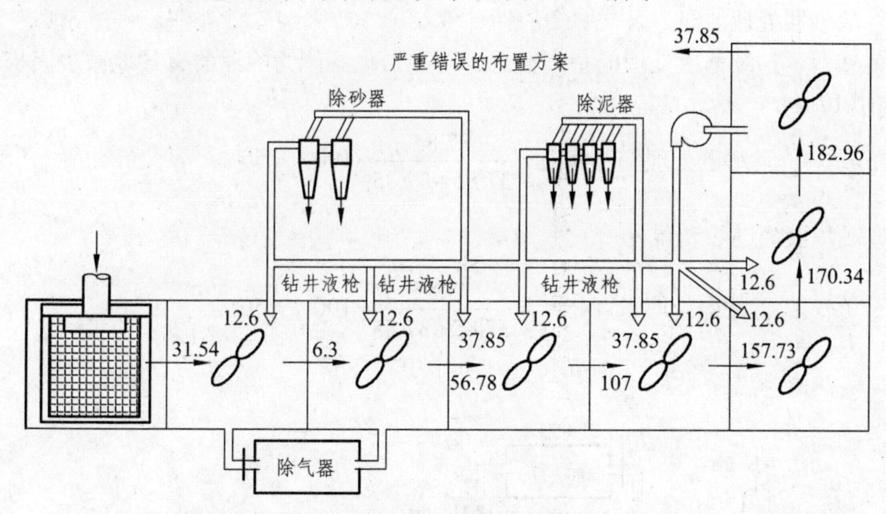

图 10.15　除砂器或除泥器连接到钻井液枪管线上

通常，钻井液枪管从除气器和除泥器的下游吸浆。在这种情况下，除砂器的处理量百分比是 40%，除泥器的则是 26%。因此，泵入井中的钻井液有 60%的未经除砂器处理，74%的未经除泥器处理。

（5）除砂器和除泥器连到同一离心砂泵上，如图 10.16 所示。

用一台砂泵同时给除泥器和除砂器供浆，结果是只有一半钻井液经过除砂处理，如果除泥器能够处理两倍以上钻机循环流量的话，所有的钻井液则只经过除泥器处理，用两台 37.85 L/s 的泵从两个分开的吸浆罐中吸入钻井液，才能使所有的钻井液经过每组水力旋流器进行处理，使用除砂器的目的是要减少除泥器的固相载荷，在图 10.15 中则不能有效地达到这一目的：

$$除砂器处理量百分比 = \frac{37.85}{75.7} \times 100\% = 50\%$$

$$除泥器处理量百分比 = \frac{37.85}{37.85} \times 100\% = 100\%$$

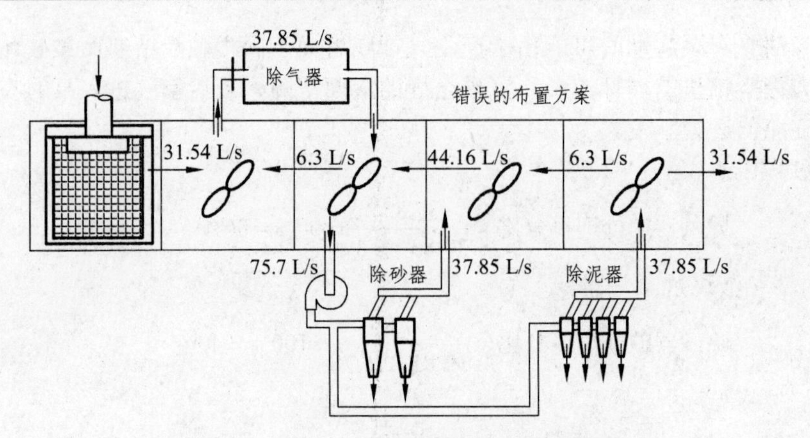

图 10.16　用一台砂泵给除砂器和除泥器供浆

(6) 除泥器和除砂器共用同一个吸浆仓，如图 10.17 所示。

在图 10.17 中，两台设备共用同一个吸浆仓。在这种情况下，约有一半钻井液经除泥器处理；一半经除砂器处理。即，泵入井中的钻井液其中 50%未经除砂处理；另外 50%未经除泥处理。这样就违背了连续依次处理的基本概念。除砂器也不能为除泥器有效地减少固相载荷。

在图 10.17 中：

$$除砂器处理量百分比=\frac{37.85}{37.85+37.85}\times 100\%=50\%$$

因此，50%钻井液绕过除砂器。

$$除泥器处理量百分比=\frac{37.85}{37.85+37.85}\times 100\%=50\%$$

因此，50%钻井液绕过除泥器。

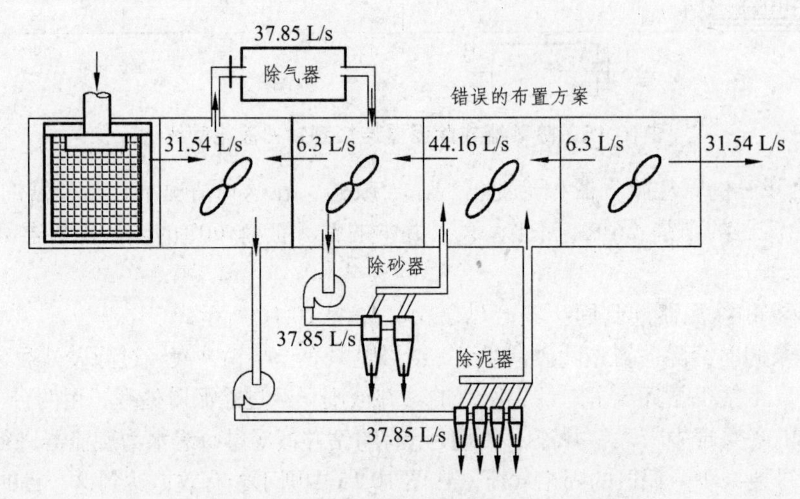

图 10.17　除砂器和除泥器共用同一个吸浆罐

(7) 清洁器筛网除掉的粗固相颗粒排回系统中，如图 10.18 所示。

当一台设备的全部液流都回收到系统中时，就等于什么也没有分离出去。钻井液清洁器筛网上的固相颗粒必须清除掉。

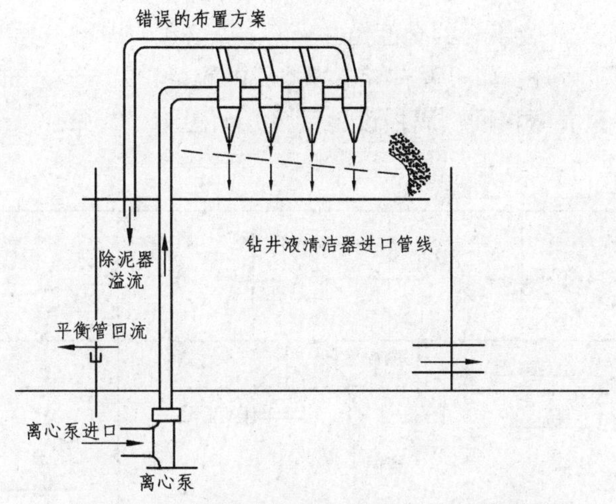

图 10.18　清洁器筛网上的固相又回到罐内

（8）除气器安装在旋流器的下游，如图 10.19 所示。

如果把除气器安装在需要离心砂泵供浆的固控设备之后，当遇到气侵时，离心砂泵可能会发生气阻。气侵钻井液将使离心砂泵的流量减少，降低水力旋流器的工作效率。如果遇有毒性气体，建议在第一个仓中就把毒气除去，而不要等到第三或第四仓再去除气。

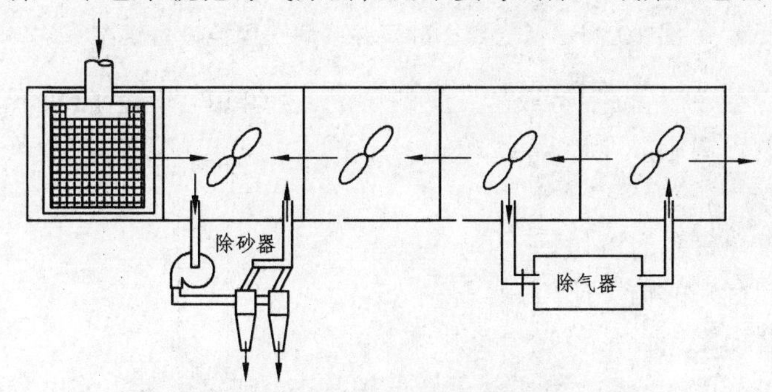

图 10.19　除气器安装在水力旋流器的下游

（9）设备的处理能力不够，如图 10.20 所示。

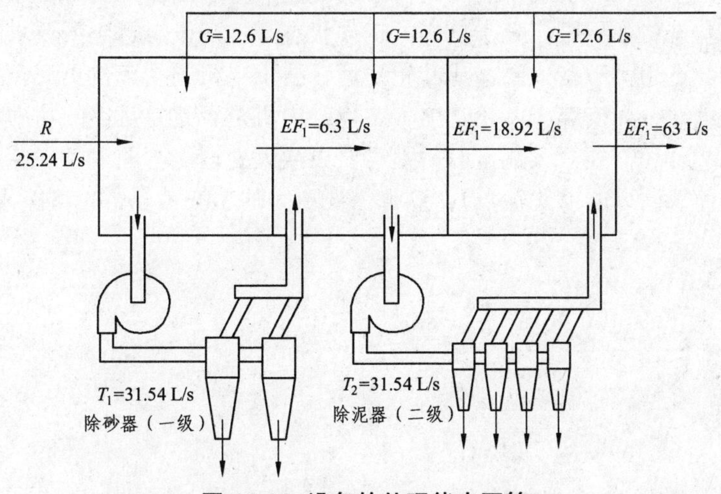

图 10.20 设备的处理能力不够

当设备不能处理流入其吸浆仓的全部钻井液时，就必须有一部分钻井液绕过设备。当按图10.20来决定泵的处理能力时，如果没有考虑搅拌枪的流量，就会有一部分钻井液绕过设备。

（10）两台离心砂泵并联接同一固控设备供浆，如图10.21所示。

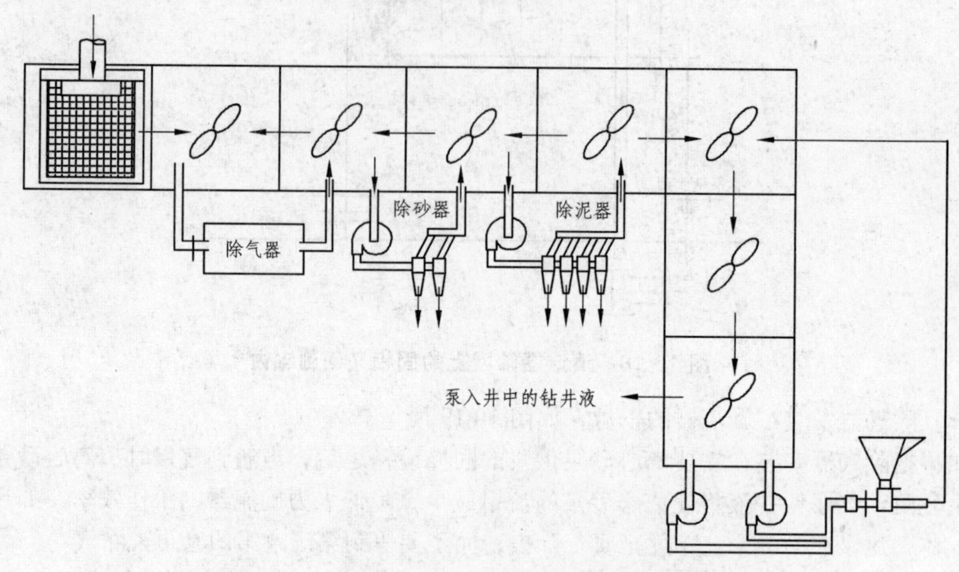

图10.21　两台离心砂泵并联同一固控设备供浆

这在钻井液固控系统布置中是最常发生的情况。如果在 30 m 压头下，漏斗喷嘴流量为25 L/s，并联安装两台离心砂泵能得到30 m压头的泵，通过喷嘴的流速仍为25 L/s。两台泵并联工作的结果是：

① 实际上只有一台泵的流量；

② 几乎只有一台泵的输出压力；

③ 两台泵的磨损比一台泵稍好一些；

④ 功率消耗显著增加，若一台泵处于较好的状态，则它可以完成大多数或者是全部的工作，并且有可能通过另一台泵反向泵送。

如果一台泵达不到设备所要求的压头时，则不能并排地增加上另一台泵。要检查泵是否处于良好的工作状态，如果泵已处于良好的工作状态，但还没有达到所要求的压头时，就要换用更大的叶轮。选用大一些的泵（或叶轮）后，要求电机的功率也更大，并且离心砂泵的流量稍有增加。因此，在安装大叶轮之前，要检查电机是否具有足够的功率，如果已达到了设备所要求的压头，还需要更大流量时，则需要更换大处理能力的设备（旋流配浆装置等）或增加旋流器锥筒（除砂器或除泥器），这也需要更大的功率消耗，也可能需要更大的叶轮。

参考文献

[1] 龚伟安，钻井液固相控制技术与设备[M]. 北京：石油工业出版社，1995.
[2] 朱再思，康宜华，李雪辉. 钻井液净化系统的现状及发展趋势[J]. 石油机械，2001 增刊，111-113.
[3] 庞天海. 油田环境污染控制技术综述. 钻采工艺[J]. 1994（2）：89-94.
[4] 张文正，王强等. ZYG320 型钻井液固控系统的开发与研制[J]. 石油机械，2001（10）：29-31.
[5] 张建军，张子胜等. GKXT200 型钻井液固控系统的研制[J]. 石油矿场机械，2003（1）：40-42.
[6] 郭金爱. 从相同的表观黏度出发比较钻井液的剪切稀释能力[J]. 西部探矿工程，1999（3）：35-38.
[7] 刘崇建，刘孝良，柳世杰. 非牛顿流体流态判别方法研究[J]. 天然气工业. 2001（4）.
[8] 黄汉仁，杨坤鹏，罗平亚. 泥浆工艺原理[M]. 北京：石油工业出版社，1981.
[9] 熊长武. 动激压滤固相控制试验研究[D]. 西南石油学院硕士论文. 2001.
[10] 闻邦椿等. 振动机械的理论与动态设计方法[M]. 北京：机械工业出版社，2001.
[11] 许大中，贺宜康. 电机控制[M]. 杭州：浙江大学出版社，1995.
[12] 陈家琅等编著. 钻井液流动原理[M]. 北京：石油工业出版社，1997.
[13] 徐继润，罗茜. 水力旋流器流场理论[M]. 北京：科学出版社，1998.
[14] 邵国兴. 水封式水力旋流器的研究及应用. 化工机械，1996，3（1）：7-12.
[15] 赵立新. 水力旋流器径向速度测试方法[J]. 化工装备技术，1999（5）：4-6.
[16] 张明洪，马天宝. 钻井液平动椭圆振动筛原理[J]. 天然气工业，1990（4）：40-46.
[17] 刘希圣等. 钻井工艺原理[M]. 北京：石油工业出版社，1981.
[18] 韩洪生等编著. 石油工程非牛顿流体力学[M]. 哈尔滨：哈尔滨工业大学出版社，1993.
[19] 孙启才. 水力旋流器单向液体速度场的研究. 流体工程，1988（6）：1-6.
[20] 美国机械工程师学会振动筛委员会编. 钻井液处理手册. 郑力会译，北京：石油工业出版社，2008.
[21] 赵学端，廖其奠主编. 粘性流体力学[M]. 北京：机械工业出版社，1993.
[22] 佟庆理. 两相流动的理论基础[M]. 北京：冶金工业出版社，1982.
[23] 倪晋仁，王光谦，张红武. 固液两相流基本理论及其最新应用[M]. 北京：科学出版社，1991.
[24] 周健，池永，廖雄华. 颗粒流理论及其工程应用简介[J]. 岩土工程师，2001（4）：1-4.
[25] 许莉，李文革等. 动态过滤滤饼结构的研究[J]. 流体机械，2000，28（5）：26-28.
[26] 郭仁惠，张建设. 固液分离滤布性能测定及选用[M]. 北京：机械工业出版社，1997.
[27] 袁惠新. 分离工程[M]. 北京：中国石化出版社，2002.

[28] 罗茜主编. 固液分离[M]. 北京：冶金工业出版社，1997.
[29] 丁启圣，王维一. 新型实用过滤技术[M]. 北京：冶金工业出版社，2000.
[30] 范荣平. 岩屑后处理模拟实验装置研究[D]. 南充：西南石油学院硕士论文，2002.
[31] 谭蔚，朱企新，李立强. 动态旋叶压滤机内流场的理论研究[J]. 化学工程，2001，29（2），P38-41.
[32] 刘洪斌. 钻井液固液动压分离模拟装置机理分析及结构设计[D]. 南充：西南石油学院硕士论文，2003.
[33] 赵国珍，张明洪，李君裕著. 钻井振动筛工作理论与测试技术[M]. 石油工业出版社，1996.
[34] 赵国珍，李君裕等. 振动筛筛网抛掷指数的研究.石油矿场机械，1991，20（2）：3-11.
[35] 王宗培. 058 项目泥浆技术及固控经验[J]. 石油钻探技术，1994，22（4）：5-9.
[36] 蒋军，张景来，胡军，马世宏. 动态错流过滤研究的最新发展动态. 过滤与分离，2001，13（3）：13-19.
[37] 闻邦椿等. 机械系统的振动同步与控制同步[M]. 北京：科学出版社，2003.
[38] 闻帮椿，赵春雨，范俭. 机械系统同步理论的应用于发展[J]. 振动工程学报，1997，10（3）：264-272.
[39] 龚伟安. 振动筛网的力学分析与绷紧结构（下）[J]. 石油机械，1986b（5）.
[40] 赵国珍，华幸殊. 泥浆振动筛抛掷指数的探讨[J]. 石油矿场机械，1988，17（4）：22-28.
[41] 费祥俊. 液体与粒状物料输送水力学[M]. 北京：清华大学出版社，1994.
[42] 诸良银，陈文梅.高效过滤技术研究与新进展[J]. 过滤与分离，1996（6）：3-6.
[43] 朱维兵. 钻井筛筛面固相及液相运移规律研究[D]，南充：西南石油学院博士学位论文，2000.
[44] 褚良银，陈文梅. 旋流动态薄层气压过滤过程研究[J]. 流体机械，1998.26（12）：9-12.
[45] 杨爱英，金鼎五. 动态过滤的过滤比阻研究. 化学工程，1997（1）：31-35.
[46] 朱自强. 应用计算流体力学[M]. 北京：北京航空航天大学出版社，1998.
[47] 张建伟. 国外过滤技术的最新发展[J]. 过滤与分离，1994（4）：33-37.
[48] 龚伟安. 椭圆振动筛设计理论中的几个问题. 矿山机械[J]. 1990c.
[49] 赵国珍，龚伟安. 振动筛筛网抛掷指数的研究[J]. 石油矿场机械，1991，20（2）：3-9.
[50] 税精华等. 钻井液固控综合应用探讨[J]. 石油机械，1988，16（9）：43-46.
[51] 詹俊峰，胡汀炯. 钻井液振动筛的筛分模型研究[J]. 石油大学学报：自然科学版，1997，21（3）：29-32.
[52] 秦树人，张明洪等. 机械工程测试原理与技术[M]. 重庆：重庆大学出版社，2002.
[53] 梁坤京，白勇军，范岗龙. 自同步相位差角的研究[J]. 矿山机械，2000（7）：p46-48.
[54] 章棣主编. 离机械选型与使用手册[M]. 北京：机械工业出版社，1998.
[55] 孙启才. 分离机械[M]. 北京：化学工业出版社，1993.
[56] 李春艳，路辟疆主编. 细化工设备. 北京：化学工业出版社，1996.
[57] 梅凤翔，史荣昌，张永发，朱海平著. 约束力学系统的运动稳定性[M]. 北京：北京理工大学出版社，1997.1.
[58] 杜坚. 钻井液净化筛网的工作行为特征研究[D]. 南充：西南石油学院博士学位论文，

2000.
[59] 朱维兵. 钻井筛筛面固相及液相运移规律研究[D]. 南充：西南石油学院博士学位论文，2000.
[60] 张明洪，龚伟安等. 振动筛研制中的动态测试[J]. 石油矿场机械，1989，18（6）：14-22
[61] 喻忠胜，龚伟安等. 钻井液振动筛动态强度的试验研究[J]. 石油机械，1989，17（7）：13-22
[62] 龚伟安. 均衡椭圆运动振动筛的动力分析与结构设计[J]. 石油机械，1990（5）.
[63] 姚公弼. 液固分离技术的进展[J]. 化工进展，1997（1）：16-21.
[64] 李艾民，黎浩明.新型自同步惯性振动给料机的机理浅析[J]. 矿山机械，1998（11）：31-32
[65] 梁坤京，邵佩森，白勇军，刘建荣. 自同步振动端同步性能分析[J]. 矿山机械.2000（1）：34-37
[66] 赵经文，王宏玉编. 结构有限元分析[M]. 哈尔滨：哈尔滨工业大学出版社，1988.
[67] 黄汉林编. 泥浆工艺原理[M]. 北京：石油工业出版社，1981.
[68] 肖平，严新新. 关于钻井液固相颗粒分布的一些探索[J]. 石油与天然气工业，1996，25（4）：227-210.
[69] 符达良. 勃朗脱公司泥浆搅拌器的设计及其结构特点[J]. 石油钻采机械，1980（3）.
[70] 陈乙祟等. 搅拌设备设计[M]. 上海：上海科学技术出版社，1990.
[71] 龚伟安. 泥浆振动筛振动特性的理论分析与结构设计[J]. 石油矿场机械，1983（2）.
[72] 龚伟安. 2YNS-B 型泥浆振动筛的结构设计及工业试验研究[J]. 石油钻采机械，1983（2）.
[73] 苗铁生，龚伟安. 自同步振动筛力学特性与 ZNS 筛测试分析[J]. 石油矿场机械，1985（1）.
[74] 龚伟安. 振动筛网的力学分析与绷紧结构（上）[J]. 石油机械，1986a（4）.
[75] 龚伟安，朱山等. 振动筛筛网的台架试验研究与新型钩边粘接筛网.石油矿场机械[J]. 1990b（4）.
[76] 潘文全等编. 流体力学基础[M]. 清华大学出版社，1887.9
[77] 赵国珍，龚伟安. 钻井力学基础[M]. 北京：石油工业出版社，1988.
[78] 朱再思，周勇，杜华章. CFDll-1/2 海洋平台泥浆净化系统研制[J]. 石油机械，2006，34（6）：71-74.
[79] 蔡利山，刘四海. CX170—1 井钻井废水及废钻井液处理技术[J]. 油气田环境保护，2001，11（4）：71-74.
[80] 牟长青，魏连清，褚洪金. S250-2 平动椭圆振动筛的研制与开发[J]. 石油机械，2004，32（9）：42-45.
[81] 李钢. Z92 型卧式沉降离心机差速器国产化研究[J]. 化工机械，2010，37（4）：474-479.
[82] 钱德宏，李俊等. ZJ90DB 型钻机泥浆净化系统设计与制造技术[J]. 石油矿场机械，2007，36（10）：50-54.
[83] 董怀荣，张慧峰等. ZS6B 型钻井液直线振动筛及其应用实践[J]. 石油机械，2002，30（12）：19-21.

[84] 王奎升，薛长福等. ZZS型钻井液自同步直线振动筛及其工作原理[J]. 石油机械，1997，25（2）：1-6.
[85] 董怀荣. 板式叠层筛网粘接技术的改进[J]. 粘接，2003，24（1）：35-37.
[86] 董怀荣，李作会等. 板式叠层粘接筛网及其压紧装置的改进[J]. 石油机械，2003，31（12）：35-37.
[87] 晏静江. 变椭圆轨迹振动筛的工作原理及动态特性分析[D]，成都：西华大学硕士学位论文，2007.
[88] 侯勇俊，曹丽娟. 波浪形筛网固相运移规律研究[J]. 石油矿场机械，2010，39（1）：1-4.
[89] 任欣，田园，厉青. 沉降过滤式离心机技术参数对煤泥分离效果的影响[J]. 煤炭学报，2007，32（2）：206-211.
[90] 游思坤，屈东升. 叠层筛网设计[J]. 煤矿机械，2004，4：17-20.
[91] 徐潘，谯国军，李道芬等. 短双电机自同步椭圆振动筛设计[J]. 钻采工艺，2011，34（3）：74-77.
[92] 朱维兵，徐昌学，晏静江. 复合轨迹振动筛的工作原理及计算机模拟[J]. 钻采工艺，2006，29（3）：69-72.
[93] 王世敬，徐常胜. 复合轨迹振动筛的研制及现场应用[J]. 石油机械，2002，32（8）：32-35.
[94] 朱维兵. 固相颗粒在钻井筛筛面上运移的计算机模拟和试验[J]. 机械设计，2005，22（1）：50-54.
[95] 徐梓斌，闵剑青. 惯性振动筛机构动力学分析[J]. 煤矿机械，2007，28（5）：52-55.
[96] 张阳春，陈志康，郭东. 国内外石油钻采设备技术水平分析[M]. 北京：石油工业出版社，2001.
[97] 孙明光，彭军生. 国内外石油钻井装备的发展现状[J]. 石油钻探技术，2008，36（6）：86-93.
[98] 赵国珍，李君裕. 国内外钻井液振动筛的发展水平[J]. 石油机械，1992，20（12）：47-52.
[99] 文社，栾居科，孙忠丽，关纯友. 卧式离心机与进口卧式离心机的差距[J]. 中国油脂，2006，26（1）：52-55.
[100] 于京阁，董怀荣，安庆宝. 合成激振力不通过筛箱质心时的振动筛动力学分析[J]. 石油钻探技术，2009，37（4）：76-80.
[101] 牛子久. 基于复合旋转运动的钻井液过滤方法与装置[J]. 石油机械，2005，33（7）：43-46.
[102] 张平亮. 搅拌器的选择和设计[J]. 石油化工设备技术，1996，17（2）：25-28.
[103] 龚伟安. 均衡椭圆运动振动筛的动力学分析与结构设计[J]. 石油机械，1990，18（5）：36-46.
[104] 何志平. 两种进口钻井设备的结构分析[J]. 机械制造，2005，43（496）：43-44.
[105] 赵国珍等. 论泥浆振动筛的合理运动[J]. 石油矿场机械，1984，13（1）：1-9.
[106] 刘士珍，陈殿云，舒畅，宁怀明. 偏置式等质径积双轴自同步椭圆振动筛动力学研究[J]. 煤矿机械，2007，28（2）：28-31.

[107] 王毅，邢动秋．平动椭圆振动筛动力学模型建模方法研究[J]．科学技术与工程，2009，9（6）：1520-1525.
[108] 马天宝，张明洪．平面惯性振动筛研究的新进展[J]．矿山机械，1996，4（6）：2-4.
[109] 徐新阳，徐继润等．气压过滤的成饼动力学及其滤饼的分型结构[J]．化工学报，1995，46（1）：8-14.
[110] 任崇刚，朱维兵，舒敏．双电机激振自同步平动椭圆钻井筛动力学分析[J]．钻采工艺，1996，33（2）：79-84.
[111] 田海庆．双轨迹钻井液振动筛设计与试验研究[D]．上海：上海交通大学硕士学位论文，2002.
[112] 龚伟安．双激振电动机均衡椭圆运动振动筛动力学分析[J]．石油机械，2002，30（5）：1-3.
[113] 温艳辉，阚晓平，何建新，陈海员．双质体卧式振动离心机振动机理的研究[J]．煤炭技术，2008，27（8）：29-32.
[114] 张明洪，陈应华，张万福等．双轴惯性振动筛力心与质心的计算方法[J]．石油矿场机械，1991，20（6）：7-11.
[115] 侯勇俊，朱维兵，游思坤，张明洪．双轴平动椭圆振动筛设计中的两个问题[J]．矿山机械，2000（10）：46-47.
[116] 张明洪，陈应华，汤志等．双轴平动椭圆振动筛设计中的有关问题[J]．西南石油学院学报，1990.12（4）：60-66.
[117] 晏静江，朱维兵．双轴椭圆钻井振动筛系统动力学分析[J]．西华大学学报：自然科学版，2006，25（6）：73-77.
[118] 张雄，褚良银．水力分级旋流器的设计与应用[J]．技术与产品，2004（3）：22-25.
[119] 梁政，任连城等．水力旋流器流场径向速度分布规律研究[J]．西南石油大学学报，2007，29（1）：106-109.
[120] 杨宇，陶学恒，冯少岭，孟宇．卧式螺旋沉降离心机的三维可视化设计及仿真[J]．机械设计，2008，25（2）：8-11.
[121] 周知进，傅彩明．卧式螺旋离心机转鼓参数变化对其模态影响的仿真[J]．中南大学学报：自然科学版，2007，38（2）：309-312.
[122] 王宗明，袁建民，赵保忠，周龙昌．新型平衡椭圆运动钻井液振动筛的研制[J]．石油矿场机械，2004，33（4）：61-63.
[123] 董怀荣，王平．油井振动筛波浪型筛网粘接技术[J]．粘接，2003，24（6）：45-47.
[124] 王德俊，李震，李艳红．振动筛筛网固定装置的试验研究[J]．煤矿机械，2008，29（10）：37-40.
[125] 齐祥红等．振动筛筛网设计新方法[J]．钻采工艺．2007，30（4）：107-108.
[126] 牟长青，王涛．侯召坡等，振动筛现场问题及解决方法[J]．石油机械，2009，37（4）：67-70.
[127] 王宗明，王瑞和．中浅井钻机固控设备应用效果研究[J]．石油矿场机械，2009，38（6）：1-3.
[128] 牟长青，柴占文等．自同步平动椭圆振动筛的理论研究[J]．石油机械，2004，32（5）：

11-13.
[129] 易先中，王利成，魏慧明等. 钻井岩屑粒径分布规律的研究[J]. 石油机械，2007，35（12）：1-4.
[130] 冯来田，董怀荣. 钻井液高速离心机变频调速闭环控制系统研制[J]. 石油钻探技术，2010，38（4）：89-94.
[131] 赵平. 钻井液固控系统流程设计改进[J]. 工程技术，2009（19）：49-49.
[132] 张玉华，李国华，熊亚萍，王金帅. 钻井液固控系统配套现状及改进措施[J]. 石油矿场机械，2007，36（12）：84-87.
[133] 杜坚，游思坤，张明洪. 钻井液固相控制叠层筛网动态特征研究[J]. 石油矿场机械，2000，29（6）：1-5.
[134] 钟功祥，梁政等. 钻井液循环系统存在的问题及解决方案[J]. 石油机械，2004，32（8）：66-69.
[135] 朱维兵，张明洪. 钻井液振动筛的应用与发展水平[J]. 钻采工艺，1999，22（2）：45-50.
[136] 龚伟安. 钻井液振动筛叠层筛网透筛率的研究[J]. 石油机械，2003，31（11）：9-14.
[137] 赵保忠，王宗明. 钻井液振动筛发展趋势探讨[J]. 石油矿场机械，2001，30（3）：7-9.
[138] 刘海燕. 钻井液振动筛优化设计与动态测试研究[D]. 北京：北京化工大学硕士学位论文，2006.
[139] 王中杰，王永江，李宏涛. 钻井液直线振动筛参数的优化匹配[J]. 钻采机械，2000，23（5）：48-51.
[140] 康日东. 钻井液直线振动筛参数的优化设计[J]. 石油矿场机械，2007，36（3）：34-36.
[141] 朱益，李传友，魏建军，杨进. 钻井液直线振动筛的机理研究[J]. 石油钻采工艺，2006，28（3）：13-16.
[142] 袁彦庆，徐炳梅. 钻井液直线振动筛性能参数的测试分析[J]. 石油机械，2003，31（8）：35-37.
[143] 薛自建，王雪玲，卢胜勇. 钻井液直线振动筛性能参数的合理选择与配置[J]. 石油矿场机械，2003，32（1）：17-19.
[144] 朱维兵，晏静江. 钻井振动筛固相颗粒运动规律[J]. 机械工程学报，2005，41（10）：231-235.
[145] 马志雄. 除气器发展概况及分类[J]. 石油矿场机械，1989，18（6）：36-39.
[146] 孟庆昆，何京. 固液两相介质的三元流动计算在砂泵、灌注泵设计中的应用[J]. 石油矿场机械，1993，22（3）：1-6.
[147] 牟长青，卢胜勇等. 介绍几种新型平动椭圆钻井液振动筛[J]. 石油矿场机械，2005，34（4）：88-91.
[148] 白文雄，扬培良. 离心砂泵的设计与实践[J]. 石油机械，1995，23（1）：12-17.
[149] 冯斌. 离心式砂泵设计探讨[J]. 石油矿场机械，1995，24（2）：37-39.
[150] 白文雄. 砂泵的现场安装与使用维护[J]. 石油机械，1994，22（2）：27-31.
[151] 许锦华，陈龙，柴占文等. 圆形罐钻井液固控系统的研制与应用[J]. 石油机械，2009，37（5）：41-44.
[152] 刘银盾. 真空式除气器的设计与质量评估[J]. 石油机械，1995，23（8）：1-4.

[153] 陈来成. 钻井泥浆罐与泥浆池的防护[J]. 石油化工腐蚀与防护，2009，26（3）：32-35.
[154] 刘银盾. 钻井液固控设备的选择及固控系统的总体布置[J]. 石油机械，1995，23（2）：29-34.
[155] 雷宗明，郭青，龙翔. 钻井液气分离器最大处理量分析研究[J]. 钻采工艺，2010，33（2）：34-38.
[156] 王怯. 石油钻井泥浆处理砂泵的失效分析及处理方法[J]. 工业技术，2010，10：83-83.
[157] 黄维安，邱正松，徐加放. 重晶石粒度级配对加重钻井液流变性的影响[J]. 钻井与完井液，2010，27（4）：23-27.
[158] 聂军，温川，黄进云，张恒山等. 钻井液砂泵的质量可靠性分析[J]. 石油工业技术监督，2006（10）：60-61.
[159] 周金葵. 钻井液工业技术[M]. 北京：石油工业出版社，2009.
[160] 宁立伟. 钻井液物性参数对深水钻井井筒温度压力的影响[D]. 山东. 中国石油大学（华东）硕士学位论文，2008.
[161] 刘洪斌，夏南，张明洪，郑悦明. 加速型钻井液离心机内部流场研究[J]. 西南石油大学学报，2007，29（3）：136-138.
[162] 刘洪斌，张明洪. 钻井液动压机固相颗粒运移规律分析[J]. 西部探矿工程，2006（10）：207-209.
[163] 刘洪斌，范荣平，张明洪. 钻井液固相颗粒后处理装置的动态测试与分析[J]. 石油机械，2009，39（7）：1-4.
[164] 李丽，刘洪斌，杨献平，张明洪. 固液动压分离机中钻井液的流动分析[J]. 石油机械，2005，33（8）：5-8.
[165] 李丽，刘洪斌，杨献平，张明洪. 固液分离机中岩屑颗粒沉降规律研究[J]. 天然气工业，2005，25（11）：62-65.
[166] 张明洪，徐倩，刘洪斌. 秦氏模型虚拟仪器及在石油振动筛测试中的应用[J]. 中国机械工程，2004，15（4）：1512-1514.
[167] 杨献平，吴志星，刘洪斌，张明洪. 双激振式动压机的自同步分析[J]. 西安石油大学学报，2004，19（6）：66-68.
[168] 侯勇俊，李国忠，刘洪斌，张明洪. 变直线振动筛工作原理及仿真[J]. 石油矿场机械，2003，32（5）：17-19.
[169] 夏南，唐晓初，刘洪斌. 钻井液动压滤机固相运移动力学分析[J]. 辽宁石油化工大学学报，2008，28（2）：35-38.
[170] 徐倩，孟繁如，刘洪斌，张明洪. 钻井液离心机转鼓内流场的数值分析[J]. 石油机械，2009，37（8）：24-27.
[171] 杨致政，侯勇俊，刘洪斌，张明洪. 三轴自同步平动椭圆振动筛的虚拟设计[J]. 石油机械，2004（32）：26-28.
[172] 刘洪波，董姝敏，王立忠，刘洪斌. 无损检测中一种动态门限值设定方法的理论研究[J]. 吉林师范大学学报：自然科学版，2009（3）：110-11.
[173] 中国石油化工集团公司企业标准：川东北钻机设备配套技术标准，Q/SH 0019—2006.
[174] 中国石油天然气集团公司企业标准：欠平衡钻井技术规范第 1 部分，井场布置原则及

要求 Q/CNPC 63.1-2002.

[175] 中华人民共和国国家标准：钻井液材料规范，GB/T 5005-2010.

[176] 中华人民共和国石油天然气行业标准：工业用金属丝编织网技术要求和检验，GB/T 17492-1998.

[177] 中华人民共和国石油天然气行业标准：固控设备的安装、使用与维护，SY/T 6223-1996.

[178] 中华人民共和国石油天然气行业标准：井场布置原则和技术要求，SY/T 5958-94.

[179] 中华人民共和国石油天然气行业标准：井场电气安装技术要求，SY/T 5957-94.

[180] 中华人民共和国石油天然气行业标准：评价钻井液处理系统推荐作法，SY/T 6622-2005.

[181] 中华人民共和国石油天然气行业标准：石油钻井液固相控制设备，SY/T 5612-2007 规范.

[182] 中华人民共和国石油天然气行业标准：石油钻井液固相控制设备规范，SY/T 5612-2007.

[183] 中华人民共和国石油天然气行业标准：石油钻井用砂泵，SY/T 5255-2005.

[184] 中华人民共和国石油天然气行业标准：钻井井场、设备、作业安全技术规范，SY 5974-2007.

[185] 中华人民共和国石油天然气行业标准：钻井设施基础规范，SY/T 6199-2004.

[186] 中华人民共和国石油天然气行业标准：钻井液搅拌器，SY/T 6159-1995.

[187] 中华人民共和国石油天然气行业标准：钻井液净化系统-除气器，SY/T 5612.1-1999.

[188] 中华人民共和国石油天然气行业标准：钻井液净化系统-清洁器，SY/T 5612.2-1999.

[189] 中华人民共和国石油天然气行业标准：钻井液净化系统-卧式离心机，SY/T 5612.6-2003.

[190] 中华人民共和国石油天然气行业标准：钻井液净化系统-旋流器，SY/T 5612.3-1999.

[191] 中华人民共和国石油天然气行业标准：钻井液循环管汇，SY/T 5244-2006.

[192] 中华人民共和国石油天然气行业标准：钻井液振动筛-钩边筛网，SY/T 5612.5-1993.

[193] 中华人民共和国石油天然气行业标准：钻井液振动筛筛布标识推荐作法，SY/T 6614-2005.

[194] Written by ASME Shale Shaker Committee，Drilling Fluids Processing Handbook，2004.

[195] Solids-Conveyance Dynamics and Shaker Performance，SPE 14389-PA，1988.

[196] Automatic Shaker Control，SPE 99035-MS，2006.

[197] Field Evaluation of a Rotating Separator as an Alternative to Shale Shakers，SPE 79823-MS，2003.

[198] Adsorption Characteristics of PHPA on Formation Solids，SPE 19945-MS，1990.

[199] Solids Control in Weighted Drilling Fluids，SPE 4644-PA，1975.

[200] A Study of Vibratory Screening of Drilling Fluids，SPE 8226-PA 1980.

[201] Optimized Performance by the Use of Rotating Separators as an Alternative to Shale Shakers，SPE 71381-MS，2001.

[202] New Debris Management System for Pressure Controlled Wellbore Drilling and Intervention Operations ，SPE143367-MS，2011.

[203] Shaker Screen Characterization Through Image Analysis，SPE 22570-MS，1991.

[204] Prediction of Average Cutting Size While Drilling Shales，SPE 16101-MS，1987.

[205] Drilling Mud Solids Control and Waste Management，SPE 23660-MS 1992.

[206] Criteria for Back Production of Drilling Fluids through Sand Control Screens，SPE 38187-MS，1997.

[207] Successfull Drilling of Oil and Gas Wells by Optimisation of Drilling-Fluid/Solids Control--A Practical and Theoretical Evaluation，SPE 103934-PA，2008.

[208] The Effect of Drilling Fluid Base-Oil Properties on Occupational Hygiene and the Marine Environment，SPE 73193-PA 2001.

[209] Successfull Drilling of Oil and Gas Wells by Optimisation of Drilling Fluid Solids Control-A Practical and Theoretical Evaluation. SPE 103934-MS，2006.

[210] FATE OF DRILL CUTTINGS IN THE MARINE ENVIRONMENT，OTC 3040-MS，1977

[211] Liquid Cyclone Treatment of Weighted Muds，SPE 960-G，1957.

[212] Laboratory and Field Measurements of Vapors Generated by Organic Materials in Drilling Fluids，SPE 35866-MS，1996.

[213] The Effect of Drilling Fluid Base Oil Properties on the Occupational Hygiene and the Marine Environment，SPE 61261-MS 2000.

[214] Electrical Logging From Shale Cuttings，SPWLA 1971-vXIIn4a2 1971.

[215] Solids Control and Waste Management for SAGD，SPE 97670-MS 2005.

[216] Standalone Screen Selection Using Performance Mastercurves，SPE 98363-MS 2006.

[217] Drilling With a One-Step Solids-Control Technique，SPE 14993-PA 1989.

[218] Development of an Expert System For Solids Control In Drilling Fluids，PETSOC 98-84 1998.

[219] Material Balance Concepts Aid in Solids Control and Mud System Evaluation，SPE 19957-MS 1990.

[220] Downhole Solids Control：A New Theory and Field Practice，SPE 14383-PA 1988.

[221] Optimisation of Solids Control Opens Up Opportunities for Drilling of Depleted Reservoirs，SPE 110544-MS 2007.

[222] Field Evaluation of a Rotating Separator as an Alternative to Shale Shakers，SPE 79823-MS 2003.

[223] Economic and Performance Analysis Models for Solids Control，SPE 18037-MS 1988.

[224] Field Evaluation of Solids Control Equipment，SPE 8901-MS 1980.

[225] Rig-Site Monitoring of the Drilling Fluid Solids Content and Solids-Control Equipment Discharge，SPE 56871-PA 1999.

[226] SOLIDS CONTROL IN A DRILLING FLUID，SPE 7011-MS 1978.

[227] Drilling Mud Solids Control and Waste Management，SPE 23660-MS 1992.

[228] A Drilling Contractor Tests Solids Control Equipment，SPE 14753-MS 1986.

[229] Modern Solids Control：A Centrifuge Dewatering-Process Study，SPE 16098-PA 1988.

[230] Smart Centrifuge for Solid Answers to Solids Control，SPE 39378-MS 1998.

[231] Advances in Liquid/Liquid Centrifuge Design Provide New Options for Petroleum Production，SPE 56709-MS 1999.

[232] Optimization of Drilling Mud Conditioning For Chemically Enhanced Centrifuging, PETSOC 98-05-02 1998.
[233] How Effective Is Current Solids Control Equipment for Drilling Fluids Weighted With Micron Sized Weight Material? SPE 112620-MS 2008.
[234] Dewatering Technology A Current Overview and SE Asia Applications, SPE 23034-MS 1991.
[235] Optimization of Drilling Mud Conditioning For Chemically-enhanced Centrifuging, PETSOC 94-18 1994.
[236] A Drilling Contractor Tests Solids Control Equipment, SPE 14753-MS 1986.
[237] Some New Measurement and Control Devices, WPC 4535 1951.
[238] Comparison Study of Solid/Liquid Separation Techniques for Oilfield Pit Closures, SPE 15361-PA 1987.
[239] Application of a Lime-Based Drilling Fluid in a High-Temperature/High-Pressure Environment (includes associated papers 22951 and 23584), SPE 19533-PA 1991.
[240] Solids Control in Weighted Drilling Fluids, SPE 4644-PA 1975.
[241] SOLIDS CONTROL IN A DRILLING FLUID, SPE 7011-MS 1978.
[242] Horizontal Drill-in Fluid Reclamation for Re-use or Waste Minimization Field Trial, SPE 65493-MS 2000.
[243] Automation of solids control systems, IADC/SPE 14751.
[244] Device Keeps Mud Solids Under Tight Control. Drilling Contractor, 1989.
[245] Drilling Fluid Stability and Drilling Performance.SPE 16081.
[246] Fluid Mechanics, Pitman Publishing Limited, England, 1979, p183-184.
[247] How To Design A Mud System For Optimum Solids Removal, World Oil, 1982.
[248] in proceedings of the 4th Int.Symposium on river sedimentation, pp1459-1467, Beijing, China, 1989.
[249] Introduction to Mineral Processing, John Wiley & Sons. New York.1982, p215.
[250] Mud Cleaner Discards Drilled Solids Saves Barite, Oil Gas J974.
[251] Novel screening unit provides alternative to conventional shale shaker[J]. Oil & Gas Journal.1999, 7 (15): 40-48.
[252] Screen Selection is Key to Shale Shaker Operation .Oil &Gas Journal.1981, 79 (49): 131-141.
[253] Shale shaker screens imrpove mud solids control . WordOil.1978, 186 (5): 89-94.
[254] Solids Control For The Man On The Rig, Petroleum Engineer, 1982.
[255] The Filterability of Drilling Fluids, SPE20438.
[256] Theory of Vibration with Applications.PRENTICE-HALL, Inc, 1972.3.
[257] Treating mud with fine-mesh screen. Oil & Gas Journal. 1973, 16: 119-130.
[258] Andrey W.E, et al, Automation of solids control systems, IADC/SPE 14751.
[259] E.E. E30use and J.E. Carrasquero, Corpoven, S.A. Drilling Mud Solids control and Waste Management. SPE23660.

[260] Manohar Lal, L.L. Hoberock, .Solids-Conveyance Dynamics and Shaker Performance. SPE14389.

[261] By VV.E&’dreY, G.L. Nix, and J.P. Wright, Gedograph fjoneer h. Automation of Solids Control Systems. ADC/SPE 14751.

[262] WILLIAM T.THOMSON. Theory of Vibration with Applications.PRENTICE-HALL, Inc, 1972.3.

[263] Cagle W S. Layered shale shaker screens imrpove mud solids control . WordOil.1978, 186 (5): 89-94.

[264] Gersld W. Treating mud with fine-mesh screen. Oil & Gas Journal. 1973, 16: 119-130.

[265] J. V. Fisk and S. S. Shaffer, The Filterability of Drilling Fluids, SPE20438.

[266] M. Lai, Amoco Production Co., Economic and Performance Analysis Models for Solids Control, SPE18037.

[267] Clark D.E. Daniel S, colloid System Improve Solids Removal Efficiency, Drilling Fluid Stability and Drilling Performance .SPE 16081.

[268] Kennedy J.L, Mud Cleaner Discards Drilled Solids Saves Barite, Oil Gas J974.

[269] Courtney Dehn. Novel screening unit provides alternative to conventional shale shaker[J]. Oil & Gas Journal.1999, 97 (15): 40-48.

[270] Wheeler J, Device Keeps Mud Solids Under Tight Control. Drilling Contractor, 1989.

[271] Williama M.P, Hoberock L, L solids Control For The Man On The Rig, Petroleum Engineer, 1982.

[272] Hoberock L L. Screen Selection is Key to Shale Shaker Operation. Oil & Gas Journal.1981, 79 (49): 131-141.

[273] J.F.Douglas, J.M.Gasiorek and J.A.Swaffield, Fluid Mechanics, Pitman Publishing Limited, England, 1979, 183-184.

[274] E.G.Kelly and D.J.Spottiswood, Introduction to Mineral Processing, John Wiley & Sons. New York.1982, 215.

[275] Young G.A, Robinson L.H, How To Design A Mud System For Optimum Solids Removal, World Oil, 1982.

[276] Wangguangqian and feixiangjun, in proceedings of the 4th Int.Symposium on river sedimentation, 1459-1467, Beijing, China, 1989.